改訂版
統計解析ソフト「SAS」

高浪 洋平
舟尾 暢男
――● 共著

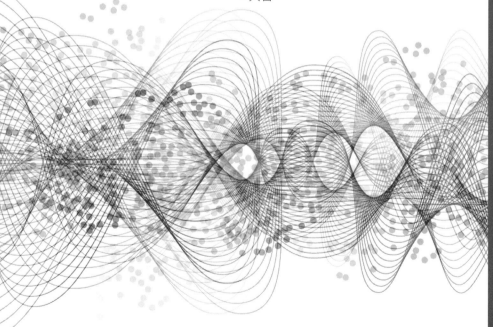

■サンプルファイルのダウンロードについて
　本書掲載のサンプルファイルは、一部を除いてインターネット上のダウンロードサービスからダウンロードすることができます。詳しい手順については、本書の巻末にある袋とじの内容をご覧ください。
　なお、ダウンロードサービスのご利用にはユーザー登録と袋とじ内に記されている番号が必要です。そのため、本書を中古書店から購入されたり、他者から貸与、譲渡された場合にはサービスをご利用いただけないことがあります。あらかじめご承知おきください。

本書で取り上げられているシステム名／製品名は、一般に開発各社の登録商標／商品名です。本書では、™および®マークは明記していません。本書に掲載されている団体／商品に対して、その商標権を侵害する意図は一切ありません。本書で紹介しているURLや各サイトの内容は変更される場合があります。

はじめに

　一般的にプログラミング言語としての「SAS」とは，「統計解析を行うプログラミング言語」というイメージがありますが，実際は，統計解析のみならず，高品質なグラフやレポートの作成など，有用な機能が豊富に用意されているソフトウェアです．開発・販売している会社も同じ名前で，米国ノースカロライナ州キャリーに本社を置くSAS社（SAS Institute Inc.）です．SAS社は米国で1976年に産声を上げ，1980年代に日本に上陸しています（現SAS Institute Japan株式会社：1985年設立）．以来，医薬関連をはじめ，自動車，通信，金融，保険など，様々な業種でSASが使用され，発展を遂げてきました．近年では，プログラミング言語としてのSASのみならず，上記のような多くの業種で，SAS社が提供するプロダクトが次々に導入されて実績を重ねています．

　我々は2004年に製薬企業に入社し，SASに出会いました．当時から既に製薬企業の臨床試験の統計解析業務においては，SASはその豊富な機能をもとに世界標準の地位を確固たるものにしていましたが，その割に日本語で書かれた入門書が少なく，膨大な量のSASヘルプや分厚い洋書から必要な情報を見つけるのにかなりの時間を費やしていました．しかし，製薬企業の統計解析担当者のみならず，SASのプログラムや統計手法を理解するためにじっくり時間をかけることができる人は限られていると思います．実際，我々も仕事をしている時間のうち，大半は会議や打ち合わせ，資料の作成・レビューなどで占められ，本来注力すべき臨床試験の解析業務に必要なSASや統計解析の知識を習得するための時間を確保することは難しいのが現状です．本書は，当初はごく基本的なSASの使い方に焦点を当てた内容に絞り込む予定だったのですが，上記のような現状を踏まえて，これからSASを始める方のための入門書でありながら，SAS中級者〜上級者の方にとっても，時間をかけることなく必要な情報を得られるよう，「こんな本が一冊手元にあったら便利だな，と思える本を書こう」と著者同士で決意し，執筆作業を進めてきました．それからお互い結婚し，父親になり，飲みに行くことも少なくなり……，長い月日が流れてしまいましたが，ようやくこうして出版の日を迎えることができ，何はともあれ，ほっと一息つくことができました．家族をはじめ，日頃からお世話になっている皆様，特に橋本隆正さん，加藤雅章さん，黒田晋吾さんには，様々なご助言をいただいたことを大変感謝しております．この場を借りて厚く御礼申し上げます．

　さて，前置きが長くなりましたが，本書の構成は以下になります．

- これからSASを始める方は，第1章〜第3章を読んでいただくことで，基本的なSASの使用方法・データハンドリングから，様々な統計手法とそれらの実行方法が習得できます．かなりのボリュームですが，統計解析手法の解説も含めて，SASを使う上で基本的かつ重要な内容がほとんど網羅されています．

- 第4章と第5章では，第3章で紹介した統計解析を行った結果などについて，それらを高品質なレポートやグラフとして出力する方法をまとめております．膨大なデータから重要な結果を効率的に

取捨選択して，それらをまとめて意思決定の材料にするためには，レポート・グラフは欠かすことのできない存在です．SAS には膨大なレポート・グラフの作成機能が用意されておりますが，本書では，実際の業務で調べるのに苦労した内容も含め，比較的良く利用される重要な機能を網羅して解説しておりますので，是非ご活用ください．

- 第 6 章では，一度作成したプログラムや，良く使用する処理などを登録して再利用したい場合に便利な SAS マクロの使用方法を紹介します．SAS マクロは大変便利な機能なのですが，基本的な内容を詳細に解説した日本語の書籍は少ないことから，本書では，基本的な使用方法をはじめ，統計解析の実行，レポートやグラフ作成への応用例も紹介しておりますので，SAS プログラム作成作業の効率化をお考えの方にとっては有用な内容となっております．

- 第 7 章では，iml プロシジャの機能を使って「行列計算」を行う方法と「数値積分」を行う方法を紹介します．

- 第 8 章には，本書で紹介した主なプロシジャを良く使うオプションなどの解説とともに一覧としてまとめておりますので，短時間でプロシジャの文法やオプションなどを確認したい場合に参照してください．

以上，本書は盛り沢山の内容となっておりますが，それでも膨大な量の SAS ヘルプに比べれば量は少なく，初心者から上級者まで幅広いユーザーに読んでいただける内容であることを考えると，コンパクトにまとまっていると思います．最後に，本書を「SAS のお供」として皆様の手元に置いていただけるなら，すごく嬉しいなあ．

なお，本書は，工学社から出版した『統計解析ソフト「SAS」』の内容をベースに加筆したものです．

2015 年 6 月吉日

目次

はじめに iii

■ 第1章　SASの概要 ……1

1.1　SASの起動と終了 1
1.2　メニューの概要 3
　1.2.1　「ファイル」メニュー 3
　1.2.2　「編集」メニュー 3
　1.2.3　「表示」メニュー 3
　1.2.4　「ツール」メニュー 4
　1.2.5　「実行」メニュー 5
　1.2.6　「ウィンドウ」メニュー 5
　1.2.7　「ヘルプ」メニュー 6
1.3　SASの作業手順 6
　演習問題 10

■ 第2章　データハンドリング ……11

2.1　SASデータセットとSAS変数 12
　2.1.1　SASデータセット 12
　2.1.2　SAS変数の種類 12
2.2　SASデータセットの作成 13
　2.2.1　リスト入力・カラム入力とデータセットの表示 13
　2.2.2　setステートメントによるデータセットの読み込み 18
2.3　グローバルステートメント 19
2.4　ライブラリ 21
　2.4.1　ライブラリの作成 21
　2.4.2　ライブラリへのデータセットの出力 22
　2.4.3　ライブラリからのデータセットの読み込み 22
　2.4.4　ライブラリやデータセットのコピー 23
2.5　外部ファイルからのデータの読み込み 24
　2.5.1　テキストファイルの読み込み 24
　2.5.2　Excelファイルの読み込み 25
2.6　外部ファイルへのデータの出力 30
　2.6.1　テキストファイルへの出力 30
　2.6.2　Excelファイルへの出力 31
2.7　データの整列 36
　2.7.1　データの整列（昇順・降順） 36
　2.7.2　キー変数やオブザベーションの重複削除 37
2.8　データの結合 39

v

- 2.8.1 set ステートメントによる結合（縦結合）..39
- 2.8.2 append プロシジャによる結合（縦結合）..42
- 2.8.3 merge ステートメントを用いた結合（横結合）..43

2.9 変数の作成・演算 49
- 2.9.1 変数の作成 49
- 2.9.2 変数の演算 49

2.10 変数の保持・削除 52
- 2.10.1 keep・drop ステートメントの基本的な使用例 52
- 2.10.2 データセット読み込み時の keep・drop ステートメントの使用 53
- 2.10.3 変数をまとめて保持・削除する方法 53

2.11 条件分岐 54
- 2.11.1 if ステートメント 54
- 2.11.2 select-when ステートメント 57

2.12 繰り返し処理 60
- 2.12.1 do-end ステートメント 60
- 2.12.2 do while ステートメント 62
- 2.12.3 do until ステートメント 63

2.13 配列 64
- 2.13.1 配列の使用方法 64
- 2.13.2 一次元配列 65
- 2.13.3 二次元配列 66

2.14 フォーマット・インフォーマット 67
- 2.14.1 フォーマット（出力形式）..67
- 2.14.2 インフォーマット（入力形式）..69
- 2.14.3 format プロシジャによるフォーマットの作成 69
- 2.14.4 put 関数と input 関数 70

2.15 変数属性の定義 71
- 2.15.1 label，format 及び length ステートメント 72
- 2.15.2 attrib ステートメント 72
- 2.15.3 変数の属性の確認 73

2.16 データの絞り込み 74
- 2.16.1 サブセット化 if ステートメント 74
- 2.16.2 where ステートメント 74
- 2.16.3 プロシジャ内でのデータの絞り込み 75

2.17 データの削除 75

2.18 DATA ステップでの要約統計量の算出 76

2.19 文字列の加工処理 78

2.20 欠測値の処理 79
- 2.20.1 欠測値データの格納 79
- 2.20.2 n 関数と nmiss 関数 80
- 2.20.3 欠測値を含む演算 80

2.21 first ステートメントと last ステートメント 81
- 2.21.1 first, last ステートメントによって生成される値の格納 81
- 2.21.2 first, last ステートメントによる複数レコードの有無の確認 82

2.22 変数の値の保持 83
- 2.22.1 retain ステートメントと合計ステートメント 84

2.23 変数名の変更 85
- 2.23.1 rename ステートメントの使用 85
- 2.23.2 データセット読み込み時の rename ステートメントの使用 85

2.24 データの転置 86
- 2.24.1 transpose プロシジャによるデータの転置 86
- 2.24.2 merge ステートメントによるデータの転置 87
- 2.24.3 配列によるデータの転置 88

2.25 欠測値の補完と最終データの作成 89
- 2.25.1 欠測値の補完 89
- 2.25.2 最終時点データの作成 90

2.26 SQL プロシジャ 92
- 2.26.1 SQL プロシジャの概要 92
- 2.26.2 データの抽出 93
- 2.26.3 データの作成 95
- 2.26.4 データの挿入・削除 96
- 2.26.5 データの整列 98
- 2.26.6 要約統計量の算出 99
- 2.26.7 データのカウント 100
- 2.26.8 データの縦結合 103
- 2.26.9 データの横結合 107
- 2.26.10 副問い合わせ（サブクエリ） 111

2.27 参考文献 114

演習問題 115

第 3 章 統計解析 ……117

3.1 使用するデータセット 117

3.2 SAS による統計解析の流れ 121
- 3.2.1 データの準備 121
- 3.2.2 グラフの作成 122
- 3.2.3 統計解析の実行（要約統計量の算出） 123
- 3.2.4 実行結果の解釈 125
- 3.2.5 検定について 127
- 3.2.6 実行結果の保存 129
- 3.2.7 その他の話題 133
- 3.2.8 参考文献 137

3.3 散布図，回帰直線，相関係数 137
- 3.3.1 データの準備 137
- 3.3.2 散布図と回帰直線 138
- 3.3.3 相関係数 141
- 3.3.4 回帰直線と相関係数 143

3.4 平均値の比較と回帰分析 145
- 3.4.1 データの準備 145
- 3.4.2 棒グラフ 145
- 3.4.3 平均値の比較 147
- 3.4.4 回帰分析 148
- 3.4.5 調整済み平均値（LS Means） 151

　　　　3.4.6　交互作用と要因の影響の有無について 162
　　　　3.4.7　交互作用項を入れない解析 171
　　　　3.4.8　その他の話題 175
　3.5　**2値データの比較とロジスティック回帰** **185**
　　　　3.5.1　データの準備 185
　　　　3.5.2　棒グラフ 186
　　　　3.5.3　〔参考〕割合に関する棒グラフ 187
　　　　3.5.4　2値データの要約 188
　　　　3.5.5　割合と比 189
　　　　3.5.6　リスク差, リスク比, オッズ比 190
　　　　3.5.7　〔参考〕列の並び順の指定 194
　　　　3.5.8　χ^2 検定 196
　　　　3.5.9　ロジスティック回帰分析 198
　　　　3.5.10　〔参考〕説明変数に連続変数を指定した場合 203
　　　　3.5.11　多重ロジスティック回帰分析と調整オッズ比について 204
　　　　3.5.12　交互作用の有無の検討 206
　　　　3.5.13　〔参考〕Breslow-Day 検定と Cochran-Mantel-Haenszel 検定 210
　　　　3.5.14　その他の話題 213
　　　　3.5.15　参考文献 218
　3.6　**生存時間解析** **218**
　　　　3.6.1　暦日と観察期間, イベントと打ち切り 219
　　　　3.6.2　「イベントが起きるまでの時間」について 220
　　　　3.6.3　イベントの無発生割合と累積発生割合の算出方法 221
　　　　3.6.4　生存関数とハザードと比例ハザード性 226
　　　　3.6.5　〔参考〕人年法によるハザードの計算 227
　　　　3.6.6　データの準備 227
　　　　3.6.7　グラフの作成 228
　　　　3.6.8　生存率の推定とログランク検定 228
　　　　3.6.9　Cox 回帰分析 231
　　　　3.6.10　〔参考〕説明変数に連続変数を指定した場合 234
　　　　3.6.11　調整ハザード比と交互作用の検討 235
　　　　3.6.12　多重イベントに関する解析 241
　　　　3.6.13　その他の話題 251
　　　　3.6.14　参考文献 258
　3.7　**3つ以上の薬剤間の比較** **259**
　　　　3.7.1　データの準備 259
　　　　3.7.2　グラフの作成 260
　　　　3.7.3　要約統計量と頻度集計 264
　　　　3.7.4　一様性の検定 266
　　　　3.7.5　薬剤間の効果の検討 268
　　　　3.7.6　多重比較の基礎 284
　　　　3.7.7　参考文献 297
　3.8　**例数設計** **298**
　　　　3.8.1　検定結果と効果・例数・ばらつきとの関係 298
　　　　3.8.2　種々の例数設計 300
　　　　3.8.3　参考文献 308
　3.9　**乱数とシミュレーション** **308**
　　　　3.9.1　乱数について 308

3.9.2　シミュレーションについて 321
　　　3.9.3　参考文献 332
　3.10　ベイズ統計の基礎 **332**
　　　3.10.1　条件付き確率とベイズの定理 332
　　　3.10.2　ベイズの定理の適用例 334
　　　3.10.3　マルコフ連鎖モンテカルロ法とMCMCプロシジャ 336
　　　3.10.4　MCMCプロシジャの適用例 342
　　　3.10.5　参考文献 347
演習問題 **347**

■ 第4章　レポートの作成 …… 349

　4.1　データの読み込み **349**
　4.2　要約統計量の算出（**MEANS**プロシジャ） **351**
　4.3　**tabulate**プロシジャ **352**
　　　4.3.1　使用方法 352
　　　4.3.2　使用例（単純な表） 353
　　　4.3.3　使用例（統計量の指定） 354
　　　4.3.4　使用例（フォーマットとラベルの指定） 355
　　　4.3.5　使用例（行と列の指定） 357
　　　4.3.6　使用例（オプション） 359
　　　4.3.7　使用例（まとめ） 364
　4.4　**report**プロシジャ **366**
　　　4.4.1　使用方法 366
　　　4.4.2　使用例（データセットの出力） 367
　　　4.4.3　使用例（要約統計量の指定） 367
　　　4.4.4　使用例（breakステートメント） 369
　　　4.4.5　使用例（computeステートメント） 370
　　　4.4.6　使用例（lineステートメント） 371
　4.5　**ODS**によるレポートの作成 **372**
　　　4.5.1　ODSの使用方法 372
　　　4.5.2　ODS RTFの使用方法 373
　　　4.5.3　ODS Tagsets.ExcelXPの使用方法 376
　　　4.5.4　ODS HTMLの使用方法 381
　　　4.5.5　ODS PDFの使用方法 384
　　　4.5.6　ODS LAYOUTの使用方法 385
　　　4.5.7　スタイル属性のカスタマイズ 388
　4.6　**template**プロシジャ **398**
　　　4.6.1　使用方法 398
　　　4.6.2　使用例（列の定義） 399
　　　4.6.3　使用例（ヘッダ，フッタの定義） 400
　　　4.6.4　使用例（ヘッダの詳細な定義） 402
　　　4.6.5　使用例（重複行の制御） 404
　　　4.6.6　使用例（セルの制御） 404
　4.7　複雑なレポートの作成 **407**
　　　4.7.1　連続変数とカテゴリ変数が混在したレポートの作成 407
　　　4.7.2　要約統計量と検定結果を出力するレポートの作成 411

4.8 参考文献	413
演習問題	414

第5章　グラフの作成 …… 415

5.1 ODS Graphics … 415
- 5.1.1 ODS Graphics の概要 … 415
- 5.1.2 グラフの保存先 … 417

5.2 SG プロシジャ（Statistical Graphics Procedure）… 418
- 5.2.1 使用するデータセットの作成 … 418
- 5.2.2 SG プロシジャの種類 … 420
- 5.2.3 SGPLOT プロシジャの使用方法 … 421
- 5.2.4 SGPANEL プロシジャの使用方法 … 422
- 5.2.5 SGSCATTER プロシジャの使用方法 … 423
- 5.2.6 SGRENDER プロシジャの使用方法 … 424

5.3 GTL（Graph Template Language）… 425

5.4 グラフの作成例 … 426
- 5.4.1 個別推移図 … 426
- 5.4.2 平均値推移図 … 429
- 5.4.3 棒グラフ … 432
- 5.4.4 帯グラフ … 436
- 5.4.5 箱ひげ図 … 439
- 5.4.6 散布図・回帰直線 … 442
- 5.4.7 生存時間曲線 … 445
- 5.4.8 ヒストグラム・密度推定 … 446
- 5.4.9 累積分布曲線 … 448
- 5.4.10 フォレストプロット … 450
- 5.4.11 棒グラフと折れ線グラフの重ね合わせ … 453
- 5.4.12 有害事象の発現率とリスク比のプロット … 455
- 5.4.13 バタフライプロット … 457

5.5 参考文献 … 459
演習問題 … 460

第6章　SAS マクロ …… 461

6.1 SAS マクロの概要 … 461
- 6.1.1 SAS マクロの作成と実行 … 461

6.2 マクロ変数の使用 … 463
- 6.2.1 SAS マクロ実行時のマクロ変数への値の格納 … 464
- 6.2.2 %let ステートメントと %put ステートメント … 467
- 6.2.3 call symput ステートメント … 469
- 6.2.4 symget 関数 … 470
- 6.2.5 自動マクロ変数 … 471
- 6.2.6 %global ステートメントと %local ステートメント … 472
- 6.2.7 sql プロシジャとマクロ変数 … 473

6.3 条件付きでの SAS ステートメントの生成 … 477

- 6.3.1 %if ステートメント（1つの SAS ステートメントの生成）.....477
- 6.3.2 %if ステートメント（複数の SAS ステートメントの生成）.....478

6.4 繰り返し SAS ステートメントの生成 480
- 6.4.1 %do ～ %end ステートメント 480
- 6.4.2 %do %while ステートメント 482
- 6.4.3 %do %until ステートメント 483

6.5 引用符とマクロ変数 484
- 6.5.1 引用符とマクロ変数の使用 484

6.6 マクロ関数 485
- 6.6.1 マクロ関数の種類 485
- 6.6.2 マクロ変数の値の計算（%eval と %sysevalf）.....486
- 6.6.3 マクロ関数によるマスキング 486
- 6.6.4 SAS 関数の使用（%sysfunc）.....489

6.7 複数のアンパサンド 490
- 6.7.1 複数のアンパサンドの処理 490
- 6.7.2 繰り返し処理での複数のアンパサンドの使用 491

6.8 統計解析マクロ 493
- 6.8.1 2 標本 t 検定を行う SAS マクロ 493
- 6.8.2 分割表（2×2 分割表）の解析を行う SAS マクロ 494
- 6.8.3 回帰分析を行う SAS マクロ 497
- 6.8.4 分散分析を行う SAS マクロ 498
- 6.8.5 生存時間解析を行う SAS マクロ 500
- 6.8.6 Cox 回帰分析を行う SAS マクロ 502
- 6.8.7 例数設計を行う SAS マクロ 503

6.9 レポート作成マクロ 508
- 6.9.1 テストデータの作成 508
- 6.9.2 基本的なレポートを作成する SAS マクロ 510
- 6.9.3 ODS の出力形式を制御する SAS マクロ 518
- 6.9.4 スタイル属性を制御する SAS マクロ 520
- 6.9.5 検定結果の表示を制御する SAS マクロ 522

6.10 グラフ作成マクロ 525
- 6.10.1 テストデータの作成 525
- 6.10.2 平均値推移図を作成する SAS マクロ 526
- 6.10.3 複数の種類から選択してグラフを作成する SAS マクロ 530

6.11 参考文献 533

演習問題 534

■ 第 7 章 行列計算と数値積分 …… 535

7.1 行列の作成 535
- 7.1.1 手入力で作成 535
- 7.1.2 規則性のある行列の作成 536
- 7.1.3 乱数の作成 537
- 7.1.4 データセット ⇔ 行列の変換 539

7.2 行列へのアクセスと行列同士の結合，行列の集合 541
- 7.2.1 行列へのアクセス 541

		7.2.2 行列同士の結合，行列の集合 543
7.3	**行列計算** **544**	
		7.3.1 行列の四則演算など 544
		7.3.2 行列計算 545
		7.3.3 行列計算の適用例 550
7.4	**iml プロシジャでプログラミング** **553**	
		7.4.1 条件分岐 553
		7.4.2 繰り返し 554
		7.4.3 適用例 555
7.5	**関数の定義と数値積分** **556**	
		7.5.1 関数の定義 556
		7.5.2 一変数の数値積分 557
		7.5.3 重積分・1 558
		7.5.4 重積分・2 559
		7.5.5 数値積分の適用例 561
7.6	**参考文献** **562**	
演習問題 **563**		

■ 第8章　プロシジャの構文一覧 ……565

索　引 578

第1章

SASの概要

この章では SAS の機能の概要を紹介します．

1.1 SASの起動と終了

SAS は，以下の 2 通りの方法で起動することができます．

(1) デスクトップに ![sas] のアイコンがあれば，それをダブルクリックします．
(2) 「スタート」をクリックした後，スタートメニューから「すべてのプログラム (P)」→「SAS」→「SAS 9.4 (日本語)」を選択します．

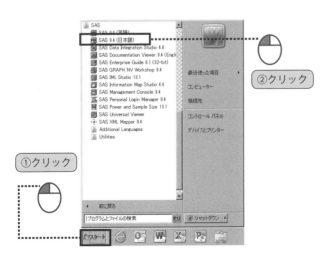

1 SASの概要

　SASを起動すると以下のような画面（メインウィンドウ）が表示されます．今後はこのメインウィンドウ上でSASの作業を行うことになります．

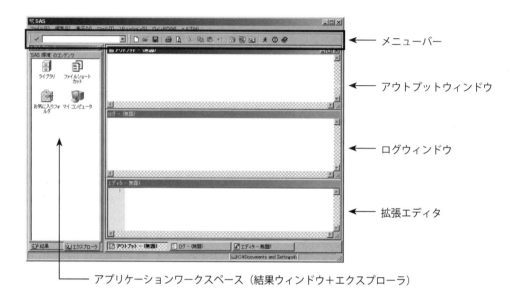

　メインウィンドウの各パーツの機能概要を紹介します．

メニューバー	SASの機能がメニューとして用意されています．
アウトプットウィンドウ	SASプログラムを実行（サブミット）すると，プログラムの実行結果がこのウィンドウに表示されます．
ログウィンドウ	SASプログラムを実行（サブミット）したときの実行状況やエラーメッセージなどが表示されます．プログラムを実行した後は必ずログウィンドウを確認しましょう．
拡張エディタ	ここにSASプログラムを記述します（拡張エディタウィンドウは複数表示させることもできます）．
アプリケーションワークスペース	SASプログラムを実行（サブミット）した結果や，作成されたデータセットの一覧が表示されます．

　SASを終了するときは，SASウィンドウの「×」ボタンをクリックするか，左上にあるメニューの「ファイル」→「終了（X）」を選択します．すると，次のようなウィンドウが表示されますので，「OK」をクリックします．

1.2 メニューの概要

メニューバーの項目をクリックすると，SASの機能がメニューとして表示されます．その中から実行したい機能の項目をクリックすることで，その機能を実行することができます．

1.2.1 「ファイル」メニュー

ファイル操作に関する機能が用意されています．例えば，「データのインポート」で外部ファイルからデータを読み込むことができ，「データのエクスポート」でSASデータセットを外部ファイルに保存することができます．また，「印刷 (P)」を選択することで，SASのプログラムやアウトプット（SASの実行結果）を印刷することもできます．

1.2.2 「編集」メニュー

「元に戻す」「やり直し」や「切り取り」「コピー」「貼り付け」など，テキスト操作に関する機能が用意されています．

1.2.3 「表示」メニュー

拡張エディタやアウトプットウィンドウ，ログウィンドウやエクスプローラを表示する機能が用意されています．例えば「拡張エディタ (I)」をクリックすると，新しい拡張エディタウィンドウが表示されます．

1.2.4 「ツール」メニュー

「ツール」→「オプション」の「拡張エディタ(E)」や「プリファレンス(P)」などを選択することで，エディタなどの設定を変更することができます．

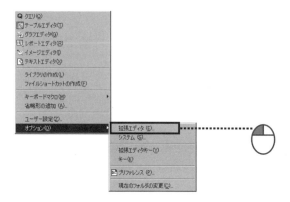

例えば，「オプション」の「拡張エディタ」を選択することで，エディタの設定（行番号の表示，デザインなど）を変更することができます．

また，「オプション」→「プリファレンス」→「全般」の「終了の確認をする」のチェックを外すことで，SASの終了時に「SASを終了しますか」のダイアログが表示されなくなります．

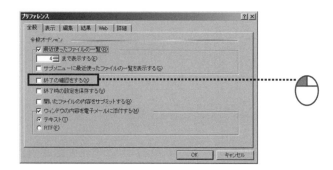

ところで，SAS 9.3 以降のバージョンでは出力結果を HTML 形式にて出力することがデフォルトになりましたが，SAS 9.2 以前のバージョンでは出力結果はリスト形式にて出力（例えばテキストでの結果はアウトプットウィンドウに出力）されます．本書では，9.2 以前の SAS ユーザーの方の互換性を重視し，出力結果はリスト形式にて出力することを前提とします．

SAS 9.3 以降のバージョンでは，「ツール」→「オプション」→「プリファレンス」の結果タブの「リストを作成する」にチェックし，「HTML を作成する」のチェックを外すことで，出力結果をリスト形式にて出力することができます．

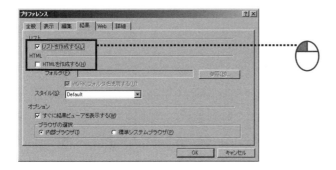

1.2.5 「実行」メニュー

このメニューには，SAS プログラムを実行（サブミット）する機能が用意されています．

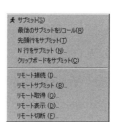

1.2.6 「ウィンドウ」メニュー

現在開いているウィンドウの表示形式を変更したり（メニューの上側），特定のウィンドウを一番手前に表示させる機能（メニューの下側）が用意されています．

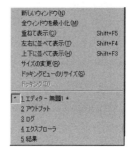

1.2.7 「ヘルプ」メニュー

ヘルプを表示する機能が用意されています．

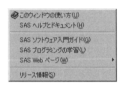

例えば，「ヘルプ」→「SAS ヘルプのドキュメント」を選択することで，SAS のヘルプウィンドウが起動します．

1.3 SAS の作業手順

SAS では，以下の 3 つの手順で作業を行うことになります．

SAS でプログラムを作成する方法は次章以降に譲るとして，ここでは，SAS プログラムを実行する方法と，実行した結果を確認する方法を紹介します．まず，SAS プログラムを実行する場合は，「実行」メニューの「サブミット (S)」を選択します．SAS ではプログラムを実行することを「サブミット」と呼びます．

範囲を選択した後，その部分だけを「サブミット」することもできます．

　実行したいプログラム部分をマウスなどで選択した後，「実行」メニューの「サブミット (S)」を選択します．ちなみに，「F3」キーやメニューバーの下にある 🏃 というアイコンをクリックすることでも「サブミット」することができます（ログ画面のタブで実行ログを確認することができます）．
　プログラムを実行した結果は，アプリケーションワークスペース下部の「結果」タブをクリックすることで見ることができます．アプリケーションワークスペースの「結果」と「エクスプローラ」の切り替えは，「結果」タブとその隣りの「エクスプローラ」タブで行うことができます．

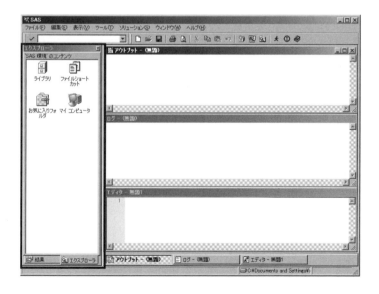

例えば,「結果」タブをクリックすると,SASプログラムを実行（サブミット）してできた出力結果が,ツリー形式で表示されますので,見たい結果をクリックします.

また,プログラムを実行して生成されたデータセットは,アプリケーションワークスペース下部の「エクスプローラ」タブをクリックした上で,「ライブラリ」→「WORK」にあるデータセットのアイコンをクリックして確認することができます.

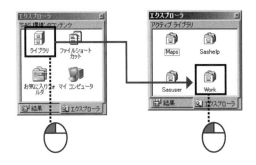

「WORK」にあるデータセットのアイコンをクリックすると,データセットの中身が表示されます.

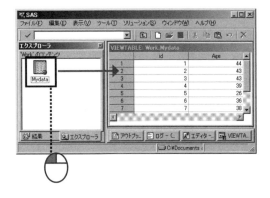

ちなみに,SAS Ver.9 以降では,「エクスプローラ」をクリックすると「マイコンピュータ」が表

示されます．例えば，Windows内のフォルダの中身を参照し，データファイルを右クリックした後に，SASにインポートする（データを読み込む）こともできます．

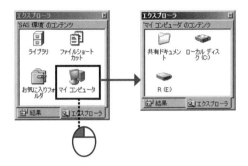

SASには，プログラム作成時に，以下のように便利なショートカットキーが用意されています．

ショートカットキー	効果
F1	ヘルプの表示
F3	プログラムの実行
F4	最後に実行したプログラムの呼び出し
F5	プログラムエディタ画面の表示
F6	ログ画面の表示
F7	アウトプット画面の表示
Ctrl + /	選択部分のコメント化
Ctrl + Shift + /	選択部分のコメントの解除
Ctrl + Z	作業のやり直し

SASでは，プログラム内に以下のステートメントが記述された場合，コメントとして認識されます．

- * コメント ;　　　「*」と「;」に囲まれた文字列（「*」は何個でも指定できます）．
- /* コメント */　　「/*」と「*/」に囲まれた文字列（複数行にまたがってもコメントとして認識されます）．

使用例を次に示します．

```
* コメントです ;
*--- コメントです ;
*** コメントです *** ;
/* コメントです */
/*
コメントです
*/
```

演習問題

1. SAS を起動してください．

2. エディタに以下のプログラムを入力した後，プログラムを実行してください．

```
data EXAMPLE ;
  X="Hello world." ;
run ;
```

3. EXAMPLE というデータセットが作成されますが，どこにでき上がったか探した後，見つけたデータセットをダブルクリックして中身を確認してください．

4. SAS を終了してください．

第 2 章
データハンドリング

　SAS では，SAS 変数と呼ばれるデータを格納する列と，それらがまとめて格納されている SAS データセットという単位で様々な処理を行います．この章では，SAS データセット・変数の概要，作成方法や加工方法など，データハンドリングの基本的な方法を紹介します．SAS のプログラムは，大きく分けて，データセットを読み込んだり作成したりする「DATA ステップ」，プロシジャと呼ばれる機能を使用して，データの整列・転置，統計解析の実行，レポート・グラフの作成などの処理を行う「PROC ステップ」，ログやアウトプット画面の出力の制御やライブラリの作成など，どこにでもステートメントを記述できる「グローバルステートメント」の 3 つの部分で構成されています．以下に概要をまとめます．

DATA ステップ	「DATA <データセット名> ; ～ run ;」でデータセットを作成します．
PROC ステップ	DATA ステップで作成したデータセットや，ライブラリから読み込んだデータセットなどを準備した後，「PROC <プロシジャ名> ; ～ run ;」で統計解析やレポートを作成するプロシジャを実行します．例えば，詳細は後述しますが，print プロシジャは，データセットの内容をそのままアウトプット画面に出力するプロシジャです．
グローバルステートメント	「options <オプションの指定> ;」や「libname <ライブラリ名> " ライブラリのパス " ;」などで SAS システムオプションの指定やライブラリを作成します．

　各ステップの詳細な記述方法や処理の内容については，順次紹介していきます．

2.1 SAS データセットと SAS 変数

ここでは，SAS データセットや SAS 変数の概要について紹介します．

2.1.1 SAS データセット

SAS で作成したり使用したりする「データセット」とは，数値や文字列など，何らかの値・データが格納された「変数」の集まりです．データセットは，変数の名前，ラベルなどの属性情報と，値を格納したデータ部分から構成されています．また，データが格納されている各行は「オブザベーション」と呼ばれています．以降で，「行」，「レコード」，「オブザベーション」という表現が使用されている場合は，いずれもデータセットの行の単位を表しており，同じ意味となります．第 1 章で紹介したように，SAS で作成されるデータセットは以下の画面で確認します．

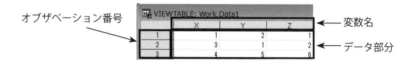

また，各変数の詳細な情報を確認したい場合は，データセットを右クリックして，「列の表示」を選択します．ここで，変数の名前，種類（タイプ），長さ，ラベル，フォーマットなどの詳細な属性情報を確認することができます．

2.1.2 SAS 変数の種類

SAS 変数には，数値変数と文字変数の 2 種類が存在します．「変数」とは，値を格納する箱のようなもので，処理の目的によって使用される種類が数値であるか文字であるかが異なってきます．データセットを作成する際は，変数の種類を定義して値を格納していきます．変数名と種類を次表にまとめます．使用例に記載されている内容については，後ほど順次紹介していきます．

種類	内容	使用例
変数名	変数の名前です．スペースや特殊文字を指定することはできません．	`input XXX ;`

数値変数	数値が格納されます．以下のような場面や目的で使用されます．
	・四則演算などの計算
	・SAS 日付値・日時値
	・数値に関する関数の使用
		`X = 3*4 + Y/Z + Y*Z ;`
		`Y = sqrt(2) ;`
		`DT = input("21MAR1998",DATE9.) ;`

文字変数	文字列が格納されます．以下のような場面や目的で使用されます．
	・引用符（' や "）の使用
	・文字列に関する関数の使用
		`X = "男性" ;`
		`Y = put(X,GENDERF.) ;`
		`Z = trim(X)||trim(Y) ;`

　また，変数は，変数の名前や種類以外にも，以下のような属性情報を持っています．属性の指定方法の詳細については，次節以降で紹介します．

種類	内容	指定方法
長さ	数値変数では精度，文字変数では文字の長さ（バイト数）を意味します．	`length X 8 Y $ 8 ;`
出力形式	実際のデータではなく，任意の出力形式でデータ出力します．例えば，データは数値の「1」で，出力する際は「男性」と表示したい場合に使用します．	`format X GENDERF. ;`
入力形式	データを読み込む際に，どのような値として入力するかを指定します．例えば，「20MAR2010」という文字列を，SAS の日付値（数値）で読み込みたい場合などに使用します．	`X=input("20MAR2010",DATE9.) ;`
ラベル	データセットの内容を確認する場合に，変数の名前ではなく，内容が分かりやすいラベルを表示したい場合に使用します．	`label X = "性別" ;`

2.2　SAS データセットの作成

　ここでは，SAS データセットの基本的な作成方法を紹介します．

2.2.1　リスト入力・カラム入力とデータセットの表示

　SAS でデータセットを作成する際は，DATA ステップを使用します．また，SAS の変数にデータの値を読み込む際は，input ステートメントを使用します．input ステートメントによるデータの入力には次の 2 つの代表的な方法があります．

リスト入力　　input ステートメントで変数名を指定．
カラム入力　　input ステートメントで変数名とカラム（列）番号を指定．

それぞれの方法でデータセットを作成してみましょう．ID 番号，性別，年齢および身長などの情報を持つデータセットを作成します．また，作成したデータセットを print プロシジャを使用してアウトプット画面に出力します．

(1) リスト入力によるデータの作成

input ステートメントに読み込む変数名を指定します．SAS 変数には，2.1 節で紹介したように，年齢や身長のような数値を格納した数値変数と，「男性」，「女性」などの文字列を格納した文字変数が存在し，文字変数として読み込みたい場合は変数名の後に「$」を記述します．以下の例では，変数 SMOKE が文字変数として読み込まれます．また，SAS データセットに格納される各行を「オブザベーション」と呼びます．

- input 変数名1 <$> 変数名2 <$> … ;

```
*--- リスト入力によるデータの作成 ;
data DATA_201 ;
   input ID GENDER AGE HEIGHT WEIGHT SMOKE $; *--- 読み込む変数を指定 ;
cards ;
1  1 55 175 65.2 Y
2  1 47 168 62.4 Y
3  2 39 158 47.2 N
4  2 62 152 45.9 Y
5  1 32 181 78.5 N
6  1 45 170 66.7 N
7  2 66 145 50.2 N
8  2 33 160 48.3 Y
9  2 43 159 46.7 Y
10 1 52 173 70.2 N
;
run ;
```

リスト入力では，cards ステートメントで記述されたデータを自動的にスペース区切りで読み込みます．

(2) print プロシジャによるデータセットの表示

作成されたデータセットを print プロシジャで表示してみましょう．print プロシジャはデータセットをアウトプット画面に表示するときに使用するプロシジャです．作成したデータセットを直接開いても同様に確認できます．print プロシジャの主な構文を次に示します．var ステートメントに出力する変数を指定しますが，var ステートメントを指定しない場合は，データセットの全ての変数が表示されます．

```
proc print data=<データセット名> <オプション> ;
   var <変数1 変数2 …> ;
   by <by変数1 …> ;
   format <変数1> <変数1のフォーマット.> …;
   label <変数1> = "変数1のラベル" … ;
run ;
```

ここでは，(1) で作成したデータセット DATA_201 を出力してみましょう．

```
*--- データの表示 ;
proc print data=DATA_201 ;
run ;
```

アウトプット画面を確認します．var ステートメントを指定していないため，全ての変数が指定されています．また，自動的に「OBS」の列に，オブザベーションの番号が表示されます．

OBS	ID	GENDER	AGE	HEIGHT	WEIGHT	SMOKE
1	1	1	55	175	65.2	Y
2	2	1	47	168	62.4	Y
3	3	2	39	158	47.2	N
4	4	2	62	152	45.9	Y
5	5	1	32	181	78.5	N
6	6	1	45	170	66.7	N
7	7	2	66	145	50.2	N
8	8	2	33	160	48.3	Y
9	9	2	43	159	46.7	Y
10	10	1	52	173	70.2	N

続いて，以下のオプションやステートメントを使用して出力しましょう．

firstobs オプション	表示する最初のオブザベーションを指定します．
obs オプション	最後に表示するオブザベーションを指定します．
noobs オプション	OBS の列（オブザベーションの番号）を表示しません．
label オプション	変数にラベルが割り当てられている場合，ラベルを表示します．
var ステートメント	表示する変数を指定します．
label ステートメント	変数にラベルを割り当てます．

```
proc print data=DATA_201(firstobs=3 obs=8) noobs label ;
   var ID AGE WEIGHT ;
   label ID = "被験者ID" AGE = "年齢" WEIGHT = "体重" ;
run ;
```

アウトプット画面を確認してみましょう．var ステートメントに ID, AGE, WEIGHT を指定して，「firstobs=3 obs=8」では，3～8 番目のオブザベーションに絞り込んでいます．また，noobs オプションで OBS 列を表示せず，label オプションを使用して，label ステートメントで割り当て

たラベルを表示しています．

被験者ID	年齢	体重
3	39	47.2
4	62	45.9
5	32	78.5
6	45	66.7
7	66	50.2
8	33	48.3

(3) @@ を使用したリスト入力によるデータの作成

input ステートメントに「@@」を指定して，同じ行のデータをそのまま読み込み続けることができます．以下では，「@@」を使用して，(1) で作成したデータセットと同じ内容のデータセットを作成しています．例えば，1 行目では，変数 SMOKE の「Y」を読み込んだ後もそのまま続けて同じ行の次のデータを変数 ID の次のオブザベーションに格納します（ここでは ID=2）．以下同様に，行の端まで input ステートメントで指定された変数の順番にデータを読み込みます．

```
data DATA_201_2 ;
   *--- 読み込む変数と@@を指定 ;
   input ID GENDER AGE HEIGHT WEIGHT SMOKE $ @@ ;
cards ;
1  1 55 175 65.2 Y 2  1 47 168 62.4 Y
3  2 39 158 47.2 N 4  2 62 152 45.9 Y
5  1 32 181 78.5 N 6  1 45 170 66.7 N
7  2 66 145 50.2 N 8  2 33 160 48.3 Y
9  2 43 159 46.7 Y 10 1 52 173 70.2 N
;
run ;
*--- データの表示 ;
proc print data=DATA_201_2 ;
run ;
```

結果を次に示します．(1) で作成したデータセットと同じデータを格納したデータセットが作成されています．

OBS	ID	GENDER	AGE	HEIGHT	WEIGHT	SMOKE
1	1	1	55	175	65.2	Y
2	2	1	47	168	62.4	Y
3	3	2	39	158	47.2	N
4	4	2	62	152	45.9	Y
5	5	1	32	181	78.5	N
6	6	1	45	170	66.7	N
7	7	2	66	145	50.2	N
8	8	2	33	160	48.3	Y
9	9	2	43	159	46.7	Y
10	10	1	52	173	70.2	N

また，次に示すように，ログ画面には，行の端までデータを読み込んだので次の行に処理が移行した内容が出力されています．

```
32   data DATA_201_2 ;
33      *--- 読み込む変数と@@を指定 ;
34      input ID GENDER AGE HEIGHT WEIGHT SMOKE $ @@ ;
35   cards ;

NOTE: INPUT ステートメントが行の終端に達したので、次の行を読み込みます。
NOTE: データセット WORK.DATA_201_2 は 10 オブザベーション、6 変数です。
NOTE: DATA ステートメント 処理 (合計処理時間):
      処理時間           0.00 秒
      CPU 時間           0.00 秒
```

(4) カラム入力によるデータの作成・1

カラム入力では，input ステートメントに変数名およびカラム番号を指定します．指定されたカラム番号に従って変数が読み込まれます．カラムを指定しなければリスト入力でデータが読み込まれます．

- input 変数名1 <カラム番号> <$> 変数名2 <カラム番号> <$> … ;

```
*--- カラム入力によるデータの作成 ;
data DATA_202 ;
   *--- 読み込む変数をカラムと共に指定 ;
   input ID 1-2 GENDER 4 AGE 6-7 HEIGHT 9-11 WEIGHT 13-16 SMOKE $ 18;
cards ;
1  1 55 175 65.2 Y
2  1 47 168 62.4 Y
3  2 39 158 47.2 N
4  2 62 152 45.9 Y
5  1 32 181 78.5 N
6  1 45 170 66.7 N
7  2 66 145 50.2 N
8  2 33 160 48.3 Y
9  2 43 159 46.7 Y
10 1 52 173 70.2 N
;
run ;
```

今回の例では，カラム入力を用いた場合も，リスト入力で作成した (1) と (3) と同様のデータセットが作成されます．

(5) カラム入力によるデータの作成・2

「@」を使用して，データの開始カラム番号を指定することができます．以下の例では，変数 ID は 1 カラム目，GENDER は 4 カラム目，AGE は 6 カラム目にそれぞれ読み込みを開始してデータを格納します．

```
data DATA_202W ;
   input @1 ID 2. @4 GENDER 1. @6 AGE 2. ;
cards ;
```

```
  1  1 55
  2  1 47
  3  2 39
  4  2 62
  5  1 32
  6  1 45
  7  2 66
  8  2 33
  9  2 43
 10  1 52
;
run ;

proc print data=DATA_202W ;
run ;
```

printプロシジャでデータセットを出力した結果を次に示します．各変数にデータが正しく格納されていることが確認できます．

OBS	ID	GENDER	AGE
1	1	1	55
2	2	1	47
3	3	2	39
4	4	2	62
5	5	1	32
6	6	1	45
7	7	2	66
8	8	2	33
9	9	2	43
10	10	1	52

2.2.2 setステートメントによるデータセットの読み込み

既にデータセットが存在し，そのデータセットを読み込んで新しいデータセットを作成する場合はsetステートメントを使用します．2.2.1節で作成したデータセットDATA_201を読み込んで新たにDATA_201Aを作成する場合は以下のように記述します．今回の例では，DATA_201と同じデータセットが作成されます．

```
*--- データの作成: setステートメント ;
data DATA_201A ;
    set DATA_201 ; *--- 読み込むデータセットを指定 ;
run ;
```

2.3 グローバルステートメント

　SASには，上記のようなDATAステップやPROCステップの他に，SASのシステムオプションやライブラリを指定するためのグローバルステートメントが用意されています．グローバルステートメントは記述する場所を選びませんが，プログラムが読みやすいように，DATAステップやPROCステップとは区別して記述することを心掛けましょう．主なステートメントを以下に示します．

ステートメント	内容	使用例
options <システムオプション> … ;	SASのシステムオプションを指定します．	options nocenter nonotes ;
libname <ライブラリ名> "フォルダのパス" <オプション> … ;	SASライブラリを作成します．詳細については2.4節を参照してください．	libname LIB1 "C:¥temp" ;
ods <出力先> <オプション> … ;	ODS (Output Delivery System) の出力を制御します．詳細は第3章や第4章を参照してください．	ods rtf file=" C:¥temp¥test.rtf" ;
goptions <グラフオプション> … ;	グラフの出力オプションを指定します．	goptions device=emf gsfname="C:¥temp¥test.emf" ;

　SASには，上記の他にも様々なグローバルステートメントが用意されていますが，ここでは，ログ画面やアウトプット画面の出力を制御するシステムオプションをいくつか紹介します．システムオプションは，「options <システムオプション> …」と記述します．

システムオプションの種類	内容
date/nodate	アウトプット画面への日付の出力を制御します．
notes/nonotes	ログ画面へのnoteの出力を制御します．
center/nocenter	プロシジャ出力の場所を制御します．
linesize= 列数	ログ画面とプロシジャ出力の1行当たりの列数を指定します．
pagesize= 行数	ログ画面とプロシジャ出力の1ページ当たりの行数を指定します．
missing=" 文字列 "	プロシジャ出力する際の欠測値の表示方法を指定します．
papersize=	ODSなどで外部ファイルに結果を出力する際の文書のサイズを指定します．
orientation=	ODSなどで外部ファイルに結果を出力する際の文書の向きを指定します．
number/nonumber	ログ画面とプロシジャ出力のページ番号の出力を制御します．
nofmterr	変数にフォーマットが割り当てられている場合に，フォーマットを無効にしてデータセットを開くことができます．
fmtsearch=(ライブラリ名)	フォーマットカタログが保存されているライブラリ名を指定して，フォーマットを読み込んで使用できる状態にします．

システムオプションの使用例

ここでは，システムオプションの基本的な使用例を紹介します．指定する内容は以下になります．

- ログ画面やプロシジャ出力に日付を出力しない（nodate）．
- ログ画面に note を出力しない（nonotes）．
- ログ画面とプロシジャ出力の 1 行当たりの列数を 200 とする（linesize=200）．
- 欠測値の出力を「Missing」とする（missing="Missing"）．
- フォーマットを無効にしてデータセットを読み込む（nofmterr）．

```
*--- optionsステートメント ;
options nodate nonotes linesize=200 missing="Missing" nofmterr ;
```

システムオプションの設定画面からの指定

以下のように，メニューからシステムオプションを指定することもできます．「ツール」→「オプション」→「システム」を選択すると，システムオプションの一覧画面が表示されて，値を変更することができます．

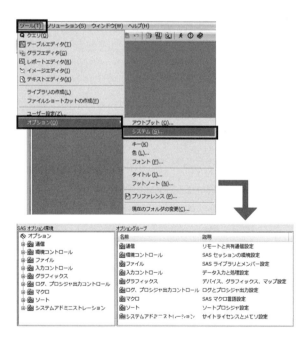

例えば，「ログ，プロシジャ出力コントロール」の「SAS ログ」で，「Date」の出力を制御したい場合は，次の画面で値を変更します．

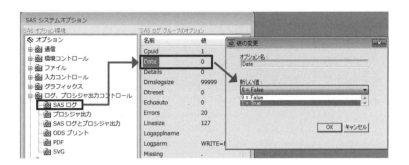

ここで紹介したオプションの他にも様々なシステムオプションが用意されていますので，詳しくは SAS ヘルプや OnlineDoc を参照してください．

2.4 ライブラリ

SAS では，PC 上のフォルダを「ライブラリ」として割り当てて，ライブラリに保存されているデータセットを使用したり，ライブラリにデータセットを出力したりすることができます．データセットを読み込む際や出力する際にライブラリを指定しない場合は，SAS は自動的に WORK というライブラリのデータセットを読み込んだり出力したりします．また，WORK ライブラリのデータセットは SAS を終了させると自動的に PC 上から削除されますが，ユーザーが作成したライブラリのデータセットについては削除されません．

2.4.1 ライブラリの作成

TESTDT というライブラリを作成し，「C:¥temp」フォルダを割り当てます．エクスプローラ画面でライブラリを開くと，TESTDT ライブラリが作成されていることが確認できます．

```
*--- ライブラリの作成 ;
libname TESTDT "C:¥temp" ;
```

エクスプローラ画面

2.4.2 ライブラリへのデータセットの出力

2.4.1 節で作成した TESTDT ライブラリにデータセット TEST を作成します．ライブラリにデータセットを作成する場合は，「DATA ライブラリ名．データセット」と記述します．エクスプローラ画面で TESTDT ライブラリをダブルクリックすると，データセット TEST が作成されていることが確認できます．

```
*--- ライブラリへのデータの作成 ;
data TESTDT.TEST ;
   input X Y Z ;
cards;
1 2 3
2 4 6
3 6 9
;
run;
```

エクスプローラ画面

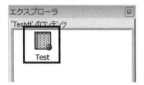

Windowsのフォルダ画面

2.4.3 ライブラリからのデータセットの読み込み

2.4.1，2.4.2 節で作成した TESTDT ライブラリのデータセット TEST を読み込んで，新たに TEST2 というデータセットを WORK ライブラリに作成します．上述しましたが，WORK ライブラリにデータセットを作成する場合は，ライブラリの指定は必要ありません．エクスプローラ画面で WORK ライブラリをダブルクリックすると，データセット TEST2 が作成されていることが確認できます．

```
*--- ライブラリのデータセットの読み込み ;
data TEST2 ;
    set TESTDT.TEST ; *--- ライブラリTESTDTのTESTを読み込む ;
run ;
```

エクスプローラ画面

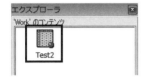

2.4.4　ライブラリやデータセットのコピー

copyプロシジャを使用して，ライブラリをそのままコピーしたり，ライブラリの中のデータセットを選択してコピーすることができます．copyプロシジャの主な構文を以下に示します．

```
proc copy in      = <コピー元ライブラリ>
          out     = <コピー先ライブラリ>
          memtype = <データの種類> ;
    select <データ1 データ2 …> ;
run ;
```

ここでは，2.4.1節で作成したTESTDTライブラリをTESTDT2ライブラリにコピーします．「C:¥temp2」フォルダにTESTDT2ライブラリを割り当てて，inにTESTDTライブラリ，outにTESTDT2ライブラリ，memtypeにDATAをそれぞれ指定してコピーの対象をデータセットとします．selectステートメントを使用して個々のデータセットのコピーを行うこともできますが，ここでは割愛します．

```
libname TESTDT2 "C:¥temp2" ;

proc copy in=TESTDT out=TESTDT2 memtype=DATA ;
run ;
```

次のように，TESTDT2ライブラリにデータセットTESTがコピーされていることが確認できます．

2 データハンドリング

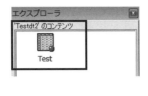

2.5 外部ファイルからのデータの読み込み

SASでは，テキストファイルやExcelファイルなど，様々な外部ファイルを読み込んでデータセットとして使用することができます．本節では，主な外部ファイル形式のファイルの読み込み方法を紹介します．

2.5.1 テキストファイルの読み込み

テキストファイルにデータが保存されている場合，filenameステートメント，infileステートメント，inputステートメントでデータを読み込むことができます．例えば，CドライブのtempフォルダにtestMtxtというデータファイルを読み込む場合，以下のように記述します．

```
*--- 任意のTEMPというファイル参照名に外部ファイルを割り当てる ;
filename TEMP "C:\temp\test.txt" ;

data TEST ;
   infile TEMP ; *---外部ファイルを指定 ;
   input ID GENDER AGE HEIGHT WEIGHT SMOKE $ ; *--- 読み込む変数を指定 ;
run ;
```

ファイル「test.txt」

```
1   1  55  175  65.2  Y
2   1  47  168  62.4  Y
3   2  39  158  47.2  N
4   2  62  152  45.9  Y
5   1  32  181  78.5  N
6   1  45  170  66.7  N
7   2  66  145  50.2  N
```

```
 8  2 33 160 48.3 Y
 9  2 43 159 46.7 Y
10  1 52 173 70.2 N
```

今回の例では，2.2.1 節で作成した DATA_201 と同じ内容のデータセットが TEST として作成されます．

2.5.2 Excel ファイルの読み込み

SAS には，Excel ファイルを読み込む方法がいくつか用意されています．主な読み込み方法を以下に示します．

- libname ステートメントの Excel エンジン
- import プロシジャ・データのインポート
- DDE（Dynamic Data Exchange）

(1) libname ステートメントの Excel エンジン

「libname <ライブラリ名> excel "Excel ファイルのパス" ;」で Excel ファイルにライブラリを割り当てて，「excel」と記述することで，SAS 上でファイル内の各シートをあたかもデータセットのように取り扱うことができる便利な機能です．各シートをデータセットとして読み込む際は，「set xxx.'シート名$'n ;」と記述します．

Excelファイル：test.xls（DATAシート）

以下の例では，Excel ファイル（"C:¥temp¥test.xls"）に _TEST ライブラリを割り当て，header=yes で一行目を変数名，mixed=no で，列には文字と数値が混ざらないことを指定しています．また，Excel ファイル内の DATA シートを読み込んで，新たにデータセット _TESTXLS を作成しています．

```
*--- libname excelエンジン ;
libname _TEST excel "C:¥temp¥test.xls" header=yes mixed=no ;
```

```
data _TESTXLS ;
   set _TEST.'DATA$'n ;
run ;

proc print data=_TESTXLS ; run ;
```

アウトプット画面

```
X  Y  Z
1  2  3
2  4  6
3  6  9
```

(2) import プロシジャ・データのインポート

import プロシジャの使用

importプロシジャを使用して，様々なデータ形式のファイル読み込むことができます．以下の例では，(1) と同様に，Excelファイル（"C:¥temp¥test.xls"）のDATAシートを読み込んで，データセット _TESTXLS2 を作成します．

```
*--- importプロシジャ ;
proc import out=_TESTXLS2 datafile= "C:¥temp¥test.xls" replace ;
   sheet    = "DATA" ;
   getnames = yes ;
   mixed    = no ;
run;
```

メニューからデータをインポートする方法

importプロシジャを記述せずに，メニューから外部ファイルを読み込むこともできます．以下では，上記のエクセルファイルをメニューから読み込んでデータセット _TESTXLS2_2 を作成します．

手順1 「ファイル」→「データのインポート」

「ファイル」メニューから「データのインポート」を選択します．

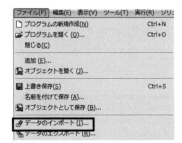

手順2 インポートタイプの選択

インポートウィザード画面でデータソースにExcelブックを選択して「次へ」をクリックします．

手順3 ワークブックの選択

「MS Excelへの接続」画面で，Excelファイルを選択します．

手順4 インポートするテーブルの選択

「テーブルの選択」画面でテーブルを選択して，作成するデータセット名を入力します．ここでは，ライブラリには自動的に表示されている「WORK」，データセット名に「_TESTXLS2_2」を入力して，「次へ」をクリックします．「完了」をクリックすればデータセットは作成されますが，次の画面で自動生成されるSASのプログラムを保存できる操作を行うため，「次へ」で作業を続けます．

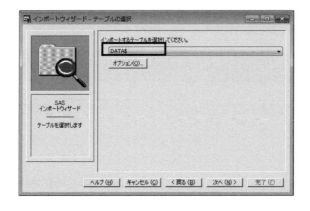

手順5 インポートプログラムの保存

「SAS ステートメントの作成」画面で，「C:¥temp¥_TESTXLS2_2.sas」と入力して，「完了」をクリックします．

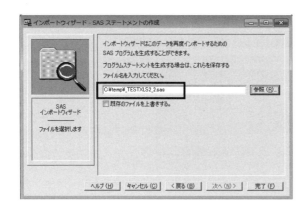

結果を次に示します．WORK ライブラリにデータセット _TESTXLS2_2 が正しく作成されていることが確認できます．

また，「C:¥temp」フォルダには「_TESTXLS2_2.sas」の SAS プログラムファイルが作成されていますので，ファイルの中身を確認してみましょう．メニューからデータをインポートした場合も，import プロシジャが自動的に実行されていますので，プログラムを作成してデータを読み込む際の参考としてください．

```
 _TESTXLS2_2.sas
  1 PROC IMPORT OUT= WORK._TESTXLS2_2
  2             DATAFILE= "C:\temp\test.xls"
  3             DBMS=EXCEL REPLACE;
  4      RANGE="DATA$";
  5      GETNAMES=YES;
  6      MIXED=NO;
  7      SCANTEXT=YES;
  8      USEDATE=YES;
  9      SCANTIME=YES;
 10 RUN;
 11
```

(3) DDE (Dynamic Data Exchange)

SASでは，`filename`ステートメントのDDEオプションで，DDE (Dynamic Data Exchange) と呼ばれる機能を利用することができます．DDEを用いると，Excelのデータから任意の変数名や属性をDATAステップで指定してデータセットを作成することができます．DDEを利用した処理の流れを以下に示します．

　　　　Excelファイルのデータ部分をコピー．
　⇒　　SASでDDE情報を取得．
　⇒　　`filename`ステートメントに情報を貼り付ける．
　⇒　　DATAステップでデータを読み込む．

まず，読み込み元となるExcelファイルを開き，データ部分をコピーします．

続いて，SAS上で「ソリューション」，「DDEトリプレット」を選択し，表示されたデータ範囲をコピーします．

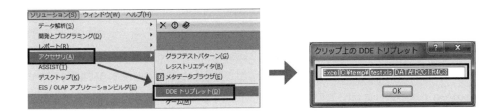

コピーしたデータ範囲を`libname`ステートメントのパスの部分に貼り付けます．プログラムと概要を次に示します．結果は (1)，(2) と同様になります．

- filenameステートメントでファイル参照名を「_XLSDDE」として，上記DDEでコピーした範囲を指定します．notabオプションでは，区切り文字にタブ文字以外も使用できるようになります．
- DATAステップのinfileステートメントで上記の「_XLSDDE」を指定します．さらに，以下のオプションを指定します．
  - dsdオプション：dlmオプションで区切られたデータについて，区切り文字が続いた場合に欠測値を格納します．
  - dlmオプション：データの区切り文字を指定します．ここでは，「'09'x」と指定して，タブ文字を区切り文字としています．
  - missoverオプション：同じオブザベーションの中で，inputステートメントに指定された変数の数と，区切り文字で区切られて入力されているデータの数が一致しない場合，一致しない変数に欠測値を格納します．
  - nopadオプション：変数の後ろにブランクを補完しないオプションです．

```
*--- DDE ;
filename _XLSDDE dde "Excel|C:¥temp¥[test.xls]DATA!R2C1:R4C3" notab ;

data _TESTXLS3 ;
   infile _XLSDDE dsd dlm='09'x missover nopad ;
   input X Y Z ;
run ;
```

2.6 外部ファイルへのデータの出力

前節では外部ファイルの読み込み方法を紹介しましたが，ここでは，逆にSASデータセットをテキストファイルやExcelファイルへ出力する方法を紹介します．また，第4章で要約統計量などのレポートを外部ファイルへ出力する方法も紹介していますので，併せて参考にしてください．

2.6.1 テキストファイルへの出力

データセットをテキストファイルへ出力する際は，filenameステートメント，fileステートメント，putステートメントを使用します．例えば，2.2.1節で作成したデータセットDATA_201について，「C:¥temp¥text_out」の「out.txt」というファイルに出力する場合，次のように記述します．また，「data _null_ ;」と記述すると，DATAステップの処理は行われますが，データセットを新たに作成しません．「put ID -- SMOKE ;」は，変数IDからSMOKEまでを全て出力するという指定になります．

```
*--- テキストファイルへの出力 ;
filename TXTOUT "C:\temp\text_out\out.txt" ;

data _null_ ;
   set DATA_201 ;
   file TXTOUT ;     *--- ファイルの出力 ;
   put ID -- SMOKE ; *--- 変数IDからSMOKEまで出力 ;
run ;
```

出力した「out.txt」ファイルの内容を次に示します．データセット DATA_201 の変数 ID から SMOKE が全て出力されています．

```
1 1 55 175 65.2 Y
2 1 47 168 62.4 Y
3 2 39 158 47.2 N
4 2 62 152 45.9 Y
5 1 32 181 78.5 N
6 1 45 170 66.7 N
7 2 66 145 50.2 N
8 2 33 160 48.3 Y
9 2 43 159 46.7 Y
10 1 52 173 70.2 N
```

2.6.2 Excel ファイルへの出力

SAS では，Excel ファイルの読み込みと同じく，データセットを Excel ファイルに出力することもできます．レポートやグラフの外部ファイルへの出力は第 4 章で紹介しますが，ここではデータセットを単純に Excel ファイルに出力する方法を紹介します．主な出力方法を以下に示します．

- 右クリックから Excel ファイルに出力
- export プロシジャ・データのエクスポート

(1) 右クリックから Excel ファイルに出力

エクスプローラ画面のデータセットを右クリックして「Excel で表示」を選択して，簡単な操作で Excel に出力することができます．SAS が自動的に「ODS HTML」というステートメントを実行して，Excel ファイルを出力しています．ここでは，データセット DATA_201 を右クリックします．

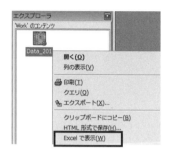

次に以下のポップアップ画面が出力されますが,「はい」を選択してください.これは,SAS が純粋な Excel ファイルを作成していないので出力される警告メッセージです.

出力される Excel ファイルを次に示します.データセットの内容がそのまま出力されていることが確認できます.

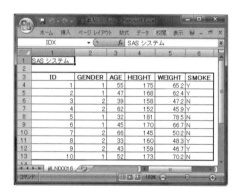

上述しましたが,SAS が純粋な Excel ファイルを作成していないため,リボンメニューの「名前を付けて保存」から,「Excel ブック」を選択して,純粋な Excel ファイルとして保存することができます.ここでは,「C:¥temp」フォルダに「Excel_out.xlsx」ファイルとして保存します.純粋な Excel ファイルとして保存された後は,警告メッセージが出力されずにファイルを開くことができます.

（2）export プロシジャ・データのエクスポート

export プロシジャの使用

export プロシジャを使用して，様々な外部ファイルにデータセットを出力することができます．以下では，データセット DATA_201 を Excel ファイル（"C:¥temp¥test_export.xls"）に出力しています．

```
*--- exportプロシジャ ;
filename XLSOUT "C:¥temp¥test_export.xls" ;

proc export data=DATA_201 outfile=XLSOUT DBMS=EXCEL replace ;
run;
```

データのエクスポート

export プロシジャを記述せずに，メニューから外部ファイルに出力することもできます．以下では，データセット DATA_201 を「test_export_2.xls」に出力します．

手順1　「ファイル」→「データのエクスポート」

「ファイル」メニューから「データのエクスポート」を選択します．

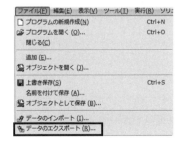

手順2 データセットの選択

エクスポートウィザード画面でライブラリと出力するデータセットを選択して「次へ」をクリックします．

手順3 エクスポートタイプの選択

エクスポートウィザード画面でデータソースに Excel ブックを選択して「次へ」をクリックします．

手順4 ワークブックの選択

「MS Excel への接続」画面で，Excel ファイルを選択します．

手順5 テーブルとプログラムの出力

「テーブルの選択」画面では何も選択せずに「次へ」をクリックします（自動的にシー

ト名が「Sheet」となります).「SAS ステートメントの作成」画面では,「C:¥temp¥test_export_2.sas」を入力して「完了」クリックします.

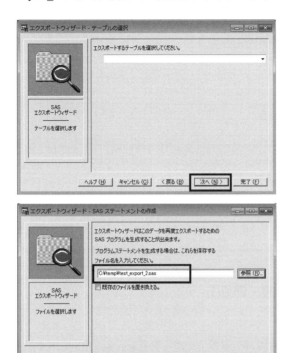

「C:¥temp」フォルダに「test_export_2.xls」ファイルが作成されていますので,開いて中身を確認します.正しくデータセット DATA_201 が出力されています.

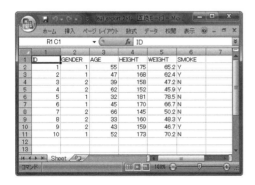

また,「C:¥temp」フォルダには「test_export_2.sas」の SAS プログラムファイルが作成されていますので,ファイルの中身を確認してみましょう.メニューからデータをエクスポートした場合も,export プロシジャが自動的に実行されていますので,データのインポートと同じく,プログラムを作成してデータを出力する際の参考としてください.

```
1  PROC EXPORT DATA= WORK.DATA_201
2              OUTFILE= "C:\temp\test_export_2.xls"
3              DBMS=EXCEL REPLACE;
4     SHEET="Sheet";
5  RUN;
```

2.7 データの整列

SORTプロシジャを使用して,指定した変数の値の順番にデータを並べ替えることができます.また,キー変数やオブザベーション全体の値が重複している場合に,重複しているオブザベーションを削除することもできます.

2.7.1 データの整列(昇順・降順)

byステートメントに変数を指定して,昇順にデータを並べ替えることができます.また,新たにデータセットを作成する場合は,outステートメントでデータセット名を指定します.

```
*--- データの整列:昇順 ;
proc sort data=DATA_201 out=DATA_201S ;
   by HEIGHT ;
run ;

proc print data=DATA_201S ;
run ;
```

結果を次に示します.HEIGHTの値で昇順に並び替えられています.

OBS	ID	GENDER	AGE	HEIGHT	WEIGHT	SMOKE
1	7	2	66	145	50.2	N
2	4	2	62	152	45.9	Y
3	3	2	39	158	47.2	N
4	9	2	43	159	46.7	Y
5	8	2	33	160	48.3	Y
6	2	1	47	168	62.4	Y
7	6	1	45	170	66.7	N
8	10	1	52	173	70.2	N
9	1	1	55	175	65.2	Y
10	5	1	32	181	78.5	N

降順に並べ替えたい場合は,該当する変数名の前にdescendingを記述します.次の例では,GENDER(性別)の昇順に並び替え,各性別の中でHEIGHT(身長)の降順に並び替えています.

```
*--- データの整列:降順 ;
proc sort data=DATA_201 out=DATA_201S2 ;
   by GENDER descending HEIGHT ;
run ;

proc print data=DATA_201S2 ;
run ;
```

結果を次に示します．GENDER で昇順に並び替えられた後，HEIGHT の値が降順に並び替えられています．

OBS	ID	GENDER	AGE	HEIGHT	WEIGHT	SMOKE
1	5	1	32	181	78.5	N
2	1	1	55	175	65.2	Y
3	10	1	52	173	70.2	N
4	6	1	45	170	66.7	N
5	2	1	47	168	62.4	Y
6	8	2	33	160	48.3	Y
7	9	2	43	159	46.7	Y
8	3	2	39	158	47.2	N
9	4	2	62	152	45.9	Y
10	7	2	66	145	50.2	N

2.7.2　キー変数やオブザベーションの重複削除

nodupkey オプションを使用して，by 変数で並べ替える際に，指定された変数（キー変数）の値が同じオブザベーションを削除します．以下の例では，自動車会社ごとの車種のタイプ別の価格を格納したデータセットについて，変数 COMPANY の値が重複している場合にオブザベーションを削除します．

```
*--- キー変数の重複削除 ;
data CAR ;
   input @1 COMPANY $1. @3 TYPE $6. @10 PLICE $10. ;
cards;
A Sedan  ¥1,520,000
A SUV    ¥2,870,000
C Sports ¥3,250,000
C Sedan  ¥1,880,000
B Wagon  ¥2,200,000
B Sedan  ¥1,680,000
;
run ;
*--- 並べ替えとキー変数の重複削除 ;
proc sort data=CAR out=CAR_NODUP nodupkey ;
   by COMPANY ;
run ;
*--- データの表示 ;
proc print data=CAR_NODUP ;
```

```
run ;
```

結果を次に示します．変数 COMPANY の値が重複しているオブザベーションは削除されています．

```
OBS   COMPANY   TYPE     PLICE
1       A       Sedan    ¥1,520,000
2       B       Wagon    ¥2,200,000
3       C       Sports   ¥3,250,000
```

キー変数だけではなく，全ての変数の値が重複している場合にオブザベーションを削除する場合は，nodup オプションを使用します．以下の例では，各オブザベーションの変数 COMPANY と TYPE の値がそれぞれ重複しています．

```
*--- オブザベーションの重複削除 ;
data CAR2 ;
   input @1 COMPANY $1. @3 TYPE $6. ;
cards;
B Wagon
B Wagon
A Sedan
A Sedan
;
run ;
*--- 並べ替えとオブザベーションの重複削除 ;
proc sort data=CAR2 out=CAR2_NODUP nodup ;
   by COMPANY ;
run ;
*--- データの表示 ;
proc print data=CAR2_NODUP ;
run ;
```

print プロシジャの出力結果を次に示します．重複しているオブザベーションが削除されています．

```
OBS   COMPANY   TYPE
1       A       Sedan
2       B       Wagon
```

2.8 データの結合

データの結合方法について説明します．データの結合方法には主に set ステートメントを用いる方法と，merge ステートメントを用いる方法があります．

- set ステートメントによる縦結合
- append プロシジャによる縦結合
- merge ステートメントによる横結合

以下にそれぞれの結合方法を紹介します．

2.8.1 set ステートメントによる結合（縦結合）

set ステートメントを用いてデータセットを結合する場合，データセットは縦に結合されます．データセット間で同じ変数を持つ場合は，縦結合する際に同じ変数として認識されて，結合後は1つの変数として扱われます．

```
data <データセット名> ;
    set <データセット1 データセット2 …> ;
    SASステートメント
run ;
```

set ステートメントで縦結合する際のイメージを以下に示します．

各データセットの変数が同じ場合の縦結合

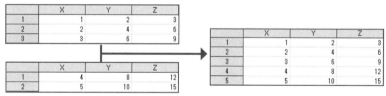

各データセットの変数が異なる場合の縦結合

いずれかのデータセットにしか存在しない変数については，その変数が存在しないデータセット由来のオブザベーションに欠側値（数値変数では「.」，文字ではブランク）が自動的に格納されます．

2 データハンドリング

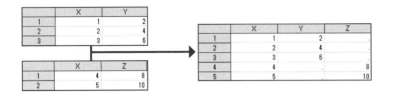

それでは，実際にプログラムを見ていきましょう．

set ステートメントによる縦結合

以下の例では，今回作成する「DATA_207」と，2.2.1 節で作成した「DATA_201」を set ステートメントで縦に結合します．

```
*--- setステートメントによる結合 ;
data DATA_207 ;
   input ID GENDER AGE HEIGHT WEIGHT ;
cards ;
11   2  56  148  40.2
12   1  46  168  62.4
13   2  38  158  47.2
14   1  63  172  65.9
15   2  34  161  48.5
16   1  47  175  66.7
17   2  68  145  50.2
18   2  33  160  48.3
19   2  43  159  46.7
20   1  57  173  70.2
;
run ;

data SET1 ;
   set DATA_201 DATA_207 ; *--- 縦結合 ;
run ;
```

結果を次に示します．

ID	GENDER	AGE	HEIGHT	WEIGHT	SMOKE
1	1	55	175	65.2	Y
2	1	47	168	62.4	Y
3	2	39	158	47.2	N
4	2	62	152	45.9	Y
5	1	32	181	78.5	N
6	1	45	170	66.7	N
7	2	66	145	50.2	N
8	2	33	160	48.3	Y
9	2	43	159	46.7	Y
10	1	52	173	70.2	N

ID	GENDER	AGE	HEIGHT	WEIGHT
11	2	56	148	40.2
12	1	46	168	62.4
13	2	38	158	47.2
14	1	63	172	65.9
15	2	34	161	48.5
16	1	47	175	66.7
17	2	68	145	50.2
18	2	33	160	48.3
19	2	43	159	46.7
20	1	57	173	70.2

ID	GENDER	AGE	HEIGHT	WEIGHT	SMOKE
1	1	55	175	65.2	Y
2	1	47	168	62.4	Y
3	2	39	158	47.2	N
4	2	62	152	45.9	Y
5	1	32	181	78.5	N
6	1	45	170	66.7	N
7	2	66	145	50.2	N
8	2	33	160	48.3	Y
9	2	43	159	46.7	Y
10	1	52	173	70.2	N
11	2	56	148	40.2	
12	1	46	168	62.4	
13	2	38	158	47.2	
14	1	63	172	65.9	
15	2	34	161	48.5	
16	1	47	175	66.7	
17	2	68	145	50.2	
18	2	33	160	48.3	
19	2	43	159	46.7	
20	1	57	173	70.2	

ここで，set ステートメントによる縦結合の注意点を以下に示します．

- 変数の属性（ラベルや長さやフォーマットなど）は，最初に記述したデータセットのものが優先されます．今回での例では，データセット DATA_201 のものが優先されます．
- 上述したように，同じ名前の変数が存在しない場合，全て欠測値が格納されます．上記の例では，データセット DATA_206 には変数 SMOKE が存在しないため，該当するオブザベーションの SMOKE の値は全て欠測値（ブランク）が格納されています．

データセット名が連番の場合

データセット名が連番の場合は，以下のようにまとめて指定して縦結合を行うことができます．ここでは，データセット DT1，DT2，DT3 を「DT1 - DT3」とまとめて記述しています．

```
*--- setステートメントによる結合(連番) ;
data DT1 ;
   input A B C ;
cards;
1 2 3
;
run ;
data DT2 ;
   input A C D ;
cards;
1 2 3
;
```

```
run ;
data DT3 ;
   input B C D ;
cards;
1 2 3
;
run ;

data DT_ALL ;
   set DT1 - DT3 ; *--- 連番で指定 ;
run ;
```

printプロシジャの結果を次に示します．DT1〜DT3が縦結合されていることが確認できます．また，各変数の有無によって，欠測値が自動的に格納されていることも確認できます．

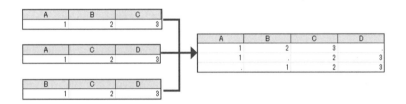

2.8.2 appendプロシジャによる結合（縦結合）

appendプロシジャは，データセットを縦結合するためのプロシジャです．setステートメントと処理の内容は同じですが，appendプロシジャのほうが速く処理されますので，大きなデータセットを扱う場合などは，appendプロシジャを使用して結合するほうが効率的です．「base=」に指定された元データセットが存在する場合は，そこに含まれる変数の属性（変数のタイプ，ラベル，長さ，フォーマットなど）が優先して適用されますが，元データセットが存在しない場合は，「data=」に指定された変数の属性が適用されます．

```
*--- appnedプロシジャの指定方法 ;
proc append base=<元データセット> data=<下に結合するデータセット> ;
run ;
```

以下では，2.2.1節で作成したデータセットDATA_201を存在していないデータセットDATA_APPENDに結合させてデータセットをコピーして，再度appendプロシジャを使用してDATA_207を縦に結合しています．appendプロシジャは，元データセットが存在しない場合や，結合するデータセットに変数が存在しない場合などにログ画面にメッセージを出力してくれますので，併せて確認しておきましょう．

```
*--- appendプロシジャによる結合 ;
proc append base=DATA_APPEND data=DATA_201 ; run ;
proc append base=DATA_APPEND data=DATA_207 ; run ;
```

作成されるデータセット DATA_APPEND を次に示します.

ID	GENDER	AGE	HEIGHT	WEIGHT	SMOKE
1	1	55	175	65.2	Y
2	1	47	168	62.4	Y
3	2	39	158	47.2	N
4	2	62	152	45.9	Y
5	1	32	181	78.5	N
6	1	45	170	66.7	N
7	2	66	145	50.2	N
8	2	33	160	48.3	Y
9	2	43	159	46.7	Y
10	1	52	173	70.2	N
11	2	56	148	40.2	
12	1	46	168	62.4	
13	2	38	158	47.2	
14	1	63	172	65.9	
15	2	34	161	48.5	
16	1	47	175	66.7	
17	2	68	145	50.2	
18	2	33	160	48.3	
19	2	43	159	46.7	
20	1	57	173	70.2	

続いて,ログ画面も確認しましょう.元データセットが存在しない情報や,変数が存在しない情報が出力されています.

```
59   *--- appendプロシジャによる結合 ;
60   proc append base=DATA_APPEND data=DATA_201 ; run ;

NOTE: WORK.DATA_201 を WORK.DATA_APPEND に追加します.
NOTE: データセット WORK.DATA_201 から 10 オブザベーションを読み込みました.
NOTE: 10 オブザベーションが追加されました.
NOTE: データセット WORK.DATA_APPEND は 30 オブザベーション、6 変数です.
NOTE: PROCEDURE APPEND 処理 (合計処理時間):
      処理時間           0.01 秒
      CPU 時間           0.01 秒

61   proc append base=DATA_APPEND data=DATA_207 ; run ;

NOTE: WORK.DATA_207 を WORK.DATA_APPEND に追加します.
WARNING: 変数 SMOKE は DATA ファイル上に見つかりません.
NOTE: データセット WORK.DATA_207 から 10 オブザベーションを読み込みました.
NOTE: 10 オブザベーションが追加されました.
NOTE: データセット WORK.DATA_APPEND は 40 オブザベーション、6 変数です.
NOTE: PROCEDURE APPEND 処理 (合計処理時間):
      処理時間           0.01 秒
      CPU 時間           0.01 秒
```

2.8.3 merge ステートメントを用いた結合(横結合)

続いて,データセットを横に結合する方法を紹介します.データセットを横に結合する場合は,merge ステートメントを使用します.merge ステートメントは,キーとなる変数を指定してデータセットを結合することができます.

```
data <データセット名> ;
   merge <データセット1 データセット2 …> ;
   by <キー変数1 キー変数2 …> ;
```

```
    SASステートメント
run ;
```

mergeステートメントで横結合する際のイメージを以下に示します．キー変数が一致しないオブザベーションについては，そのキー変数の値が存在しないデータセット由来のオブザベーションについては，該当する変数に欠測値が自動的に格納されます．

1:1の横結合（キー変数はX）

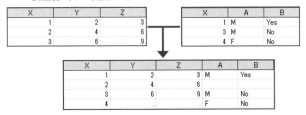

1:nの横結合（キー変数はX）

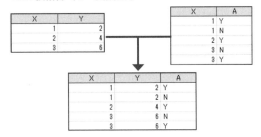

mergeステートメントによる横結合を行う場合の注意点を以下に示します．

- mergeステートメントによるキー変数を用いたデータの結合を行う際には，事前にSORTプロシジャでキー変数の順番でデータを並べ替えておく必要があります．
- 結合するデータセットに同じ変数名が存在する場合は，後から結合したデータセットの変数の値に上書きされてしまいますので，横結合する際は，なるべく同じ変数名を使用しないようにしましょう．

それでは，実際のプログラムを見ていきましょう．

キー変数の値が一致する場合

ここでは，データセットDATA_201と同じIDの値を持つデータセットDATA_M1を作成して，IDをキー変数として結合します．IDが同じ値を持つオブザベーション同士が結合されます．

```
*--- mergeステートメントによる結合1 ;
data DATA_M1 ;
    input ID NAME $ AREA $ ;
cards ;
```

```
  1  山田 大阪府
  2  田中 千葉県
  3  清水 東京都
  4  野村 京都府
  5  松野 長野県
  6  岡本 奈良県
  7  橋本 兵庫県
  8  上田 兵庫県
  9  岩本 大阪府
 10  工藤 山口県
;
run ;
*--- データの整列 ;
proc sort data=DATA_201 ; by ID ; run ;
proc sort data=DATA_M1  ; by ID ; run ;
*--- データの結合 ;
data MERGE1 ;
    merge DATA_201 DATA_M1 ; *--- 横結合 ;
    by ID ;                  *--- 結合する際のキー変数 ;
run ;
```

結果を次に示します．IDは全て同じ値なので，同じオブザベーションとして認識されて，他の変数も同じオブザベーションとして結合されています．

ID	GENDER	AGE	HEIGHT	WEIGHT	SMOKE
1	1	55	175	65.2	Y
2	1	47	168	62.4	Y
3	2	39	158	47.2	N
4	2	62	152	45.9	Y
5	1	32	181	78.5	N
6	1	45	170	66.7	N
7	2	66	145	50.2	N
8	2	33	160	48.3	Y
9	2	43	159	46.7	Y
10	1	52	173	70.2	N

ID	NAME	AREA
1	山田	大阪府
2	田中	千葉県
3	清水	東京都
4	野村	京都府
5	松野	長野県
6	岡本	奈良県
7	橋本	兵庫県
8	上田	兵庫県
9	岩本	大阪府
10	工藤	山口県

ID	GENDER	AGE	HEIGHT	WEIGHT	SMOKE	NAME	AREA
1	1	55	175	65.2	Y	山田	大阪府
2	1	47	168	62.4	Y	田中	千葉県
3	2	39	158	47.2	N	清水	東京都
4	2	62	152	45.9	Y	野村	京都府
5	1	32	181	78.5	N	松野	長野県
6	1	45	170	66.7	N	岡本	奈良県
7	2	66	145	50.2	N	橋本	兵庫県
8	2	33	160	48.3	Y	上田	兵庫県
9	2	43	159	46.7	Y	岩本	大阪府
10	1	52	173	70.2	N	工藤	山口県

キー変数の値が一致しない場合

結合するデータセットについて，それぞれのキー変数（ここではID）が同じ値を持つオブザベーションが存在しない場合は，そのオブザベーションが存在しないデータセットの変数に欠測値が代入されます．以下の例では，データセットDATA_M2に同じIDの値を持つオブザベーションが存在しないため，変数NAMEとAREAに欠測値が格納されています．

```
*--- mergeステートメントによる結合2 ;
data DATA_M2 ;
   input ID NAME $ AREA $ ;
cards ;
1  山田  大阪府
3  清水  東京都
5  松野  長野県
7  橋本  兵庫県
9  岩本  大阪府
10 工藤  山口県
;
run ;
*--- データの整列 ;
proc sort data=DATA_201 ; by ID ; run ;
proc sort data=DATA_M2  ; by ID ; run ;
*--- データの結合 ;
data MERGE2 ;
   merge DATA_201 DATA_M2 ;
   by ID ;
run ;
```

作成されたデータセットを確認します．DATA_M2に存在せず，DATA_201だけに存在するIDのオブザベーションのNAME，AREA変数には欠測値が代入されています．

ID	GENDER	AGE	HEIGHT	WEIGHT	SMOKE
1	1	55	175	65.2	Y
2	1	47	168	62.4	Y
3	2	39	158	47.2	N
4	2	62	152	45.9	Y
5	1	32	181	78.5	N
6	1	45	170	66.7	N
7	2	66	145	50.2	N
8	2	33	160	48.3	Y
9	2	43	159	46.7	Y
10	1	52	173	70.2	N

ID	NAME	AREA
1	山田	大阪府
3	清水	東京都
5	松野	長野県
7	橋本	兵庫県
9	岩本	大阪府
10	工藤	山口県

ID	GENDER	AGE	HEIGHT	WEIGHT	SMOKE	NAME	AREA
1	1	55	175	65.2	Y	山田	大阪府
2	1	47	168	62.4	Y		
3	2	39	158	47.2	N	清水	東京都
4	2	62	152	45.9	Y		
5	1	32	181	78.5	N	松野	長野県
6	1	45	170	66.7	N		
7	2	66	145	50.2	N	橋本	兵庫県
8	2	33	160	48.3	Y		
9	2	43	159	46.7	Y	岩本	大阪府
10	1	52	173	70.2	N	工藤	山口県

in ステートメントの使用

ここでは，データセットを結合する際に，inステートメントを使用して，いずれかのデータセットのオブザベーションへの絞り込みや，処理の分岐を行う方法を紹介します．inステートメントは，mergeステートメントで指定されたデータセット名の後ろの括弧内で「in=R」のように記述します．

ここで,「R」は任意の名前で,自動変数として処理されます.自動変数は,値が自動的に格納されていますが,結果のデータセットには出力されない変数です.以下の例では,データセット DATA_M2 由来のオブザベーションには自動的に R に 1 が格納されます.「if R ;」は,サブセット化のif と呼ばれ,R が 1 のオブザベーション,つまり,DATA_M2 由来のオブザベーションに絞り込まれます.サブセット化の if については 2.16 節を参照してください.

```
*--- mergeステートメントによる結合3 ;
data DATA_M3 ;
   merge DATA_201 DATA_M2(in=R) ;
   by ID ;

   if R ; *--- DATA_M2のレコードへの絞り込み([R=1]でも同じ) ;
run ;
```

結果を次に示します.データセット DATA_M2 由来のオブザベーションに絞り込まれていることが確認できます.このように,in ステートメントを使用して,オブザベーションを絞り込んだり,2.11 節で紹介する if ステートメントと組み合わせて,どのデータセットに存在しているオブザベーションであるかを特定して処理を分岐させることもできます.

ID	GENDER	AGE	HEIGHT	WEIGHT	SMOKE
1	1	55	175	65.2	Y
2	1	47	168	62.4	Y
3	2	39	158	47.2	N
4	2	62	152	45.9	Y
5	1	32	181	78.5	N
6	1	45	170	66.7	N
7	2	66	145	50.2	N
8	2	33	160	48.3	Y
9	2	43	159	46.7	Y
10	1	52	173	70.2	N

ID	NAME	AREA
1	山田	大阪府
3	清水	東京都
5	松野	長野県
7	橋本	兵庫県
9	岩本	大阪府
10	工藤	山口県

ID	GENDER	AGE	HEIGHT	WEIGHT	SMOKE	NAME	AREA
1	1	55	175	65.2	Y	山田	大阪府
3	2	39	158	47.2	N	清水	東京都
5	1	32	181	78.5	N	松野	長野県
7	2	66	145	50.2	N	橋本	兵庫県
9	2	43	159	46.7	Y	岩本	大阪府
10	1	52	173	70.2	N	工藤	山口県

(1:n) の横結合

これまでは,キー変数の値の一致・不一致はあるものの,キー変数が同じ値のオブザベーションが複数存在することはありませんでしたが,ここでは,片方のデータセットについて,同じキー変数の値を持つオブザベーションが複数存在する場合の横結合を見てみましょう.指定方法は同じですが,上記のイメージで示したように,片方のデータセット(同じキー変数の値を持つオブザベーションが複数存在しないデータセット)のオブザベーションの内容が複製されて格納されます.次の例では,性別の情報を持つデータセットと,薬剤を投与された際に発現した有害事象の情報を格納したデータセットの横結合を行います.有害事象は,各被験者について何回発現するか分からないため,各被験者について複数オブザベーションが格納されています.

```
*--- mergeステートメントによる結合4 ;
data DATA_M4_1 ;
   input ID GENDER ;
cards;
1 男性
2 女性
3 男性
;
run ;

data DATA_M4_2 ;
   input ID NO AE $ ;
cards;
1 1 感冒
1 2 下痢
2 1 発熱
3 1 腰痛
3 2 骨折
;
run ;

proc sort data=DATA_M4_1 ; by ID ; run ;
proc sort data=DATA_M4_2 ; by ID ; run ;

data DATA_M4 ;
   merge DATA_M4_1 DATA_M4_2 ;
   by ID ;
run ;
```

結果のデータセット DATA_M4 を次に示します．1つ目のデータセットのオブザベーション（IDが1と3）が複製されていることが確認できます．

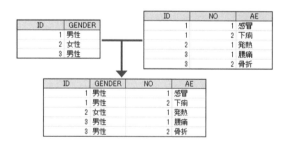

2.9 変数の作成・演算

ここでは，SAS 変数の作成方法や，四則演算などの演算方法を紹介します．

2.9.1 変数の作成

2.1 節で紹介したように，変数には数値変数と文字変数があり，「=」を使用して変数に値を代入します．数値変数は数値をそのまま代入し，文字変数は引用符（' や "）で囲んだ文字列を代入します．

```
*--- 変数の作成 ;
data DATA_VAR1 ;
   a = 1     ; *--- 数値変数 ;
   b = "bbb" ; *--- 文字変数 ;
run ;

proc print data=DATA_VAR1 ;
run ;
```

print プロシジャの結果を次に示します．数値変数 a には 1，文字変数 b には「bbb」が代入されています．

```
OBS   a   b
 1    1   bbb
```

2.9.2 変数の演算

SAS では，以下の演算子を用いて四則演算を行います．

```
*--- 四則演算 ;
data DATA_VAR2 ;
   X = 8 + 7 ; *--- 足し算 ;
   Y = 8 - 5 ; *--- 引き算 ;
   Z = 3 * 4 ; *--- 掛け算 ;
   W = 9 / 3 ; *--- 割り算 ;
run ;

proc print data=DATA_VAR2 ;
run ;
```

printプロシジャの結果を次に示します．各変数に四則演算の結果が格納されています．

```
OBS    X     Y     Z     W
 1    15     3    12     3
```

また，関数などを使用して，以下のように様々な演算を行うことができます．

```
*--- その他の演算 ;
data DATA_VAR3 ;
   X = 3 ** 2   ; *--- べき乗 ;
   Y = sqrt(2) ; *--- 平方根 ;
   W = log(2)  ; *--- 自然対数 ;
   Z = exp(2)  ; *--- 自然対数の底のべき乗 ;
run ;

proc print data=DATA_VAR3 ;
run ;
```

printプロシジャの結果を次に示します．

```
OBS    X        Y         W          Z
 1     9     1.41421   0.69315    7.38906
```

SASで使用できる主な数学関数は以下になります．

関数	効果	関数	効果
abs(X)	絶対値	log10(X)	常用対数
beta(X)	ベータ関数	mod(X,Y)	X/Yの剰余
cos(X)	余弦関数	sign(X)	符号関数（正：1，負：-1，0：0）
exp(X)	指数関数	sin(X)	正弦関数
log(X)	自然対数	sqrt(X)	平方根
log2(X)	底が2の対数	tan(X)	正接関数

変数同士の演算によって新しい変数を作成することもできます．ここでは，変数WEIGHTと変数HEIGHTから，新しい変数BMIを算出しています．

```
*--- 新しい変数の作成 ;
data DATA_VAR4 ;
   set DATA_201 ;
   BMI = WEIGHT / ((HEIGHT/100)**2) ;
run ;
```

```
proc print data=DATA_VAR4 ;
run ;
```

printプロシジャの結果を次に示します．全てのオブザベーションについて，BMIが計算されていることが確認できます．

OBS	ID	GENDER	AGE	HEIGHT	WEIGHT	SMOKE	BMI
1	1	1	55	175	65.2	Y	21.2898
2	2	1	47	168	62.4	Y	22.1088
3	3	2	39	158	47.2	N	18.9072
4	4	2	62	152	45.9	Y	19.8667
5	5	1	32	181	78.5	N	23.9614
6	6	1	45	170	66.7	N	23.0796
7	7	2	66	145	50.2	N	23.8763
8	8	2	33	160	48.3	Y	18.8672
9	9	2	43	159	46.7	Y	18.4724
10	10	1	52	173	70.2	N	23.4555

DATAステップの処理の流れについて

ここで，DATAステップの処理の流れをまとめておきましょう．上記の例では，データセットDATA_201の全てのオブザベーションについて，BMIが計算されて変数BMIに結果が格納されています．SASでは，「data <データセット名> ;」と「run ;」の間に記述されたSASステートメントの処理を，1オブザベーションずつ順番に実行します．「run ;」が記述されている箇所まで処理が実行されると，次のオブザベーションに対して，また「data <データセット名> ;」の後に記述されている処理が自動的に繰り返されます．つまり，処理を繰り返すことを明示的に指定しなくても，各オブザベーションに対して順番に処理が実行されます．上記の例では，以下の流れで最後のオブザベーションまで処理が実行されています．

　　データセットDATA_201の1オブザベーション目について，BMIを計算．
　⇒「run ;」が記述されているので，処理の結果を新しいデータセットDATA_VAR4に出力して，次の
　　オブザベーションについてBMIを計算．
　⇒ 最後のオブザベーションまで同じ処理を実行．

DATAステップでデータハンドリングを行う際は，各オブザベーションに対する上記の処理の流れを常に意識してプログラムを作成しましょう．

2.10 変数の保持・削除

　KEEP ステートメントまたは DROP ステートメントを使用すると，データセットに保持する変数や，削除する変数を指定できます．どちらのステートメントを使用してもデータセット内の変数を整理することができますが，KEEP ステートメントでデータセットに保持する変数が記述されていれば，後の処理に必要な変数名が並べて記述されているため，プログラムを第三者がチェックする場合などに確認が容易であると考えられています．

2.10.1　keep・drop ステートメントの基本的な使用例

　ここでは，KEEP と DROP を使用して，新たに作成するデータセットについて，それぞれ変数を保持・削除しています．

```
*--- keep, dropステートメント ;
data DATA_KEEP ;
   set DATA_VAR4 ;
   keep ID BMI ; *--- 保持する変数を指定 ;
run ;

data DATA_DROP ;
   set DATA_201 ;
   drop AGE GENDER ; *--- 削除する変数を指定 ;
run ;

proc print data=DATA_KEEP noobs ; run ;
proc print data=DATA_DROP noobs ; run ;
```

print プロシジャの結果を次に示します．

データセット DATA_KEEP

ID	BMI
1	21.2898
2	22.1088
3	18.9072
4	19.8667
5	23.9614
6	23.0796
7	23.8763
8	18.8672
9	18.4724
10	23.4555

データセット DATA_DROP

ID	HEIGHT	WEIGHT	SMOKE
1	175	65.2	Y
2	168	62.4	Y
3	158	47.2	N
4	152	45.9	Y
5	181	78.5	N
6	170	66.7	N
7	145	50.2	N
8	160	48.3	Y
9	159	46.7	Y
10	173	70.2	N

2.10.2 データセット読み込み時の keep・drop ステートメントの使用

データセットを読み込む際に変数の保持及び削除を行うこともできます．データセット名の後の括弧内に「keep= 変数リスト」または「drop= 変数リスト」を記述します．結果は上記と同様になります．

```
*--- keep, dropステートメント2 ;
data DATA_KEEP2 ;
   set DATA_VAR4(keep=ID BMI) ; *--- 保持する変数を読み込み時に指定 ;
run ;

data DATA_DROP2 ;
   set DATA_201(drop=AGE GENDER) ; *--- 削除する変数を読み込み時に指定 ;
run ;
```

2.10.3 変数をまとめて保持・削除する方法

変数名が，X1 ～ X10 のように連番で与えられている場合は，「X1 - X5」のように，まとめて変数を指定することができます．また，「X -- Z」のように，データセットに格納されている変数の範囲をまとめて指定することもできます．以下では，keep ステートメントでは連番，drop ステートメントでは変数の範囲をまとめて指定しています．

```
*--- keep, dropステートメント3 ;
data DATA_KEEP3 ;
   DUMMY = 3 ;
   X1    = DUMMY ;
   X2    = 2*DUMMY ;
   X3    = 3*DUMMY ;

   keep X1 - X3 ; *--- 保持する変数の連番をまとめて指定 ;
run ;

data DATA_DROP3 ;
   DUMMYX = 1 ;
   DUMMYY = 2 ;
   DUMMYZ = 3 ;
   A     = 3*DUMMYX ;
   B     = 3*DUMMYY ;
   C     = 3*DUMMYZ ;

   drop DUMMYX -- DUMMYZ ; *--- 削除する変数の範囲をまとめて指定 ;
run ;
```

```
proc print data=DATA_KEEP3 noobs ; run ;
proc print data=DATA_DROP3 noobs ; run ;
```

printプロシジャの結果を次に示します．

データセットDATA_KEEP3

X1	X2	X3
3	6	9

データセットDATA_DROP3

A	B	C
3	6	9

2.11 条件分岐

SASには，条件分岐を行うステートメントがいくつか用意されています．条件分岐に用いる主な演算子と使用例を下表に示します．

演算子の使用例	意味
A = B または A eq B	AとBが同じ
A ^= B または A ne B	AとBが異なる
A > 10 または A gt 10	Aが10未満
A < 10 または A lt 10	Aが10より大きい
A >= 10 または A ge 10	Aが10以上
A <= 10 または A le 10	Aが10以下
A=1 and B=1 または A=1 & B=1	Aが1かつBが1
A=1 or B=1 または A=1 | B=1	Aが1またはBが1
not(A=1) または ^(A=1)	Aが1でない

2.11.1 ifステートメント

ifステートメントは，条件に合致するかしないかで処理を変えたい場合に使用するステートメントで，以下のように記述します．処理が複数ステートメントになる場合は，処理を「do ; ～ end ;」で囲みます．

```
*--- ifステートメント：処理が1ステートメントの場合 ;
if      <条件1> then <条件1が真の場合の処理> ;
else if <条件2> then <条件1が偽で条件2が真の場合の処理> ;
else <条件1と2がいずれも偽の場合の処理> ;

*--- ifステートメント：処理が複数ステートメントの場合 ;
```

```
if      <条件1> then do ; <条件1が真の場合の処理>… ;          end ;
else if <条件2> then do ; <条件1が偽で条件2が真の場合の処理>… ; end ;
else do ; <条件1と2がいずれも偽の場合の処理>… ; end ;
```

それでは，実際の使用例を見ていきましょう．以下の例では，データセット DATA_201 について，AGE が 40 以上のオブザベーションをデータセット DATA_IF1 に出力します．なお，output ステートメントは，処理中のオブザベーションをデータセットに出力するために使用します．output ステートメントが記述されている場合は，output ステートメント以外の箇所ではデータセットにオブザベーションが出力されません．

```
*--- 条件分岐: ifステートメント ;
data DATA_IF1 ;
   set DATA_201 ;
   if AGE >= 40 then output ;
run ;

proc print data=DATA_IF1 ;
run ;
```

print プロシジャの結果を次に示します．AGE が 40 以上のオブザベーションが出力されていることが確認できます．

OBS	ID	GENDER	AGE	HEIGHT	WEIGHT	SMOKE
1	1	1	55	175	65.2	Y
2	2	1	47	168	62.4	Y
3	4	2	62	152	45.9	Y
4	6	1	45	170	66.7	N
5	7	2	66	145	50.2	N
6	9	2	43	159	46.7	Y
7	10	1	52	173	70.2	N

以下のように，else ステートメントを使用することにより，複数の条件分岐を記述することができます．

```
*--- 条件分岐: ifステートメントとelseステートメント ;
data DATA_IF2 ;
   set DATA_201 ;
   if      AGE <= 40 then CAT = 1 ;
   else if AGE <= 50 then CAT = 2 ;
   else                   CAT = 3 ;
run ;

proc print data=DATA_IF2 ;
run ;
```

printプロシジャの結果を次に示します．変数CATには，AGEが40以下の場合は1，50以下は2，それ以外は3が格納されています．

```
OBS  ID  GENDER  AGE  HEIGHT  WEIGHT  SMOKE  CAT
 1    1    1      55    175    65.2     Y     3
 2    2    1      47    168    62.4     Y     2
 3    3    2      39    158    47.2     N     1
 4    4    2      62    152    45.9     Y     3
 5    5    1      32    181    78.5     N     1
 6    6    1      45    170    66.7     N     2
 7    7    2      66    145    50.2     N     3
 8    8    2      33    160    48.3     Y     1
 9    9    2      43    159    46.7     Y     2
10   10    1      52    173    70.2     N     3
```

処理が複数ステートメントになる場合は，以下のように「do ; ～ end ;」で囲んで処理を記述します．

```
*--- 条件分岐: ifステートメントとdo,endステートメント ;
data DATA_IF3 ;
   set DATA_201 ;
   if AGE <= 60 and GENDER = 1 then do ;
      AGE_CAT1 = 1 ;
      AGE_GEN  = 1 ;
   end ;
   else if AGE <= 60 and GENDER = 2 then do ;
      AGE_CAT1 = 1 ;
      AGE_GEN  = 2 ;
   end ;
   else if AGE > 60 and GENDER = 1 then do ;
      AGE_CAT1 = 2 ;
      AGE_GEN  = 3 ;
   end ;
   else if AGE > 60 and GENDER = 2 then do ;
      AGE_CAT1 = 2 ;
      AGE_GEN  = 4 ;
   end ;
run ;

proc print data=DATA_IF3 ;
run ;
```

printプロシジャの結果を次に示します．AGE_CAT1には1(60以下)と2(60超)，AGE_GENには，AGEとGENDERの組み合わせで1～4が格納されています．

```
 OBS    ID   GENDER   AGE   HEIGHT   WEIGHT   SMOKE   AGE_CAT1   AGE_GEN
  1      1      1      55     175     65.2      Y         1          1
  2      2      1      47     168     62.4      Y         1          1
  3      3      2      39     158     47.2      N         1          2
  4      4      2      62     152     45.9      Y         2          4
  5      5      1      32     181     78.5      N         1          1
  6      6      1      45     170     66.7      N         1          1
  7      7      2      66     145     50.2      N         2          4
  8      8      2      33     160     48.3      Y         1          2
  9      9      2      43     159     46.7      Y         1          2
 10     10      1      52     173     70.2      N         1          1
```

2.11.2 select-when ステートメント

ifステートメント同様，条件が真・偽の場合にそれぞれ異なる処理を実行することができます．使用方法を次に示します．otherwiseステートメントでは，それまでの条件が真でない場合の処理を記述することができます．

```
*--- selectステートメントの使用方法：処理が1ステートメントの場合 ;
select ;
   when (条件1) 処理 ;
   when (条件2) 処理 ;
   … ;
   otherwise    処理 ;
end ;
*--- selectステートメントの使用方法：処理が複数ステートメントの場合 ;
select ;
   when (条件1) do ; 処理… ; end ;
   when (条件2) do ; 処理… ; end ;
   … ;
   otherwise    do ; 処理… ; end ;
end ;
*--- 変数名を指定する場合(複数の場合は上記同様do-endを記述) ;
select (変数名) ;
   when(値1) 処理 ;
when(値2) 処理 ;
… ;
otherwise 処理 ;
end ;
```

実際の使用例を見ていきましょう．以下では，データセットDATA_201について，AGEの値の各条件に従って変数CATに値を格納しています．

```
*--- 条件分岐：select - whenステートメント ;
data DATA_SL1 ;
   set DATA_201 ;
   select ;
      when (      AGE < 40) CAT = 1 ;
```

```
         when (40 <= AGE < 50) CAT = 2 ;
         otherwise              CAT = 3 ;
      end ;
run ;

proc print data=DATA_SL1 ;
run ;
```

printプロシジャの結果を次に示します.

OBS	ID	GENDER	AGE	HEIGHT	WEIGHT	SMOKE	CAT
1	1	1	55	175	65.2	Y	3
2	2	1	47	168	62.4	Y	2
3	3	2	39	158	47.2	N	1
4	4	2	62	152	45.9	Y	3
5	5	1	32	181	78.5	N	1
6	6	1	45	170	66.7	N	2
7	7	2	66	145	50.2	N	3
8	8	2	33	160	48.3	Y	1
9	9	2	43	159	46.7	Y	2
10	10	1	52	173	70.2	N	3

処理が1つの変数の条件によってのみ分岐する場合，以下のように記述することができます．文字変数の場合は，whenステートメントの括弧内で引用符を使用して値を記述します．

```
*--- 条件分岐: select - whenステートメント ;
data DATA_SL2 ;
   set DATA_201 ;
   select (GENDER) ;
      when (1)   CAT1 = 2 ;
      when (2)   CAT1 = 1 ;
      otherwise ;
   end ;
   select (SMOKE) ;
      when ("Y") CAT2 = 1 ;
      when ("N") CAT2 = 2 ;
      otherwise ;
   end ;
run ;

proc print data=DATA_SL2 ;
run ;
```

printプロシジャの結果を次に示します.

```
OBS   ID   GENDER   AGE   HEIGHT   WEIGHT   SMOKE   CAT1   CAT2
 1     1      1      55    175      65.2      Y       2      1
 2     2      1      47    168      62.4      Y       2      1
 3     3      2      39    158      47.2      N       1      2
 4     4      2      62    152      45.9      Y       1      1
 5     5      1      32    181      78.5      N       2      2
 6     6      1      45    170      66.7      N       2      2
 7     7      2      66    145      50.2      N       1      2
 8     8      2      33    160      48.3      Y       1      1
 9     9      2      43    159      46.7      Y       1      1
10    10      1      52    173      70.2      N       2      2
```

ifステートメントと同じく，処理が複数ステートメントの場合は，do-endステートメントで処理を記述します．

```
*--- 条件分岐: select - whenステートメント ;
data DATA_SL3 ;
   set DATA_201 ;
   select (GENDER) ;
      when (1) do ;
         CAT1 = 1 ;
         CAT2 = 2 ;
      end ;
      when (2) do ;
         CAT1 = 2 ;
         CAT2 = 1 ;
      end ;
   end ;
run ;

proc print data=DATA_SL3 ;
run ;
```

printプロシジャの結果を次に示します．

```
OBS   ID   GENDER   AGE   HEIGHT   WEIGHT   SMOKE   CAT1   CAT2
 1     1      1      55    175      65.2      Y       1      2
 2     2      1      47    168      62.4      Y       1      2
 3     3      2      39    158      47.2      N       2      1
 4     4      2      62    152      45.9      Y       2      1
 5     5      1      32    181      78.5      N       1      2
 6     6      1      45    170      66.7      N       1      2
 7     7      2      66    145      50.2      N       2      1
 8     8      2      33    160      48.3      Y       2      1
 9     9      2      43    159      46.7      Y       2      1
10    10      1      52    173      70.2      N       1      2
```

2.12 繰り返し処理

SASでは，doステートメントを使用して繰り返し処理を行います．

2.12.1 do-end ステートメント

do-endステートメントを使用して，繰り返しの処理を行うことができます．指定方法を以下に示します．

- toやbyを使用する場合は，繰り返し変数について，「開始値～終了値」を「増分」ごとに処理を繰り返します．byが指定されていない場合は，自動的に増分を「1」として処理を繰り返します．
- 「カンマ区切り」を使用する場合は，指定された値ごとに処理を繰り返します．
- 上記2つの方法を混在させて使用することもできます．例えば，「do I=0,1 to 5 by 2」と指定すると，Iが0，1，3，5について処理を繰り返します．

```
*--- doステートメント: to,byの使用による繰り返し処理 ;
do 繰り返し変数 = 開始値 to 終了値 by 増分 ;
    SASステートメント… ;
end ;

*--- doステートメント: カンマの使用による繰り返し処理 ;
do 繰り返し変数 = 値1,値2,… ;
    SASステートメント… ;
end ;
```

to と by の使用

以下の例では，toとbyを使用して，Iについて1から5まで増分2で処理繰り返します．XにIの3倍を代入するという処理が繰り返されています．

```
*--- do-endステートメント1 ;
data DATA_DO1 ;
   do I=1 to 5 by 2 ;
      X = 3*i ;
      output ;
   end ;
run ;

proc print data=DATA_DO1 ;
run ;
```

printプロシジャの結果を次に示します．Iが1, 3, 5について，Xにそれらの3倍の値が格納されて，出力されていることが確認できます．

```
OBS    I     X
 1     1     3
 2     3     9
 3     5    15
```

カンマ区切りの使用

カンマ区切りで指定する場合は，繰り返す値を以下のように記述します．ここでは，上記同様に，Iが1，3，5の場合にXにそれらの3倍の値を格納しています．

```
*--- do-endステートメント2 ;
data DATA_DO2 ;
   do I=1,3,5 ;
      X = 3*i ;
      output ;
   end ;
run ;

proc print data=DATA_DO2 ;
run ;
```

結果は上記と同じになります．

to と by，カンマ区切りの併用

to と by，カンマ区切りを併用する場合は以下のように指定します．「do I=0,1 to 5 by 2,10,15 ;」では，Iについて，0, 1から5を増分2, 10, 15の順に処理が繰り返されます．Xには，これまで同様，それらの3倍の値が格納されます．

```
*--- do-endステートメント3 ;
data DATA_DO3 ;
   do I=0,1 to 5 by 2,10,15 ;
      X = 3*i ;
      output ;
   end ;
run ;

proc print data=DATA_DO3 ;
run ;
```

printプロシジャの結果を次に示します．

2.12.2　do whileステートメント

do whileステートメントでは，条件式が真の場合，do while-endステートメントで囲まれた処理を繰り返して実行することができます．一回目の処理は，条件式の判定が行われてから処理が実行されます．

```
*--- do whileステートメント ;
do while(条件) ; *--- 真の場合は処理を繰り返す ;
SASステートメント… ;
end ;
```

以下では，変数Xに1が格納され，値が10以下の場合はoutputステートメントで出力されて，3ずつ加えられます．

```
*--- do whileステートメント ;
data DATA_WL ;
   X = 1 ;
   do while (X <= 10) ;
      output ;
      X = X + 3 ;
   end ;
run ;

proc print data=DATA_WL ;
run ;
```

printプロシジャの結果を次に示します．Xの値が10の場合は条件が真のため，outputステートメントで出力されますが，その後3が加えられて13になった際の条件は偽になるため，処理が実行されず，ループは終了します．

```
OBS    X
 1     1
 2     4
 3     7
 4    10
```

2.12.3 do until ステートメント

do until ステートメントは，条件式が偽である場合（真となるまでの間）do until-end ステートメントで囲まれた処理を繰り返して実行します．ただし，一回目の処理については，条件式の真偽の判定は行われず，自動的に処理が実行されます．二回目からは条件式の結果の判定が行われます．

```
*--- do untilステートメント ;
do until(条件) ; *--- 条件が真になるまで処理を繰り返す(1回目は実行) ;
    SASステートメント… ;
end ;
```

以下では，変数 X に 1 が格納され，値が 10 を超えるまでは，output ステートメントで出力されて，3 ずつ加えられていきます．

```
*--- do untilステートメント ;
data DATA_UT ;
   X = 1 ;
   do until (X > 10) ;
      output ;
      X = X + 3 ;
   end ;
run ;

proc print data=DATA_UT ;
run ;
```

print プロシジャの結果を次に示します．X の値が 10 の場合は条件が偽のため，output ステートメントで出力されますが，その後 3 が加えられて 13 になった際の条件は真になるため，処理が実行されず，ループは終了します．

OBS	X
1	1
2	4
3	7
4	10

2.13 配列

　配列とは，異なる変数を同じ配列名として一元的に管理して，それらの変数について，同じ処理を繰り返して行う場合など，プログラムを効率化するための便利な機能です．本節では，配列の基本的な使用方法や，簡単な使用例を紹介します．

2.13.1　配列の使用方法

　始めに，配列の使用方法を紹介します．以下のように，配列には，数値変数の配列，文字変数の配列，一時的な数値の配列，一時的な文字列の配列の4種類を定義することができます．

```
*--- 数値変数の配列 ;
array 配列名{要素数または*} 変数1 変数2… ;
*--- 文字配列の配列 ;
array 配列名{要素数または*} $ 変数1 変数2… ;
*--- 一時的な数値の配列 ;
array 配列名{要素数} _temporary_(値1 値2…) ;
*--- 一時的な文字の配列 ;
array 配列名{要素数} $ _temporary_(値1 値2…) ;
```

以下に配列の主な指定方法や用語をまとめます．

- 「要素」とは配列に割り当てられた各変数のことで，「要素数」とは配列に割り当てられた変数や値の数を表しています．
- 文字変数や文字列の配列を定義する場合は，配列名の後に「$」を記述します．
- _temporary_ オプションでは，一時的な配列が定義されて，括弧内で各要素にスペース区切りで値を格納しますが，変数は作成されません．
- 要素数にアスタリスク「*」を指定することで，割り当てられた変数の数や値の数から，自動的に要素数を定義することができます．要素数を指定した場合も，「*」で自動的に要素数を指定した場合も，「dim(配列名)」で要素数を獲得することができます．なお，「*」は，_temporary_ オプションや 2.13.3 節で紹介する 2 次元以上の多次元配列には適用できません．
- 要素数は，カンマ区切りで指定することによって，多次元配列を定義することができます．
- 各要素を呼び出す際は，「配列名{要素番号}」を記述します．配列名が「A」で要素番号が 2 の変数を指定する場合は，「A{2}」と記述します．

2.13.2 一次元配列

以下のプログラム例をもとに配列の定義方法及び使用方法を説明します．

```
data DATA_AR1 ;
   array _AR1{3} X Y Z ;    ***<- 数値の配列 ;
   array _AR2{3} $ A B C ; ***<- 文字の配列 ;

   do I = 1 to 3 ;
      _AR1{I} = I*3 ;
      _AR2{I} = trim(left(put(I,best.)))||"番目" ;
   end ;
run ;

proc print data=DATA_AR1 ;
run ;
```

プログラムの概要を以下に示します．

- 配列 _AR1 には X, Y, Z の数値変数を定義します．要素数は 3 です．
- 配列 _AR2 には A, B, C の文字変数を定義します．要素数は 3 です．
- do ループを要素数（この場合は 3）だけ繰り返します．数値変数には I の 3 倍，文字変数には "I 番目" という文字列が格納されます．例えば，I=1 のとき，_AR{I} は _AR{1} で変数 X となり，「I*3」は「1*3」で 3 になります．つまり，変数 X に 3 が格納されています．

print プロシジャの結果を次に示します．

```
OBS   X   Y   Z     A      B      C    I
 1    3   6   9    1番目   2番目  3番目  4
```

続いて，他の方法で配列を定義します．プログラムの概要を以下に示します．

- アスタリスク「*」を使用して，数値配列 _AR1 を定義しています．この場合，要素数は，自動的に，指定されている変数の数である 3 となります．要素数は，「dim(配列名)」で獲得することができます．また，初期値として，変数 X1～X3 にはそれぞれ 1, 2, 3 が格納されています．

- _temporary_ オプションを使用して，変数は作成せず，一時的な配列 _AR2 に数値を格納しています．この場合，各要素の値はそれぞれ 2, 4, 6 となります．

- do ループを配列 _AR1 の要素数「dim(_AR1)」だけ繰り返します．配列 _AR1 と _AR2 を掛け合わせた値を再び配列 _AR1 に格納しています．

```
*--- 配列2 ;
data DATA_AR2 ;
   array _AR1{*} X1 - X3 (1 2 3) ;
   array _AR2{3} _temporary_ (2 4 6) ; *--- temporaryにアスタリスクは使えない ;

   do I = 1 to dim(_AR1) ;
      _AR1{I} = _AR1{I} * _AR2{I} ;
   end ;
run ;

proc print data=DATA_AR2 ;
run ;
```

print プロシジャの結果を次に示します．_temporary_ オプションを使用した場合は，配列として各要素に値は格納されますが，変数が作成されていません．

OBS	X1	X2	X3	I
1	2	8	18	4

2.13.3 二次元配列

2.13.2 節で紹介した例では 1 次元配列を使用しましたが，ここでは 2 次元配列を定義して，各変数に数値演算の結果を格納します．2 次元配列の指定方法は以下になります．

```
*--- 二次元配列 ;
array 配列名{要素数1,要素数2} 変数1 変数2… ;
```

それでは，プログラムで確認しましょう．配列 _X は，要素数 1 と要素数 2 がそれぞれ 2 と 5 の二次元配列として定義されています．配列には，「要素数 1 ×要素数 2 の 10 個（x1 〜 x10）」の変数が割り当てられます．割り当てられる順番は，_X{1,1} 〜 _X{1,5} に x1 〜 x5，_X{2,1} 〜 _X{2,5} に x6 〜 x10 となります．do ループ内の「_X{I,J} = I*J」では，二次元配列 _X の要素 I, J（_X{I,J}）に「I*J」の値が格納されます．

```
*--- 配列3: 2次元配列 ;
data DATA_AR3 ;
   array _X{2,5} X1-X10 ;

   do I = 1 to 2 ;
      do J = 1 to 5 ;
         _X{I,J} = I*J ;
```

```
        end ;
    end ;
    keep X1 - X10 ;
run ;

proc print data=DATA_AR3 ;
run ;
```

配列の各要素，変数，格納されている値を下表にまとめます．

配列	_X{1,1}	_X{1,2}	_X{1,3}	_X{1,4}	_X{1,5}
変数	X1	X2	X3	X4	X5
値	1	2	3	4	5

配列	_X{2,1}	_X{2,2}	_X{2,3}	_X{2,4}	_X{2,5}
変数	X6	X7	X8	X9	X10
値	2	4	6	8	10

print プロシジャの結果も確認してみましょう．表の通りに変数 X1 から X10 に値が格納されています．

```
OBS  X1  X2  X3  X4  X5  X6  X7  X8  X9  X10
 1    1   2   3   4   5   2   4   6   8   10
```

2.14 フォーマット・インフォーマット

SAS の変数には，フォーマット（出力形式）・インフォーマット（入力形式）を定義することができます．

2.14.1 フォーマット（出力形式）

フォーマットは，実際に変数が持っている値をそのまま表示するのではなく，指定された形式で出力したい場合に使用します．例えば，ある数値変数が「15.112」という値を持っていて，表示する場合は小数第 1 桁目までを表示させたい場合（小数第 2 桁目を四捨五入して「15.1」と表示する）や，SAS の日付値や日時値をそれぞれ DATE 型や DATETIME 型で出力したい場合にフォーマットを割り当てて表示します．format を割り当てる際は，「format 変数名 フォーマット名 .」と記述します．

2 データハンドリング

　以下の例では，適当な値を作成して，それぞれフォーマットを割り当てて出力します．ここで，_N_ は，読み込んだデータセットのオブザベーション番号を格納している自動変数です．例えば，データセット DATA_201 の 3 行目を処理している場合，_N_ に格納されている値は 3 となります．

　※日付値・日時値：1960 年 1 月 1 日を起点とした数値で，日付値の単位は「日」，日時値の単位は「秒」です．

```
*--- Formatの割り当て ;
data DATA_FMT ;
   set DATA_201 ;
   DUMMY    = HEIGHT * 1.234 ;
   DATE     = 19000+_N_ ;
   DATETIME = 100000+_N_ ;
   format DUMMY 9.2
          DATE date9.
          DATETIME datetime19. ;
run ;

proc print data=DATA_FMT ;
   var ID DUMMY DATE DATETIME ;
run ;
```

　print プロシジャの結果を次に示します．各変数にフォーマットが適用されていることが確認できます．

```
OBS   ID    DUMMY     DATE         DATETIME
 1     1    215.95   09JAN2012   02JAN1960:03:46:41
 2     2    207.31   10JAN2012   02JAN1960:03:46:42
 3     3    194.97   11JAN2012   02JAN1960:03:46:43
 4     4    187.57   12JAN2012   02JAN1960:03:46:44
 5     5    223.35   13JAN2012   02JAN1960:03:46:45
 6     6    209.78   14JAN2012   02JAN1960:03:46:46
 7     7    178.93   15JAN2012   02JAN1960:03:46:47
 8     8    197.44   16JAN2012   02JAN1960:03:46:48
 9     9    196.21   17JAN2012   02JAN1960:03:46:49
10    10    213.48   18JAN2012   02JAN1960:03:46:50
```

　SAS で使用できる主なフォーマットを下表に示します．

フォーマット	意味
BESTw.	SAS が数値データを最適な出力形式で出力します．
DATEw.	SAS 日付値を DDMMMYYYY で出力します．
DATETIMEw.d	SAS 日時値を DDMMMYYYY:hh:mm:ss で出力します．
DDMMYYw.	SAS 日付値を DDMMYY で出力します．
DOLLARw.d	数値データを $ 形式で出力します．
Ew.	数値データを指定された有効数字桁数で表示します．
MMDDYYw.	SAS 日付値を MMDDYY で出力します．
PERCENTw.d	数値データをパーセント形式で出力します（負の数は括弧「()」で表示します）．

フォーマット	意味
PERCENTNw.d	数値データをパーセント形式で出力します（負の数はマイナス符号で表示します）.
PVALUEw.d	P 値の出力形式を指定します.
YYMMDDw.	SAS 日付値を MMDDYY で出力します.
Zw.d	前ゼロを付した出力形式で出力します.

2.14.2　インフォーマット（入力形式）

インフォーマットは，データを読み込む際のデータの形式を定義します．以下の例では，日付及び日時の文字列を SAS 日付値及び日時値で読み込みます．例えば，変数 _YEN では，読み込む際の元データは金額を意味する "¥112" や "¥11,122" という文字列ですが，インフォーマットに「YEN7.」を指定することにより，"¥112" や "¥11,122" を「112」や「11122」という数値データとして読み込みます．つまり，変数 _YEN は数値データを格納した数値変数となり，同様に，変数 _DATE も数値変数となります．

```
*--- Informatの割り当て ;
data DATA_INFMT ;
   input @1 _YEN YEN7. @9 _DATE DATE9. ;
cards;
¥112    11MAY1978
¥11,122 12MAY1978
;
run ;
```

SAS で使用できる主なインフォーマットを下表に示します．

インフォーマット	意味
DATEw.	日付の文字列を SAS 日付値として読み込みます.
DATETIMEw.	日時の文字列（DDMMMYYYY:hh:mm:ss など）を SAS 日時値として読み込みます.
Ew.d	指定された有効数字桁数で数値として読み込みます.
MMDDYYw.	MMDDYY 形式の文字列を SAS 日付値として読み込みます.
PERCENTw.d	パーセント形式の文字列を数値として読み込みます.
YYMMDDw.	YYMMDD 形式の文字列を SAS 日付値として読み込みます.

2.14.3　format プロシジャによるフォーマットの作成

format プロシジャを用いることにより，ユーザー独自のフォーマットを作成して出力形式として変数に割り当てることができます．フォーマットの作成には value ステートメントを用います．

```
proc format <オプション> ;
   value <フォーマット名> <データの値（範囲）>="出力文字列"
                          … ;
run ;
```

以下では，1 を「男性」，2 を「女性」と表示するフォーマット，年齢のカテゴリごとのフォーマット，喫煙歴の Y を「Yes」，N を「No」を表示するフォーマットをそれぞれ作成しています．文字フォーマットを作成する場合は，フォーマット名の前に「$」を記述します．また，GENDERF, AGEF 及び SMOKEF のフォーマット名は任意に指定することができ，数値フォーマットを作成する際は，LOW（欠測値を除く最小値）や HIGH（最大値）を使用することができます．

```
*--- formatプロシジャによるフォーマットの作成 ;
proc format ;
   value GENDERF 1 = "男性"
                 2 = "女性" ;
   value AGEF LOW - <50  = "< 50"
              50  - <60  = "< 60"
              60  - HIGH = ">= 60" ;
   value $ SMOKEF "Y" = "Yes"
                  "N" = "No" ;
run ;

proc print data=DATA_201 ;
   var ID GENDER AGE SMOKE ;
   format GENDER GENDERF. AGE AGEF. SMOKE $SMOKEF. ;
run ;
```

print プロシジャの結果を次に示します．各変数に作成したフォーマットが適用されていることが確認できます．

```
OBS   ID   GENDER   AGE    SMOKE
 1     1   男性     < 60    Yes
 2     2   男性     < 50    Yes
 3     3   女性     < 50    No
 4     4   女性     >= 60   Yes
 5     5   男性     < 50    No
 6     6   男性     < 50    No
 7     7   女性     >= 60   No
 8     8   女性     < 50    Yes
 9     9   女性     < 50    Yes
10    10   男性     < 60    No
```

2.14.4　put 関数と input 関数

put 関数と input 関数を用いることで，数値変数と文字変数を互いに変換して新しい変数を作成

することができます．それぞれ put (変数名 , フォーマット)，input (変数名 , インフォーマット) と記述することによって，指定されたフォーマットまたはインフォーマットを用いて変換された新たな変数を作成することができます．以下の例では，変数 GENDER1 に数値の 1 または 2 を格納し，put 関数を使用して，2.14.3 節で作成したフォーマット GENDERF で「男性」または「女性」に変換して GENDER2 という新たな変数にそれぞれ文字変数として格納します．また，変数 DATE1 に格納されている「14MAR2011」などの文字列については，input 関数でインフォーマット date9 を指定して SAS 日付値に変換して DATE2 に格納します．

```
*--- put関数とinput関数 ;
proc format ;
   value GENDERF 1 = "男性" 2 = "女性" ;
run ;

data _PUT_INPUT ;
   input GENDER1 DATE1 $9. ;
   GENDER2  = put(GENDER1,GENDERF.) ;
   DATE2 = input(DATE1,DATE9.) ;
cards;
1 14MAR2011
2 24SEP2011
;
run ;

proc print data=_PUT_INPUT ; run ;
```

アウトプット画面

OBS	GENDER1	DATE1	GENDER2	DATE2
1	1	14MAR2011	男性	18700
2	2	24SEP2011	女性	18894

GENDER2 には「男性」と「女性」の文字列，DATE2 には SAS 日付値が格納されていることが確認できます．

2.15 変数属性の定義

SAS 変数には，ラベル，フォーマット，長さなどの属性を定義することができます．属性を定義されていない変数には，デフォルトの属性が割り当てられます（ラベルは変数名と同一，文字変数の長さは最初に読み込んだ長さに設定されるなど）．DATA ステップで次表のステートメントを用いて変数の属性を定義することができます．

2 データハンドリング

構文	効果
label 変数名1="ラベル1" ;	ラベルを割り当てます.
format 変数名1 フォーマット1. ;	フォーマットを割り当てます.
length 変数名 <$> 長さ ;	長さ割り当てます.
attrib 変数名 format=フォーマット label="ラベル" length=長さ ;	ラベル,フォーマット,長さをまとめて割り当てます.

　以下では,変数の属性について,label,format 及び length ステートメントを用いた場合と,attrib ステートメントを用いた場合の定義方法をそれぞれ紹介します.どちらの方法を用いても同じ結果が得られます.

2.15.1　label,format 及び length ステートメント

　変数 DAY 及び TEMP について,長さ,ラベル及びフォーマットをそれぞれ label,format 及び length ステートメントで指定します.

```
*--- 属性の割り当て ;
data _ATTRIB1 ;
   length DAY $8 TEMP 8 ;           *--- 長さの指定 ;
   label DAY="日数" TEMP="体温" ;    *--- ラベルの指定 ;
   format DAY $8. TEMP best. ;      *--- フォーマットの指定 ;
   input DAY $ 1-6 TEMP 7-10 ;      *--- リスト入力 ;
cards ;
Day 1 37.8
Day 2 38.2
Day 3 38.0
Day 4 37.2
Day 5 37.0
Day 6 37.1
Day 7 36.9
;
run ;
```

2.15.2　attrib ステートメント

　attrib ステートメントを用いて,変数 DAY 及び TEMP について,それぞれ 2.15.1 節と同様の属性を指定します.attrib ステートメントでは,2.15.1 節で使用した label,length 及び format ステートメントをまとめて記述できます.

```
data _ATTRIB2 ;
   *--- attribステートメントでそれぞれの変数の属性を指定 ;
   attrib DAY  label="日数" length=$8 format=$8.   ;
   attrib TEMP label="体温" length=8  format=best. ;
   input DAY $ 1-6 TEMP 7-10 ;     *--- リスト入力 ;
cards ;
Day 1 37.8
Day 2 38.2
Day 3 38.0
Day 4 37.2
Day 5 37.0
Day 6 37.1
Day 7 36.9
;
run ;
```

2.15.3 変数の属性の確認

変数の属性の確認は，データセットを右クリックし，「列の表示」を選択することによって確認できますが，ここでは，contentsプロシジャを使用してデータセット及び変数の情報を表示します．dataステートメントに2.15.1節で作成したデータセット_ATTRIB1を指定します．アウトプット画面には，変数の属性の他，データセットの作成日付やオブザベーション数など，様々な情報が表示され，データセットの詳細な内容を確認することができます．また，outオプションを使用することにより，変数の属性情報をデータセットに出力することもできます．

```
proc contents data=_ATTRIB1 out=_OUTCONT ;
run ;
```

アウトプット画面

```
                              CONTENTS プロシジャ
データセット名      WORK._ATTRIB1            オブザベーション数              7
メンバータイプ      DATA                     変数の数                        2
エンジン            V9                       インデックス数                  0
作成日時            2012年03月07日 水曜日 午前12時04分33秒  オブザベーションのバッファ長  16
更新日時            2012年03月07日 水曜日 午前12時04分33秒  削除済みオブザベーション数    0
保護                                         圧縮済み                        NO
データセットタイプ                           ソート済み                      NO
ラベル
データ表現          WINDOWS_32
エンコード          shift-jis Japanese (SJIS)

                           エンジン/ホスト関連情報

データセットのページサイズ  4096
データセットのページ数      1
データページの先頭          1
ページごとの最大 OBS 数     252
先頭ページの OBS 数         7
データセットの修復数        0
ファイル名                  C:\Users\Yohei\AppData\Local\Temp\SAS Temporary Files\_TD3472\_attrib1.sas7bdat
作成したリリース            9.0202M3
作成したホスト              W32_VSPRO

                            変数と属性の昇順リスト

                  #   変数   タイプ   長さ   出力形式   ラベル

                  1   DAY    文字      8      $8.        日数
                  2   TEMP   数値      8      BEST.      体温
```

出力データセット _OUTCONT の内容は以下になります．各属性情報が格納されています．

ライブラリ名	メンバー名	データセットラベル	特殊データセットタイプ (FROM TYPE=)	変数名	変数タイプ	変数長	変数番号	変数ラベル
WORK	_ATTRIB1			DAY	2	8	1	日数
WORK	_ATTRIB1			TEMP	1	8	2	体温

2.16 データの絞り込み

if ステートメントや where ステートメントを用いることにより，任意の条件で処理対象となるデータを絞り込むことができます．

2.16.1 サブセット化 if ステートメント

if ステートメントで条件式のみを記述した場合は，「サブセット化 if ステートメント」と呼ばれ，条件に合致するオブザベーションのみが DATA ステップ内での処理の対象となります．以下では，データセット DATA_201 について，AGE が 50 以上のオブザベーションに絞り込んでいます．

```
*--- サブセット化ifステートメント ;
data _SUBIF ;
   set DATA_201 ;
   if AGE >= 50 ;
run ;

proc print data=_SUBIF ; run ;
```

データセット「_SUBIF」

ID	GENDER	AGE	HEIGHT	WEIGHT	SMOKE
1	1	55	175	65.2	Y
4	2	62	152	45.9	Y
7	2	66	145	50.2	N
10	1	52	173	70.2	N

2.16.2 where ステートメント

サブセット化 if ステートメントと同じく，DATA ステップ内の where ステートメントで条件式を記述することにより，処理対象となるオブザベーションを絞り込むことができます．サブセット化 if ステートメントと異なる点は，サブセット化 if ステートメントでは set ステートメントなどで指

定されたデータセットを全て読み込んでからデータを絞り込むのに対して，where ステートメントではデータセットを読み込む際にデータを絞り込んでから DATA ステップの処理を開始する点です．そのため，where ステートメントは若干処理が早くなります．次の処理の結果は 2.16.1 節と同じになります．

```
*--- whereステートメント ;
data _SUBWH ;
   set DATA_201 ;
   where AGE >= 50 ;
run ;
```

また，where ステートメントは，以下のように記述することにより，個々のデータセットについて読み込むデータを絞り込むことができます．こちらも結果は同じになります．

```
data _SUBWH2 ;
   set DATA_201(where=(AGE >= 50)) ;
run ;
```

2.16.3　プロシジャ内でのデータの絞り込み

プロシジャ内で where ステートメントを使用すると，条件に合致したオブザベーションのみがプロシジャの処理対象となります．以下では，sort プロシジャ内で where ステートメントを使用することにより，AGE が 50 以上のオブザベーションのみがソートの対象となり，ID が昇順にソートされます．

```
*--- sortプロシジャ内でのwhereステートメント ;
proc sort data=DATA_201 out=_SUBWH3 ;
   by ID ;
   where AGE >= 50 ;
run ;
```

2.17　データの削除

delete ステートメントを使用すると，処理中のオブザベーションが削除され，データセットに出力されません．2.11 節で紹介した output ステートメントとは逆の機能となります．次の例では，

DATA_201 について，AGE が 50 以上のオブザベーションが削除されます．

```
*--- オブザベーションの削除 ;
data _DELETE ;
   set DATA_201 ;
   if AGE >= 50 then delete ;
run ;

proc print data=_DELETE ; run ;
```

アウトプット画面

```
ID  GENDER  AGE  HEIGHT  WEIGHT  SMOKE
2     1      47    168     62.4    Y
3     2      39    158     47.2    N
5     1      32    181     78.5    N
6     1      45    170     66.7    N
8     2      33    160     48.3    Y
9     2      43    159     46.7    Y
```

2.18 DATA ステップでの要約統計量の算出

　SAS の関数を使用することにより，DATA ステップ内で要約統計量を算出することができます．なお，DATA ステップ内での関数による要約統計量の算出は，複数の変数についてオブザベーション単位（横方向について計算）で実行され，第 3 章で紹介する univariate プロシジャなどの SAS プロシジャ内では，指定された変数について全オブザベーションを対象（縦方向について計算）として実行されます．以下では被験者ごとに拡張期血圧（DBP）が 5 回測定された結果を格納しているデータセット BP について要約統計量を算出します．

```
*--- DATAステップ内での要約統計量の算出 ;
data BP ;
   input ID DBP1 DBP2 DBP3 DBP4 DBP5 ;
cards;
1 70 74 77 73 71
2 88 83 89 90 90
3 90 87 85 83 82
4 77 75 78 72 70
5 65 69 70 69 65
;
run ;

data _SUMMARY ;
   set BP ;
```

2.18 DATA ステップでの要約統計量の算出

```
      SUM    = sum(DBP1,DBP2,DBP3,DBP4,DBP5) ;     *--- 合計 ;
      MEAN   = mean(DBP1,DBP2,DBP3,DBP4,DBP5) ;    *--- 平均 ;
      STDDEV = std(DBP1,DBP2,DBP3,DBP4,DBP5) ;     *--- 標準偏差 ;
      MIN    = min(DBP1,DBP2,DBP3,DBP4,DBP5) ;     *--- 最小値 ;
      MEDIAN = median(DBP1,DBP2,DBP3,DBP4,DBP5) ;  *--- 中央値 ;
      MAX    = max(DBP1,DBP2,DBP3,DBP4,DBP5) ;     *--- 最大値 ;
   run ;

   proc print data=_SUMMARY ; run ;
```

アウトプット画面

```
ID  DBP1  DBP2  DBP3  DBP4  DBP5  SUM  MEAN   STDDEV   MIN  MEDIAN  MAX
1    70    74    77    73    71   365  73.0   2.73861   70    73     77
2    88    83    89    90    90   440  88.0   2.91548   83    89     90
3    90    87    85    83    82   427  85.4   3.20936   82    85     90
4    77    75    78    72    70   372  74.4   3.36155   70    75     78
5    65    69    70    69    65   338  67.6   2.40832   65    69     70
```

また，データセット BP のように，計算の対象となる変数名が連番となっている場合，関数の引数には全ての変数名を指定する必要はなく，以下のようにまとめて記述することができます（of 変数名1 - 変数名 n）．結果は上記アウトプット画面と同じになります．

```
data _SUMMARY2 ;
   set BP ;
   SUM    = sum(of DBP1 - DBP5) ;     *--- 合計 ;
   MEAN   = mean(of DBP1 - DBP5) ;    *--- 平均 ;
   STDDEV = std(of DBP1 - DBP5) ;     *--- 標準偏差 ;
   MIN    = min(of DBP1 - DBP5) ;     *--- 最小値 ;
   MEDIAN = median(of DBP1 - DBP5) ;  *--- 中央値 ;
   MAX    = max(of DBP1 - DBP5) ;     *--- 最大値 ;
run ;

proc print data=_SUMMARY2 ; run ;
```

SAS で使用できる主な記述統計量を算出する関数は以下になります．

関数	効果	関数	効果
cv(X,Y,Z)	変動係数	ordinal(k,X,Y)	k 番目に小さい値（欠測値含む）
geomean(X,Y,Z)	幾何平均	pctl(p,X,Y)	パーセンタイル
largest(k,X,Y)	k 番目に大きい非欠測値	range(X,Y,Z)	非欠測値の範囲
max(X,Y,Z)	最大値	smallest(k,X,Y)	k 番目に小さい非欠測値
mean(X,Y,Z)	平均値	std(X,Y,Z)	標準偏差
median(X,Y,Z)	中央値	stderr(X,Y,Z)	標準誤差
min(X,Y,Z)	最小値	sum(X,Y,Z)	合計
missing(X)	欠測値：1, 欠測値以外：0	var(X,Y,Z)	分散

2.19 文字列の加工処理

文字列データを扱う際に,「文字列を結合したい」「特定の文字列を抽出したい」「特定の文字列を指定した文字列に変換したい」など,文字列の加工処理が必要な場面があり,SASには文字列を処理する関数が多数用意されています.主な関数を次表に示します.

関数	効果
cat(X,Y)	変数 X と変数 Y を結合する.
catx("=",X,Y)	変数 X と変数 Y の前と後ろのブランクを取り除き,"=" で結合する.
cats(X,Y)	変数 X と変数 Y の前と後ろのブランクを取り除いて結合する.
compress(X,"¥")	変数 X から "¥" を取り除く(デフォルトはスペースを削除).
count(X,"A")	変数 X の文字列に存在する "A" の個数をカウントする.
index(X,"ABC")	変数 X の最初の "ABC" の場所("A" の場所)を返す.
klength(X)	変数 X の長さを文字数単位で取得する(1バイト文字も2バイト文字も長さ1としてカウント).
left(X)	変数 X の文字列を左寄せにする.
length(X)	変数 X の長さを1バイト単位で取得する.
right(X)	変数 X の文字列を右寄せにする.
scan(X,3,"-")	変数 X の "-" で区切られた文字列から3番目の文字列を抽出する.
substr(X,5,8)	変数 X の 5〜8 文字目を抽出する.
translate(X,"b","a")	変数 X の "a" を "b" に置き換える.
tranwrd(X,"ABC","XYZ")	変数 X の "ABC" を "XYZ" に置き換える.
trim(X)	変数 X の後ろのブランクを取り除く.

DATA ステップにおける使用例を次に示します.

```
*--- 文字列を加工する関数 ;
data CHARACTER ;
   length CHAR1 CHAR2 $20 C1 $40 func $10 ;
   CHAR1 = "文字列-1" ;
   CHAR2 = "Character-2" ;

   C1 = cat(CHAR1,CHAR2)            ; func = "cat"      ; output ;
   C1 = catx(",",CHAR1,CHAR2)       ; func = "catx"     ; output ;
   C1 = cats(CHAR1,CHAR2)           ; func = "cats"     ; output ;
   C1 = compress(CHAR1,"12")        ; func = "compress" ; output ;
   C1 = put(count(CHAR1,"a"),best.) ; func = "count"    ; output ;
   C1 = put(index(CHAR2,"2"),best.) ; func = "index"    ; output ;
   C1 = put(klength(CHAR1),best.)   ; func = "klength"  ; output ;
   C1 = left(CHAR1)                 ; func = "left"     ; output ;
   C1 = put(length(CHAR1),best.)    ; func = "length"   ; output ;
```

```
   C1 = right(CHAR1)                ; func = "right"    ; output ;
   C1 = scan(CHAR1,2,"-")           ; func = "scan"     ; output ;
   C1 = substr(CHAR1,5,8)           ; func = "subset"   ; output ;
   C1 = translate(CHAR2,"b","a")    ; func = "translate"; output ;
   C1 = tranwrd(CHAR2,"Char","aaa") ; func = "tranwrd"  ; output ;
   C1 = trim(CHAR2)                 ; func = "trim"     ; output ;
run ;

proc print data=CHARACTER ; run ;
```

アウトプット画面

```
CHAR1     CHAR2         C1                        func
文字列-1   Character-2   文字列-1      Character-2  cat
文字列-1   Character-2   文字列-1,Character-2       catx
文字列-1   Character-2   文字列-1Character-2        cats
文字列-1   Character-2   文字列-                    compress
文字列-1   Character-2              0               count
文字列-1   Character-2             11               index
文字列-1   Character-2              5               klength
文字列-1   Character-2   文字列-1                   left
文字列-1   Character-2              8               length
文字列-1   Character-2              文字列-1        right
文字列-1   Character-2   1                          scan
文字列-1   Character-2   列-1                       subset
文字列-1   Character-2   Chbrbcter-2                translate
文字列-1   Character-2   aaaacter-2                 tranwrd
文字列-1   Character-2   Character-2                trim
```

2.20 欠側値の処理

　数値データを扱う上で避けては通れないのが,「欠側値」と呼ばれるデータの処理です．欠側値は,本来実施されるべき検査が実施されず,検査値データが存在しなかったり,入力されるべきデータが入力されなかったりと様々な理由で発生してしまいます．SASでは,数値変数の欠側値は「．」(ドット),文字変数は " "(null文字列)で格納されます．

2.20.1 欠側値データの格納

　call missingにより,数値変数X及び文字変数Yに欠側値を代入します．アウトプット画面で,Xには数値変数の欠側値である「．」が,Yには文字変数の欠側値である " "(null文字列)が格納されているのがわかります．

```
*--- call missing ;
data _MISSING ;
   length X 8 Y $8 ;
```

```
        call missing(X,Y) ;
run ;
proc print ; run ;
```

アウトプット画面

X	Y
.	.

2.20.2　n 関数と nmiss 関数

n 関数及び nmiss 関数を用いて，欠側値でない変数の数及び欠側値である変数の数をそれぞれ取得することができます．

```
*--- n,nmiss関数 ;
data _MISSING2 ;
   X = 10 ;
   Y = 20 ;
   Z = . ;
   _N     = n(X,Y,Z) ;
   _NMISS = nmiss(X,Y,Z) ;
run ;
proc print data=_MISSING2 ; run ;
```

アウトプット画面

X	Y	Z	_N	_NMISS
10	20	.	2	1

2.20.3　欠側値を含む演算

四則演算などに欠側値が1つでも含まれる場合，計算結果は欠側値となってしまいます．

```
*--- 欠側値を含む演算 ;
data _MISSING3 ;
   X = . ;
   Y = 10 ;
   _SUM  = X + Y ;
   _MEAN = (X + Y) / 2 ;
run ;
proc print data=_MISSING3 ; run ;
```

アウトプット画面

X	Y	_SUM	_MEAN
.	10	.	.

SASでは，以下のように，関数を使用して欠測値を除いて計算することができます．ここでは，SUM関数とMEAN関数を使用していますが，それぞれ欠測値を除いた合計と平均値が格納されます．

```
*--- 欠測値を含む演算:関数の場合 ;
data _MISSING4 ;
   X = . ;
   Y = 10 ;
   _SUM  = sum(X,Y) ;
   _MEAN = mean(X,Y) ;
run ;
proc print data=_MISSING4 ; run ;
```

アウトプット画面

X	Y	_SUM	_MEAN
.	10	10	10

2.21 firstステートメントとlastステートメント

各被験者が複数のデータを持つ場合など（例えば，体重の経時データなど）に，firstステートメントとlastステートメントを用いることにより，被験者ごとの最初のレコードと最終のレコードに自動的に1を格納することができます．例えば，次節のretainステートメントを用いた処理のように，被験者ごとに特定の処理を行いたい場合などに有効な機能です．

2.21.1 first, lastステートメントによって生成される値の格納

使用する前に被験者番号（ID）でソートし，DATAステップ内のbyステートメントでIDを指定することにより，first及びlastステートメントが自動的に値を格納します．

```
*--- first,lastステートメント ;
data _WEIGHT ;
   input ID 1 VISIT $ 3-9  WEIGHT 11-14 ;
cards;
```

2 データハンドリング

```
1 Week 0  58.3
1 Week 4  58.2
1 Week 8  57.1
1 Week 12 56.5
2 Week 0  92.2
2 Week 4  89.3
2 Week 8  90.4
2 Week 12 88.6
3 Week 0  88.1
3 Week 4  86.5
3 Week 8  84.4
3 Week 12 84.5
;
run ;

data _FIRSTLAST ;
   set _WEIGHT ;
   by ID ;

   _FIRSTID = first.ID ;
   _LASTID  = last.ID ;
run ;

proc print data=_FIRSTLAST ; run ;
```

print プロシジャの結果を次に示します．

```
ID   VISIT    WEIGHT   _FIRSTID   _LASTID
1    Week 0    58.3       1          0
1    Week 4    58.2       0          0
1    Week 8    57.1       0          0
1    Week 12   56.5       0          1
2    Week 0    92.2       1          0
2    Week 4    89.3       0          0
2    Week 8    90.4       0          0
2    Week 12   88.6       0          1
3    Week 0    88.1       1          0
3    Week 4    86.5       0          0
3    Week 8    84.4       0          0
3    Week 12   84.5       0          1
```

2.21.2 first, last ステートメントによる複数レコードの有無の確認

ここでは，下記プログラムで作成する体重の経時データ WEIGHT2 を使用して，被験者ごとに複数のデータが存在したり，1つのデータしか存在しなかったりした場合に，first, last ステートメントを使用して，1つのデータしか存在しない被験者を特定する方法を紹介します．if ステートメントの条件に「first.ID and last.ID」と指定することによって，first.ID も last.ID も値が1であるオブザベーション，つまり，体重データが1度しか収集されなかった被験者のオブザベーションをデータセット _FIRSTLAST2 に出力しています．ここでは紹介しませんが，逆に複数のデー

タが収集された被験者を特定する際は，条件に「not(first.ID and last.ID)」と記述します．

```
*--- 1オブザベーションの被験者の特定 ;
data _WEIGHT2 ;
   input ID 1 VISIT $ 3-9  WEIGHT 11-14 ;
cards;
1 Week 0  58.3
2 Week 0  92.2
2 Week 4  89.3
2 Week 8  90.4
3 Week 4  86.5
4 Week 0  78.2
4 Week 4  77.8
4 Week 8  75.6
;
run ;

data _FIRSTLAST2 ;
   set _WEIGHT2 ;
   by ID ;

   if first.ID and last.ID then output ;
run ;

proc print data=_FIRSTLAST2 ; run ;
```

print プロシジャの結果を次に示します．データが1つしか存在しない被験者（IDが1と3）のオブザベーションが出力されています．

```
ID   VISIT    WEIGHT
1    Week 0    58.3
3    Week 4    86.5
```

2.22 変数の値の保持

retainステートメントや合計ステートメントを用いることにより，変数の値を保持してオブザベーション間の計算を行うことができます．retainステートメント及び合計ステートメントは，値が更新されない限り，格納している値を保持し続けますが，合計ステートメントは自動的に欠側値を除いて値を加えます．以下に，それらの使用方法や応用例を紹介します．

2.22.1 retain ステートメントと合計ステートメント

以下の例では，2.21 節で使用したデータセット _WEIGHT について，各評価時点における Week 0 からの体重の変化量を算出する際に，各被験者の Week 0 の体重を変数 _BASE に格納及び保持して各オブザベーションの計算に使用し，合計ステートメントで各被験者のオブザベーションの連番を付与します．各被験者の Week 0 のレコードを判別する際には，first ステートメントを用います（Week 0 が各被験者で最初のレコードという前提です）．

```
data _WEIGHT2 ;
   set _WEIGHT ;
   by ID ;
   retain _BASE ;              *--- 変数_BASEの値を保持 ;

   if first.ID then do ;
      _BASE = WEIGHT ;         *--- Week 0の体重を保持 ;
      _SEQ  = 0 ;              *--- Week 0で連番を0にリセット ;
   end ;

   CHG_WEIGHT = WEIGHT-_BASE ; *--- Week 0からの変化量を算出 ;
   _SEQ + 1 ;                  *--- 合計ステートメント ;
run ;

proc print data=_WEIGHT2 ; run ;
```

アウトプット画面

```
                                        CHG_
ID   VISIT     WEIGHT   _BASE   _SEQ   WEIGHT
1    Week 0     58.3    58.3     1       0.0
1    Week 4     58.2    58.3     2      -0.1
1    Week 8     57.1    58.3     3      -1.2
1    Week 12    56.5    58.3     4      -1.8
2    Week 0     92.2    92.2     1       0.0
2    Week 4     89.3    92.2     2      -2.9
2    Week 8     90.4    92.2     3      -1.8
2    Week 12    88.6    92.2     4      -3.6
3    Week 0     88.1    88.1     1       0.0
3    Week 4     86.5    88.1     2      -1.6
3    Week 8     84.4    88.1     3      -3.7
3    Week 12    84.5    88.1     4      -3.6
```

各被験者の全てのオブザベーションに Week 0 の値が保持され，連番が付与されていることが確認できます．

2.23 変数名の変更

renameステートメントを使用して，変数名を変更することができます．以下に，使用方法と応用例を紹介します．

2.23.1 renameステートメントの使用

以下の例では，データセット_WEIGHTのVISITをJIKI，WEIGHTをWGTにそれぞれ変更しています．「rename 元の変数名＝新しい変数名」と記述します．

```
*--- renameステートメントによる変数名の変更 ;
data _RENAME ;
   set _WEIGHT ;
   rename VISIT=JIKI WEIGHT=WGT ;
run ;

proc print data=_RENAME ; run ;
```

アウトプット画面です．変数名が変更されていることが確認できます．

```
ID    JIKI      WGT
1     Week 0    58.3
1     Week 4    58.2
1     Week 8    57.1
1     Week 12   56.5
2     Week 0    92.2
2     Week 4    89.3
2     Week 8    90.4
2     Week 12   88.6
3     Week 0    88.1
3     Week 4    86.5
3     Week 8    84.4
3     Week 12   84.5
```

2.23.2 データセット読み込み時のrenameステートメントの使用

以下のように，データセットを読み込む際にあらかじめ変数名を変更しておくこともできます．データセット名の後ろの括弧内に「rename=(元の変数名＝新しい変数名)」を記述します．結果は上記と同様になります．

```
*--- renameステートメントによる変数名の変更2 ;
data _RENAME2 ;
   set _WEIGHT(rename=(VISIT=JIKI WEIGHT=WGT)) ;
run ;
```

2.24 データの転置

ここでは，データセットを転置する方法を紹介します．データの転置には，主にtransposeプロシジャが使用されますが，以下のようないくつかの方法があります．

- transpose プロシジャによる転置
- merge ステートメントによる転置
- 配列による転置

データの転置は，経時的に収集されたデータなど，繰り返しのデータが縦方向に格納されている場合に，それらを横方向に展開して，DATA ステップでオブザベーションごとの計算を行いやすくしたり，第3章で紹介するような統計プロシジャを使用して統計解析を実行する前に，データセットの構造を整える目的などに使用されます．

2.24.1　transpose プロシジャによるデータの転置

transpose プロシジャは，データの転置には最も良く用いられる方法で，単純な転置や様々なオプションを用いた転置を行うことができます．主な構文を次に示します．var ステートメントに指定された変数が転置される対象となります．

```
proc transpose data=<データセット名>
out=<データセット名> <オプション> ;
    var <変数1 変数2 …> ;
    by <変数1 変数2 …> ;
    id <変数1 変数2 …> ;
run ;
```

ここでは，ある会社の各支店における商品の売り上げランキングデータを転置し，横にランキングと商品を展開しています．指定されているオプションを以下に示します．

- out ステートメントに指定された転置後のデータセットの名前は RANK_T です．
- by ステートメントに指定された SHITEN はキー変数として転置後のデータセットにもそのまま保持されます．
- var 変数に指定された ITEM が転置の対象となる変数です．
- id ステートメントに指定された RANK は，転置後のデータセットの変数名として使用されますが，ここでは prefix ステートメントで指定された文字列 "RANK" が RANK 変数の値の前に付加されます．つまり，転置後の各変数名は，それぞれ「prefix で指定された文字列 + RANK の値」の RANK1, RANK2, RANK3 となります．

```
data RANKING ;
   input SHITEN $4. RANK ITEM $20. ;
cards ;
大阪 1 冷蔵庫
大阪 2 炊飯器
大阪 3 電子レンジ
神戸 1 エアコン
神戸 2 冷蔵庫
神戸 3 食洗器
京都 1 空気清浄機
京都 2 エアコン
京都 3 洗濯機
;
run ;

proc sort data=RANKING ;
   by SHITEN ; *--- 転置後も残す変数 ;
run ;

proc transpose data=RANKING out=RANK_T(drop=_NAME_) prefix=RANK ;
   by SHITEN ; *--- 転置後も残す変数 ;
   var ITEM  ; *--- 転置する変数 ;
   id RANK   ; *--- 転置後の変数名になる変数 ;
run ;
```

転置後のデータセット RANK_T を次に示します．変数 ITEM が，変数 RANK1 ～ RANK3 に展開されていることが確認できます．

SHITEN	RANK1	RANK2	RANK3
京都	空気清浄機	エアコン	洗濯機
神戸	エアコン	冷蔵庫	食洗器
大阪	冷蔵庫	炊飯器	電子レンジ

2.24.2　merge ステートメントによるデータの転置

merge ステートメントと rename ステートメントを組み合わせることで，データの転置を行うことができます．以下では，データセット RANKING を使用して，transpose プロシジャと同様の転置を実行します．処理の内容を以下に示します．

- 「RANKING(where=(RANK=1) rename=(ITEM=RANK1))」では，データセット RANKING のオブザベーションを「RANK=1」に絞り込んで，変数名を ITEM から RANK1 に変更したデータセットとなります．「RANK=2」と「RANK=3」のオブザベーションについても同様の処理を繰り返して，本来 RANKING という 1 つのデータセットを 3 つのデータセットに分割して変数名を変更して，変数 SHITEN をキー変数としてマージしています．

```
*--- mergeステートメントによるデータの転置 ;
data RANK_TM ;
   merge RANKING(where=(RANK=1) rename=(ITEM=RANK1))
         RANKING(where=(RANK=2) rename=(ITEM=RANK2))
         RANKING(where=(RANK=3) rename=(ITEM=RANK3)) ;
   by SHITEN ;
   keep SHITEN RANK1 - RANK3 ;
run ;
```

作成したデータセット RANK_TM は RANK_T と同じになります．

2.24.3 配列によるデータの転置

retain ステートメントと配列を組み合わせることで，データの転置を行うことができます．処理の内容を以下に示します．

- length ステートメントで，転置後の変数 RANK1 〜 RANK3 を文字変数として定義します．
- array ステートメントで，配列 _RANK を定義します．要素は RANK1 〜 RANK3 の 3 変数です．
- retain ステートメントで変数 RANK1 〜 RANK3 の値を保持します．初期値は何も記述していないため，ブランクとなります．
- 「if first.SHITEN then do ; 〜 end ;」で，SHITEN の最初のオブザベーションで RANK1 〜 RANK3 にブランクを格納しておきます．dim(_RANK) では，配列 _RANK の要素数（この場合は 3）を獲得しています．
- 「if RANK = I then _RANK{I} = ITEM ;」で，RANK が I のときに I 番目の RANK 変数に ITEM を格納しています．
- 「if last.SHITEN then output ;」で，SHITEN の最後のオブザベーションのみ出力しています．値が保持されているので，SHITEN の最後のオブザベーションで，RANK1 〜 RANK3 の値が全て格納された状態になります．

```
*--- 配列によるデータの転置 ;
data RANK_TA ;
   set RANKING ;
   by SHITEN ;
   length RANK1 - RANK3 $20. ;      *--- 転置後の変数 ;
   array _RANK{3} $ RANK1 - RANK3 ; *--- 転置後の変数の配列定義 ;
   retain RANK1 - RANK3 ;           *--- 転置後の変数の値を保持 ;
   *--- SHITENの最初のレコードで初期化 ;
   if first.SHITEN then do ;
      do I = 1 to dim(_RANK) ;
         _RANK{I} = "" ;
      end ;
   end ;
```

```
      *--- RANK1 - RANK3に値を格納 ;
      do I = 1 to dim(_RANK) ;
         if RANK = I then _RANK{I} = ITEM ;
      end ;
      *--- SHITENの最後のレコードのみ出力 ;
      if last.SHITEN then output ;

      keep SHITEN RANK1 - RANK3 ;
   run ;
```

作成したデータセット RANK_TA は，RANK_TM や RANK_T と同じになります．

2.25 欠測値の補完と最終データの作成

経時的に測定された体重データについて，何らかの理由で欠測値が発生した場合に，直前の欠測値でないデータを補完する方法や，各被験者の最後に測定されたデータを各被験者の「最終時点（Last）のデータ」として新たにオブザベーションを発生させる方法について紹介します．

2.25.1 欠測値の補完

retain，first，last ステートメントを使用して，欠測値の補完データを作成します．以下に使用するデータと処理の概要を示します．

- 経時的に測定された，欠測値を含む体重データを格納したデータセット _WEIGHTX を作成します．体重は，0週，4週，8週，12週に測定されています．
- retain ステートメントに変数 WEIGHT_R を指定して，変数の値を保持します．各被験者（ID）の最初のオブザベーションで，WEIGHT_R に欠測値を格納して初期化しておきます．
- 4週以降のオブザベーションで，WEIGHT が欠測値でない場合は，WEIGHT_R に WEIGHT の値を格納しておきます．欠測値の場合は WEIGHT に WEIGHT_R の値を格納します．
- output ステートメントで各オブザベーションを出力します．

```
data _WEIGHTX ;
   input ID 1 VISIT $ 3-9  WEIGHT 11-14 ;
cards;
1 Week 0   58.3
1 Week 4    .
1 Week 8   57.1
1 Week 12  56.5
2 Week 0   92.2
```

```
2 Week 4  89.3
2 Week 8  .
2 Week 12 88.6
3 Week 0  88.1
3 Week 4  86.5
3 Week 8  84.4
3 Week 12 .
;
run ;
*--- retainステートメントを使用した補完データの作成 ;
data LAST_W ;
   set _WEIGHTX ;
   by ID ;
   retain WEIGHT_R ;            *--- 各時点の体重データを保持 ;

   WEIGHT_O = WEIGHT ;           *--- 元データを退避 ;

   if first.ID then WEIGHT_R = . ; *--- 各IDの最初のレコードで初期化 ;
   else do ;
      if WEIGHT ne . then WEIGHT_R = WEIGHT ;   *--- 退避 ;
                     else WEIGHT   = WEIGHT_R ; *--- 補完 ;
   end ;
   output ;                      *--- 各オブザベーションを出力 ;
   drop WEIGHT_R ;
run ;
```

結果を次に示します．4週以降のデータについては，直前の値が補完されていることが確認できます．

ID	VISIT	WEIGHT	WEIGHT_O
1	Week 0	58.3	58.3
1	Week 4		.
1	Week 8	57.1	57.1
1	Week 12	56.5	56.5
2	Week 0	92.2	92.2
2	Week 4	89.3	89.3
2	Week 8	89.3	.
2	Week 12	88.6	88.6
3	Week 0	88.1	88.1
3	Week 4	86.5	86.5
3	Week 8	84.4	84.4
3	Week 12	84.4	.

2.25.2　最終時点データの作成

transposeプロシジャと配列を使用して，最終時点データを作成します．2.25.1節と同じデータセット _WEIGHTX を使用します．

transposeプロシジャで WEIGHT 変数を転置します．id ステートメントに VISIT を指定して，転置後の変数名を VISIT の値とします．例えば，「Week 0」の場合は，SAS 変数名にスペースを使

用できないため,スペースがアンダースコア「_」に自動的に変換されて,「WEEK_0」という変数名になります.

転置後のデータセット _WEIGHTX_T について,各時点の体重データを格納した変数 WEEK_0 〜 WEEK_12 を配列 _V として定義します.配列 _V の要素数「dim(_V)」だけ do ループを実行して,データ(_V{I})が欠測でない場合は変数 LAST に最終時点のデータとして値を格納します.

```
*--- transposeプロシジャと配列を使用して補完と最終時点データの作成 ;
proc transpose data=_WEIGHTX out=_WEIGHTX_T ;
   var WEIGHT ;
   by ID ;
   id VISIT ;
run ;

*--- transposeプロシジャと配列を使用した最終時点データの作成 ;
proc transpose data=_WEIGHTX out=_WEIGHTX_T ;
   var WEIGHT ;
   by ID ;
   id VISIT ;
run ;

data LAST_W2 ;
   set _WEIGHTX_T ;
   array _V{4} WEEK_0 WEEK_4 WEEK_8 WEEK_12 ;

   do I = 1 to dim(_V) ;
      if I > 1 and _V{I} ne . then LAST = _V{I} ;
   end ;
   keep ID WEEK_0 WEEK_4 WEEK_8 WEEK_12 LAST ;
run ;
```

作成したデータセット LAST_W2 を次に示します.変数 LAST に各被験者の最終データが格納されています.

ID	Week_0	Week_4	Week_8	Week_12	LAST
1	58.3	.	57.1	56.5	56.5
2	92.2	89.3	.	88.6	88.6
3	88.1	86.5	84.4	.	84.4

データセットを元の形に戻したい場合は,以下のように transpose プロシジャを使用します.var ステートメントには,各時点のデータを格納した変数(WEEK_0 〜 LAST)を指定します.

```
proc transpose data=LAST_W2 out=LAST_W2_T(rename=(COL1=WEIGHT)) name=VISIT ;
   var WEEK_0 WEEK_4 WEEK_8 WEEK_12 LAST ;
   by ID ;
run ;
```

データセット LAST_W2_T を次に示します．データセット _WEIGHTX や LAST_W と同じく，各時点のデータが縦に並べられています．

ID	VISIT	WEIGHT
1	Week_0	58.3
1	Week_4	.
1	Week_8	57.1
1	Week_12	56.5
1	LAST	56.5
2	Week_0	92.2
2	Week_4	89.3
2	Week_8	.
2	Week_12	88.6
2	LAST	88.6
3	Week_0	88.1
3	Week_4	86.5
3	Week_8	84.4
3	Week_12	.
3	LAST	84.4

2.26 SQL プロシジャ

SQL とは，世界的に広く普及しているデータベースの操作言語です．SAS の中でも，SQL プロシジャを使用して，SQL 言語をベースとしたプログラムを実行することができます．SQL 言語の詳細については他の専門書に譲りますが，ここでは，SAS の中でも使用することができる基本的な使用方法について紹介します．これまでに紹介した SAS のステートメントを使用してもほとんど同じ処理を実行できますが，処理の内容によっては，SQL プロシジャで記述するほうが効率的で実行ステップ数が少なく，プログラムステートメントを短縮できる場合があります．SQL 言語では，SAS のデータセットに対しては「テーブル」，オブザベーションに対しては「レコード」という用語を使用しますが，本書ではこれまで同様，SAS の用語を使用して説明します．

2.26.1 SQL プロシジャの概要

sql プロシジャの使用方法を以下に示します．「proc sql ; ～ quit ;」の間に sql のステートメントを記述します．セミコロンで区切ることで，複数のステートメントを記述することもできます．

```
proc sql <オプション> ;
   sqlステートメント1 ;
   sqlステートメント2 ;
   … ;
quit ;
```

以下に sql プロシジャで使用する主なステートメントをまとめます．

ステートメント	内容

create table <データセット名>
   as select 変数1, 変数2…
   from <データセット名> ;
	データセットを作成します．

select 変数1, 変数2… from <データセット名> ;	データセットから変数を抽出して表示します．「*」を使用すると全ての変数を抽出します．

insert into <データセット名>
   set 変数1=値1, 変数2=値2… ;
または，
insert into <データセット名>
   values(変数1の値，変数1の値…) ;
	データセットに新たなレコードを挿入します．

delete from <データセット名> <where 条件> ;	データセットからオブザベーションを削除します．
update <データセット名> set 変数1=値1, 変数2=値2… <where 条件> ;	データセットの内容（既存の変数の値など）を上書きします．

alter table <データセット名>
   add</drop> 変数1 <属性>,
           変数2 <属性>… ;
	データセットに変数を追加・削除します．

<変数や計算結果> as <新しい変数名>	変数名を定義・変更します．

それでは，sql プロシジャの使用例を見ていきましょう．

2.26.2 データの抽出

ここでは，select ステートメントを使用したデータの抽出方法を紹介します．参考として，DATA ステップや PROC ステップで同じ処理を行うプログラムと結果を横に表示しますので，並べて比較してみましょう．sql プロシジャで出力した場合は，変数名とデータの間に点線が出力されていますが，データの値は print プロシジャで出力した場合と同じです．

select ステートメントによる変数の抽出

データセット DATA_201 から，select ステートメントによって指定した変数を抽出します．抽出した結果は，アウトプット画面に出力されます．

SQL プロシジャ	DATA/PROC ステップ
| ```
proc sql ;
   select ID, GENDER, AGE from DATA_201 ;
quit ;
``` | ```
proc print data=DATA_201 noobs ;
   var ID GENDER AGE ;
run ;
``` |
| ```
 ID   GENDER   AGE
------------------
  1      1      55
  2      1      47
  3      2      39
  4      2      62
  5      1      32
  6      1      45
  7      2      66
  8      2      33
  9      2      43
 10      1      52
``` | ```
 ID   GENDER   AGE
  1      1      55
  2      1      47
  3      2      39
  4      2      62
  5      1      32
  6      1      45
  7      2      66
  8      2      33
  9      2      43
 10      1      52
``` |

select ステートメントと「*」による全変数の抽出

「*」を使用して，全ての変数を抽出することができます．以下の例では，print プロシジャによるデータセットの表示と同じ処理になります．

SQL プロシジャ	DATA/PROC ステップ
| ```
proc sql ;
   select * from DATA_201 ;
quit ;
``` | ```
proc print data=DATA_201 noobs ;
run ;
``` |
| ```
 ID  GENDER  AGE  HEIGHT  WEIGHT  SMOKE
  1     1     55    175    65.2    Y
  2     1     47    168    62.4    Y
  3     2     39    158    47.2    N
  4     2     62    152    45.9    Y
  5     1     32    181    78.5    N
  6     1     45    170    66.7    N
  7     2     66    145    50.2    N
  8     2     33    160    48.3    Y
  9     2     43    159    46.7    Y
 10     1     52    173    70.2    N
``` | ```
 ID  GENDER  AGE  HEIGHT  WEIGHT  SMOKE
  1     1     55    175    65.2    Y
  2     1     47    168    62.4    Y
  3     2     39    158    47.2    N
  4     2     62    152    45.9    Y
  5     1     32    181    78.5    N
  6     1     45    170    66.7    N
  7     2     66    145    50.2    N
  8     2     33    160    48.3    Y
  9     2     43    159    46.7    Y
 10     1     52    173    70.2    N
``` |

select ステートメントと where 句によるオブザベーションの抽出

where ステートメントで条件を指定して，オブザベーションを抽出することができます．ここでは，「*」で全ての変数を指定して，年齢が 60 才以上のオブザベーションを抽出しています．

SQL プロシジャ	DATA/PROC ステップ
| ```
proc sql ;
   select * from DATA_201
      where AGE >= 60 ;
quit ;
``` | ```
proc print data=DATA_201 noobs ;
   where AGE >= 60 ;
run ;
``` |
| ```
 ID  GENDER  AGE  HEIGHT  WEIGHT  SMOKE
  4     2     62    152    45.9    Y
  7     2     66    145    50.2    N
``` | ```
 ID  GENDER  AGE  HEIGHT  WEIGHT  SMOKE
  4     2     62    152    45.9    Y
  7     2     66    145    50.2    N
``` |

2.26.3 データの作成

create tableステートメントを使用して，データセットを作成することができます．DATA ステップでデータセットを作成する場合と同じ処理が実行されます．また，as selectステートメント以下の指定方法は，2.26.2節のselectステートメントと同じです．

他のデータセットから新たなデータセットを作成する方法

create tableステートメント，as selectステートメント，from句を使用して，既に存在しているデータセットを読み込んで新しいデータセットを作成します．なお，create tableステートメントを使用した場合は，アウトプット画面に結果は表示されません．以下の例では，格納しているデータが同じであるデータセットがそれぞれ作成されます．

SQL プロシジャ	DATA/PROC ステップ
``proc sql ;
create table SQL_CT1
as select * from DATA_201 ;
quit ;```	```data DATA_CT1 ;
set DATA_201 ;
run ;```

ID	GENDER	AGE	HEIGHT	WEIGHT	SMOKE
1	1	55	175	65.2	Y
2	1	47	168	62.4	Y
3	2	39	158	47.2	N
4	2	62	152	45.9	Y
5	1	32	181	78.5	N
6	1	45	170	66.7	N
7	2	66	145	50.2	N
8	2	33	160	48.3	Y
9	2	43	159	46.7	Y
10	1	52	173	70.2	N

他のデータセットから変数を絞り込んでデータセットを作成する方法

続いて，as selectステートメントで変数を絞り込んで新しいデータセットを作成します．

SQL プロシジャ	DATA/PROC ステップ
``proc sql ;
create table SQL_CT2
as select ID, GENDER, AGE from DATA_201 ;
quit ;```	```data DATA_CT2 ;
set DATA_201 ;
keep ID GENDER AGE ;
run ;```

ID	GENDER	AGE
1	1	55
2	1	47
3	2	39
4	2	62
5	1	32
6	1	45
7	2	66
8	2	33
9	2	43
10	1	52

変数の属性情報を定義して新たなデータセットを作成する方法

変数の属性情報のみを定義して，オブザベーションを持たないデータセットを作成します．DATAステップでは，2.15節で紹介したattribステートメントを使用します．属性情報は，データセットのプロパティ画面で確認します．

SQL プロシジャ
| ```
proc sql ;
   create table SQL_CT3( ID     num(8)  format=3.  label="番号",
                         GENDER char(8) format=$8. label="性別" ) ;
quit;
``` |
| DATA/PROC ステップ |
| ```
data DATA_CT3 ;
   attrib ID     length=8  format=3.  label="No."
          GENDER length=$8 format=$8. label="性別" ;
   delete ;
run ;
``` |
| データセットのプロパティ |

列名	タイプ	長さ	出力形式	入力形式	ラベル
ID	数値	8	3.		No.
GENDER	文字	8	$8.		性別

2.26.4 データの挿入・削除

insert, deleteステートメントを使用して，データセットにオブザベーションを挿入・削除します．

insert ステートメントによるデータの挿入

「insert into <データセット名>」と「set 変数1=値1, 変数2=値2…」を記述して，データセットに新たなオブザベーションを追加することができます．次の例では，データセットDATA_201から変数IDとSMOKEを抽出してデータセットSQL_ISを作成した後，insertステートメントとsetステートメントを使用して，ID=11とID=12のオブザベーションを追加しています．DATAステップでは，最終オブザベーションの際に各変数の値を代入してさらにoutputステートメントで出力しています．

SQL プロシジャ	DATA/PROC ステップ
| ```
proc sql ;
   create table SQL_IS
      as select ID, SMOKE
      from DATA_201 ;
   insert into SQL_IS
      set ID=11,SMOKE="N"
      set ID=12,SMOKE="Y" ;
quit ;
``` | ```
data DATA_IS ;
   set DATA_201(keep=ID SMOKE) end=_EOF ;
   output ;
   if _EOF then do ;
      ID = 11 ; SMOKE = "N" ; output ;
      ID = 12 ; SMOKE = "Y" ; output ;
   end ;
run ;
``` |

ID	SMOKE
1	Y
2	Y
3	N
4	Y
5	N
6	N
7	N
8	Y
9	Y
10	N
11	N
12	Y

また，以下のように，values ステートメントを使用しても同様の結果になります．

```
proc sql ;
   create table SQL_IS2 as select ID, SMOKE from DATA_201 ;
   insert into SQL_IS2 values(11,"N")
                      values(12,"Y") ;
quit ;
```

delete ステートメントによるデータの削除

delete ステートメントを使用して，データセットのオブザベーションを削除することができます．以下の例では，上記で作成したデータセット SQL_IS から ID が 11 以上のオブザベーションを削除しています．なお，delete ステートメントでは，where 句を使用しない場合，データセットの全てのオブザベーションが削除されてしまいますので注意しましょう．

SQL プロシジャ	DATA/PROC ステップ
| ```
proc sql ;
   delete from SQL_IS where ID >= 11 ;
quit ;
``` | ```
data DATA_IS ;
   set DATA_IS ;
   if ID >= 11 then delete ;
run ;
``` |

ID	SMOKE
1	Y
2	Y
3	N
4	Y
5	N
6	N
7	N
8	Y
9	Y
10	N

2.26.5 データの整列

order byステートメントを使用して，sortプロシジャと同じようにデータを並べ替えることができます．なお以下の使用例では，sqlプロシジャの結果を出力しています．

データの整列（昇順）

データセットDATA_201は，変数IDの昇順に並べられていますが，変数AGEの昇順に並べ替えてみましょう．「order by <変数>」と指定するか，「order by <変数> asc」と指定して昇順に並べ替えることができます．「asc」は指定されていない場合は昇順になりますのでここでは省略します．

SQLプロシジャ	DATA/PROCステップ

proc sql ;
   select * from DATA_201
   order by AGE ;
quit ;
	proc sort data=DATA_201 ;
	  by AGE ;
	run ;

```
       ID    GENDER    AGE    HEIGHT    WEIGHT   SMOKE
       ---------------------------------------------------
        5       1       32      181      78.5      N
        8       2       33      160      48.3      Y
        3       2       39      158      47.2      N
        9       2       43      159      46.7      Y
        6       1       45      170      66.7      N
        2       1       47      168      62.4      Y
       10       1       52      173      70.2      N
        1       1       55      175      65.2      Y
        4       2       62      152      45.9      Y
        7       2       66      145      50.2      N
```

データの整列（降順）

続いて，データセットDATA_201について，変数WEIGHTの降順に並べ替えてみましょう．降順に並び替える場合は，「order by <変数> desc」と指定します．

SQLプロシジャ	DATA/PROCステップ

proc sql ;
   select * from DATA_201
   order by WEIGHT desc. ;
quit ;
	proc sort data=DATA_201 ;
	  by descending WEIGHT ;
	run ;

```
       ID    GENDER    AGE    HEIGHT    WEIGHT   SMOKE
       ---------------------------------------------------
        5       1       32      181      78.5      N
       10       1       52      173      70.2      N
        6       1       45      170      66.7      N
        1       1       55      175      65.2      Y
        2       1       47      168      62.4      Y
        7       2       66      145      50.2      N
        8       2       33      160      48.3      Y
        3       2       39      158      47.2      N
        9       2       43      159      46.7      Y
        4       2       62      152      45.9      Y
```

データの整列（複数の変数による並べ替え）

複数の変数を指定して並べ替える場合は，カンマ区切りで変数を指定します．ここでは，変数 GENDER を昇順に並べ替えた後，変数 WEIGHT を降順に並べ替えてみましょう．

SQL プロシジャ	DATA/PROC ステップ

proc sql ;
   select * from DATA_201
   order by GENDER asc, WEIGHT desc ;
quit ;
	proc sort data=DATA_201 ;
	  by GENDER descending WEIGHT ;
	run ;

```
ID   GENDER   AGE   HEIGHT   WEIGHT   SMOKE
 5      1     32     181      78.5     N
10      1     52     173      70.2     N
 6      1     45     170      66.7     N
 1      1     55     175      65.2     Y
 2      1     47     168      62.4     Y
 7      2     66     145      50.2     N
 8      2     33     160      48.3     Y
 3      2     39     158      47.2     N
 9      2     43     159      46.7     Y
 4      2     62     152      45.9     Y
```

2.26.6 要約統計量の算出

DATA ステップ同様，sql プロシジャでも要約統計量の計算を行うことができます．

関数を使用した要約統計量の算出

以下では，GENDER（性別）ごとに体重の要約統計量を算出しています．カテゴリ変数の分類ごとに集計する場合は，「group by ＜カテゴリ変数＞」を指定します．ここでは変数 GENDER が指定されています．また，「＜変数や計算結果＞ as ＜新しい変数名＞」を使用して，各要約統計量の結果を格納する新しい変数名（MEAN，SD など）をそれぞれ定義しています．

SQL プロシジャ	DATA/PROC ステップ

proc sql ;
 select GENDER,
  count(WEIGHT) as N   format=best.,
  mean(WEIGHT) as MEAN format=8.2,
  std(WEIGHT)   as SD   format=8.3,
  min(WEIGHT)   as MIN format=8.1,
  max(WEIGHT)   as MAX format=8.1
  from DATA_201
  group by GENDER
  order by GENDER ;
quit ;
	proc means data=DATA_201
	                nway maxdec=2 nonobs ;
	  class GENDER ;
	  var WEIGHT ;
	run ;

```
GENDER    N    MEAN      SD      MIN     MAX
   1      5   68.60    6.208    62.4    78.5
   2      5   47.66    1.665    45.9    50.2
```

```
GENDER    N     平均    標準偏差   最小値    最大値
   1      5    68.60     6.21     62.40    78.50
   2      5    47.66     1.87     45.90    50.20
```

結果の絞り込み（having 句の使用）

having 句を使用して，要約統計量の結果について条件を指定して出力するデータを絞り込むことができます．以下では，「having MEAN > 60」と指定して，GENDER（性別）ごとに算出した平均値（MEAN）が 60 を超えた結果のみ表示しています．PROC ステップでは，要約統計量を算出する summary プロシジャの結果のデータセットを読み込んでデータセットを絞り込みます．

SQL プロシジャ	DATA/PROC ステップ
| ```
proc sql ;
  select GENDER,
    count(WEIGHT) as N    format=best.,
    mean(WEIGHT)  as MEAN format=8.2,
    std(WEIGHT)   as SD   format=8.3,
    min(WEIGHT)   as MIN  format=8.1,
    max(WEIGHT)   as MAX  format=8.1
    from DATA_201
    group by GENDER
    having MEAN > 60
    order by GENDER ;
quit ;
``` | ```
proc summary data=DATA_201 nway ;
  class GENDER ;
  var WEIGHT ;
  output out=_OUT(drop=_TYPE_ _FREQ_)
    n=N mean=MEAN std=SD min=MIN max=MAX ;
run ;

proc print data=_OUT noobs ;
  where MEAN > 60 ;
  format N best. MEAN 8.2 SD 8.3
 MIN MAX 8.1 ;
run ;
``` |
| ```
GENDER    N    MEAN    SD     MIN    MAX
  1       5   68.60   6.208   62.4   78.5
``` | ```
GENDER    N    MEAN    SD     MIN    MAX
  1       5   68.60   6.208   62.4   78.5
``` |

平均値が 60 を超えるのは GENDER が 1（男性）なので，男性の結果のみが出力されています．

2.26.7 データのカウント

ここでは，薬剤を投与された際に，被験者に発現した副作用のデータについて，副作用を発現した被験者の数（例数）や件数などを算出します．使用するデータセット DATA_EVENT を以下のプログラムで作成しておきます．対象となる被験者は 3 名で，それぞれ複数の副作用が発現しています．ID が 1 の被験者については，異なる時期に「感冒」が 2 回発現しています．ID が 3 の被験者については，同様に「腰痛」が 2 回発現しています．

```
data DATA_EVENT ;
   input ID NO AE $ ;
cards;
1 1 感冒
1 2 下痢
1 3 感冒
2 1 発熱
2 2 鼻炎
2 3 感冒
3 1 腰痛
3 2 骨折
3 3 捻挫
```

```
    3 4 鼻炎
    3 5 腰痛
    ;
run ;
```

データのカウント（件数）

2.26.6 節で使用したように，count (変数) を使用して，指定された変数について，オブザベーションの数を算出します．以下の例では，各副作用の発現件数をカウントしています．なお，AE ごとに件数をカウントするため，group by ステートメントに AE を指定しています．PROC ステップでは，means プロシジャで分類変数に AE，分析変数に ID，統計量に n をそれぞれ指定しています．

SQL プロシジャ	DATA/PROC ステップ
``proc sql ;
select AE, count(AE) as N
from DATA_EVENT group by AE ;
quit ;```	```proc means data=DATA_EVENT
n maxdec=0 nway nonobs ;
class AE ;
var ID ;
run ;```
| ```
AE            N
-----------------
下痢          1
感冒          3
腰痛          2
骨折          1
捻挫          1
発熱          1
鼻炎          2
``` | ```
AE            N
-----------------
下痢          1
感冒          3
腰痛          2
骨折          1
捻挫          1
発熱          1
鼻炎          2
``` |

重複データの削除

重複データを削除する場合は，「select distinct <変数 1>,<変数 2>…」を指定します．sort プロシジャの nodupkey オプションと似たような処理を行います．nodupkey オプションは，キー変数だけでなく，全ての変数を残すことができますが，SQL プロシジャの distinct ステートメントでは，指定した変数のみが出力されます．ID が 1 と 3 の被験者については，複数回発現した副作用の重複が削除されています．

SQL プロシジャ	DATA/PROC ステップ
``proc sql ;
create table SQL_EVENT
as select distinct ID,AE
from DATA_EVENT order by ID,AE ;
quit ;```	```proc sort data = DATA_EVENT
out = DATA_EVENT2(keep=ID AE)
nodupkey ;
by ID AE ;
run ;```

ID	AE
1	下痢
1	感冒
2	感冒
2	発熱
2	鼻炎
3	腰痛
3	骨折
3	捻挫
3	鼻炎

count(distinct 変数) による重複データのカウント

　続いて，重複データのカウントを行います．副作用の件数をカウントする際に紹介したように，オブザベーション数のカウントには count(変数) を使用しますが，重複データについて，重複を削除した上でカウントする場合は，「count(distinct 変数)」を使用します．ここでは，データセット DATA_EVENT に含まれている（つまり，副作用を発現した）被験者の例数をカウントします．PROC ステップでは，sort プロシジャで重複データを削除した後，means プロシジャで例数をカウントしています．

SQL プロシジャ	DATA/PROC ステップ
```proc sql ; select count(distinct ID) as N from DATA_EVENT ; quit ;```	```proc sort data = DATA_EVENT out = DATA_EVENT3(keep=ID) nodupkey ; by ID ; run ; proc means data=DATA_EVENT3 n maxdec=0 ; var ID ; run ;```
N --- 3	N - 3

group by と count(distinct 変数) の組み合わせによる重複データのカウント

　ここでは，各副作用について，何例ずつ発現しているかをカウントします．例えば，ID が 1 の被験者は感冒を 2 回，ID が 3 の被験者は腰痛を 2 回発現していますが，それぞれ「発現した例数」としては 1 例ずつとしてカウントします．ここでは，group by ステートメントと count(distinct 変数) を使用して，group by に指定された分類変数のカテゴリごとに，count(distinct 変数) に指定された変数について，以下のように重複カウントを行います．

- 「group by AE」で，分類変数に AE を指定します．
- select ステートメントで，「count(distinct ID) as N」を指定して，AE ごとの ID の重複カウントを行います．結果は変数 N に格納されます．PROC ステップでは，先程と同様，sort プロシジャと means プロシジャを使用して算出します．

SQL プロシジャ	DATA/PROC ステップ
| ```
proc sql ;
   select AE, count(distinct ID) as N
   from DATA_EVENT
   group by AE order by AE ;
quit ;
``` | ```
proc sort data = DATA_EVENT
   out = DATA_EVENT4(keep=ID AE)
   nodupkey ;
   by ID AE;
run ;
proc means data=DATA_EVENT4
   n maxdec=0 nway nonobs ;
   class AE ;
   var ID ;
run ;
``` |
|
AE   N

下痢   1
感冒   2
腰痛   1
骨折   1
捻挫   1
発熱   1
鼻炎   2 |
AE   N

下痢   1
感冒   2
腰痛   1
骨折   1
捻挫   1
発熱   1
鼻炎   2 |

この他にも，副問い合わせを使用して同様の集計を行うことができますが，そちらについては 2.26.10 節で紹介します．

2.26.8　データの縦結合

sql プロシジャでは，union ステートメントを使用して，データの縦結合を行います．union ステートメントの概要を以下に示します．

ステートメント	内容
select … union select …	先に指定したデータの属性として後のデータが結合され，値が重複しているオブザベーションは削除されます（値がユニークなオブザベーションだけが残ります）．ただし，変数名が異なっていても同じ列として結合するので，使用する際には注意が必要です．
select … union corr select …	共通の変数についてのみ縦結合されます．上記と同じく，重複オブザベーションは削除されます．
select … outer union corr select …	共通の変数について全てのレコードを縦結合します．値が重複しているオブザベーションは削除されません．DATA ステップの set ステートメントと同じ処理を行います．

それでは，union ステートメントによる縦結合の処理を見ていきましょう．

union ステートメントによる単純な縦結合

union ステートメントを使用して，単純な縦結合を行います．以下では，変数 ID と WEIGHT を格納したデータセット SQL_UNI1 と，変数 ID と AGE を格納したデータセット SQL_UNI2 を縦結合します．

```
data SQL_UNI1 ;
   input ID WEIGHT @@ ;
cards;
1 88.2 2 65.6 3 76.5
;
run ;

data SQL_UNI2 ;
   input ID AGE @@ ;
cards;
3 55 4 65 5 46
;
run ;

proc sql ;
   create table UNI1 as
   select * from SQL_UNI1
   union
   select * from SQL_UNI2 ;
quit ;
```

結果を次に示します．ID と WEIGHT として縦結合されていることが確認できます．WEIGHT が整数で表示されているオブザベーションは，データセット SQL_UNI2 由来のもので，変数 AGE に格納されていた値です．

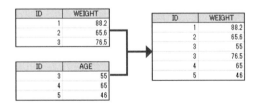

union ステートメントによる単純な縦結合（変数名を合わせた場合）

続いて，縦結合するデータセットについて，上下の変数名を合わせて union ステートメントで結合します．変数名を合わせた場合は，値が重複するオブザベーションは自動的に削除されます．

```
data SQL_UNI3 ;
   input ID AGE @@ ;
```

```
cards;
1 72 2 65 3 58
;
run ;

data SQL_UNI4 ;
   input ID AGE @@ ;
cards;
2 65 3 58
;
run ;

proc sql ;
   create table UNI2 as
   select * from SQL_UNI3
   union
   select * from SQL_UNI4 ;
quit ;
```

結果を次に示します．ID が 2 と 3 のオブザベーションは，ID と AGE の値が同じなので重複が削除されています．

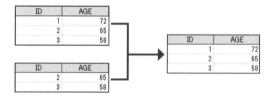

union corr ステートメントによる縦結合

union corr ステートメントを使用して，同じ変数名のみを縦結合することができます．異なる変数については結果に含まれません．以下では，ID と AGE が同じ変数名なので，結果には ID と AGE しか出力されません．

```
data SQL_UNI5 ;
   input ID AGE WEIGHT @@ ;
cards;
1 72 66.2 2 65 55.6 3 58 67.5
;
run ;

data SQL_UNI6 ;
   input ID AGE BMI @@ ;
cards;
4 65 23.4 5 42 25.6
```

```
;
run ;

proc sql ;
   create table UNI3 as
   select * from SQL_UNI5
   union corr
   select * from SQL_UNI6 ;
quit ;
```

結果を次に示します．ID と AGE だけが出力されています．

outer union corr による縦結合（set ステートメントと同様の結合）

　outer union corr を使用して，DATA ステップの set ステートメントと同様の縦結合を行うことができます．前述の union corr では，変数名が同じである ID と AGE のみが出力されましたが，outer union corr では，異なる変数が存在した場合，存在しないデータセット由来のオブザベーションには自動的に欠測値が格納されます．ここでは，上記と同じデータセットを使用して，縦結合を行います．

```
proc sql ;
   create table UNI4 as
   select * from SQL_UNI5
   outer union corr
   select * from SQL_UNI6 ;
quit ;
```

結果を次に示します．DATA ステップの set ステートメントでも同様の結果になります．

2.26.9 データの横結合

sql プロシジャでは，join ステートメントを使用して，データセットの横結合を行うことができます．主な結合方法を以下に示します．

ステートメント	内容
from データセット 1 <as 別名 1>, データセット 2 <as 別名 2> on 条件	データセット 1 とデータセット 2 の全てのオブザベーションの組み合わせを結合します．「on 条件」が指定された場合は，条件を満たすオブザベーションのみが結合されます．
from データセット 1 <as 別名 1> <inner> join データセット 2 <as 別名 2> on 条件	join と on を組み合わせると，条件を満たすオブザベーションのみが結合されます．この結合方法は内部結合と呼ばれています．
from データセット 1 <as 別名 1> <left/right/full> join データセット 2 <as 別名 2> on 条件	left/right/full outer のいずれかと，join, on を組み合わせると，以下のように結合されます．この結合は外部結合と呼ばれています． ・left join：条件を満たすオブザベーションと，条件に一致しない左側のデータセット由来のオブザベーションが出力されます． ・right join：条件を満たすオブザベーションと，条件に一致しない右側のデータセット由来のオブザベーションが出力されます． ・full join：条件を満たすオブザベーションと，条件に一致しない左右のデータセット由来のオブザベーションも出力されます．

カンマを使用した単純な横結合

カンマを使用した横結合では，データセット 1 とデータセット 2 の全てのオブザベーションの組み合わせを出力します．以下の例では，2.26.8 節で作成したデータセット SQL_UNI1 と SQL_UNI2 を横結合しています．結果のデータセットは，「データセット 1（3 オブザベーション）×データセット 2（3 オブザベーション）」の 9 レコードとなります．ここで，変数の別名について以下に概要を解説します．

- 「A.ID as ID_A」では，データセット A の変数 ID を ID_A という名前で保存しています．
- 「from SQL_UNI1 as A, SQL_UNI2 as B」では，データセット SQL_UNI1 の別名を A，SQL_UNI2 の別名を B としてそれぞれ定義して上記のように select ステートメントで使用しています．

```
proc sql ;
   create table SQL_M1 as select A.ID as ID_A, B.ID as ID_B, B.AGE, A.WEIGHT
   from SQL_UNI1 as A, SQL_UNI2 as B ;
quit ;
```

結果を次に示します．全てのオブザベーション同士が結合されていることが確認できます．

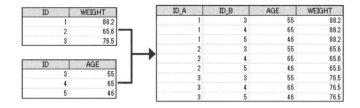

join ステートメントによる内部結合

　内部結合とは，2つのデータセットについて，値が等しいオブザベーションのみを抽出して横結合を行うことです．内部結合には「<inner> join」ステートメントと「on 条件」を使用します．条件には，内部結合を行う条件を指定します．また，「inner」は省略することができます．参考までに，DATA ステップを使用した結合方法も表示します．

SQL プロシジャ	DATA/PROC ステップ
proc sql ; 　　create table SQL_IN1 as 　　　　select A.ID, A.WEIGHT, B.AGE 　　from SQL_UNI1 as A join SQL_UNI2 as B 　　　　on A.ID = B.ID ; quit ;	data DATA_IN1 ; 　　merge SQL_UNI1(in=_1) 　　　　　SQL_UNI2(in=_2) ; 　　by ID ; 　　if _1 and _2 ; run ;

　結果を次に示します．ID の値が同じである「3」のオブザベーションのみが結合されています．

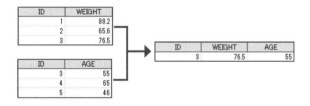

join ステートメントによる外部結合

　外部結合とは，内部結合のように，値が等しいオブザベーションのみを結合するのではなく，値が異なるオブザベーションについても結合する方法です．sql プロシジャでは，left join（左側のデータセットのオブザベーションを強制的に残す），right join（右側のデータセットのオブザベーションを強制的に残す），full outer join（両方のデータセットのオブザベーションを強制的に残す）などのステートメントを使用して，外部結合を行うことができます．それぞれの使用例を DATA ステップの処理と比較して見てみましょう．

left join ステートメント

SQL プロシジャ	DATA/PROC ステップ

proc sql ;
   create table SQL_LEFT1 as
     select A.ID, A.WEIGHT, B.AGE
   from SQL_UNI1 as A left join SQL_UNI2 as B
     on A.ID = B.ID ;
quit ;
	data DATA_LEFT1 ;
	   merge SQL_UNI1(in=_1)
	     SQL_UNI2 ;
	   by ID ;
	   if _1 ;
	run ;

結果を次に示します．IDが等しいオブザベーションと，データセットSQL_UNI1のオブザベーションが結合されています．変数AGEには自動的に欠測値が格納されます．

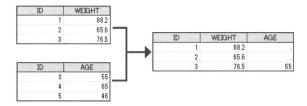

right join ステートメント

SQL プロシジャ	DATA/PROC ステップ

proc sql ;
   create table SQL_RIGHT1 as
     select B.ID, A.WEIGHT, B.AGE
   from SQL_UNI1 as A right join SQL_UNI2 as B
     on A.ID = B.ID ;
quit ;
	data DATA_RIGHT1 ;
	   merge SQL_UNI1
	     SQL_UNI2(in=_2) ;
	   by ID ;
	   if _2 ;
	run ;

結果を次に示します．IDが等しいオブザベーションと，データセットSQL_UNI2のオブザベーションが結合されています．変数AGEには自動的に欠測値が格納されます．

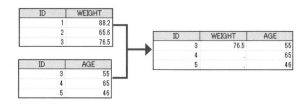

full join ステートメント

```
proc sql ;
   create table SQL_FULL1 as
      select A.ID as ID_A, B.ID as ID_B, A.WEIGHT, B.AGE
   from SQL_UNI1 as A full join SQL_UNI2 as B
      on A.ID = B.ID ;
quit ;
```

結果を次に示します．ID が等しいオブザベーションと，データセット SQL_UNI1, SQL_UNI2 のオブザベーションが全て結合されています．

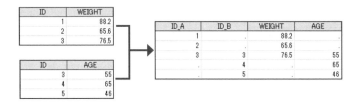

full join ステートメント（coalesce 関数の使用）

coalesce 関数を使用して，DATA ステップの merge ステートメントと同様の結合を行うことができます．coalesce 関数は，「coalesce(変数 1, 変数 2…)」と指定して，指定された変数の中で欠測値でない値を上から出力していきます．以下の例では，「coalesce(A.ID, B.ID)」と記述して，変数 ID で欠測値でない値を上から順に出力しています．

SQL プロシジャ	DATA/PROC ステップ

`proc sql ;`
`   create table SQL_FULL2 as`
`   select coalesce(A.ID,B.ID) as ID, A.WEIGHT, B.AGE`
`   from SQL_UNI1 as A full join SQL_UNI2 as B`
`   on A.ID = B.ID ;`
`quit ;`
	`data DATA_FULL ;`
	`   merge SQL_UNI1 SQL_UNI2 ;`
	`   by ID ;`
	`run ;`

結果を次に示します．ID が等しいオブザベーションと，データセット SQL_UNI1, SQL_UNI2 のオブザベーションが全て結合されていて，coalesce 関数によって ID が 1 つに統合されていることが確認できます．

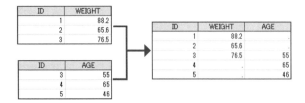

2.26.10 副問い合わせ（サブクエリ）

副問い合わせ（サブクエリ）とは，何らかの条件でオブザベーションの抽出や処理を行った後に，さらに他の条件や処理を埋め込んで，通常であれば複数ステップが必要な処理を 1 ステップにまとめて行うことができる機能です．副問い合わせを効果的に使用することで，DATA ステップや PROC ステップでは複数ステップが必要な場合でも，sql プロシジャでは 1 ステップで効率的に処理を行うことができます．副問い合わせは，where 句，select ステートメント，変数の指定部分などで使用できます．

where 句の副問い合わせ（単一行）

以下では，2.26.7 節で使用した副作用のデータを格納したデータセット DATA_EVENT から，「下痢」を発現した被験者の背景情報（年齢と性別）をデータセット DMG から抽出して新しいデータセット SQL_DMG1 に出力しています．下痢を発現しているのは ID が 1 の被験者の 1 回で，サブクエリで抽出されるのは 1 オブザベーションのみとなるため，where 句に「=」を使用しています．

```
data DMG ;
   input ID AGE GENDER $ @@ ;
cards;
1 55 M 2 68 F 3 46 M 4 62 F
;
run ;

proc sql ;
   create table SQL_DMG1 as select * from DMG
   where ID = (select ID from DATA_EVENT where AE = "下痢") ;
quit ;
```

結果と処理の流れを次に示します．DATA_EVENT から 1 オブザベーションが抽出されて，その ID のオブザベーションが DMG から抽出されています．

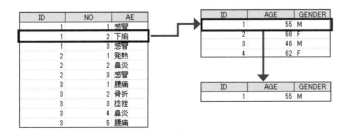

where 句の副問い合わせ（複数行）

サブクエリの結果が複数オブザベーションである場合は，where 句に「in」を使用します．次の例では，「鼻炎」を発現した被験者の背景情報（年齢と性別）をデータセット DMG から抽出して新し

いデータセット SQL_DMG2 に出力しています．

```
proc sql ;
   create table SQL_DMG2 as select * from DMG
   where ID in (select ID from DATA_EVENT where AE = "鼻炎") ;
quit ;
```

結果と処理の流れを次に示します．DATA_EVENT から複数オブザベーションが抽出されて，それらの ID のオブザベーションが DMG から抽出されています．このように，サブクエリの結果が複数オブザベーションとなる可能性がある場合は，「in」を使用することをお勧めします．

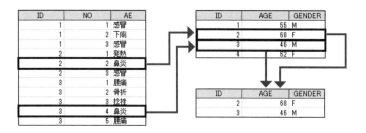

select ステートメントの副問い合わせ

sql プロシジャでは，from 句でデータセットを指定するのではなく，括弧内にさらに select ステートメントを使用することで，データを抽出した結果を利用して外側の select ステートメント（主問い合わせ）を実行することができます．ここでは，データセット DATA_EVENT から，2.26.7 節で行った各副作用の発現例数の算出結果と同様の結果をサブクエリを利用して出力します．処理の流れを以下に示します．

　　from 句の中の select ステートメントで変数 ID と AE で重複データを削除．
　⇒ 結果について，group by で AE を指定して，AE ごとに例数をカウント．

という処理で各副作用の発現例数のカウントを 1 つの select ステートメント内で行うことができます．

```
proc sql ;
   select AE, count(AE) as N
   from(select distinct ID, AE from DATA_EVENT)
   group by AE order by AE ;
quit ;
```

結果を次に示します．各副作用について，発現した例数をカウントしています．

```
AE                   N
-------------------
下痢                 1
感冒                 2
腰痛                 1
骨折                 1
捻挫                 1
発熱                 1
鼻炎                 2
```

変数の指定部分の副問い合わせ

以下では，ある薬剤 A, B を投与した際の肝機能に関連する臨床検査項目である AST（GOT）の値が，一度でも投与期間中（2 週ごとに合計 8 週間まで）に異常値が見られたかどうかを判定するフラグ変数 ASTFLG をデータセット DMG に追加します．処理の概要を次に示します．

- データセット LIVER には，TRT（薬剤群），WEEK（検査の時期），ASTAB（AST の検査値について，1: 異常・2: 正常を格納したフラグ変数）の各変数が格納されています．

- 「select *, (select min(B.ASTAB) from LIVER as B where A.ID = B.ID) as ASTFLG from DMG as A」では，データセット DMG から「*」で全ての変数を抽出して，括弧内のサブクエリでは，DMG と LIVER の ID が一致するオブザベーションについて，それぞれ min 関数で ASTAB の最小値を抽出しています．つまり，変数 ASTFLG には，被験者ごとに，8 週間の検査結果で一度でも結果が異常であった場合は 1 が格納され，全ての検査で正常であった場合には 2 が格納されています．

```
proc format ;
   value LVFLGF 1 = "異常" 2 = "正常" ;
run ;

data LIVER ;
   input ID TRT $ WEEK ASTAB @@ ;
   format ASTAB LVFLGF. ;
cards;
1 A 2 2 1 A 4 2 1 A 6 2 1 A 8 2
2 A 2 2 2 A 4 2 2 A 6 1 2 A 8 2
3 B 2 2 3 B 4 2 3 B 6 2 3 B 8 2
4 B 2 2 4 B 4 1 4 B 6 2 4 B 8 2
;
run ;

proc sql ;
   create table SQL_DMG3 as
   select *, (select min(B.ASTAB) from LIVER as B where A.ID = B.ID) as ASTFLG
   from DMG as A ;
quit ;
```

結果と処理の流れを次に示します．一度でも異常の結果が得られた被験者については，変数

ASTFLGに「1」が格納されています．

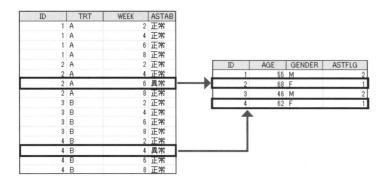

　以上，sqlプロシジャの基本的な使用方法とそれらの使用例を紹介しましたが，処理の内容によって，DATA/PROCステップとsqlプロシジャを使い分けることができれば，高度なデータハンドリングが要求される場面でも効率的なステートメントを選択してプログラムを作成することができます．冒頭でも述べましたが，SQL言語はデータベースを扱う上では欠かせない言語なので，習得しておけば，今後様々な場面で役に立つでしょう．

2.27　参考文献

- 市川 伸一，岸本 淳司，大橋 靖雄，浜田 知久馬（1993）「SASによるデータ解析入門（東京大学出版会）」
- 新村秀一（1994）「SAS言語入門（丸善株式会社）」
- SAS Institute Inc.「SAS OnlineDoc® 9.2」
  http://support.sas.com/documentation/cdl_main/index.html
- Lora D. Delwiche, Susan J. Slaughter (2008)「The Little SAS Book: A Primer, Fourth Edition (SAS Press)」
- Craig Dickstein.「DATA Step vs. PROC SQL: What's a neophyte to do?」SUGI 29

演習問題

1. 以下を実行してデータセット SLEEP とデータセット GROUP を作成してください.

    - データセット SLEEP
        - ID：被験者 ID
        - VISIT：時点（週）
        - LATENCY：睡眠潜時（眠るまでの時間）

    - データセット GROUP
        - ID：被験者 ID
        - GROUP：薬剤（1：治験薬，2：対照薬）

```
data SLEEP ;
   input ID 1 VISIT $ 3-9 LATENCY 11-12 ;
cards;
1 Week 0  58
1 Week 4  55
1 Week 8  .
1 Week 12 48
2 Week 0  80
2 Week 4  .
2 Week 8  77
2 Week 12 65
3 Week 0  88
3 Week 4  86
3 Week 8  95
3 Week 12 .
4 Week 0  65
4 Week 4  60
4 Week 8  75
4 Week 12 70
;
run ;

data GROUP ;
   input ID 1 GROUP 3 ;
cards;
1 1
2 2
3 1
4 2
;
run ;
```

2. データセット SLEEP について，各 ID の VISIT ごとの LATENCY の値を転置したデータセット SLEEP_T を作成してください（by ステートメントに ID，id ステートメントに VISIT を指定する）．さらに，Week 4 以降の各時点の欠測データを直前の非欠測のデータで補完してください．keep ステートメントを使用して，ID と各時点のデータに変数を絞ってください．

3. データセット SLEEP_T を再度転置して元の構造に戻してください．出力データセット名は SLEEP2 としてください．また，時点の変数名は VISIT としてください．

4. retain ステートメントを使用して，Week 0 の睡眠潜時からの各時点の変化量（変数 CHG = 各時点の睡眠潜時 − Week 0 の睡眠潜時）と変化率（変数 PCHG =（CHG/Week 0 の睡眠潜時）× 100）を算出してください．出力データセット名を SLEEP3 としてください．また，PCHG は小数第 2 位を四捨五入して小数点以下 1 桁の数値としてください．

5. データセット SLEEP3 とデータセット GROUP について，ID をキー変数としてマージ（横結合）してください．出力データセット名を SLEEP4 としてください．

第 3 章
統計解析

　SAS の統計解析機能を 1 つずつ紹介する前に，本章における統計解析の実行手順を紹介します．ポイントは，統計解析を行う前にグラフを描くことです．数値をにらむよりも，グラフを描いた方がデータの大まかな特徴をつかむことができます．

① 解析するデータを作成する・読み込む．
② 可能であればグラフの作成．
③ データに対して統計解析を実行する．
④ 実行結果を解釈する．
⑤ 実行結果を保存する．

3.1　使用するデータセット

　本書では，うつ病患者 60 人に対して薬剤 A, B, C (GROUP=A, B, C) のいずれかによる治療を行い，QOL（Quality of Life；生活の質）の点数を測定した架空のデータセット QOL を使って解析を行います（数値が大きい方が改善）．QOL は次に示すような架空のアンケート票を使って患者に回答してもらい，各質問項目で回答した番号を合計したものを，その患者の点数としています．

架空のQOLアンケート票

No	質問	1：当てはまらない	2：あまり当てはまらない	3：やや当てはまる	4：当てはまる
1	起床時に気分が良い			○	
2	朝食は美味しい		○		
:	:	:	:	:	:

　データセットQOLには，「薬剤の種類（GROUP：A，B，C）」や「QOLの点数」に関するデータの他に，QOLの点数が5点以上である場合を「改善あり」と定義して計算した「改善の有無(EVENT；1：改善あり，2：改善なし)」「観察期間（DAY：単位は日）」「前治療薬の有無（PREDRUG；YES：今までに他の治療薬を投与していた，NO：投与していない）」「罹病期間（DURATION：単位は年）」に関するデータがあります．

うつ病患者への治療データ「QOL」

GROUP	QOL	EVENT	DAY	PREDRUG	DURATION
A	15	1	50	NO	1
A	13	1	200	NO	3
A	11	1	250	NO	2
A	11	1	300	NO	4
A	10	1	350	NO	2
A	9	1	400	NO	2
A	8	1	450	NO	4
A	8	1	550	NO	2
A	6	1	600	NO	5
A	6	1	100	NO	7
A	4	2	250	NO	4
A	3	2	500	NO	6
A	3	2	750	NO	3
A	3	2	650	NO	7
A	1	2	1000	NO	8
A	6	1	150	YES	6
A	5	1	700	YES	5
A	4	2	800	YES	7
A	2	2	900	YES	12
A	2	2	950	YES	10
B	13	1	380	NO	9
B	12	1	880	NO	5
B	11	1	940	NO	2
B	4	2	20	NO	7
B	4	2	560	NO	2
B	5	1	320	YES	11

GROUP	QOL	EVENT	DAY	PREDRUG	DURATION
B	5	1	940	YES	3
B	4	2	80	YES	6
B	3	2	140	YES	7
B	3	2	160	YES	13
B	3	2	240	YES	15
B	2	2	280	YES	9
B	2	2	440	YES	8
B	2	2	520	YES	7
B	2	2	620	YES	9
B	2	2	740	YES	8
B	2	2	860	YES	2
B	1	2	880	YES	10
B	0	2	920	YES	8
B	0	2	960	YES	4
C	9	1	170	NO	1
C	7	1	290	NO	4
C	5	1	430	NO	2
C	3	2	610	NO	4
C	2	2	110	NO	5
C	2	2	410	NO	2
C	1	2	530	NO	7
C	1	2	580	NO	2
C	0	2	810	NO	3
C	0	2	990	NO	10
C	6	1	30	YES	1
C	5	1	830	YES	6
C	3	2	70	YES	16
C	2	2	310	YES	9
C	2	2	370	YES	18
C	1	2	490	YES	7
C	1	2	690	YES	10
C	0	2	730	YES	3
C	0	2	770	YES	12
C	0	2	910	YES	8

うつ病患者 60 人のデータセット QOL を SAS に読み込ませるプログラムを次に示します.

```
data QOL ;
  input GROUP $ QOL EVENT DAY PREDRUG $ DURATION ;
  cards ;
```

A	15	1	50	NO	1
A	13	1	200	NO	3
A	11	1	250	NO	2
A	11	1	300	NO	4
A	10	1	350	NO	2
A	9	1	400	NO	2
A	8	1	450	NO	4
A	8	1	550	NO	2
A	6	1	600	NO	5
A	6	1	100	NO	7
A	4	0	250	NO	4
A	3	0	500	NO	6
A	3	0	750	NO	3
A	3	0	650	NO	7
A	1	0	1000	NO	8
A	6	1	150	YES	6
A	5	1	700	YES	5
A	4	0	800	YES	7
A	2	0	900	YES	12
A	2	0	950	YES	10
B	13	1	380	NO	9
B	12	1	880	NO	5
B	11	1	940	NO	2
B	4	0	20	NO	7
B	4	0	560	NO	2
B	5	1	320	YES	11
B	5	1	940	YES	3
B	4	0	80	YES	6
B	3	0	140	YES	7
B	3	0	160	YES	13
B	3	0	240	YES	15
B	2	0	280	YES	9
B	2	0	440	YES	8
B	2	0	520	YES	7
B	2	0	620	YES	9
B	2	0	740	YES	8
B	2	0	860	YES	2
B	1	0	880	YES	10
B	0	0	920	YES	8
B	0	0	960	YES	4
C	9	1	170	NO	1
C	7	1	290	NO	4
C	5	1	430	NO	2
C	3	0	610	NO	4
C	2	0	110	NO	5
C	2	0	410	NO	2
C	1	0	530	NO	7
C	1	0	580	NO	2
C	0	0	810	NO	3
C	0	0	990	NO	10

```
            C   6   1    30  YES    1
            C   5   1   830  YES    6
            C   3   0    70  YES   16
            C   2   0   310  YES    9
            C   2   0   370  YES   18
            C   1   0   490  YES    7
            C   1   0   690  YES   10
            C   0   0   730  YES    3
            C   0   0   770  YES   12
            C   0   0   910  YES    8
        ;
run ;
```

3.2 SAS による統計解析の流れ

3.2.1 データの準備

まず，うつ病患者 60 人のデータから，薬剤 A を投与された患者のデータのみを抽出し，データセット MYDATA に保存します．

```
data MYDATA ;
  set   QOL ;
  where GROUP="A" ;
run ;
```

データセット MYDATA の変数 QOL の中身を確認するときは print プロシジャを使用します．

```
proc print data=MYDATA ;
  var QOL ;    *--- 出力する変数名 ;
run ;
```

出力結果を次に示します．

OBS	QOL
1	15
2	13
3	11
4	11

```
                        5      10
                        6       9
                        7       8
                        8       8
                        :       :
                       20       2
```

3.2.2 グラフの作成

sgplotプロシジャでデータセットMYDATAの変数QOLに関するヒストグラムや，ヒストグラムを曲線で表した密度推定曲線を描くことができます．

```
title "ヒストグラムと密度推定" ;
proc sgplot data=MYDATA ;
  histogram QOL ;                  *--- ヒストグラム ;
  density   QOL / type=kernel ;    *--- 密度推定曲線 ;
run ;
```

出力結果を次に示します[1]．

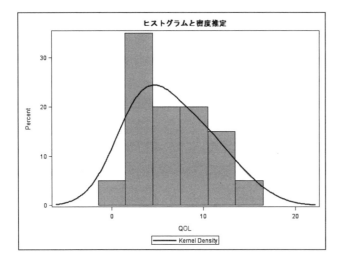

また，sgplotプロシジャでデータセットMYDATAの変数PREDRUGの頻度に関する棒グラフを描くことができます．

```
title "棒グラフ";
proc sgplot data=MYDATA ;
```

[1] 印刷の都合上白黒（グレースケール）で示していますが，実際のグラフはカラーで出力されます．グラフを白黒で出力したい場合は，sgplotプロシジャを実行する前に「ods listing style=journal ;」を実行します．

```
    vbar PREDRUG ;
run ;
title "" ;        *--- タイトルを初期化 ;
```

出力結果を次に示します．データセット MYDATA の変数 QOL のようなデータ (0, 1, 2, …, 15) を「連続データ」，変数 PREDRUG のようなデータ（YES：今までに他の治療薬を投与していた，NO：投与していない）を「カテゴリデータ」と呼びますが，本章では1つの「連続データ」の要約の仕方を紹介します．「カテゴリデータ」については 3.5 節「2 値データの比較とロジスティック回帰」で詳しい解説をします．

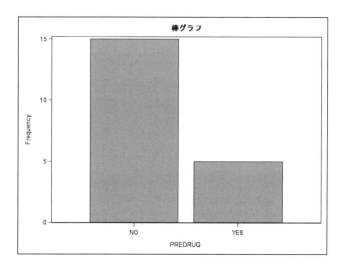

3.2.3 統計解析の実行（要約統計量の算出）

univariate プロシジャでデータセット MYDATA の変数 QOL に関する要約統計量を算出することができます．

```
proc univariate data=MYDATA ;
  var QOL ;    *--- 要約統計量を求める変数名 ;
run ;
```

出力結果を次に示します．

```
              UNIVARIATE プロシジャ
                   変数 ： QOL

                    モーメント
        N           20    重み変数の合計      20
        平均        6.5   合計              130
```

```
            標準偏差       3.98021422    分散            15.8421053
            歪度          0.57872086    尖度           -0.5764248
            無修正平方和        1146    修正済平方和          301
            変動係数        61.234065    平均の標準誤差    0.89000296

                              基本統計量
                       位置                  ばらつき
                平均     6.500000    標準偏差     3.98021
                中央値   6.000000    分散        15.84211
                最頻値   3.000000    範囲        14.00000
                        四分位範囲    6.50000

                              ・・・・・・・・・・

                        分位点（定義 5）
                        分位点       推定値
                        100% 最大値   15.0
                                :
                        75% Q3        9.5
                        50% 中央値    6.0
                        25% Q1        3.0
                                :
                        0% 最小値     1.0
```

　ちなみに，univariate プロシジャでは様々な統計量を出力することができますが，命令が多すぎてどれがどれだか分からなくなります．統計量を出力するオプションを手っ取り早く見る方法として，わざとエラーを出し，ログウィンドウに表示されたオプションの一覧を見るという方法があります．

```
proc univariate data=MYDATA XXX ;   *--- わざと間違ったオプションを指定 ;
  var QOL ;
run ;                               *--- ログウィンドウに一覧が出る ;
```

　また，カテゴリ変数のカテゴリごとに要約統計量を算出する場合は，class ステートメントにカテゴリ変数を指定します．例えば，前治療薬の有無（PREDRUG；YES, NO）別にデータセット MYDATA の変数 QOL に関する要約統計量を算出する場合は，univariate プロシジャの class ステートメントに変数 PREDRUG を指定します．

```
proc univariate data=MYDATA ;
  class PREDRUG ;  *--- カテゴリ変数名 ;
  var   QOL ;      *--- 要約統計量を求める変数名 ;
run ;
```

　出力結果は次の通りで，前治療薬の有無（変数 PREDRUG）のカテゴリ（YES：今までに他の治療

薬を投与していた，NO：投与していない）ごとに要約統計量が算出されています．

```
              UNIVARIATE プロシジャ
                 変数： QOL
                PREDRUG = NO

                   モーメント
N                    15     重み変数の合計              15
平均                  7.4    合計                     111
標準偏差          4.13694159   分散                17.1142857
歪度            0.19500618   尖度                -0.8985064
無修正平方和          1061    修正済平方和               239.6
変動係数          55.9046161   平均の標準誤差          1.06815373
```

```
              UNIVARIATE プロシジャ
                 変数： QOL
                PREDRUG = YES

                   モーメント
N                     5     重み変数の合計               5
平均                  3.8    合計                      19
標準偏差          1.78885438   分散                     3.2
歪度            0.05240784   尖度                -2.3242187
無修正平方和            85    修正済平方和                12.8
変動係数          47.0751153   平均の標準誤差              0.8
```

3.2.4 実行結果の解釈

出力結果のうち，重要なものについて解説を付けます．

N　　　データの個数です．

合計　　データを全て足し合わせた値です．

平均値　データの合計をデータの個数で割った値です．「データの真ん中を表す指標」ですが，他のデータに比べて極端に大きい値や小さい値（外れ値）がデータの中にある場合は，平均値がその値に引っ張られてしまうという欠点があります（次図右では外れ値があるため平均値が3から20に引き上げられています）．ちなみに，後で紹介する「中央値」は，外れ値に引っ張られにくいという性質があります．

平均値：3，中央値：3の図　　　　　平均値：20，中央値：3の図

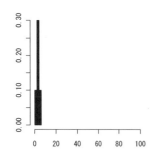 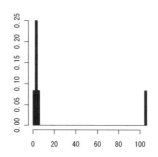

分散（不偏分散）	データとデータの平均値との差を2乗したものを全て足し合わせ，（データの個数－1）で割った値です．「データの平均値からの散らばり具合を表す指標」で，この値が大きければデータは良く散らばっており，小さければデータが平均値の周りに集まっています．
標準偏差	分散の平方根（ルート）をとった値です．「データの平均値からの散らばり具合を表す指標」ですが，標準偏差は分散と違って，元のデータと単位が揃っています．
平均の標準誤差	標準偏差を「標本数の平方根（ルート）」で割った値です．標準偏差は「データの散らばり具合を表す指標」ですが，標準誤差は「統計量（ここでは平均値）の散らばり具合を表す指標」です．
中央値	データを値の小さい順に並べたときに，真ん中の順位にくるデータの値です（例：データが「3，5，6，7，9」の場合の中央値は6）．「データの真ん中を表す指標」の1つで，外れ値がある場合でも平均値よりも適切にデータの真ん中を表すという性質があります．大ざっぱな見方として，前に紹介した平均値と中央値が大体同じであれば分布は左右対称，平均値と中央値がズレていれば分布は左右非対称となっている，という見方ができます．ちなみに，データの数が偶数個の場合は，中央に位置する2個の値の平均値が中央値となります．
パーセント点	0%点（最小値），25%点（Q1），50%点（中央値），75%点（Q3），100%点（最大値）などを表示します．「α%点」とは，その値以下の割合が全体のα%となる数値を表します．
四分位範囲	75%点（Q3）から25%点（Q1）を引いた値です．「データの分布の広がり具合を表す指標」で，データの範囲をざっくりとつかむことができます．

ちなみに，パーセント点の情報と平均値の情報を一度に視覚的に見るためのグラフとして「箱ひげ図」があります．SASでは sgplot プロシジャや boxplot プロシジャで箱ひげ図を描くことがで

きます.

```
title "箱ひげ図" ;
proc sgplot data=MYDATA ;
  vbox QOL ;    *--- hbox にすると横向きになる ;
run ;
title "" ;      *--- タイトルを初期化 ;
```

今回は出力されていませんが,外れ値がある場合は,箱ひげの外側に「○」が表示されます.

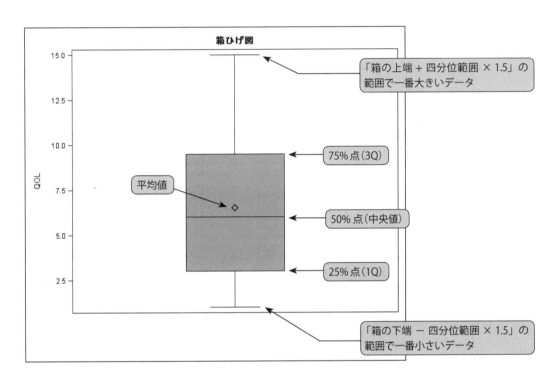

3.2.5 検定について

univariate プロシジャでは,オプション mu0 に値を指定することで,データの平均値がある値であるかどうかの検定(1 標本 t 検定)を実行することができます.例えば,データセット MYDATA の変数 QOL の平均が 3 であるかどうかを検定する場合は以下のように指定します.

```
proc univariate data=MYDATA mu0=3 ;    *--- 平均が 3 かどうか ;
  var QOL ;                             *--- 検定の対象とする変数 ;
run ;
```

1標本t検定[2]の結果は「Studentのt統計量」の行に出力されています.

```
                    位置の検定 H0: Mu0=3

      検定              ---統計量---       -------p 値-------
      Student の t 検定   t   3.932571    Pr > |t|   0.0009
      符号検定            M   5.5         Pr >= |M|  0.0127
      符号付順位検定       S   66          Pr >= |S|  0.0008
```

ここで「検定」のざっくりとした手順を挙げます.

1. 比較の枠組みを決める.
2. 比較するものの間に差がないという仮説（帰無仮説 H_0）を立てる.
3. 帰無仮説とは裏返しの仮説（対立仮説 H_1）を立てる.
4. 帰無仮説が成り立つという条件の下で，手元にあるデータが起こる確率（p値）を計算する.
5. 計算した確率が非常に小さい場合は「珍しいデータが得られた」と考えるのではなく「帰無仮説 H_0（差がないという仮説）が間違っている」と考え，対立仮説 H_1 が正しいと結論付ける.
6. 計算した確率が小さくない場合は「帰無仮説 H_0 が間違っている」と結論付けることが出来ないので「帰無仮説 H_0 が正しい」と考える.

本節で行った「1標本t検定」のストーリーは次の通りです.

1. 比較するものは「変数 QOL の平均値」と「3」とする.
2. 「帰無仮説（H_0）：平均値は3で**ある**」という仮説を立てる.
3. 「対立仮説（H_1）：平均値は3で**ない**」という仮説を立てる.
4. 「帰無仮説：平均値は3である」が成り立つという条件の下で，手元にあるデータが起こる確率を計算するとp値は0.0009となった.
5. 計算された確率（p値）から，手元にあるデータは10000回に10回も起こらないものであることが分かる．⇒「珍しいデータが得られた」と考えるのではなく「帰無仮説：平均値は3である」という仮説が間違っていると考え「対立仮説：平均値は3でない」と結論付ける.

以下に補足事項を4点挙げます.

- 先ほど作成したヒストグラムを見ても，3よりも大きいデータが大半を占めていることから「帰無仮説：平均値が3である」ようには見えません．このことからも「数値をにらむよりもグラフを描いた方がデータの大まかな特徴をつかむことができる」ことが分かります.
- 「得られた確率が小さいかどうか」は，「5%よりも小さいかどうか」で判断することが多いようです．そして，「得られた確率が非常に小さい（5%よりも小さい）」状態のことを「有意差あり」，「得られた確率がそれほど小さくない（5%よりも大きい）」状態のことを「有意差なし」といいます．ちなみに「得られた確率が小さいかどうか」を判定する「5%」というボーダーラインのことを有意水

---

[2] 符号検定や符号付順位検定（1標本 Wilcoxon 検定）は「分布の中心が3であるかどうか」を検定する手法で，目的は1標本t検定とほぼ同様です.

準（α）と呼びます[3].

- 得られた確率が小さくない場合，統計的には「帰無仮説が正しい」と積極的に言えないという話があります．もし，「帰無仮説が正しい」ことを主張したい場合，データの個数をわざと少なくすることで「帰無仮説が正しい」ことを証明することができてしまいます．
  あいまいな表現になってしまいますが，「得られた確率が小さくない」≒「帰無仮説が間違っていない」≒「帰無仮説が正しい」と，「≒」くらいのニュアンスで考えてください．なお，関連する内容を 3.8 節「例数設計」で再考します．
- 通常は興味のある仮説が対立仮説になります．この例では「平均値が 3 でないかどうかが確認したい」ために検定を行った，ということになります．
- この後，様々な検定手法が登場しますが，考え方は同じです．ごく大ざっぱにいえば「帰無仮説 H_0」と「対立仮説 H_1」のそれぞれが変わるだけで，考え方は上記とほぼ同様です．

3.2.6 実行結果の保存

実行結果を保存する方法として，出力結果を html ファイルや rtf（WORD）ファイル，データセットに保存する方法を紹介します．

テキストで出力される結果をファイルに保存する方法

まず，出力結果を html ファイルや rtf（WORD）ファイルなどに保存する雛形を紹介します．処理の手順は，統計解析を行う命令を「ods … ;」と「ods … close ;」ではさむだけです．

```
ods ファイル形式 file="ファイルのパス";

〔統計解析を行う命令〕

ods ファイル形式 close;
```

例として，先ほどの univariate プロシジャの結果をファイルに出力してみます．

```
ods html file="C:¥temp¥ファイル名.html" ;    *--- html ;
title "My Univariate" ;
  proc univariate data=MYDATA ;
    var QOL ;
  run;
ods html close;

ods rtf file="C:¥temp¥ファイル名.rtf" ;      *--- rtf(WORD) ;
title "My Univariate" ;
  proc univariate data=MYDATA ;
```

[3] 有意水準の値は，一般的には検定を行う前に決めておくべきもので，用いる状況によっては 1% であったり 10% であったりします．3.7.6 節「多重比較の基礎」に有意水準 α に関する解説があります．

```
      var QOL ;
   run;
ods rtf close ;

ods pdf file="C:\temp\ファイル名.pdf" ;      *--- pdf ;
title "My Univariate" ;
   proc univariate data=MYDATA ;
      var QOL ;
   run;
ods pdf close ;
```

PDFファイルの場合

グラフをファイルに保存する方法

「結果」タブをクリックし，sgplot プロシジャの実行結果をクリックすると，生成されたグラフのアイコンがあります．このアイコンをダブルクリックするとグラフが表示されますので，ここからグラフをファイルに保存することができます．また，前節と同様の方法で，グラフを rtf ファイルや pdf ファイルに出力することができます．さらに，goptions のオプション device にファイル形式を指定すれば，bmp ファイル，emf ファイル，gif ファイルなどに出力することもできます[4]．

```
ods rtf file="C:\temp\ファイル名.rtf" ;      *--- pdfも同様に出力可 ;
title "密度推定" ;
   proc sgplot data=MYDATA ;
      density QOL / type=kernel ;
   run ;
ods rtf close;

filename mygraph "c:\temp\ファイル名.emf" ; *--- emf ファイル;
goptions reset=all gsfname=mygraph device=emf ;
title "密度推定" ;
   proc sgplot data=MYDATA ;
      density QOL / type=kernel ;
   run ;
filename mygraph clear ;
```

---

[4] ods graphics on / imagefmt=emf ;でファイル形式を指定することもできます．

rtfファイルの場合

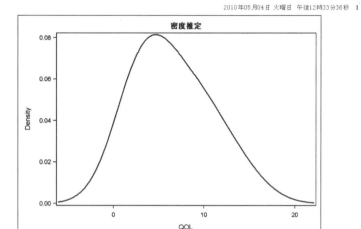

出力結果をデータセットに保存する方法

まず，出力結果をデータセットに保存する雛形を紹介します．処理の手順は，統計解析を行う命令を「ods output … ;」と「ods output … close ;」ではさむだけです．

```
ods output 統計量のラベル=出力先のデータセット名;

〔統計解析を行う命令〕

ods output close ;
```

例として，先ほどのunivariateプロシジャの結果から「モーメント（統計量のラベル名：Moments）」の部分をデータセットMYOUTPUTに出力してみます．

```
ods output Moments=MYOUTPUT ;
  proc univariate data=MYDATA ;
    var QOL ;
  run;
ods output close ;
```

	VarName	Label1	cValue1	nValue1	Label2	cValue2	nValue2
1	QOL	N	20	20.000000	重み変数の合計	20	20.000000
2	QOL	平均	6.5	6.500000	合計	130	130.000000
3	QOL	標準偏差	3.98021422	3.980214	分散	15.8421053	15.842105
4	QOL	歪度	0.57872086	0.578721	尖度	-0.5764248	-0.576425
5	QOL	無修正平方和	1146	1146.000000	修正済平方和	301	301.000000
6	QOL	変動係数	61.234065	61.234065	平均の標準誤差	0.89000296	0.890003

統計量のラベルには様々な種類があるので，全てを覚えるのは困難です．統計量のラベルを表示

するには,次のような命令を実行します.

```
ods trace on /listing;        *--- 統計量のラベルを出力する命令 ;
proc univariate data=MYDATA ;
  var QOL ;
run ;
```

すると,アウトプットウィンドウに統計量のラベルが出力されます.

```
UNIVARIATE プロシジャ
     変数: QOL

出力の追加:
--------------
名前:       Moments
ラベル:      モーメント
テンプレート : base.univariate.Moments
パス:       Univariate.QOL.Moments
--------------
            モーメント

N                   20    重み変数の合計            20
平均                 6.5   合計                   130
標準偏差          3.98021422  分散              15.8421053
歪度             0.57872086  尖度              -0.5764248
無修正平方和          1146    修正済平方和             301
変動係数          61.234065  平均の標準誤差       0.89000296
```

ちなみに,統計量のラベルの出力をやめる場合は,以下の命令を実行します.

```
ods trace off ;
```

もし,統計量の一部を選択してデータセットに出力する場合は,where 文で条件指定します.例えば,変数 Test の値が「"Student の t 統計量"」となっている行のみを出力する場合は以下のようにします.

```
ods output TestsForLocation=TTEST(where=(Test="Student の t 検定")) ;
  proc univariate data=MYDATA ;
    var QOL ;
  run;
ods output close ;
```

統計量をデータセットに出力した後は,template プロシジャなどで整形することができ,解析

結果をカスタマイズすることができます.

次節からは,複数の変数に対してデータ解析を行う例を紹介していきます.次節以降で出てくるプロシジャの構文については,第 8 章「プロシジャの構文一覧」でまとめております.

3.2.7 その他の話題

両側検定(両側 p 値)と片側検定(片側 p 値)

3.2.5 節「検定について」では,データセット MYDATA の変数 QOL の平均が 3 であるかどうかを調べるために univariate プロシジャで 1 標本 t 検定を行いました.

今度は ttest プロシジャを用いて,QOL の平均が 3 であるかどうかの 1 標本 t 検定を行います.

```
proc ttest data=MYDATA h0=3 sides=2 ;    *--- sides=2 (両側) ;
  var QOL ;
run ;
```

出力結果(抜粋)を次に示します.平均値は 6.5 と 3 よりも大きくなっており,p 値も 3.2.5 節「検定について」での検定結果と一致しています.

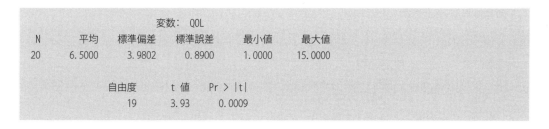

この p 値 (0.0009) は,検定統計量が従う t 分布の灰色部分の面積(次図参照)となっています.灰色部分が右端と左端の両方にある点に注目してください.

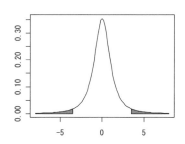

さて,この 1 標本 t 検定の帰無仮説と対立仮説は次のようなものでした.

帰無仮説 H_0：平均値 = 3
対立仮説 H_1：平均値 ≠ 3

通常，対立仮説には興味のある仮説を設定します．この場合は「平均値 ≠ 3」かどうかを確認するために検定を行ったことになります．ここで，

「平均値 ≠ 3」=「平均値 < 3」または「平均値 > 3」

であることに注意します．つまり，

「平均値 < 3」の場合 ⇒ p 値は**小さく**なってほしい
「平均値 > 3」の場合 ⇒ p 値は**小さく**なってほしい

の両方とも要求する場合に，対立仮説として「平均値 ≠ 3」という仮説を設定します．このように，「平均値 < 3」となった場合と「平均値 > 3」となった場合のいずれかが起きたとしても p 値が小さくなるような対立仮説（上記の対立仮説）を設定した検定を「両側検定」と呼び，この結果の p 値を「両側 p 値」と呼びます[5]．

「両側検定」や「両側 p 値」があれば，「片側検定」や「片側 p 値」があります．例えば 1 標本 t 検定の帰無仮説と対立仮説を

帰無仮説 H_0：平均値 ≧ 3
対立仮説 H_1：平均値 < 3

とした場合，興味のある仮説（対立仮説）は「平均値 < 3」かどうかを確認するために検定を行ったことになります．また，検定結果は

「平均値 < 3」の場合 ⇒ p 値は**小さく**なってほしい
「平均値 > 3」の場合 ⇒ p 値は**大きく**なってほしい

ということを要求することになります．このような仮説に対する 1 標本 t 検定を行う場合は sides オプションに 1（下側：lower）を設定します．

```
proc ttest data=MYDATA h0=3 sides=l ;   *--- sides=l (下側) ;
  var QOL ;
run ;
```

出力結果（抜粋）を次に示します．

---

[5] 両側検定の p 値は「**−| 統計量 |** よりも小さい部分の面積」と「**| 統計量 |** よりも大きい部分の面積」となります．この場合は，検定統計量が t=3.93 ですので「− 3.93 よりも小さい部分の面積」+「3.93 よりも大きい部分の面積」となります．

自由度	t 値	Pr < t
19	3.93	0.9996

　対立仮説を「平均値 ≠ 3」とした「両側検定」の結果は有意差がありましたが（p 値 = 0.0009），対立仮説を「平均値 < 3」とした「片側検定」の結果は有意差がありません（p 値 = 0.9996；下図の灰色部分）[6]．片側検定の場合，平均値（この例では 6.5）が対立仮説の向きと逆の方向（この例では平均値 > 3）になった場合，p 値は大きくなってしまうという性質があります．よって，平均値が片側検定の対立仮説の向きと逆の方向となった場合，両側検定では有意差がみられたが片側検定では有意差が見逃される，という結果が起こり得ることに注意してください．

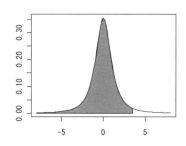

　また，1 標本 t 検定の帰無仮説と対立仮説を

　　帰無仮説 H_0：平均値 ≦ 3
　　対立仮説 H_1：平均値 > 3

とした場合，興味のある仮説（対立仮説）は「平均値 > 3」かどうかを確認するために検定を行ったことになります．また，検定結果は

　　「平均値 < 3」の場合 ⇒ p 値は**大きく**なってほしい
　　「平均値 > 3」の場合 ⇒ p 値は**小さく**なってほしい

ということを要求することになります．このような仮説に対する 1 標本 t 検定を行う場合は sides オプションに u（上側：**u**pper）を設定します．

```
proc ttest data=MYDATA h0=3 sides=u ;    *--- sides=u（上側）;
  var QOL ;
run ;
```

　出力結果（抜粋）を次に示します．

---

[6] この対立仮説における片側検定の p 値は「統計量よりも小さい部分の面積」となります．この場合は，検定統計量が t = 3.93 ですので「3.93 よりも小さい部分の面積」となります．

自由度	t 値	Pr > t
19	3.93	0.0004

　対立仮説を「平均値 ≠ 3」とした「両側検定」の結果と同様，対立仮説を「平均値 > 3」とした「片側検定」の結果も有意差があります（p 値 = 0.0004）[7]．片側検定の場合，平均値（この例では 6.5）が対立仮説の向きと同じ方向（この例では平均値 > 3）になった場合，「両側検定」のときと同じく p 値は小さくなるという性質があります．ただ，「両側検定」の p 値は右端と左端の両方の面積を足すのに対し，「片側検定」の p 値はいずれか一方の面積しかありませんので，「両側検定」の p 値よりも小さくなり，検定統計量が従う分布が左右対称であれば，「片側検定」の p 値は「両側検定」の p 値のちょうど半分となります．よって，両側検定で有意水準（α：得られた確率が小さいかどうかを判定するボーダーライン）を 5% とした場合，これに対応する片側検定の有意水準は 2.5% になり，もし片側検定の有意水準を 5% にしてしまうと有意かどうかを判断する基準が甘くなってしまう点に注意してください．

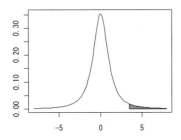

　最後に，平均値がある値（ここでは 3）かどうかを 1 標本 t 検定で検定する場合における，両側検定と片側検定に関する事項をまとめます．

- 両側検定は「平均値 ≠ 3」かどうかを確認する場合に用います．このとき，「平均値 < 3」となっても「平均値 > 3」となって p 値は小さくなります．

- 片側検定（下側）は「平均値 < 3」かどうかを確認する場合に用います．このとき，「平均値 < 3」となった場合は p 値は小さくなりますが，「平均値 > 3」となった場合は p 値が大きくなってしまう点に注意してください．

- 片側検定（上側）は「平均値 > 3」かどうかを確認する場合に用います．このとき，「平均値 > 3」となった場合は p 値は小さくなりますが，「平均値 < 3」となった場合は p 値が大きくなってしまう点に注意してください．

- 両側検定で有意水準（α）を 5% とした場合，これに対応する片側検定の有意水準は 2.5% になる

[7] この対立仮説における片側検定の p 値は「**統計量よりも大きい部分の面積**」となります．この場合は，検定統計量が t=3.93 ですので「3.93 よりも大きい部分の面積」となります．

点に注意してください．逆に言えば，片側検定の有意水準を 5% とした場合，これに対応する両側検定の有意水準は 10% になります．

3.2.8 参考文献

統計を一から勉強される方には小島 (2006) を，数式で学びたい方には新納 (2004) や白旗 (2008) をお勧めします．SAS を使ったデータ解析の基本的事項は市川 他 (1993) や高橋 他 (1989) が詳しいです．SAS でプロシジャの書式や出力内容が分からなくなった場合は SAS Institute Inc. (2010) を参照してください．

- 小島 寛之（2006）「完全独習 統計学入門（ダイヤモンド社）」
- 新納 浩幸（2004）「数理統計学の基礎（森北出版）」
- 白旗 慎吾（2008）「統計学（ミネルヴァ書房）」
- 市川 伸一，岸本 淳司，大橋 靖雄，浜田 知久馬（1993）「SAS によるデータ解析入門（東京大学出版会）」
- 高橋 行雄，芳賀 敏郎，大橋 靖雄（1989）「SAS による実験データの解析（東京大学出版会）」
- SAS Institute Inc.（2010）「SAS 9.2 Documentation」
  http://support.sas.com/documentation/cdl_main/index.html

3.3 散布図，回帰直線，相関係数

本節では，2 つの連続データの関係を表現する方法である「散布図」「回帰直線」「相関係数」について見ていきます．

3.3.1 データの準備

まず，うつ病患者 60 人のデータから，薬剤 A を投与された患者のデータのみを抽出し，データセット MYDATA に保存します．

```
data MYDATA ;
  set   QOL ;
  where GROUP="A" ;
run ;
```

薬剤 A（GROUP=A）を投与された患者 20 人の被験者に関する，罹病期間（DURATION）と QOL の要約統計量を先に紹介します．ちなみに，連続データの要約統計量は，univariate プロシジャ

やmeansプロシジャ，後ほど紹介するcorrプロシジャなどで算出することができます．

```
                    MEANS プロシジャ

 GROUP   変数       N    平均       標準偏差     最小値       最大値

   A     DURATION  20   5.0000000  2.9019050  1.0000000  12.0000000
         QOL       20   6.5000000  3.9802142  1.0000000  15.0000000
```

3.3.2 散布図と回帰直線

2つの連続データの関係のことを「相関」といいますが，「相関」の度合は散布図や回帰直線で見て取ることができます．

散布図と回帰直線を描く

sgplotプロシジャで散布図と回帰直線を描くことができます．回帰直線は「2つの連続データの平均的な推移を直線で表したもの」です．散布図の中にはいくつも点があるため，どの点を見れば良いか分からない場合がありますが，そのような場合は回帰直線を見ることでパッと傾向をつかむことができます．

```
title "散布図と相関係数" ;
proc sgplot data=MYDATA ;
  scatter x=DURATION y=QOL ; *--- 散布図   ;
  reg     x=DURATION y=QOL ; *--- 回帰直線 ;
run ;
```

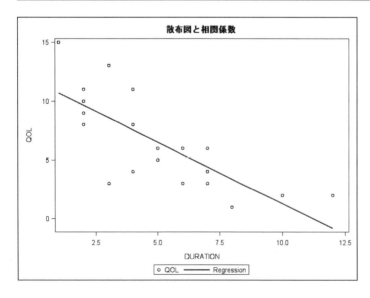

散布図と回帰直線が右肩下がりになっていることより，罹病期間が長くなればなるほど，QOLが低くなる傾向があることが分かります．

回帰直線を求める

2つの連続データの関係は回帰直線で見て取れることが分かりました．ここで回帰直線を数式で求めてみましょう．罹病期間（DURATION）とQOLとの関係を以下の1次式（回帰式）で表してみることを考えます．以下の式のβは「傾き」を表し，罹病期間が1年増えたときにQOLがどれだけ増加/減少するかを表したものです．

QOL = 切片 + β × 罹病期間

回帰式が求まれば，ある罹病期間の値を回帰式に代入すれば，QOLを計算することができますので，罹病期間の値からQOLを予測することができます．例えば，以下の回帰式においては，罹病期間が5年である被験者は，QOLが6.5になると計算することができます．

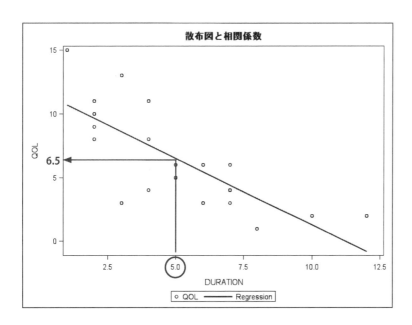

さて，回帰式を数式で求める場合はregプロシジャを用います．

```
proc reg data=MYDATA ;
  model QOL = DURATION ;
run ;
```

出力結果（抜粋）は以下のようになり，罹病期間（DURATION）とQOLとの関係が1次式（回帰式）で得られたことになります．

QOL = 11.71875 − 1.04375 × 罹病期間

パラメータ推定値

変数	自由度	パラメータ推定値	標準誤差	t 値	Pr > |t|
Intercept	1	11.71875	1.20486	9.73	<.0001
DURATION	1	-1.04375	0.20974	-4.98	<.0001

先ほど描いた回帰式の切片（Intercept のパラメータ推定値）と傾き（β：罹病期間のパラメータ推定値）が推定されています．傾きが－1.04375 ≒ 1.04 となっていますので，例えば罹病期間が 1 年大きくなると QOL が－1.04375 となり（約 1.04 だけ下がる），罹病期間が 10 年大きくなると QOL が－1.04375 × 10 ≒ －10.34 となる（約 10.43 だけ下がる）ことが分かります．

また，p 値（Pr > \|t\|）はパラメータ推定値が 0 であるかどうかの検定を行った結果が表示されています．例えば，Intercept の行の p 値（Pr > \|t\|）は以下の仮説に関する検定を行っています．

　帰無仮説：切片（Intercept）のパラメータ推定値は 0 である
　対立仮説：切片（Intercept）のパラメータ推定値は 0 でない

結果は「<.0001」(0.0001 未満) となっているので，「切片(Intercept)のパラメータ推定値は 0 でない」と解釈することができます．

同様に，DURATION（罹病期間）の行の p 値（Pr > \|t\|）は以下の仮説に関する検定を行っています．結果は「<.0001」(0.0001 未満) となっているので，「傾き（β：罹病期間）のパラメータ推定値は 0 でない」と解釈することができます．

　帰無仮説：傾き（β：罹病期間）のパラメータ推定値は 0 である
　対立仮説：傾き（β：罹病期間）のパラメータ推定値は 0 でない

回帰直線と要約統計量との関係

回帰式が求まれば，ある罹病期間（DURATION）の値から QOL を予測することができますが，この回帰式に，「罹病期間（DURATION）の平均値」を代入することで，「QOL の平均値」を計算することができます．例えば，上記の回帰式に，薬剤 A の罹病期間（DURATION）の平均値（5）を代入すると，回帰式から推定された QOL は 5 と推定されます．この QOL（6.5）が，QOL の平均値と等しくなります．

　QOL = 11.71875 － 1.04375 × 5 ≒ 6.5

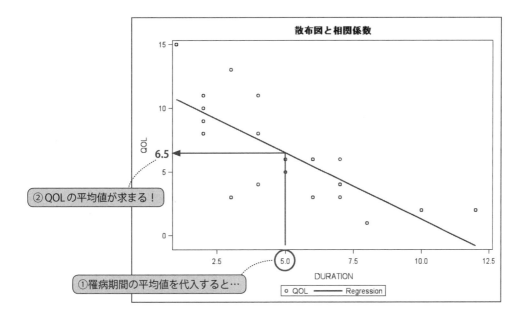

ちなみに，3.4節「平均値の比較と回帰分析」で出てくる回帰分析の際も同様の計算を行います．モデルの当てはまりの評価など，回帰分析に関するより詳しい情報は「SASによる回帰分析（芳賀他(1996)）」を参照してください．

3.3.3 相関係数

2つの連続データの関係を見るもう1つの道具として「相関係数」があります．相関係数は「2つの連続データの相関（関連）の度合いを－1～1の範囲の数値で表したもの」で，SASではcorrプロシジャで求めることができます．相関係数の計算方法は「pearson」の方法や「spearman」の方法を選ぶことができ，spearmanの方法は，pearsonの方法よりも極端な値（外れ値）の影響を受けにくいことが知られています．

pearson　　データの値そのものについて相関の度合いを計算します．
spearman　データの大きさについて順位をつけて，順位データについて相関の度合いを計算します．

相関係数を求める

相関係数を求める例として，データセットMYDATAの罹病期間（DURATION）とQOLに対してcorrプロシジャを実行します．

```
proc corr data=MYDATA pearson spearman ;
  where   GROUP="A"  ; *--- 薬剤 A の相関係数 ;
  var DURATION QOL ;
run ;
```

出力結果のうち，罹病期間（DURATION）とQOLの要約統計量の結果は以下のようになります．

```
                       要約統計量

  変数       N    平均     標準偏差   中央値    最小値    最大値
  DURATION  20   5.00000  2.90191   4.50000  1.00000  12.00000
  QOL       20   6.50000  3.98021   6.00000  1.00000  15.00000
```

次に，相関係数の結果（spearman）を以下に示します．Spearmanの相関係数の値は－0.80396，検定結果は「帰無仮説：相関係数が0である」に対して検定を行っており，結果は「p<0.0001（0.0001未満）」で，5%よりも小さくなっていますので，「相関係数が0でない」と結論付けます．

```
              Spearman の相関係数, N = 20
            H0: Rho=0 に対する Prob > |r|

                       DURATION         QOL
         DURATION       1.00000      -0.80396  ←相関係数
                                      <.0001
         QOL           -0.80396       1.00000
                        <.0001  ←相関係数が0かどうかの検定
```

ただ，「相関係数が0でない＝相関がある」という訳ではないので，この検定結果から有益な情報が得られたわけではないことに注意してください．

相関係数の見方

相関には大きく分けて「正の相関」「相関なし」「負の相関」の3種類があります．

正の相関　　一方の変数が増加すると，もう一方の変数も**直線的に**増加する．
正の相関　　一方の変数が増加しても，もう一方の変数は**変化しない**．
負の相関　　一方の変数が増加すると，もう一方の変数は**直線的に**減少する．

「正の相関あり」「相関なし」「負の相関あり」を散布図にすると以下のようになります．

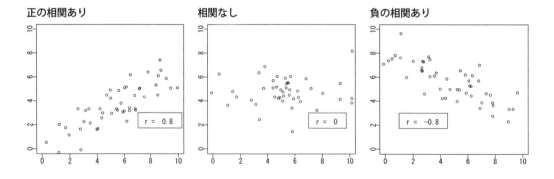

相関係数の基準は，データが取られた分野によって異なりますが，ざっと基準を述べると次のよ

うになります．

相関なし	正の相関あり	強い正の相関
− 0.3 〜 0.3	0.3 〜 0.7	0.7 〜 1.0
	負の相関あり	強い負の相関
	− 0.7 〜 − 0.3	− 1.0 〜 − 0.7

3.3.4　回帰直線と相関係数

　回帰直線と相関係数はどちらも「2つの連続データの関係を見る道具」であり，似たようなものですので，ここで2つの概念をまとめておきます．

回帰直線　　2つの連続データの**平均的な推移**を直線で表したもの．
相関係数　　2つの連続データの**相関（関連）の度合い**を−1〜1の範囲の数値で表したもの．

　注意したい点は，相関係数の値が1や−1に近い場合は「関連の度合いが強い」ことを表すのであって，**必ずしも回帰直線の傾きが急であることを表さない**という点です．言い換えると，以下のようになります．

相関係数が1や−1に近い　　データが回帰直線からほとんど離れていない．
相関係数が0に近い　　　　　データが回帰直線から離れている．

　例えば，次の図を見てください．データ（散布図の点）が回帰直線の上にピタッと乗っており，「データが回帰直線からほとんど離れていない」ため，相関係数が1になっていますが，回帰直線の傾きは急ではありません．

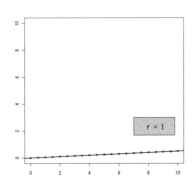

　さて，回帰直線と相関係数について，さらに2点ほど注意点を挙げます．

(1)　「回帰直線の傾きが正である」や「正の相関」とは，「一方の変数が増加すると，もう一方の変数も**直線的**に増加する」ことを表しますが，ここで「直線的に」という点に注意してください．回帰直線は「2つの連続データの平均的な推移を直線で表す」ので，曲線的な関係を

とらえることはできません．同様に，相関係数は「2つの連続データの相関（関連）の度合い」を表すものですが，この「関連」は「直線的な関連」しかとらえることができず，曲線的な関係をとらえることはできません．例えば，以下の図では $y = -x^2$ という関係があるのですが，相関係数は0になってしまいます．

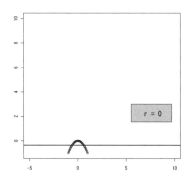

（2） 上の図に，1点だけ点（9, 9）という外れ値を足します．

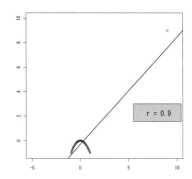

なんと，回帰直線は大きく傾き，pearsonの相関係数が0から0.9になっています！ これは『回帰直線やpearsonの相関係数は「外れ値」があると2変数間の関係を上手くとらえることができなくなる』という1つの例で，この場合は「外れ値」の影響のため，回帰直線や相関係数が逆にミスリードする結果となってしまっています[8]．回帰直線や相関係数がミスリードとなる結果になっているかどうかは，グラフ（散布図）を描くことで確認できます．

　本章の冒頭でも述べましたが，要は，「統計解析を行う前にグラフを描く」ことが非常に大事である，ということです．

---

[8] 相関係数については，「外れ値」への対処として，spearmanの手法を用いて相関係数を求める対処方法があります．

参考文献

回帰分析の基本的事項は蓑谷（1985）や芳賀 他（1996）をお勧めします．

- 蓑谷 千凰彦（1985）「回帰分析のはなし（東京図書）」
- 芳賀 敏郎，岸本 淳司，野沢 昌弘（1996）「SAS による回帰分析（東京大学出版会）」

3.4 平均値の比較と回帰分析

本節では，薬剤 A（GROUP=A）により治療された患者と，薬剤 B（GROUP=B）により治療された患者との間での，QOL の平均値を比較することを考えます．

3.4.1 データの準備

うつ病患者 60 人のデータから，薬剤 A と薬剤 B を投与された患者のデータを抽出し，データセット MYDATA に保存します．

```
data MYDATA ;
  set   QOL ;
  where GROUP ne "C" ;
run ;
```

3.4.2 棒グラフ

2 つの平均値の違いを視覚的に見るためには，棒グラフが有用です．また，棒グラフに標準偏差を付けることで，さらに情報量が増えます．SAS では sgplot プロシジャで，薬剤 A と薬剤 B の QOL の平均値に関する棒グラフを描くことができます．

```
title "棒グラフ（平均値）" ;
proc sgplot data=MYDATA ;
  vbar GROUP / response=QOL stat=mean ;
run ;

title "棒グラフ（平均値±標準偏差）" ;
proc sgplot data=MYDATA ;
  hbar GROUP / response=QOL stat=mean numstd=1
               limitstat=stddev limits=upper ;
run ;
```

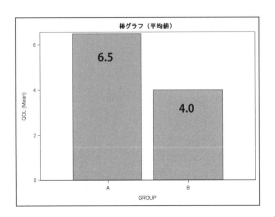
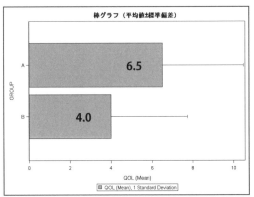

※後の説明のために棒グラフに平均値を追記しています

また，前治療薬の有無（PREDRUG；YES, NO）別に，薬剤Aと薬剤BのQOLの平均値に関する棒グラフを描くこともできます．

```
title "棒グラフ" ;
proc sgpanel data=MYDATA ;
  panelby PREDRUG / rows=1 columns=2 ;
  vbar GROUP / response=QOL stat=mean numstd=1
            limitstat=stddev limits=upper ;
run ;
```

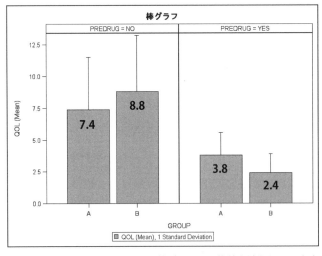

※後の説明のために棒グラフに平均値を追記しています

　薬剤Aと薬剤BのQOLの平均値を比較すると，薬剤AのQOLの平均値の方が高いことが分かりますが，前治療薬の有無（PREDRUG；YES, NO）別に平均値を比較すると，前治療薬がない患者では，薬剤BのQOLの平均値の方が高いことが分かります．

3.4.3 平均値の比較

ttest プロシジャで，薬剤によって QOL の平均値に差があるかを検定します[9]．

```
ods graphics on / imagefmt=emf ;
proc ttest data=MYDATA ;
  class GROUP ;
  var   QOL ;
run ;
```

出力結果（抜粋）は以下のようになります．

```
                    TTEST プロシジャ
                      変数： QOL

GROUP       N        平均     標準偏差    標準誤差    最小値      最大値
A          20      6.5000     3.9802     0.8900     1.0000     15.0000
B          20      4.0000     3.7276     0.8335          0     13.0000
       Diff (1-2)             2.5000     3.8560     1.2194

GROUP          手法              平均      95% 平均の信頼限界
A                               6.5000     4.6372     8.3628
B                               4.0000     2.2554     5.7446
Diff (1-2)    Pooled            2.5000     0.0315     4.9685
Diff (1-2)    Satterthwaite     2.5000     0.0312     4.9688

手法              分散      自由度     t 値      Pr > |t|
Pooled            Equal         38      2.05      0.0473
Satterthwaite     Unequal   37.838      2.05      0.0473
```

「Diff(1-2)」の「平均」が QOL の平均値の差となっており，薬剤効果の差を表しています．また，「Pr > |t|」が 2 標本 t 検定の p 値です．この 2 標本 t 検定は，「薬剤効果の差がない（QOL の平均値の差が 0）」と仮定し，

　　帰無仮説 H_0：薬剤効果の差（QOL の平均値の差）が 0 である
　　対立仮説 H_1：薬剤効果の差（QOL の平均値の差）が 0 でない

なる仮説に対する検定を実施します．データセット MYDATA のようなデータが一体どのくらいの確率で起こるのかを計算した結果，「Pr > |t|：0.0473」となっており，5% よりも小さくなっているので，得られた確率が小さく，「帰無仮説は間違っている」と結論づけ，薬剤効果の差がある（QOL の平

---

[9] 各群の要約統計量を算出する場合は means プロシジャや summary プロシジャを用います．
```
proc summary data=MYDATA print ;
    class GROUP ;
    var   QOL ;
run ;
```

均値の差が0でない）と結論付けます．

さて，「薬剤効果の差がある」ことは分かりましたが，p値だけでは薬剤Aと薬剤Bのどちらの方が効果があるかは分かりません．これを確認する方法は「t値を確認する」か「平均値の差の正負を確認する」ことでチェックできますが，後者の方が簡単です．「Diff(1-2)」は「薬剤AのQOLの平均値－薬剤BのQOLの平均値」で，値は2.5000と正になっています．よって，「薬剤AのQOLの平均値の方が高い」＝「薬剤Aの方が効果がある」と解釈できます．

ちなみに，「Method」が「Pooled（各薬剤のデータの分散は，薬剤間で等しいと仮定する）」と「Satterthwaite（各薬剤のデータの分散は，薬剤間で等しいと仮定しない）」の二種類が表示されています．臨床試験では「Pooled」を使用するのが慣例ですが，一般的には「Satterthwaite」を用いる方が良いという意見が多いようです[10]．

最後に，グラフが2つ表示されますが，そのうちの1つを紹介します．3段のグラフのうち上図と中図は各薬剤のQOLのヒストグラムと密度推定曲線，下図は各薬剤のQOLの箱ひげ図が表示されています．

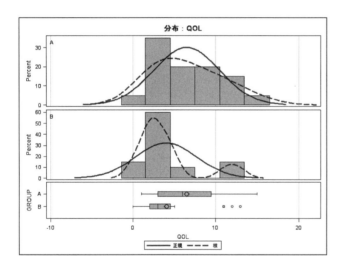

3.4.4 回帰分析

回帰分析とはいわゆる「モデルによる解析手法」と呼ばれ，以下の回帰式を用いて，1つの目的変数の値を複数の説明変数の値から推定する分析手法です．

目的変数 $= \beta_0 + \beta_1 \times$ 説明変数$_1 + \cdots + \beta_k \times$ 説明変数$_k$

（β_0：切片（Intercept））

QOLを他の変数で推定する場合，例えば次のモデルを立てて分析を行います．

---

[10] 各薬剤の分散が異なっていたとしても，データの個数がほぼ等しい場合は「Pooled（各薬剤のデータの分散は，薬剤間で等しいと仮定する）」を仮定した2標本t検定は誤った結論にならないという話があります（永田, 吉田 (1997)）．

$$QOL = \beta_0 + \beta_1 \times 薬剤 + \beta_2 \times 前治療薬の有無 + \beta_3 \times 罹病期間$$

もし,「薬剤 A, 前治療薬あり, 罹病期間が 3 年の人」の QOL を推定する場合は, 上記のモデル式の「$\beta_0, \cdots, \beta_3$」の値が決まれば QOL を推定することができますので, 回帰分析では「$\beta_0, \cdots, \beta_3$ の値」を推定することから始まります. 例えば, 回帰分析を行った結果, モデルが

$$QOL = 1 + 2 \times 薬剤 + 3 \times 前治療薬の有無 + 4 \times 罹病期間$$

(薬剤:A ならば 1, B ならば 0, 前治療薬の有無:なしならば 1, ありならば 0)

と推定された場合は,「薬剤 A (1), 前治療薬あり (0), 罹病期間が 3 年の人」の QOL は

$$QOL = 1 + 2 \times 1 + 3 \times 0 + 4 \times 3 = 15$$

と推定されます.

さて, SAS では glm プロシジャを用いて回帰分析を実行することができます. まずは

$$QOL = \beta_0 + \beta_1 \times 薬剤$$

という回帰モデルについて回帰分析を行います.

- カテゴリ変数 (例えば GROUP) は class ステートメントで指定します.
- model ステートメントに上記モデルを記述しますが, 切片項は明示的に指定しません. また,「+」の代わりにスペースで区切ります.
- 最後に「/」(スラッシュ) の後に solution オプションをつけることで, 回帰モデルの推定値が得られます.

```
proc glm data=MYDATA ;
  class GROUP ;
  model QOL = GROUP / solution ss3 ;
run ;
```

出力結果 (抜粋) は以下のようになります.

パラメータ		推定値	標準誤差	t 値	Pr > |t|
Intercept		4.000000000 B	0.86221868	4.64	<.0001
GROUP	A	2.500000000 B	1.21936135	2.05	0.0473
GROUP	B	0.000000000 B	.	.	.

上記より, 回帰モデルの式は

$$QOL = 4.000 + 2.500 \times 薬剤$$

と推定されましたので, 各薬剤の QOL は

$$\text{薬剤 A の QOL} = \overset{[切片]}{4.000} + \overset{[薬剤]}{2.500} = 6.500 \quad 【A】$$
$$\text{薬剤 B の QOL} = 4.000 + \quad 0 = 4.000 \quad 【B】$$

と推定されました．以下に結果の見方を説明します．

- 薬剤 A の「QOL の変化量」の平均値：
  「Intercept（切片）の推定値」+「GROUP A の推定値」となっており，手計算で「$4.000 + 2.500 = 6.500$」となります．

- 薬剤 B の「QOL の変化量」の平均値：
  「Intercept（切片）の推定値」+「GROUP B の推定値」となるのですが，「GROUP B の推定値」は 0 ですので，「GROUP B の QOL」=「Intercept（切片）の推定値（4.000）」となります．

- 薬剤間の QOL の平均値の差：
  回帰モデルの式【A】と【B】を引き算をすることにより，薬剤間の「QOL の変化量」の平均値の差が求まり，「2.500」と計算できます．

- 薬剤によって QOL の平均値に差があるかの検討：
  「GROUP A の推定値」は『薬剤間の QOL の平均値の差』を表しているので，「GROUP A の推定値」に対する「Pr > |t|」は

  ○ 薬剤 B の QOL の平均値を 0 とした場合の，薬剤 A の QOL の平均値が 0 かどうかの検定
  ⇒ 薬剤 A と薬剤 B の QOL の平均値の差が 0 かどうかの検定

  の結果を表しています．結果は「Pr > |t|：0.0473」となっており，5% よりも小さくなっているので「帰無仮説は間違っている」と結論付け，薬剤効果の差がある（QOL の平均値の差が 0 でない）と結論付けます．ちなみに，この結果は ttest プロシジャで出力される 2 標本 t 検定の結果（Method="Pooled"）と一致しています．

※このような glm プロシジャの推定方法を「端点制約による推定」と呼び，いずれかの薬剤の効果を 0 として推定を行います．もし，各薬剤の推定を直接行いたい場合は，noint オプションをつけて

$$QOL = \beta_1 \times 薬剤$$

という切片を除いた回帰モデルについて解析を行います．

```
proc glm data-MYDATA ;
  class GROUP ;
  model QOL = GROUP / noint solution ss3 ;
run ;
```

出力結果（抜粋）は次のようになります．

パラメータ		推定値	標準誤差	t 値	Pr > |t|
GROUP	A	6.500000000	0.86221868	7.54	<.0001
GROUP	B	4.000000000	0.86221868	4.64	<.0001

上記より，回帰モデルの式は次のように推定されます．

薬剤 A の QOL の変化量の平均値 = 6.500

薬剤 A の QOL の変化量の平均値 = 4.000

この場合は，薬剤効果の差に関する結果は表示されません．

3.4.5 調整済み平均値（LS Means）

調整因子がカテゴリ変数の場合

前節の結果から，薬剤 A と薬剤 B の QOL の平均値を比較すると，薬剤 A の QOL の平均値の方が高いことが分かります．すなわち以下の結果が得られました．

- 薬剤 A を投与 → QOL は高くなる．
- 薬剤 B を投与 → QOL は薬剤 A ほどは高くならない．

一方，146 ページで描いた棒グラフからは，前治療薬がない患者では，薬剤 B の QOL の平均値の方が高いことが分かります．すなわち以下の結果です．

- 前治療薬がない患者に薬剤 A を投与 → QOL は薬剤 B ほどは高くならない．
- 前治療薬がない患者に薬剤 B を投与 → QOL は高くなる．

この 2 つの結果は矛盾しており，気持ちが悪いです．もし，「全体」「前治療薬なし」「前治療薬あり」の結果が全て同じであると，気持ちが良い結果になります．すなわち

- 全体では，薬剤 A に比べて**薬剤 B の方が** QOL が**高い**．
- 前治療薬がない患者では，薬剤 A に比べて**薬剤 B の方が** QOL が**高い**．
- 前治療薬がある患者では，薬剤 A に比べて**薬剤 B の方が** QOL が**高い**．

もしくは

- 全体では，薬剤 B に比べて**薬剤 A の方が** QOL が**高い**．
- 前治療薬がない患者では，薬剤 B に比べて**薬剤 A の方が** QOL が**高い**．
- 前治療薬がある患者では，薬剤 B に比べて**薬剤 A の方が** QOL が**高い**．

であれば自然な結果になります．しかし，実際はそうなっていません．

原因を探るため，薬剤の種類と前治療薬の有無との頻度集計を行ってみましょう．頻度集計は freq プロシジャで実行できます．

```
ods graphics on / imagefmt=emf ;
proc freq data=MYDATA ;
  table GROUP*PREDRUG / nocol nopercent ;
run ;
```

出力結果（抜粋）は以下のようになります．

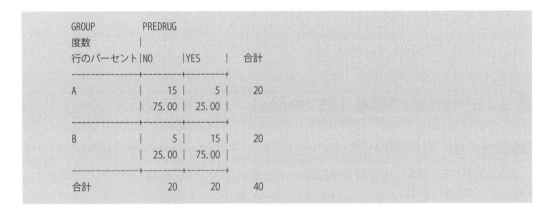

また，上記の頻度を表す度数プロットも出力されています．

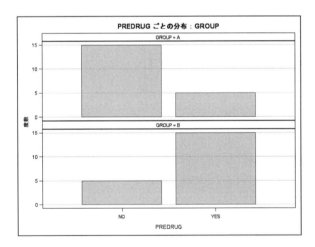

ここから分かることは，「前治療薬の有無の割合が薬剤間で異なる」ということです．この頻度集計の結果を加えて，以下の3点が分かりました．

- 薬剤Aと薬剤Bで前治療薬の有無の割合が異なる．
- 前治療薬がない患者では，薬剤Aに比べて**薬剤Bの方が**QOLが**高い**．
- 前治療薬がある患者では，薬剤Bに比べて**薬剤Aの方が**QOLが**高い**．

原因は，薬剤間の「前治療薬の有無の割合の不均衡」が原因になっているように思われます．つまり，「薬剤Aは前治療薬がない患者が多く，薬剤Bは前治療薬がない患者が少ない」場合は薬剤

A にとって有利となり，逆に「薬剤 A は前治療薬がない患者が少なく，薬剤 B は前治療薬がない患者が多い」場合は薬剤 A にとって不利となります．

「前治療薬の有無の割合が薬剤間で等しい」場合は「全体」「前治療薬なし」「前治療薬あり」の結果が全て同じとなりますが，「前治療薬の有無の割合が薬剤間で異なる」場合は，割合によって効果がある薬剤が変わって見えてしまい困ります．この影響をかわしながらデータを解釈する方法が 2 つあります．

- 前治療薬の有無ごとに結果を出す．
- 調整済み平均値（LS Means）で解釈する．

前治療薬の有無ごとに結果を出すのは済んでいますので，ここでは調整済み平均値（Least Square Means：LS Means）を計算する方法を紹介します．調整済み平均値の解説を行う前に，とりあえず glm プロシジャの lsmeans ステートメントに「GROUP」を指定して，以下のモデルについて解析を行ってみましょう．

$$\text{QOL} = 切片 + \beta_1 \times 薬剤 + \beta_2 \times 前治療薬の有無 + \beta_3 \times 薬剤 \times 前治療薬の有無$$

model ステートメントに上記の式を記述し，最後に「/」（スラッシュ）の後に solution オプションをつけることで，回帰モデルの推定値が得られます（GROUP と PREDRUG は数値ではないので，class 変数に指定するのを忘れないようにします）．

```
proc glm data=MYDATA ;
  class    GROUP PREDRUG ;
  model    QOL = GROUP PREDRUG GROUP*PREDRUG / solution ss3 ;
  lsmeans  GROUP ;
run ;
```

出力結果（抜粋）は以下のようになります．

パラメータ		推定値	標準誤差	t 値	Pr > |t|
Intercept		2.400000000 B	0.81966570	2.93	0.0059
GROUP	A	1.400000000 B	1.63933139	0.85	0.3987
GROUP	B	0.000000000 B	.	.	.
PREDRUG	NO	6.400000000 B	1.63933139	3.90	0.0004
PREDRUG	YES	0.000000000 B	.	.	.
GROUP*PREDRUG A NO		-2.800000000 B	2.31836469	-1.21	0.2350
GROUP*PREDRUG A YES		0.000000000 B	.	.	.
GROUP*PREDRUG B NO		0.000000000 B	.	.	.
GROUP*PREDRUG B YES		0.000000000 B	.	.	.

上記の結果より，求めたい回帰式が

$$\text{QOL} = 2.40 + 1.40 \times 薬剤 + 6.40 \times 前治療薬の有無 - 2.80 \times 薬剤 \times 前治療薬の有無$$

（薬剤：A ならば 1，B ならば 0，前治療薬の有無：なしならば 1，ありならば 0）

と得られたことになるのですが，このままでは良く分かりませんので計算を続けます．例えば，「薬剤A」かつ「前治療薬あり」のQOLの平均値を求める場合は，

パラメータ		推定値	標準誤差	t 値	Pr > |t|
Intercept		2.400000000 B	0.81966570	2.93	0.0059
GROUP	A	1.400000000 B	1.63933139	0.85	0.3987
PREDRUG	YES	0.000000000 B	.	.	.
GROUP*PREDRUG	A YES	0.000000000 B	.	.	.

の4行で得られている推定値を使用して

$$\text{薬剤A \& 前治療薬ありのQOL} = \underset{[切片]}{2.40} + \underset{[薬剤]}{1.40} + \underset{[前治療薬]}{0.00} + \underset{[薬剤\times前治療薬]}{0} = 3.80$$

と推定されます．同様に，「薬剤A」かつ「前治療薬なし」のQOLの平均値を求める場合は，

パラメータ		推定値	標準誤差	t 値	Pr > |t|
Intercept		2.400000000 B	0.81966570	2.93	0.0059
GROUP	A	1.400000000 B	1.63933139	0.85	0.3987
PREDRUG	NO	6.400000000 B	1.63933139	3.90	0.0004
GROUP*PREDRUG	A NO	-2.800000000 B	2.31836469	-1.21	0.2350

の4行で得られている推定値を使用して

$$\text{薬剤A \& 前治療薬ありのQOL} = \underset{[切片]}{2.40} + \underset{[薬剤]}{1.40} + \underset{[前治療薬]}{6.40} - \underset{[薬剤\times前治療薬]}{2.80} = 7.40$$

と推定されます．薬剤Bについても同様の計算を行い，

[切片] [薬剤] [前治療薬] [薬剤×前治療薬]
I.　薬剤A & 前治療薬ありのQOL = 2.40 + 1.40 + 0.00 + 0 = 3.80
II.　薬剤A & 前治療薬なしのQOL = 2.40 + 1.40 + 6.40 − 2.80 = 7.40
III.　薬剤B & 前治療薬ありのQOL = 2.40 + 0.00 + 0.00 + 0 = 2.40
IV.　薬剤B & 前治療薬なしのQOL = 2.40 + 0.00 + 6.40 + 0 = 8.80

と推定されました．この値は，前治療薬の有無（PREDRUG；YES, NO）別に棒グラフを描いた時に得られた「薬剤Aと薬剤BのQOLの平均値」と一致します．

QOLの平均値①

	薬剤A	薬剤B
前治療薬なしの平均値	7.4	8.8
前治療薬ありの平均値	3.8	2.4
全体の平均値	6.5	4.0

薬剤Aの平均値は，割合が大きい「前治療なし」の平均値に引っ張られており，薬剤Bの平均値は，割合が大きい「前治療あり」の平均値に引っ張られています．

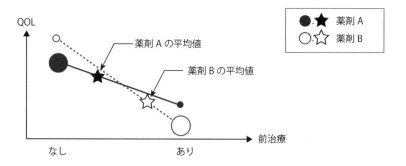

さて，引き続き出力結果を見てみると，薬剤間の「前治療薬の有無の割合の不均衡」を調整する調整済み平均値（LS Means；SASの表示では最小2乗平均）というものが得られています．解説は後回しにして，まずは結果を見てみます．

```
         最小 2 乗平均

              QOL の最小 2
    GROUP        乗平均
    A          5.60000000
    B          5.60000000
```

結果を見ると，各薬剤とも「前治療薬なしのQOLの平均値」と「前治療薬ありのQOLの平均値」を単純に平均した値であることが分かります．

QOLの平均値②

	薬剤 A	薬剤 B
前治療薬なしの平均値	7.4	8.8
前治療薬ありの平均値	3.8	2.4
調整済み平均値	**5.6**	**5.6**

いよいよ調整済み平均値（LS Means）の解説をします．問題となっているのが，薬剤間の「前治療薬の有無の割合の不均衡」でしたが，「前治療薬の有無の割合の不均衡」の影響をかわすため，「**単純に平均した値**」を**調整済み**平均値（LS Means）としているわけです．先ほど回帰モデルから計算した平均値Ⅰ～Ⅳでいえば，「(Ⅰ+Ⅱ)/2」が薬剤AのQOLの調整済み平均値，「(Ⅲ+Ⅳ)/2」が薬剤BのQOLの調整済み平均値となります．調整済み平均値という用語に「調整」という単語が入っていますので，何かで調整をしたわけですが，この場合何で「調整」したかといえば，カテゴリ変数である「前治療薬の有無」で調整したことになります．調整に使った「前治療薬の有無」を調整因子と呼びます[11]．

---

[11] 両薬剤の調整済み平均値が一致したのは単なる偶然です．なお，実行結果の中に，調整済み平均値に関するグラフも出力されています．

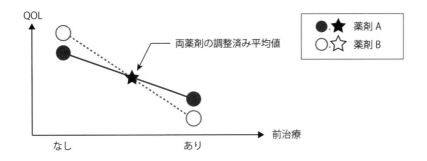

調整因子が連続変数の場合

前項ではカテゴリ変数である「前治療薬の有無」を使って（調整因子として）調整済み平均値（LS Means）を算出しましたが，連続変数を調整因子として調整済み平均値（LS Means）を算出することもできます．ここでは罹病期間（DURATION）を調整因子として調整済み平均値（Least Square Means：LS Means）を計算する方法を紹介します．glm プロシジャの lsmeans ステートメントに「GROUP」を指定して，以下のモデルについて解析を行ってみましょう．

QOL = 切片 + β_1 × 薬剤 + β_2 × 罹病期間 + β_3 × 薬剤 × 罹病期間

とおき，model ステートメントに上記の式を記述し，最後に「/」（スラッシュ）の後に solution オプションをつけることで，回帰モデルの推定値が得られます（GROUP は数値ではないので，class 変数に指定するのを忘れないようにします）．

```
proc glm data=MYDATA ;
  class   GROUP ;
  model   QOL = GROUP DURATION GROUP*DURATION / solution ss3 ;
  lsmeans GROUP ;
run ;
```

出力結果（抜粋）は以下のようになります．

パラメータ		推定値	標準誤差	t 値	Pr > |t|
Intercept		5.487179487 B	1.67547477	3.27	0.0023
GROUP	A	6.231570513 B	2.23311545	2.79	0.0084
GROUP	B	0.000000000 B	.	.	.
DURATION		-0.205128205 B	0.20821787	-0.99	0.3311
DURATION*GROUP	A	-0.838621795 B	0.33076099	-2.54	0.0157
DURATION*GROUP	B	0.000000000 B	.	.	.

上記の結果より，求めたい回帰式が

QOL = 5.49 + 6.23 × 薬剤 − 0.21 × 罹病期間 − 0.84 × 薬剤 × 罹病期間

（薬剤：A ならば 1，B ならば 0）

と得られたことになるのですが，このままでは良く分かりませんので計算を続けます．例えば，「薬剤 A」の回帰式を求める場合は，罹病期間（DURATION）が連続変数なので，「傾き×変数」となることに注意しつつ，

パラメータ	推定値	標準誤差	t 値	Pr > |t|
Intercept	5.487179487 B	1.67547477	3.27	0.0023
GROUP A	6.231570513 B	2.23311545	2.79	0.0084
DURATION	−0.205128205 B	0.20821787	−0.99	0.3311
DURATION*GROUP A	−0.838621795 B	0.33076099	−2.54	0.0157

の 4 行で得られている推定値を使用して

$$\text{薬剤 A の QOL} = \underbrace{5.49}_{[\text{切片}]} + \underbrace{6.23}_{[\text{薬剤}]} - \underbrace{0.21 \times \text{DURATION}}_{[\text{罹病期間}]} - \underbrace{0.83 \times \text{DURATION}}_{[\text{薬剤×罹病期間}]}$$
$$= 11.72 - 1.04 \times \text{DURATION}$$

と推定されます．「薬剤 B」の回帰式を求める場合は，罹病期間（DURATION）が連続変数なので，「傾き×変数」となることに注意しつつ，

パラメータ	推定値	標準誤差	t 値	Pr > |t|
Intercept	5.487179487 B	1.67547477	3.27	0.0023
GROUP B	0.000000000 B	.	.	.
DURATION	−0.205128205 B	0.20821787	−0.99	0.3311
DURATION*GROUP B	0.000000000 B	.	.	.

の 4 行で得られている推定値を使用して

$$\text{薬剤 B の QOL} = \underbrace{5.49}_{[\text{切片}]} + \underbrace{0.00}_{[\text{薬剤}]} - \underbrace{0.21 \times \text{DURATION}}_{[\text{罹病期間}]} - \underbrace{0.00 \times \text{DURATION}}_{[\text{薬剤×罹病期間}]}$$
$$= 5.49 - 0.21 \times \text{DURATION}$$

と推定されます．よって各薬剤の回帰式が

I. 薬剤 A の QOL = 11.72 − 1.04 × DURATION
II. 薬剤 B の QOL = 5.49 − 0.21 × DURATION

と推定されました．「前治療薬の有無」で調整した場合と違い，罹病期間（DURATION）の値を 1 つに決めないと各薬剤の QOL が求まらない点に注意してください．

さて，各薬剤の回帰式が得られましたが，数式だけを眺めてもピンと来ませんので，回帰式を視覚的に見てみましょう．

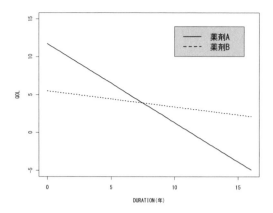

ここで「3.3 節 散布図，回帰直線，相関係数」で出てきた以下の事実を思い出します．

- 回帰式が求まれば，ある罹病期間（DURATION）の値から QOL を予測することができる．
- 各薬剤の回帰式に，「罹病期間（DURATION）の平均値」を代入することで，「QOL の平均値」を計算することができる．

例えば，薬剤 A の回帰式に，薬剤 A の罹病期間（DURATION）の平均値を代入すると，回帰式から推定された QOL は薬剤 A の QOL の平均値と等しくなるはずです．では，各薬剤の罹病期間（DURATION）の要約統計量と，全体の罹病期間（DURATION）の要約統計量を算出します．

```
proc means data=MYDATA NONOBS N MEAN STDDEV ;
  class GROUP ;
  var   DURATION ;
run ;

proc means data=MYDATA NONOBS N MEAN STDDEV ;
  var DURATION;
run ;
```

出力結果は以下のようになります．

分析変数 : DURATION

GROUP	N	平均	標準偏差	N	平均	標準偏差
A	20	5.0000000	2.9019050	40	6.1250000	3.4133035
B	20	7.2500000	3.5817520			

要約すると以下のようになります．

罹病期間（DURATION）の要約統計量

	薬剤 A	薬剤 B
各薬剤の平均値	5.00	7.25
全体の平均値	6.125	

さて，先ほどの回帰モデルの式の罹病期間（DURATION）に，各薬剤の罹病期間（DURATION）の平均値を代入してみましょう．

I. 薬剤 A の QOL = 11.72 − 1.04 × 5.00 = 6.52 ≒ 6.50
II. 薬剤 B の QOL = 5.49 − 0.21 × 7.25 = 3.97 ≒ 4.00

と推定されました（次図参照）．

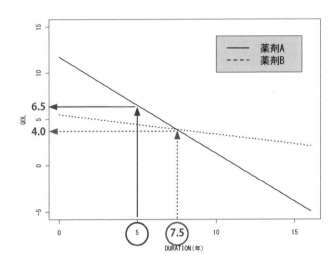

見ての通り，各薬剤の回帰式に，「罹病期間（DURATION）の平均値」を代入することで，「QOLの平均値」を計算することができましたが，横軸である罹病期間（DURATION）の平均値によって，QOLの推定値が異なることが分かります．QOLの平均値は薬剤 A の方が高い結果でしたが，仮に，薬剤 A の罹病期間（DURATION）の平均値が10であった場合は，次図のように薬剤 B の方が高くなってしまいます．

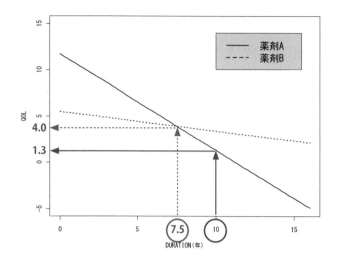

　妙なことが起きる原因は，薬剤間の「罹病期間（DURATION）の平均値の不均衡」です．もし，「罹病期間（DURATION）が短くても長くてもQOLの値は変わらない」場合，すなわち回帰直線が横軸とほぼ並行であればこのような問題は起きませんが，今回の場合のように「罹病期間（DURATION）が長いほどQOLは低い」という傾向がある場合は，薬剤間で罹病期間（DURATION）の平均値がズレてしまうと，ある薬剤に有利な方に偏ってしまう場合があります．これでは解釈に困ります．

　さて，「罹病期間（DURATION）の平均値の不均衡」の影響をかわすため，調整済み平均値（LS Means）を求めてみます．解説は後回しにして，まずは結果を見てみます[12]．

	最小2乗平均
GROUP	QOLの最小2乗平均
A	5.32578125
B	4.23076923

この結果だけでは何が起こっているかが分かりません．次の図を見てください．

---

[12] 実行結果の中に，調整済み平均値に関するグラフも出力されています．

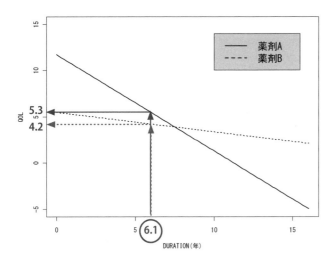

調整済み平均値（LS Means）の解説をします．問題となっているのが，薬剤間の「罹病期間（DURATION）の平均値の不均衡」でしたが，「罹病期間（DURATION）の平均値の不均衡」の影響をかわすため，回帰式の罹病期間（DURATION）に「**全体の**罹病期間（DURATION）の平均値」を代入して計算した QOL を**調整済み**平均値（LS Means）としているわけです．先ほどのモデルでいえば，薬剤 A の回帰式の罹病期間（DURATION）にも薬剤 B の回帰式の罹病期間（DURATION）にも 6.125（**全体の**罹病期間（DURATION）の平均値）を代入し，得られた QOL の推定値を調整済み平均値としています．この場合，何で「調整」したかといえば，連続変数である「罹病期間（DURATION）」で調整したことになります．調整に使った「罹病期間（DURATION）」を調整因子と呼びます．

ちなみに，mixed プロシジャを用いて，回帰式の罹病期間（DURATION）に特定の値（例えば 10）を代入して**調整済み**平均値を計算することもできます．

```
proc mixed data=MYDATA ;
  class    GROUP ;
  model    QOL = GROUP DURATION / solution ;
  lsmeans  GROUP / at DURATION=10 ; *--- 10 を代入 ;
  lsmeans  GROUP / at means ;       *--- 全体の平均を代入 ;
run ;
```

10 を代入した場合の出力結果は以下のようになります．

			最小 2 乗平均				
変動因	GROUP	DURATION	推定値	標準誤差	自由度	t 値	Pr > |t|
GROUP	A	10.00	1.2812	1.4763	36	0.87	0.3912
GROUP	B	10.00	3.4359	0.9253	36	3.71	0.0007

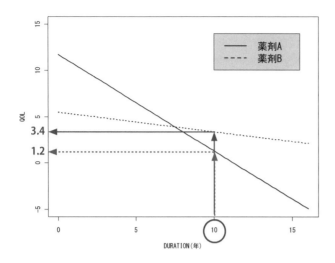

3.4.6 交互作用と要因の影響の有無について

交互作用とは「複数の変数の組み合わせにより生じる作用」のことで,「交互作用がある」とは2つの要因（例えば「薬剤×前治療薬の有無」[13]）が互いに影響を及ぼし合っている状態のことを指します．ここでは，うつ病患者に薬剤Aもしくは薬剤Bを投与された患者のデータを使って，2つのパターンに分けて交互作用の解説をしていきます．

カテゴリ変数×カテゴリ変数の場合

「薬剤×前治療薬の有無」の交互作用について考えます．まず，「薬剤×前治療薬の有無」の交互作用がない状態を図示します．図中の●や○は，各カテゴリ（前治療なし／あり）の各薬剤のQOLの平均値を表します．

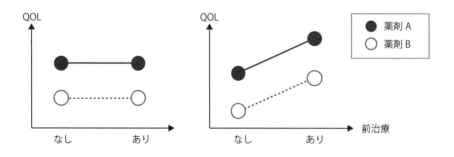

この左図には次の特徴があります．

---

[13]「薬剤×前治療薬の有無」は,「薬剤」と「前治療薬の有無」との交互作用を表すこととし,「交互作用項」と呼ぶことにします．

- 「薬剤×前治療薬の有無」の交互作用が**ない**．
- 前治療の有無が QOL に影響を及ぼして**いない**．

また，右図には次の特徴があります．

- 「薬剤×前治療薬の有無」の交互作用が**ない**．
- 前治療の有無が QOL に影響を及ぼして**いる**．

両図とも「薬剤×前治療薬の有無」の交互作用がない状態を表します．すなわち，前治療薬なしの場合も，前治療薬ありの場合も，薬剤間の平均値の差は同じです．ただ，前治療の有無が QOL に影響を及ぼしているかどうかが異なっている点に注意してください[14]．

次に，「薬剤×前治療薬の有無」の交互作用がある状態を図示します．

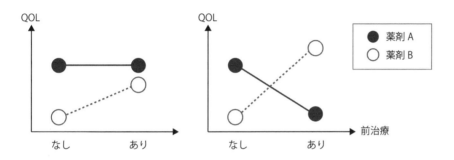

この左図には次の特徴があります．

- 「薬剤×前治療薬の有無」の交互作用が**ある**．
- **前治療薬なしの場合も，前治療薬ありの場合も，薬剤 A の平均値の方が高い**．
- **量的**な交互作用と呼ぶ．

また，右図には次の特徴があります．

- 「薬剤×前治療薬の有無」の交互作用が**ある**．
- **前治療薬なしの場合は薬剤 A の平均値の方が高いが，前治療薬なしの場合は薬剤 B の平均値の方が高い**．
- **質的**な交互作用と呼ぶ．

いずれの図も「薬剤×前治療薬の有無」の交互作用がある状態を表します．すなわち，前治療薬の有無によって薬剤間の平均値の差が異なっています．これは，「薬剤」と「前治療薬の有無」の 2 つの要因が互いに影響を及ぼし合っているためと考えます．ただ，左上の図は，QOL の大きさの違いはあれど，前治療薬なしの場合も，前治療薬ありの場合も，薬剤 A の平均値の方が高くなっており，大小関係の逆転は起こっていません．この状態を「量的な交互作用あり」の状態と呼びます．一方，右上の図は，QOL の大きさの違いがあり，かつ前治療薬の有無によって大小関係の逆転が起

---

[14] ちなみに，薬剤の違いが QOL に影響を及ぼしているかどうかは，薬剤の差（●と○の差）で確認できます．●と○の差が開いているほど，薬剤の違いが QOL に影響を及ぼしていると解釈します．

こっています．この状態を「質的な交互作用あり」の状態と呼びます．

「薬剤」と「前治療薬の有無」の2つの要因の間に交互作用がない場合は，「薬剤」だけに注目して解釈，もしくは「前治療薬の有無」だけに注目して解釈することができますが，2つの要因の間に交互作用がある場合は，「薬剤」と「前治療薬の有無」の両方を考慮して結果の解釈をする必要がある点に注意してください．

さて，glmプロシジャを使用することで，「薬剤」と「前治療薬の有無」の2つの要因の間に交互作用があるかどうかを視覚的に確認することができます．

```
ods graphics on / imagefmt=emf ;
proc glm data=MYDATA ;
  class PREDRUG GROUP ;
  model QOL = GROUP PREDRUG GROUP*PREDRUG ;
run ;
```

出力結果は以下のようになり，質的な交互作用がみられています．

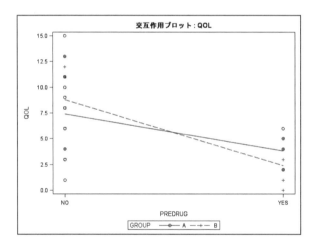

〔参考〕群間差によるカテゴリ変数×連続変数の場合

ここではさらに「平均値の群間差」を使った交互作用の解説を加えます．次の図を見てください．

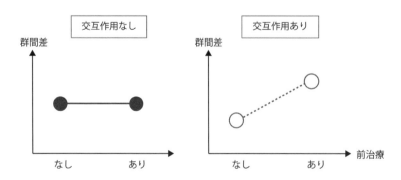

左図は，カテゴリ（前治療なし／あり）間で平均値の群間差が変わっていません．このようにカテゴリ（前治療なし／あり）が異なっても平均値の群間差が変わらない状態のことを，「薬剤×前治療薬の有無」の交互作用がないといいます．

一方，右図は，カテゴリ（前治療なし／あり）間で平均値の群間差が変わっています．このようにカテゴリ（前治療なし／あり）が異なると平均値の群間差が変わる状態のことを，「薬剤×前治療薬の有無」の交互作用があるといいます．「薬剤×前治療薬の有無」の交互作用がある場合，この状態はさらに「**量的**な交互作用」と「**質的**な交互作用」に分けられます．

量的な交互作用　交互作用はあるが，いずれのカテゴリも「平均値の群間差が0以上」又は「平均値の群間差が0以下」となっている．

質的な交互作用　交互作用があり，あるカテゴリでは「平均値の群間差が0以上」，あるカテゴリでは「平均値の群間差が0以下」となっている．

カテゴリ変数×連続変数の場合

「薬剤×罹病期間」の交互作用について考えます．まず，「薬剤×罹病期間」の交互作用がない状態を図示します．各薬剤の回帰直線を実線と破線で表しています．

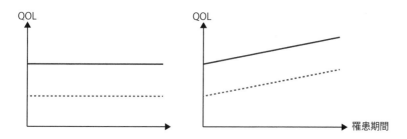

この左図には次の特徴があります．

- 「薬剤×罹病期間」の交互作用が**ない**．
- 罹病期間がQOLに影響を及ぼして**いない**．

また，右図には次の特徴があります．

- 「薬剤×罹病期間」の交互作用が**ない**．
- 罹病期間がQOLに影響を及ぼして**いる**．

両図とも「薬剤×罹病期間」の交互作用がない状態を表します．すなわち，罹病期間の値によらず，薬剤間の平均値の差は同じです．ただ，罹病期間がQOLに影響を及ぼしているかどうかが異なっている点に注意してください[15]．

次に，「薬剤×罹病期間」の交互作用がある状態を図示します．

---

[15] ちなみに，薬剤の違いがQOLに影響を及ぼしているかどうかは，薬剤の差（直線の差）で確認できます．直線の差が開いているほど，薬剤の違いがQOLに影響を及ぼしていると解釈します．

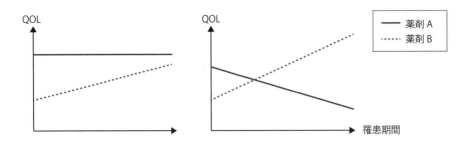

この左図には次の特徴があります．

- 「薬剤×罹病期間」の交互作用が**ある**．
- 罹病期間の値によらず，薬剤 A の方が QOL が高い[16]．
- **量的**な交互作用と呼ぶ．

また，右図には次の特徴があります．

- 「薬剤×罹病期間」の交互作用が**ある**．
- 罹病期間が短いところでは薬剤 A の方が QOL が高いが，罹病期間が短いところでは薬剤 B の方が QOL が高い．
- **質的**な交互作用と呼ぶ．

いずれの図も「薬剤×罹病期間」の交互作用がある状態を表します．すなわち，罹病期間の値によって薬剤間の平均値の差が異なっています．これは，「薬剤」と「罹病期間」の2つの要因が互いに影響を及ぼし合っているためと考えます．ただ，左上の図は，罹病期間の値による QOL の大きさの違いはあれど，薬剤 A の平均値の方が高くなっており，大小関係の逆転は起こっていません．この状態を「量的な交互作用あり」の状態と呼びます．一方，右上の図は，QOL の大きさの違いがあり，かつ罹病期間の値によっては大小関係の逆転が起こっています．この状態を「質的な交互作用あり」の状態と呼びます．

「薬剤」と「罹病期間」の2つの要因の間に交互作用がない場合は，「薬剤」だけに注目して解釈，もしくは「罹病期間」だけに注目して解釈することができますが，2つの要因の間に交互作用がある場合は，「薬剤」と「罹病期間」の両方を考慮して結果の解釈をする必要がある点に注意してください．

さて，glm プロシジャを使用することで，「薬剤」と「前治療薬の有無」の2つの要因の間に交互作用があるかどうかを視覚的に確認することができます．

```
ods graphics on / imagefmt=emf ;
proc glm data=MYDATA ;
  class GROUP PREDRUG ;
```

[16] 交互作用がある場合は，罹病期間と QOL の回帰直線の傾きが薬剤間で異なることを意味します．2つの直線の傾きが異なる場合は，2直線は必ずどこかで交点をもってしまいますが，例えば罹病期間が実際には起こりえない値（罹病期間がマイナスの値や人間の寿命を超える罹病期間（例：150年）など）で交わった場合は，現実的には薬剤間の効果の差は逆転していないので，結果的に「量的な交互作用」となります．

```
    model QOL = GROUP PREDRUG GROUP*PREDRUG ;
run ;
```

出力結果は以下のようになり，質的な交互作用がみられています．

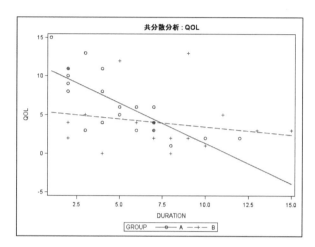

要因の影響の有無

前項で調整済み平均値を算出する際，以下のモデル：

$$QOL = 切片 + \beta_1 \times 薬剤 + \beta_2 \times 前治療薬の有無 + \beta_3 \times 薬剤 \times 前治療薬の有無$$

について解析を行いました．このモデルから薬剤の種類や前治療薬の有無が QOL に影響を及ぼすかどうか，薬剤×前治療薬の有無の交互作用があるかどうかを検定することができます．このモデルについては，glm プロシジャで解析することができることを前節で紹介しましたが，ここで再掲します．

```
proc glm data=MYDATA ;
  class   GROUP PREDRUG ;
  model   QOL = GROUP PREDRUG GROUP*PREDRUG / solution ss3 ;
  lsmeans GROUP ;
run ;
```

この出力結果の抜粋を次に示します．

変動因	自由度	Type III 平方和	平均平方	F 値	Pr > F
GROUP	1	0.0000000	0.0000000	0.00	1.0000
PREDRUG	1	187.5000000	187.5000000	18.61	0.0001
GROUP*PREDRUG	1	14.7000000	14.7000000	1.46	0.2350

この部分は次の帰無仮説に対する検定結果を表しています．

GROUP	**(薬剤の種類)**	薬剤の種類が QOL に影響を及ぼさない．
PREDRUG	**(前治療薬の有無)**	前治療薬の有無が QOL に影響を及ぼさない．
GROUP*PREDRUG	**(薬剤 × 前治療薬の有無)**	薬剤×前治療薬の有無が QOL に影響を及ぼさない． ⇒ 薬剤×前治療薬の有無の交互作用はない．

p 値が小さいかどうかを 5% で区切るとすると，結果を次に示します．

GROUP	p = 1.0000	⇒ 薬剤の種類は QOL に影響を及ぼさない．
PREDRUG	p = 0.0001	⇒ 前治療薬の有無は QOL に影響を及ぼす．
GROUP*PREDRUG	p = 0.2350	⇒ 薬剤×前治療薬の有無の交互作用はない．

よって，「薬剤」と「前治療薬の有無」の 2 つの要因の間に交互作用がないことが分かりました[17]．同様に，以下のモデル：

$$QOL = 切片 + \beta_1 \times 薬剤 + \beta_2 \times 罹病期間 + \beta_3 \times 薬剤 \times 罹病期間$$

について解析を行うことで，薬剤の種類や罹病期間が QOL に影響を及ぼすかどうか，薬剤×罹病期間の交互作用があるかどうかを検定することができます．このモデルについては，glm プロシジャで解析することができることを前節で紹介しましたが，ここで再掲します．

```
proc glm data=MYDATA ;
  class    GROUP ;
  model    QOL = GROUP DURATION GROUP*DURATION / solution ss3 ;
  lsmeans  GROUP ;
run ;
```

この出力結果の抜粋を次に示します．

変動因	自由度	Type III 平方和	平均平方	F 値	Pr > F
GROUP	1	82.2911837	82.2911837	7.79	0.0084
DURATION	1	150.6580163	150.6580163	14.26	0.0006
DURATION*GROUP	1	67.9335581	67.9335581	6.43	0.0157

これは次の帰無仮説に対する検定結果を表しています．

GROUP	**(薬剤の種類)**	薬剤の種類が QOL に影響を及ぼさない．
DURATION	**(罹病期間)**	罹病期間が QOL に影響を及ぼさない．
DURATION*GROUP	**(薬剤 × 罹病期間)**	薬剤×罹病期間が QOL に影響を及ぼさない．⇒ 薬剤×罹

---

[17] しかし，154 ページの表「QOL の平均値①」からは「質的な交互作用」があることが伺えます．この原因は，「交互作用項の検定は一般的に検出力が低い（実際には交互作用がある場合でも，データ数が多くないと検定結果が有意になりにくい）」からです．

病期間の交互作用はない．

p 値が小さいかどうかを 5% で区切るとすると，結果を次に示します．

GROUP　　　　　　　p = 0.0084 ⇒ 薬剤の種類は QOL に影響を及ぼす．
DURATION　　　　　 p = 0.0006 ⇒ 罹病期間は QOL に影響を及ぼす．
DURATION*GROUP　　p = 0.0157 ⇒ 薬剤×罹病期間の交互作用がある．

よって，「薬剤」と「罹病期間」の 2 つの要因の間に交互作用があることが分かりました．

平方和について

前項では，因子の影響の有無の確認のために glm プロシジャを使って解析を行いました．出力結果は「Type III 平方和」と表示されており，本書では一貫して「Type III 平方和」を用いて解釈を行いましたが，他にも「Type I 平方和」や「Type II 平方和」があります．例として，以下のモデルについて考えます．

　　QOL = 切片 + 薬剤 + 前治療の有無 + 薬剤 × 前治療の有無

Type I 平方和，Type II 平方和，Type III 平方和の計算の特徴を以下にまとめます．

(A) Type I 平方和は，最初に計算した平方和が大きくなりやすい傾向があり，モデルに指定した順番が先である因子の p 値が小さくなる傾向があるが，Type II 平方和と Type III 平方和は，計算の順番（モデルに指定した順番）によらない．
(B) モデルの中に交互作用項がなければ，Type II 平方和と Type III 平方和は等しい．
(C) 交互作用項の平方和は，Type II と Type III で等しい．
(D) Type II 平方和の求め方では，交互作用項を入れたモデルで交互作用以外の変数の平方和を計算したとしても，この主効果の平方和は「交互作用の影響を考慮した上でその他の変数の平方和を計算した」ことにはならない．
(E) Type III 平方和は，全ての変数に対して「交互作用の影響を考慮した上でその他の変数の平方和を計算した」ことになる．

もう 1 つの例として，以下のモデルについて計算した平方和を計算し，p 値が小さいかどうかは 5% で区切り，結果を解釈してみます．

　　モデル 1　　QOL = 切片 + 薬剤　　 + 罹病期間
　　モデル 2　　QOL = 切片 + 罹病期間 + 薬剤
　　モデル 3　　QOL = 切片 + 薬剤　　 + 罹病期間 + 薬剤 × 罹病期間

```
proc glm data=MYDATA ;   *--- モデル1 ;
  class    GROUP ;
  model    QOL = GROUP DURATION / solution ss1 ss2 ss3 ;
run ;
```

```
proc glm data=MYDATA ;    *--- モデル2 ;
  class    GROUP ;
  model    QOL = DURATION GROUP / solution ss1 ss2 ss3 ;
run ;

proc glm data=MYDATA ;    *--- モデル3 ;
  class    GROUP ;
  model    QOL = GROUP DURATION GROUP*DURATION / solution ss1 ss2 ss3 ;
run ;
```

まず，モデル1の出力結果の抜粋を次に示します．いずれのTypeにおいても罹病期間（DURATION）は目的変数であるQOLに影響があるという結果ですが，薬剤の種類（GROUP）についてはTypeⅠの場合のみ影響があるという結果になっています．

変動因	自由度	Type Ⅰ 平方和	平均平方	F 値	Pr > F
GROUP	1	62.5000000	62.5000000	5.16	0.0291
DURATION	1	116.6291022	116.6291022	9.62	0.0037

変動因	自由度	Type Ⅱ 平方和	平均平方	F 値	Pr > F
GROUP	1	14.8032425	14.8032425	1.22	0.2762
DURATION	1	116.6291022	116.6291022	9.62	0.0037

変動因	自由度	Type Ⅲ 平方和	平均平方	F 値	Pr > F
GROUP	1	14.8032425	14.8032425	1.22	0.2762
DURATION	1	116.6291022	116.6291022	9.62	0.0037

次に，モデル2の出力結果の抜粋を次に示します．いずれのTypeにおいても罹病期間（DURATION）は目的変数であるQOLに影響があるという結果ですが，薬剤の種類（GROUP）についてはいずれのTypeも影響がないという結果になってしまいました．TypeⅠで解析した場合は，モデルに指定した順番によって結果が異なってしまうため，場合によっては解釈に困ることになります（特徴A）．

また，TypeⅡ平方和とTypeⅢ平方和について，GROUP（薬剤の種類）の平方和もPREDRUG（前治療薬の有無）の平方和もモデル1とモデル2で差異はみられていません（特徴B）．

変動因	自由度	Type Ⅰ 平方和	平均平方	F 値	Pr > F
DURATION	1	164.3258597	164.3258597	13.56	0.0007
GROUP	1	14.8032425	14.8032425	1.22	0.2762

変動因	自由度	Type Ⅱ 平方和	平均平方	F 値	Pr > F
DURATION	1	116.6291022	116.6291022	9.62	0.0037
GROUP	1	14.8032425	14.8032425	1.22	0.2762

		Type III			
変動因	自由度	平方和	平均平方	F 値	Pr > F
DURATION	1	116.6291022	116.6291022	9.62	0.0037
GROUP	1	14.8032425	14.8032425	1.22	0.2762

最後に，モデル 3 の出力結果の抜粋を次に示します．いずれの Type においても，全ての変数が目的変数である QOL に影響があるという結果になりました．また，Type I 平方和，Type II 平方和，Type III 平方和のいずれも，GROUP*PREDRUG（薬剤×前治療薬の有無）の平方和は等しくなっています（特徴 C）．

ちなみに，交互作用項以外の変数の平方和について，Type II 平方和と Type III 平方和で差異がみられていますが，これは「交互作用の影響を考慮した上でその他の変数の平方和を計算」するかどうかの違いが表れた結果です（特徴 D，E）．

Type I 平方和を支持する方はあまり居られないでしょう．本書では，Type III 平方和を用いて解釈を行いましたが，Type II 平方和と Type III 平方和のどちらが良いかは議論が分かれるところです．

		Type I			
変動因	自由度	平方和	平均平方	F 値	Pr > F
GROUP	1	62.5000000	62.5000000	5.91	0.0201
DURATION	1	116.6291022	116.6291022	11.04	0.0021
DURATION*GROUP	1	67.9335581	67.9335581	6.43	0.0157

		Type II			
変動因	自由度	平方和	平均平方	F 値	Pr > F
GROUP	1	82.2911837	82.2911837	7.79	0.0084
DURATION	1	116.6291022	116.6291022	11.04	0.0021
DURATION*GROUP	1	67.9335581	67.9335581	6.43	0.0157

		Type III			
変動因	自由度	平方和	平均平方	F 値	Pr > F
GROUP	1	82.2911837	82.2911837	7.79	0.0084
DURATION	1	150.6580163	150.6580163	14.26	0.0006
DURATION*GROUP	1	67.9335581	67.9335581	6.43	0.0157

3.4.7 交互作用項を入れない解析

カテゴリ変数×カテゴリ変数の場合

「薬剤×罹病期間」の交互作用について考えます．先ほど，以下のモデルについて解析を行い，調整済み平均値を算出しました．

$$\text{QOL} = \text{切片} + \beta_1 \times \text{薬剤} + \beta_2 \times \text{前治療薬の有無} + \beta_3 \times \text{薬剤} \times \text{前治療薬の有無}$$

一方,「薬剤×前治療薬の有無」の交互作用項を除いた以下の回帰モデルについて解析を行い,調整済み平均値を算出することもできます.

$$QOL = 切片 + \beta_1 \times 薬剤 + \beta_2 \times 前治療薬の有無$$

model ステートメントに上記の式を記述し,最後に「/」(スラッシュ)の後に solution オプションをつけることで,回帰モデルの推定値が得られます(GROUP と PREDRUG は数値ではないので,class 変数に指定するのを忘れないようにします).

```
ods graphics on / imagefmt=emf ;
proc glm data=MYDATA ;
  class    PREDRUG GROUP ;
  model    QOL = GROUP PREDRUG / solution ss3 ;
  lsmeans GROUP ;
run ;
```

出力結果のうち,まずグラフを紹介します.

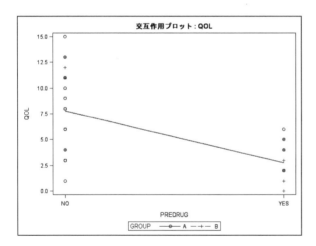

「薬剤×前治療薬の有無の項を除いた回帰モデル」と「薬剤×前治療薬の有無の項を含めた回帰モデル」の意味合いの違いは次の通りです.

「薬剤 × 前治療薬の有無」の項を除いた場合:「薬剤×前治療薬の有無の交互作用**はない**」と仮定する.
「薬剤 × 前治療薬の有無」の項を含めた場合:「薬剤×前治療薬の有無」の交互作用**がある**」と仮定する.

「薬剤×前治療薬の有無の交互作用**はない**」と仮定しているため,各薬剤の直線は平行になっており,また薬剤の種類の影響がほとんどないため,各薬剤の直線の差がなくなってしまっています.

次に,調整済み平均値の結果を確認します.

```
        最小 2 乗平均

            QOL の最小 2
    GROUP     乗平均
      A      5.25000000
      B      5.25000000
```

「薬剤×前治療薬の有無の項を除いた回帰モデル」で算出した調整済み平均値（LS Means）と，前節の「薬剤×前治療薬の有無の項を含めた回帰モデル」で算出した調整済み平均値（LS Means）の意味合いの違いは次の通りです．

- **「薬剤 × 前治療薬の有無」の項を除いた場合**：『「薬剤×前治療薬の有無」の交互作用はない』と仮定して求めた調整済み平均値（LS Means）が得られる．
- **「薬剤 × 前治療薬の有無」の項を含めた場合**：『「薬剤×前治療薬の有無」の交互作用がある』と仮定して求めた調整済み平均値（LS Means）が得られる．

カテゴリ変数×連続変数の場合

「薬剤×罹病期間」の交互作用について考えます．先ほど，以下のモデルについて解析を行い，調整済み平均値を算出しました．

$$QOL = 切片 + \beta_1 \times 薬剤 + \beta_2 \times 罹病期間 + \beta_3 \times 薬剤 \times 罹病期間$$

一方，「薬剤×罹病期間」の交互作用項を除いた以下の回帰モデルについて解析を行い，調整済み平均値を算出することもできます．

$$QOL = 切片 + \beta_1 \times 薬剤 + \beta_2 \times 罹病期間$$

model ステートメントに上記の式を記述し，最後に「/」（スラッシュ）の後に solution オプションをつけることで，回帰モデルの推定値が得られます（GROUP は数値ではないので，class 変数に指定するのを忘れないようにします）．

```
ods graphics on / imagefmt=emf ;
proc glm data=MYDATA ;
  class    GROUP ;
  model    QOL = GROUP DURATION / solution ss3 ;
  lsmeans  GROUP ;
run ;
```

出力結果のうち，まずグラフを紹介します．

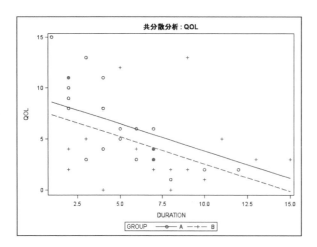

「薬剤×罹病期間の項を除いた回帰モデル」と「薬剤×罹病期間の項を含めた回帰モデル」の意味合いの違いは次の通りです．

「薬剤 × 罹病期間」の項を除いた場合：「薬剤×罹病期間の交互作用**はない**」と仮定する．⇒ 各薬剤の直線が平行で**ある**と仮定する．

「薬剤 × 罹病期間」の項を含めた場合：「薬剤×罹病期間」の交互作用**がある**」と仮定する．⇒ 各薬剤の直線が平行で**ない**と仮定する．

「薬剤×罹病期間の交互作用は**ない**」と仮定しているため，各薬剤の直線は平行になっています．
次に，調整済み平均値の結果を確認します．

```
       最小2乗平均

         QOLの最小2
 GROUP     乗平均
 A       5.89535604
 B       4.60464396
```

「薬剤×罹病期間の項を除いた回帰モデル」で算出した調整済み平均値（LS Means）と「薬剤×罹病期間の項を含めた回帰モデル」で算出した調整済み平均値（LS Means）の意味合いの違いは次の通りです．

「薬剤 × 罹病期間」の項を除いた場合：「薬剤×罹病期間の交互作用**はない**」と仮定して求めた調整済み平均値（LS Means）が得られる．

「薬剤 × 罹病期間」の項を含めた場合：「薬剤×罹病期間の交互作用**がある**」と仮定して求めた調整済み平均値（LS Means）が得られる．

3.4.8 その他の話題

Wilcoxon 検定と連続修正

本章では，QOL の平均値について薬剤間の比較を行う手法として t 検定と回帰分析を適用する方法を紹介しましたが，いずれも QOL のデータが正規分布に従うことを仮定したものです．これに対して，QOL のデータに特定の分布を仮定せず，データを順位データに変換して薬剤効果の差があるかどうかを検定する「Wilcoxon 検定（ノンパラメトリックな手法）」を適用することもできます．

Wilcoxon 検定を用いて QOL の平均値について薬剤間の比較を行う場合，「薬剤効果の差がない（QOL の中央値の差が 0）」と仮定し，

帰無仮説 H_0：QOL の中央値の差が 0 である
対立仮説 H_1：QOL の中央値の差が 0 でない

なる仮説に対する検定を実施します．

```
proc npar1way hl wilcoxon data=MYDATA correct=no ;
  class GROUP ;
  var   QOL ;
  exact wilcoxon ;
run ;
```

出力結果（抜粋）は以下のようになります．

```
        Wilcoxon の順位和検定（2 標本）
                正規近似
Z                              2.2480
片側   Pr >  Z                 0.0123
両側   Pr > |Z|                0.0246

                正確確率検定
片側   Pr >= S                 0.0119
両側   Pr >= |S - Mean|        0.0239
```

「正規近似（両側：Pr > |Z|）」の p 値は「Pr > |t|：0.0246」となっており，5% よりも小さくなっているので，得られた確率が小さく，「帰無仮説は間違っている」と結論づけ，薬剤効果の差がある（QOL の中央値の差が 0 でない）と結論付けます．なお，ここでは割愛しましたが，その他の出力として「Kruskal-Wallis Test」の結果がありますが，p 値は Wilcoxon 検定（正規近似）の p 値と同じです．「正確確率検定」については後ほど解説します．

また，Wilcoxon 検定の結果の他に，中央値の群間差の点推定値（Location Shift）とその両側信頼区間を Hodges-Lehmann 型で算出した結果も出力されます．

```
          Hodges-Lehmann 推定値

     Location Shift    2.0000

                                    漸近
      95% 信頼限界      区間の中間点    標準誤差
      0.0000   5.0000      2.5000    1.2755
```

さて，Wilcoxon 検定における p 値は以下の手順で算出されます．

1. 全てのデータを昇順に並べて小さいものから順に 1，2，…と順位をつける．
2. 薬剤 A に対応する順位の和（順位和）を求める．
3. 薬剤 A の順位和について，取りうる順位和を全て求める．
4. 「2 で求めた順位和よりも極端な値となる確率（p 値）」を計算する．

例として，うつ病患者のデータから左下の 5 人のデータを抽出します．まず手順 1 として QOL のデータを昇順（小さいものから順番）に並べた後，右下のような順位をつけます．

薬剤	QOL の値
A	3
B	5
A	6
A	8
B	11

薬剤	QOL の順位
A	1
B	2
A	3
A	4
B	5

次は手順 2 ですが，薬剤 A に対応する順位の和（順位和）は 1 + 3 + 4 = 8 となります．さらに，手順 3 として薬剤 A の順位和について取りうる順位和（以下の 10 通り）を全て求めます．

1	2	3	4	5	A の順位和
A	A	A	B	B	6
A	A	B	A	B	7
A	A	B	B	A	8
A	B	A	A	B	8
A	B	A	B	A	9
A	B	B	A	A	10
B	A	A	A	B	9
B	A	A	B	A	10
B	A	B	A	A	11
B	B	A	A	A	12

Aの順位和の分布をヒストグラムで表してみましょう．色のついた部分は薬剤Aの順位和(8)です．

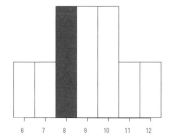

最後に，薬剤Aの順位和（8）よりも極端な値となる場合は，10通りのうち，6（1通り），7（1通り），8（2通り）の4通りですので，確率（p値）は 4/10 = 40% となります．これが Wilcoxon 検定の「正確確率検定（片側）」のp値となります．ヒストグラムで表すと次の通りです．

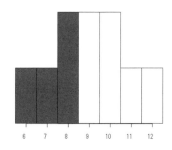

SASで計算する場合は以下のようにします．

```
data QOL1 ;
  input GROUP $ X R ;
  cards ;
    A    3    1
    B    5    2
    A    6    3
    A    8    4
    B   11    5
  ;
run ;

proc npar1way data=QOL1 correct=no;
  class  GROUP ;
  var    X ;
  exact  wilcoxon ;
run ;
```

出力結果（抜粋）は以下のようになります．両側p値（両側 Pr >= |S - Mean|）は片側p値（片側

Pr >= S）を 2 倍した値となります．

```
Wilcoxon の順位和検定（2 標本）

         正確確率検定
片側   Pr >= S         0.4000
両側   Pr >= |S - Mean| 0.8000
```

本節の冒頭で紹介した「Wilcoxon 検定（正規近似）」は，このヒストグラムに正規分布を当てはめ（正規分布で近似），p 値を求めるイメージです．

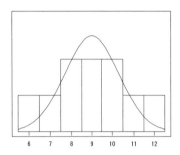

薬剤 A の順位和は 8 ですので，Wilcoxon 検定（正規近似）の片側 p 値：Pr（X ≦ 8）は以下の図の色つき部分となります．

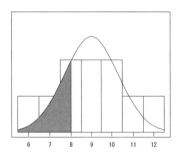

Wilcoxon 検定の「正確確率検定（片側）」では，順位和が 6，7，8 の棒を足し込んでいましたが，上図では順位和が 8 の棒を半分しか足し込んでいないように見えます．これは，ヒストグラムを連続分布である正規分布に当てはめたことが原因となっています．そこで，ヒストグラムの場合に対応させるために，片側 p 値を Pr（X ≦ 8）ではなく片側 p 値：Pr（X ≦ 8.5）とします．

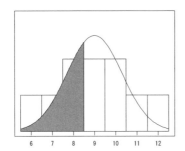

　Wilcoxon検定（正規近似）のp値を求める際，ヒストグラムの場合に対応させるために0.5だけずらしてp値を求めることを「連続修正」と呼びます．見ての通り，「連続修正」を行うとp値は大きくなります．

　Wilcoxon検定（正規近似）のp値を求める際に「連続修正」を行う場合は，correctオプションにyesを指定します．

```
proc npar1way data=QOL1 correct=yes ;
  class  GROUP ;
  var    X ;
  exact  wilcoxon ;
run ;
```

　SASの出力は割愛しますが，「連続修正」を行わない場合のWilcoxon検定（正規近似）の片側p値は0.2819ですが，「連続修正」を行った場合の片側p値は0.3864となります．

平均値に関する非劣性検定

　薬剤間の「QOLの平均値の差」に違いがあるかを検定する手法（2標本t検定）については既に紹介しましたが，薬剤間の「QOLの平均値の差」に関する非劣性検定：

帰無仮説 H_0：薬剤Aの「QOLの平均値」≦ 薬剤Bの「QOLの平均値」+ Δ
対立仮説 H_1：薬剤Aの「QOLの平均値」> 薬剤Bの「QOLの平均値」+ Δ

を行うこともできます（Δは非劣性マージン）．例として，Δ = －1とした非劣性2標本t検定を行ってみます．

```
proc ttest data=MYDATA h0=-1 side=u ;
  class GROUP ;
  var   QOL ;
run ;
```

出力結果（抜粋）は以下のようになります．

手法	分散	自由度	t 値	Pr > t
Pooled	Equal	38	2.87	0.0033
Satterthwaite	Unequal	37.838	2.87	0.0033

「Pr > t」に非劣性 2 標本 t 検定の結果が表示されており，p 値は 0.0033 と 2.5%（片側検定なので 2.5% を用いる点に注意します）よりも小さくなっているので，得られた確率が小さく，「帰無仮説は間違っている」と結論づけ，薬剤 A の「QOL の平均値の差」は薬剤 B の「QOL の平均値の差」よりも劣らないと結論付けます．

カテゴリ変数を変量効果として扱う

前項では「前治療薬の有無」というカテゴリ変数で調整した解析を行いましたが，この場合は「前治療薬の有無」を「固定効果」として扱ったことになります．

- 前治療薬の有無というカテゴリの分け方に意味がある．
- 「前治療薬あり」と「前治療薬なし」のそれぞれ（カテゴリ別）の効果の大きさに興味がある．

として，「前治療薬の有無」を「固定効果」として扱ったことになります．これに対して，「前治療薬の有無」を「変量効果」として扱うこともできます．詳しくは G.Verbeke, G.Molenberghs（2001）を参照していただきたいのですが，「前治療薬の有無」を「固定効果」として扱う場合の理由としては，以下のようなものが挙げられます．

- カテゴリ（「前治療薬の有無」の場合は「前治療薬あり」と「前治療薬なし」）の分け方に意味がない．
- カテゴリごとの効果の大きさ（「前治療薬の有無」の場合は「前治療薬あり」と「前治療薬なし」それぞれの効果の大きさ）に興味がない．
- カテゴリ（「前治療薬あり」と「前治療薬なし」）は，無限母集団から無作為抽出されたと仮定できる，または当該変数を誤差項として扱いたい．

「前治療薬の有無」を「変量効果」として扱う場合は，mixed プロシジャの random ステートメントに変量効果として扱いたい変数を指定し，model ステートメントには当該変数を指定しないようにします．

```
proc mixed data=MYDATA ;
  class    GROUP PREDRUG ;
  model    QOL = GROUP / solution ;
  random   PREDRUG ;
run ;
```

出力結果（抜粋）を次に示します．

変動因	GROUP	固定効果の解				
		推定値	標準誤差	自由度	t 値	Pr > |t|
Intercept		5.1820	2.5496	1	2.03	0.2911
GROUP	A	0.1360	1.1584	37	0.12	0.9071
GROUP	B	0	.	.	.	.

変動因	Type 3 固定効果の検定			
	分子の自由度	分母の自由度	F 値	Pr > F
GROUP	1	37	0.01	0.9071

クロスオーバー分散分析

前項の random ステートメントを用いる例としてクロスオーバー分散分析の解析例を紹介します。4人の患者に対し「時期1」と「時期2」の各時期（PERIOD）に薬剤（TREAT）の治療を行います。患者は「順序1」か「順序2」のいずれかの順序（GROUP）に割り付けられ，順序1に割りつけられた患者は「薬剤A→薬剤B」，順序2に割りつけられた患者は「薬剤B→薬剤A」という順番で治療が行われます。各時期の治療終了後にQOLの点数を測ります。

		時期1	時期2
順序1	患者1	薬剤A（QOL=1）	薬剤B（QOL=3）
	患者2	薬剤A（QOL=2）	薬剤B（QOL=4）
順序2	患者3	薬剤B（QOL=5）	薬剤A（QOL=4）
	患者4	薬剤B（QOL=7）	薬剤A（QOL=4）

このとき，

$$QOL = \beta_0 + \beta_1 \times 順序 + \beta_2 \times 薬剤 + \beta_3 \times 時期$$

というクロスオーバー分散分析モデルに関する解析を行う際は以下のようにします。このとき，mixed プロシジャの random ステートメントに，順序と入れ子（ネスト）になっている患者の項「PATIENT(GROUP)」を指定します。

```
data QOL0 ;
  input PATIENT GROUP TREAT $ PERIOD QOL ;
  cards ;
   1  1  A  1  1
   1  1  B  2  3
   2  1  A  1  2
   2  1  B  2  4
   3  2  B  1  5
   3  2  A  2  4
   4  2  B  1  7
   4  2  A  2  4
```

```
  ;
run ;

proc mixed data=QOL0 ;
  class    PATIENT GROUP TREAT PERIOD ;
  model    QOL = GROUP TREAT PERIOD ;
  random   PATIENT(GROUP) ;
  lsmeans  TREAT / pdiff;
run ;
```

出力結果（抜粋）を次に示します．

Type 3 固定効果の検定

変動因	分子の自由度	分母の自由度	F 値	Pr > F
GROUP	1	2	12.50	0.0715
TREAT	1	2	16.00	0.0572
PERIOD	1	2	0.00	1.0000

最小 2 乗平均

変動因	TREAT	推定値	標準誤差	自由度	t 値	Pr > |t|
TREAT	A	2.7500	0.4330	2	6.35	0.0239
TREAT	B	4.7500	0.4330	2	10.97	0.0082

mixed プロシジャでは分散分析表が出力されません．もし分散分析表を出力したい場合は glm プロシジャを使用します．

```
proc glm data=QOL0 ;
  class    PATIENT GROUP TREAT PERIOD ;
  model    QOL = GROUP PATIENT(GROUP) TREAT PERIOD / SS3 ;
  test     H=GROUP  E=PATIENT(GROUP) ;
  lsmeans  TREAT / pdiff ;
run ;
```

出力結果（抜粋）を次に示します．順序（GROUP）の検定結果は「誤差の Type III 平均平方として PATIENT(GROUP) を使用した場合の仮説検定」に出力されている方（p 値が 0.0715 となっている方）を見なければいけないことに注意します．

変動因	自由度	平方和	平均平方	F 値	Pr > F
Model	5	22.50000000	4.50000000	9.00	0.1030
Error	2	1.00000000	0.50000000		
Corrected Total	7	23.50000000			

Type III

変動因	自由度	平方和	平均平方	F 値	Pr > F
GROUP	1	12.50000000	12.50000000	25.00	0.0377

PATIENT(GROUP)	2	2.00000000	1.00000000	2.00	0.3333
TREAT	1	8.00000000	8.00000000	16.00	0.0572
PERIOD	1	0.00000000	0.00000000	0.00	1.0000

誤差の Type III 平均平方として PATIENT(GROUP) を使用した場合の仮説検定

変動因	自由度	Type III 平方和	平均平方	F 値	Pr > F
GROUP	1	12.50000000	12.50000000	12.50	0.0715

ベイズによる回帰分析

本章における回帰分析は，全て最小二乗法による推定方法を使った分析でしたが，ベイズ推定による推定を行うこともできます．genmod プロシジャの model ステートメントに「dist=normal」を指定し，bayes ステートメントに乱数のシード（MCMC というシミュレーションを行うため）を指定します．

```
ods graphics on / imagefmt=emf ;
proc genmod data=MYDATA ;
  class GROUP ;
  model QOL = GROUP / dist=normal ;
  bayes seed=777 ;
run;
ods graphics off ;
```

出力結果（抜粋）を次に示します．

事後要約

パラメータ	N	平均	標準偏差	パーセント点 25%	50%	75%
Intercept	10000	3.9726	0.8798	3.3981	3.9788	4.5465
GROUPA	10000	2.5422	1.2480	1.7174	2.5435	3.3690
Scale	10000	3.9269	0.4601	3.6058	3.8796	4.2059

切片（Intercept）の事後分布   薬剤Aの事後分布

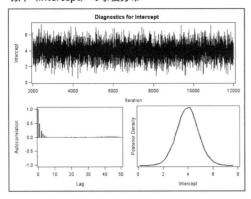
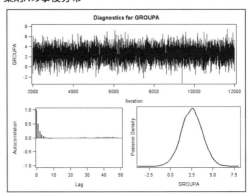

Scaleの事後分布

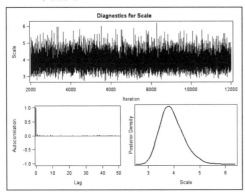

参考文献

　検定の基本的事項は新納（2004），白旗（2008）をお勧めします．Wilcoxon 検定など，ノンパラメトリックな手法の解説は白旗（2008）やレーマン（2007），岩崎（2006）を参照してください．回帰分析の基本的事項は蓑谷（1985）や芳賀 他（1996）を，分散分析の基本的事項は石村（1992）をお勧めします．調整済み平均値（LS Means）は Littell（1991），平方和に関する事項は高橋（1989）や SAS Institute Inc.（2010）の glm プロシジャの項が詳しいです．変量効果や線形混合モデルについては Verbeke（2001）を，クロスオーバー分散分析については Jones（2003）を，ベイズに関する事項は渡部（1999）を参照してください．

- 新納 浩幸（2004）「数理統計学の基礎（森北出版）」
- 白旗 慎吾（2008）「統計学（ミネルヴァ書房）」
- E.L. レーマン 著，鍋谷 清治，刈屋 武昭，三浦 良造 翻訳（2007）「ノンパラメトリックス（森北出版；POD 版）」
- 岩崎 学 著（2006）「統計的データ解析入門 ノンパラメトリック法（東京図書）」
- 蓑谷 千凰彦（1985）「回帰分析のはなし（東京図書）」
- 芳賀 敏郎，岸本 淳司，野沢 昌弘（1996）「SAS による回帰分析（東京大学出版会）」
- 石村 貞夫（1992）「分散分析のはなし（東京図書）」

- 高橋 行雄，芳賀 敏郎，大橋 靖雄（1989）「SASによる実験データの解析（東京大学出版会）」
- 渡部 洋（1999）「ベイズ統計学入門（福村出版）」
- G.Verbeke, G.Molenberghs 著，松山 裕，山口拓洋 他訳（2001）「医学統計のための線型混合モデル（サイエンティスト社）」
- Ramon Littell（1991）「SAS System for Linear Models, Third Edition（Wiley-Interscience）」
- Jones B. and Kenward, M.（2003）「Design and Analysis of Cross-over Trials（Chapman and Hall）」
- SAS Institute Inc.（2010）「SAS 9.2 Documentation」
  http://support.sas.com/documentation/cdl_main/index.html

3.5 2値データの比較とロジスティック回帰

本節では，性別（男性／女性）や改善の有無（改善／非改善）など，取りうる値が2つしかないデータ（2値データ）に対する要約方法や，薬剤Aと薬剤Bとの間の比較を行う方法について見ていきます．

3.5.1 データの準備

まず，うつ病患者60人のデータから，薬剤Aと薬剤Bを投与された患者のデータのみを抽出し，データセットMYDATAに保存します．また，改善の有無（EVENT）について「1：改善あり，2：改善なし」というフォーマットを当てるため，formatプロシジャによりフォーマットEVENTFを作成します．

```
data MYDATA ;
  set    QOL ;
  where GROUP ne "C" ;
run ;

proc format ;
  value EVENTF 1="Yes" 2="No" ;
run ;
```

3.5.2 棒グラフ

薬剤 A (GROUP=A) を投与された患者と薬剤 B (GROUP=B) を投与された患者について，改善の有無 (EVENT；1：改善あり，2：改善なし) に関する棒グラフを sgplot プロシジャで描きます．

```
title "棒グラフ" ;
proc sgplot data=MYDATA ;
  hbar   GROUP / GROUP=EVENT ;
  format EVENT EVENTF. ;
run ;
```

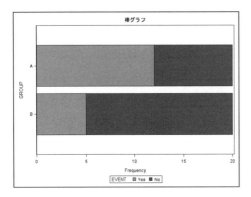

また，前治療薬の有無 (PREDRUG；YES，NO) 別に，薬剤 A と薬剤 B の改善の有無 (EVENT；1：改善あり，2：改善なし) に関する棒グラフを描くこともできます．

```
title "棒グラフ" ;
proc sgpanel data=MYDATA ;
  panelby PREDRUG / rows=2 columns=1 ;
  hbar    GROUP / GROUP=EVENT ;
  format  EVENT EVENTF. ;
run ;
```

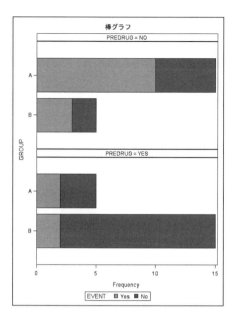

3.5.3 〔参考〕割合に関する棒グラフ

　各薬剤の患者の人数が揃っていない場合は，頻度に関する棒グラフは見づらくなります．そこで今度は各薬剤の「改善ありの割合」「改善なしの割合」を求めた上で，2つの薬剤の割合に関する棒グラフを描きます．割合とは何か，については後ほど解説します．

```
ods output CrossTabFreqs=OUT1(where=(GROUP ne "" and EVENT ne .)) ;
proc freq data=mydata ;
  table GROUP*EVENT / nopercent nocol ;
run ;
ods output close ;

title "棒グラフ（改善の有無）" ;
proc sgplot data=OUT1 ;
  hbar    GROUP / GROUP=EVENT freq=ROWPERCENT ;
  format EVENT EVENTF. ;
run ;
```

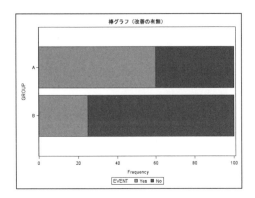

3.5.4 2値データの要約

薬剤 A (GROUP=A) を投与された患者と薬剤 B (GROUP=B) を投与された患者について, 改善の有無 (EVENT ; 1:改善あり, 2:改善なし) に関する棒グラフを描きましたが, 薬剤 A (GROUP=A) を投与された患者 20 人のうち改善した方はどのくらい居られるか, 具体的な数値が知りたい場合は freq プロシジャで頻度集計を行えば良いでしょう. 以下のプログラムの中のオプションの説明は後に回して, とりあえず freq プロシジャを実行してみます.

```
proc freq data=MYDATA ;
  tables GROUP*EVENT / riskdiff relrisk nocol nopercent ;
  exact  or ;
  format EVENT EVENTF. ;
run ;
```

出力結果（抜粋）を次に示します.

```
                      表 : GROUP * EVENT

       GROUP         EVENT
       度数          |
       行のパーセント|Yes     |No      |  合計
       ---------------+--------+--------+
       A             |    12 |     8 |    20
                     |  60.00 |  40.00 |
       ---------------+--------+--------+
       B             |     5 |    15 |    20
                     |  25.00 |  75.00 |
       ---------------+--------+--------+
       合計                17      23      40
```

このような表を「分割表（2 × 2 分割表）」や「クロス表」とよびます. 出力結果のうち薬剤 A の行を見ると, 改善あり (EVENT=1) のパーセントは 60%, 改善なし (EVENT=2) のパーセントは

40%となっています．また，薬剤Bの行を見ると，改善あり（EVENT=1）のパーセントは25%，改善なし（EVENT=2）のパーセントは75%となっています．これらの結果はどう考察すれば良いのでしょうか．

この考察を行う道具として「比」と「割合」を紹介し，参考として「率」についても解説を行います．

3.5.5　割合と比

まず，「割合」と「比」の定義を紹介します．

割合 分母は「全体」，分子は「分母の一部」とした割り算の結果です．例えば「薬剤Aの改善ありの割合」は「薬剤Aを投与して改善ありとなった患者の数」を「薬剤Aを投与した患者全員の数」で割り算した値（12 ÷ 20 = 0.6）となります．
また，割合に100をかけた値がパーセント（0.6 × 100 = 60%）となります．

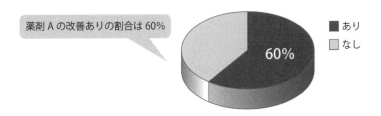

比 割合と同じく割り算をするのですが，比を求める際は性質が異なるもの同士を割り算します．例えば「男女の比」という場合は「男性の数」と「女性の数」という性質が異なるもの同士を割り算した値となります．
「薬剤Aの改善**なし**の数」に対する「薬剤Aの改善**あり**の数」の比を求めてみると，12 ÷ 8 = 1.5となります．

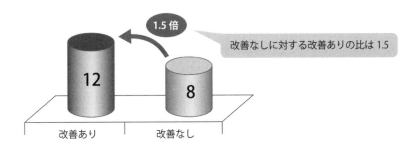

参考までに「率」の定義を紹介します．

率 ある事象が単位時間（例えば1年）の間に起こった頻度を表します．
例えば，「200人を1年間観察した結果，6人が死亡した」場合は「死亡数（6人）」を「のべ観察時間（200人×1年 = 200人年）」で割り算した値：0.03（人/年）が率となり「1人年あたり0.03人が死亡する」と解釈します．また，この0.03に1000をかけて「1000人年

あたり30人が死亡する（1000人を1年間観察した場合，6人が死亡する）」と解釈することもできます．

「割合」と「率」は混同しやすい概念ですが，「割合」は「時間」の概念がないものに関する指標であるのに対し，「率」は単位時間の間に起こった頻度，と「時間」の概念が入った指標となっています．「率」は時速（1時間あたりに走る距離）とイメージすれば理解しやすいでしょう．

3.5.6 リスク差，リスク比，オッズ比

先ほどfreqプロシジャを実行しましたが，その実行結果の中に以下のような出力がありました．

列1 リスクの推定値

	(A) リスク	漸近標準誤差	(漸近)95%信頼区間		(直接確率)95%信頼限界	
行1	0.6000	0.1095	0.3853	0.8147	0.3605	0.8088
行2	0.2500	0.0968	0.0602	0.4398	0.0866	0.4910
合計	0.4250	0.0782	0.2718	0.5782	0.2704	0.5911
(B) 差	0.3500	0.1462	0.0634	0.6366		

行1 - 行2 の差

相対リスクの推定値 (行1 / 行2)

研究の種類	値	95% 信頼限界	
(D) ケースコントロール研究 (オッズ比)	4.5000	1.1656	17.3725
(C) コーホート研究 (列1 の相対リスク)	2.4000	1.0369	5.5549
コーホート研究 (列2 の相対リスク)	0.5333	0.2946	0.9654

出力の中の「(A) リスク」「(B) 差（リスク差）」「(C) 相対リスク（リスク比）」「(D) オッズ比」について順に解説していきます．

リスク

「リスク」は「ありの数÷全体の数」で計算します．改善の有無に関するデータでいえば，各薬剤の「リスク」は「改善ありの数÷全体の数」で算出しますので，「薬剤Aの改善ありの割合」を求めていることに相当します．

改善の有無（リスク）

	あり (Y)	なし (N)	リスク
薬剤A	12	8	12 ÷ 20 = 0.60 (60%)
薬剤B	5	15	5 ÷ 20 = 0.25 (25%)

「リスク」というと,「悪いこと」が起きる割合,のようなイメージがありますが,ここで用いる「リスク」は「注目する事象がありの数÷全体の数」ですので,「注目する事象」が例えば病状が改善すること（良いこと）であれば,「リスク」は「良いこと」が起きる割合となります．

リスク差

「リスク差」は薬剤間の割合の差を見ていることになります．この場合は,「薬剤 A の改善ありの割合」と「薬剤 B の改善ありの割合」の差を計算したもので,結果は「薬剤 A は薬剤 B よりも改善ありの割合が 35% 高い」となります．

改善の有無（リスク差）

	リスク	リスク差
薬剤 A	0.60 (60%)	0.60 − 0.25 = 0.35 (35%)
薬剤 B	0.25 (25%)	

ちなみに,「薬剤 B の割合よりも 35% 高い」という表現は誤解を招く表現です．ここでは「薬剤 B の割合（25%）+ 35%」という意味で用いているのですが,人によっては「薬剤 B の割合（25%）× 135%」とするかもしれません．

そこで,分野によってはリスク差を表す際は「薬剤 A は薬剤 B よりも改善ありの割合が 35 **ポイント**高い」と「ポイント」という単位を使うことがあります．

リスク比

「リスク比」は薬剤間の割合の比を見ていることになり,ある薬剤に対してリスクが何倍かを示します．この場合は,「薬剤 A の改善ありの割合」と「薬剤 B の改善ありの割合」の比を計算したもので,結果は「薬剤 A は薬剤 B よりも改善ありの割合が 2.4 倍高い」となります．

改善の有無（リスク比）

	リスク	リスク比
薬剤 A	0.60 (60%)	0.60 ÷ 0.25 = 2.40 (倍)
薬剤 B	0.25 (25%)	

リスク比に関して注意する点があります．例えば,「薬剤 A は薬剤 B よりもリスク比は 2.4（発生割合が 2.4 倍）」と言われた場合,以下の場合が考えられます．

リスク差とリスク比

薬剤 A のリスク	薬剤 B のリスク	リスク比	リスク差
0.6%	0.25%	2.4	0.35%
6.0%	2.5%	2.4	3.5%
60%	25%	2.4	35%

リスク比はいずれも 2.4 ですが,リスク差は 0.35%（ほとんど差がない）から 35%（かなり差がある）

まで様々です．よって，リスク比だけでは発生割合にどの位の差があるか良く分からない場合があるので，リスク比に加えて各薬剤のリスクも表示・確認するのが良いでしょう．

オッズとオッズ比

「オッズ」は「ありの数÷なしの数」で計算します．改善の有無に関するデータでいえば，各薬剤の「オッズ」は「改善ありの数÷改善なしの数」で算出します．

改善の有無（オッズ）

	あり (Y)	なし (N)	オッズ
薬剤 A	12	8	12 ÷ 8 = 1.50
薬剤 B	5	15	5 ÷ 15 = 0.33

また，「オッズ比」は薬剤間のオッズの比を見ていることになり，ある薬剤に対してオッズが何倍かを示します．この場合は，「薬剤 A の改善ありのオッズ」と「薬剤 B の改善ありのオッズ」の比を計算したもので，結果は「薬剤 A は薬剤 B よりもオッズが 4.5 倍高い」となります．

改善の有無（オッズ比）

	オッズ	オッズ比
薬剤 A	1.50	1.50 ÷ 0.33 = 4.50
薬剤 B	0.33	

リスク比とオッズ比

リスクは「改善ありの割合」でした．例えば「薬剤 A の改善ありの割合が 60%」となった場合，この結果に対して解釈に困るようなことはありません．一方，オッズは計算結果の解釈に困ることが少なくありません．例えば「薬剤 A の改善ありのオッズが 1.5」となった場合，薬剤 A は効果があるのかないのか，薬剤 A により治療された患者は何割が改善したのかどうかが，「1.5」という数字からは良く分かりません．ただ，「改善ありの割合」が小さい場合は「オッズ比≒リスク比」となるため，オッズ比の計算結果をリスク比のように解釈することができます．

さて，191 ページの表「改善の有無（リスク比）」と直前の表「改善の有無（オッズ比）」の結果より，薬剤 B に対する薬剤 A のリスク比は 2.4，オッズ比は 4.5 となっていましたが，ここで，リスク比を 2.4 と固定したまま，薬剤 A の「改善ありの割合」を変化させた時にオッズ比がどのように変化するかをみてみましょう．

リスク比とオッズ比

薬剤 A のリスク	薬剤 B のリスク	リスク比	オッズ比	
0.06	0.025	2.40	2.49	←リスク比≒オッズ比
0.24	0.10	2.40	2.84	
0.60	0.25	2.40	4.50	
0.96	0.40	2.40	36.0	←リスク比≠オッズ比

次に，リスク比を 2.4 と固定したまま（グラフ中の細線），薬剤 A の「改善ありの割合（横軸）」を 0 ～ 1 まで変化させたときのオッズ比の変化（縦軸；グラフ中の太線）をグラフ化してみます．

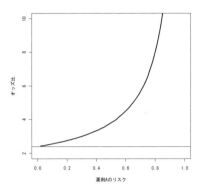

「改善ありの割合」が大きくなるにつれて，リスク比とオッズ比の差が開いていきますが，「改善ありの割合」が小さい場合は「オッズ比≒リスク比」となっている点に注目してください．

さて，計算結果の解釈に困ることが少なくないような「オッズ比」が何故出力されるのでしょうか．それは，データの集め方によっては「リスク比」だとバイアスが入る場合があるからです．

例えば，ケース・コントロールスタディなどの後ろ向き研究（過去に得られたデータをかき集めて解析を行う研究）では，収集したデータの集め方によって「リスク」が変わってしまいます[18]．例えば，190 ページの表「改善の有無（リスク）」のデータのうち「改善あり」の数を 10 倍にしてみましょう．

改善の有無（修正版）

	あり	なし	リスク	リスク比
薬剤 A	**120**	8	120 ÷ 128 = 0.94	0.94 ÷ 0.77 = 1.22
薬剤 B	**50**	15	50 ÷ 65 = 0.77	
	あり	なし	オッズ	オッズ比
薬剤 A	**120**	8	120 ÷ 8 = 15.0	15.0 ÷ 3.3 = 4.50
薬剤 B	**50**	15	50 ÷ 15 = 3.3	

「リスク比」は 2.4 から 1.22 に変わってしまいましたが，オッズ比は 4.5 のままです．もし，後ろ向き研究の結論を「リスク比を小さくしたい」と思った場合，「改善ありの数」を増やすことでリスク比を小さくすることができてしまいますが，オッズ比ではこのような操作ができません．

以上のことをまとめますと，リスク比はオッズ比に比べて結果の解釈が容易で前向き研究（未来に向かって調査を行いデータを取って解析する研究）などの場合にはよく用いられますが，後ろ向き研究の場合にバイアスが入る余地があるため，そのような場合はオッズ比の方が望ましくなります．また，「改善ありの割合」が小さい場合は「オッズ比≒リスク比」となるため，オッズ比の計算結果をリスク比のように解釈することができます．ちなみに，後で紹介する「ロジスティック回帰」

---

[18] 臨床試験などの前向き研究（研究のために新たにデータを集めて解析を行う場合）ではこのような問題は起きにくくなります．

はオッズ比に対する手法です．

3.5.7 〔参考〕列の並び順の指定

これまで「改善あり」に注目をして「改善ありの割合（リスク）」や「改善ありのオッズ」を計算してきました．頻度集計表では，2値データの注目するカテゴリ（今回の場合は「改善あり」）が1列目（一番左の列）となるように作成します．注目するカテゴリを指定する場合は，以下の手順で作成します．

1. 注目するカテゴリに対して，順番に「1，2，3，…」としてデータを作成する．⇒ 改善の有無（EVENT）では「1：改善あり，2：改善なし」．

2. format プロシジャで，「1，2，3，…」のデータに対してフォーマットを作成する．⇒ フォーマット EVENTF では「1="Yes" 2="No"」．

3. 頻度集計表を作成する場合，2. で作成したフォーマットを指定する．

ちなみに，freq プロシジャには order オプションが用意されており，「DATA（データの順）／FORMATTED（フォーマットの順）／FREQ（頻度順）／INTERNAL（内部のデータ順）」を指定することで列の並び順を決めることもできます[19]．

例を2つ示します．まずは簡単なデータで例を示します．

```
data MYFREQ ;
  input GROUP $ YN ;
  cards ;
    A 2
    A 1
    A 1
    B 1
    B 2
  ;
run ;
```

```
proc format ;
  value YNF 1="Male"
            2="Female" ;
run ;

proc freq data=MYFREQ
 order=data ;
  tables GROUP*YN;
  format YN YNF. ;
run ;
```

- order=data：データを上から見ていき，出てきた順番に出力されます．「YN」の場合，先頭が「2」なので「2：Female」から出力されます．

- order=formatted：フォーマットの順番に出力されます．「YN」の場合，フォーマットの文字で見ると「**M**ale」よりも「**F**emale」の方が文字列の並びとしては先なので「2：Female」から出力されます．

---

[19] 何も指定しない場合は order=INTERNAL となります．この理由のため，まず最初に『注目するカテゴリに対して順番に「1，2，3，…」としてデータを作成する』手順を紹介しました．

- order=freq：データの頻度の大きい順番に出力されます．「YN」の場合，「1：Male」の頻度が一番大きいので「1：Male」から出力されます．
- order=internal：内部のデータ順番に出力されます．「YN」の場合，データの文字で見ると「2」よりも「1」の方が文字列の並びとしては先なので「1：Male」から出力されます．

2つ目の例として，データセット MYDATA に order=FORMATTED を指定します．

```
proc freq data=MYDATA order=formatted ;
  tables GROUP*EVENT / riskdiff relrisk nocol nopercent ;
  exact  or ;
  format EVENT EVENTF. ;
run ;
```

実行結果（抜粋）は以下のようになります．

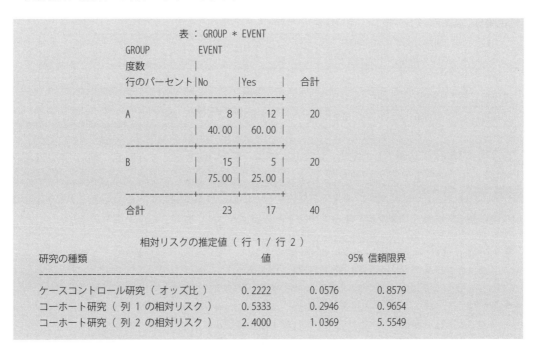

フォーマットの順なので，「Yes」よりもアルファベット順が先である「No」が1列目（一番左の列）となりました．それに伴い，オッズ比も「改善**なし**のオッズ」に対する計算結果が表示されています．

3.5.8 χ^2 検定

薬剤間の「改善ありの割合」に違いがあるかを検定する手法として χ^2 検定があります．χ^2 検定は

- 帰無仮説 H_0：薬剤間の「改善ありの割合」に違いがない．
- 対立仮説 H_1：薬剤間の「改善ありの割合」に違いがある．

に対する検定を行います．薬剤間の「改善ありの割合」に違いがないとは

- 帰無仮説 H_0：リスク差が 0 である．
- 帰無仮説 H_0：リスク比が 1 である．
- 帰無仮説 H_0：オッズ比が 1 である．

に相当します．ではここで，『薬剤間の「改善ありの割合」に違いがない』ことが，「リスク差が 0」「リスク比が 1」「オッズ比が 1」に相当するかを考えるため，以下の例をみてみましょう．

改善の有無（仮想データ）

	薬剤 A の ありの割合	薬剤 B の ありの割合	リスク差	リスク比	オッズ比
(A)	0.60	0.59	0.01	1.02	1.04
(B)	0.60	0.10	0.50	6.00	13.50
(C)	0.60	0.95	−0.35	0.63	0.08

（A）は薬剤間の「改善ありの割合」にほとんど違いがない例です．このとき，リスク差はほぼ 0 に等しく，リスク比とオッズ比はほぼ 1 に等しくなっています．

一方，（B）と（C）は薬剤間の「改善ありの割合」に違いがある例です．このとき，リスク差は 0 から遠ざかっており，リスク比とオッズ比は 1 から遠ざかっています．以上をまとめると

- 薬剤間の「改善ありの割合」に違いがない．
  → リスク差は 0 に，リスク比とオッズ比は 1 に近づく．

- 薬剤間の「改善ありの割合」に違いがある．
  → リスク差は 0 から，リスク比とオッズ比は 1 から遠ざかる．

ということが分かります．よって，上記の仮説に対する検定（χ^2 検定）を行うことで，薬剤間の「改善ありの割合」に違いがあるかどうかを調べることができます．

さて，χ^2 検定を行うプログラムは以下のようになります．

```
proc freq data=MYDATA ;
  tables GROUP*EVENT / chisq ;
  format EVENT EVENTF. ;
run ;
```

出力結果（抜粋）は以下のようになります．

```
            GROUP * EVENT の統計量
統計量                    自由度      値       p 値
-----------------------------------------------------
カイ 2 乗値                  1      5.0128    0.0252
尤度比カイ 2 乗値             1      5.1345    0.0235
連続性補正カイ 2 乗値          1      3.6829    0.0550
Mantel-Haenszel のカイ 2 乗値  1      4.8875    0.0271
ファイ係数                           0.3540
一致係数                             0.3337
Cramer の V 統計量                   0.3540

            Fisher の正確検定
          ----------------------------
          セル (1,1) 度数 (F)    12
          左側 Pr <= F         0.9952
          右側 Pr >= F         0.0268
          表の確率 (P)          0.0220
          両側   Pr <= P       0.0536
```

「カイ2乗値」にχ²検定の結果が表示されており，p値は0.0252と5%よりも小さくなっているので，得られた確率が小さく，「帰無仮説は間違っている」と結論づけ，薬剤間の「改善ありの割合」に違いがあると結論付けます．

他にも様々な検定手法による検定結果が表示されていますが，ここでは「カイ2乗値（χ^2検定・連続修正なし）」「連続性補正カイ2乗値（χ^2検定・連続修正あり）」「Fisher の正確検定・両側 Pr <= P」の手法の特徴を挙げます．

χ^2 検定

χ^2検定（連続修正なし[20]）はオーソドックスな手法で，「リスク差」「リスク比」「オッズ比」の信頼区間と対応する方法です．χ^2検定（連続修正あり）は，χ^2検定（連続修正なし）の結果を Fisher の正確検定に近づけるために補正したもので，「連続修正なし」よりも有意差が出にくくなる特徴があります．また，χ^2検定（連続修正あり）の検定結果と「リスク差」「リスク比」「オッズ比」の信頼区間とは対応しません．その証拠に，先ほど出力したリスク差の信頼区間は0をまたいでおらず（有意差あり），χ^2検定（連続修正なし）の検定結果も p 値が 0.0252 と有意差がみられていますが，χ^2検定（連続修正あり）の結果は p 値が 0.0550 と有意差がみられていません．

	列 1 リスクの推定値		
(A) リスク	漸近標準誤差	（漸近）95% 信頼区間	（直接確率）95% 信頼限界

---

[20] 3.4.8節「その他の話題」も参照

行1	0.6000	0.1095	0.3853	0.8147	0.3605	0.8088
行2	0.2500	0.0968	0.0602	0.4398	0.0866	0.4910
合計	0.4250	0.0782	0.2718	0.5782	0.2704	0.5911
(B) 差	0.3500	0.1462	0.0634	0.6366		
	行1 − 行2 の差					

表の各セルの中に5未満となっているものがある場合は，χ^2分布への収束が悪くなるため，このような場合はχ^2検定（連続修正あり）を用いたほうが良いという話もありますが，その場合はいっそのこと Fisher の正確検定を用いたほうが良いでしょう．

Fisher の正確検定 データが超幾何分布に従っていると仮定した上で，得られたデータがどの位の確率で得られるものかを計算する手法です．

3.5.9 ロジスティック回帰分析

ロジスティック回帰分析とは，3.4節「平均値の比較と回帰分析」で紹介した回帰分析と似たような手法ですが，回帰分析が連続変数に対する分析手法であるのに対し，ロジスティック回帰分析は「改善の有無」のような2値の値に対する分析手法です．

うつ病患者のデータで考えます．「改善あり」となる確率をpとすると，p/(1 − p) はオッズとなります．ロジスティック回帰分析は，このオッズの対数をとった log(p/(1 − p))：すなわち対数オッズを目的変数とした回帰分析となります[21]．モデル式は以下のようになります．

$$\log\left(\frac{p}{1-p}\right) = \beta_0 + \beta_1 \times 説明変数_1 + \cdots + \beta_k \times 説明変数_k$$

（β_0：切片（Intercept））

ここでは，うつ病患者のデータに関して，薬剤によって「改善の有無の**対数オッズ**」に差があるかを検討することを考えます．「改善の有無の**対数オッズ**」を「薬剤の種類」で推定する場合は，以下のようなモデルを立てて分析を行います．

改善の有無の**対数オッズ** = $\beta_0 + \beta_1 \times$ 薬剤

ロジスティック回帰分析を行った結果，モデルが

改善の有無の**対数オッズ** = − 1.1 + 1.5 × 薬剤

と推定された場合は，「薬剤 A(1) の改善の有無の**対数オッズ**」は

---

[21] 確率pを目的変数としてしまうと，pは0〜1の間しか値を取りえませんので，例えば1よりも大きい値を取る目的変数に対応できません．また，オッズを目的変数としてしまうと，オッズは0〜∞の間しか値を取りえませんので，例えば負の値を取る目的変数に対応できません．対数オッズは−∞〜∞の値を取るので，説明変数がどのような値を取ったとしても対応できます．この理由により対数オッズを目的変数とする，と理解することもできます．

改善の有無の**対数オッズ** $= -1.1 + 1.5 \times 1 = 0.4$

と推定されますが,「改善の有無の**対数オッズ**」は解釈がしにくい指標です.そこで,上記の推定式が得られた後は,両辺に exp をとり,「改善の有無の**オッズ**」に関する式も求めるのが得策です.その際,「$\exp\{\beta_0\} + \exp\{\beta_1 \times 薬剤\}$」ではなく,「$\exp\{\beta_0\} \times \exp\{\beta_1 \times 薬剤\}$」と掛け算になる点に注意してください.

改善の有無の**オッズ** $= \exp\{\beta_0 + \beta_1 \times 薬剤\} = \exp\{\beta_0\} \times \exp\{\beta_1 \times 薬剤\}$

例として,先ほど推定したモデルにおいて「薬剤 A(1) の改善の有無の**オッズ**」を推定する場合は

改善の有無の**オッズ** $= \exp\{-1.1 + 1.5 \times 1\} = \exp\{-1.1\} \times \exp\{1.5\} = 1.5$

と計算され,「薬剤 A の改善の有無の**オッズ**」は 1.5 となります.

さて,SAS では logistic プロシジャを用いてロジスティック回帰分析を実行することができます.

- カテゴリ変数(例えば「GROUP」)は class ステートメントで指定します.
- model ステートメントに上記モデルを記述しますが,切片項と誤差項は明示的に指定しません.もし説明変数を複数指定する場合は「+」の代わりにスペースで区切ります.
- 最後に「/」(スラッシュ)の後に solution オプションをつけることで,回帰モデルの推定値が得られます.

```
proc logistic data=MYDATA order=internal ;
  class  GROUP / ref=last param=ref ;
  model  EVENT = GROUP / expb ;
  format EVENT EVENTF. ;
run ;
```

出力結果(抜粋)は以下のようになります.

```
              LOGISTIC プロシジャ
                 応答プロフィール
       水準               頻度の
              EVENT       合計
         1    Yes          17
         2    No           23
      モデルの確率基準は EVENT='Yes' です。

         分類変数の水準の詳細
       分類     値    デザイン変数
       GROUP    A          1
                B          0
```

まず，解析対象としている目的変数「改善の有無」に関する頻度と「EVENT='Y'」の確率に関する対数オッズに対してロジスティック回帰分析を行っているという注意書きが表示されます[22].

次に，classステートメントで指定したカテゴリ変数（ここでは薬剤の種類GROUP）に関して作成したデザイン行列が出力されます．「薬剤A：1，薬剤B：0」とコード化されているので，ロジスティック回帰分析の式：

$$改善の有無の対数オッズ = \beta_0 + \beta_1 \times 薬剤$$

について，「薬剤Aの改善の有無の対数オッズ」に関する式では「薬剤＝1」となり，「薬剤Bの改善の有無の対数オッズ」に関する式では「薬剤＝0」となることが表示されています．

さらに，ロジスティック回帰分析モデルを行った結果の推定値が表示されます．「ref=last param=ref」を指定することにより「薬剤Bをベースとして」「薬剤Bに対する薬剤Aのオッズ比の推定」を行います．ちなみに，「ref=first」とすると，「薬剤Aに対する薬剤Bのオッズ比の推定」を行います．

最大尤度推定値の分析

パラメータ		自由度	推定値	標準誤差	Wald カイ2乗	Pr > ChiSq	Exp(推定値)
Intercept		1	-1.0986	0.5164	4.5261	0.0334	0.333
GROUP	A	1	1.5041	0.6892	4.7626	0.0291	4.500

上記より，ロジスティック回帰分析モデルの式は

[切片] [薬剤]
薬剤Aの改善の有無の対数オッズ ＝ －1.098 ＋ 1.504 ＝ 0.406
薬剤Bの改善の有無の対数オッズ ＝ －1.098 ＋ 　　0 ＝ －1.098

と推定されましたが，対数オッズでは解釈がしにくいため，expbオプションを付けて両辺にexpをとった結果（Exp(推定値)）を用いて，「改善の有無のオッズ」に関するモデルを推定します．

[切片] [薬剤]
薬剤Aの改善の有無のオッズ ＝ 0.333 × 4.500 ＝ 1.499　　【A】
薬剤Bの改善の有無のオッズ ＝ 0.333 × 　　1 ＝ 0.333　　【B】

以下に結果の見方を説明します．

- 薬剤Aの改善の有無のオッズ：
「Intercept（切片）のExp(推定値)」×「薬剤（GROUP）AのExp(推定値)」となっており，手計算で「0.333 × 4.500 ≒ 1.50」となります．「0.333 ＋ 4.500」ではなく，「0.333 × 4.500」と掛け算になる点に注意してください．

---

[22] 3.5.7節の「〔参考〕行や列の並び順の指定」で解説しましたorder=internalというオプションを使用しています．

- 薬剤 B の改善の有無のオッズ：
「Intercept（切片）の Exp(推定値)」×「薬剤 B の Exp(推定値)」となるのですが，「薬剤 B の Exp(推定値)」は 1 ですので，「薬剤 B の改善の有無のオッズ」=「Intercept（切片）の Exp(推定値)」= 0.333 となります．

- 薬剤 B に対する薬剤 A の改善の有無のオッズ比：
【A】÷【B】を計算をすることにより，薬剤間のオッズ比が求まり，「4.500」と計算できます．また，「薬剤（GROUP）A の Exp(推定値)」を参照することでも「4.500」であることが分かります．

- 薬剤によって改善の有無の対数オッズに差があるかの検討：
「薬剤（GROUP）A の推定値」である 1.5041 は「改善の有無の**対数オッズ比**」を表し，「薬剤（GROUP）A の Exp(推定値)」である 4.500 は「改善の有無の**オッズ**」を表しています．また，「薬剤（GROUP）A の推定値」に対する「Pr > ChiSq」は

○ 改善の有無の**対数オッズ比**が **0** かどうかの検定
⇒ 改善の有無の**オッズ比**が **1** かどうかの検定

の結果を表しており，結果は「Pr > ChiSq：0.0291」と 5% よりも小さくなっているので「帰無仮説は間違っている」とし，

○ 改善の有無の**対数オッズ比**は **0** でない
⇒ 改善の有無の**オッズ比**は **1** でない

と解釈します．さらに，薬剤 B の対数オッズの推定値よりも薬剤 A の対数オッズの推定値が大きいので，

○ 薬剤 B の**対数オッズ**よりも薬剤 A の**対数オッズ**の方が大きい
⇒ 薬剤 B の**オッズ**よりも薬剤 A の**オッズ**の方が大きい

と結論付けます．

※このような logistic プロシジャの推定方法を「端点制約による推定」と呼びます．もし，各薬剤の対数オッズの推定を直接行いたい場合は，「ref=last」を外し，「param=glm」「noint」オプションをつけて

改善の有無の対数オッズ = β_1 × 薬剤 A + β_2 × 薬剤 B

という切片を除いた回帰モデルについて解析を行います．

```
proc logistic data=MYDATA order=internal ;
  class   GROUP / param=glm ;
  model   EVENT = GROUP / expb noint ;
  format EVENT EVENTF. ;
run ;
```

出力結果（抜粋）は以下のようになります．

パラメータ		自由度	推定値	標準誤差	Wald カイ2乗	Pr > ChiSq	Exp（推定値）
GROUP	A	1	0.4055	0.4564	0.7891	0.3744	1.500
GROUP	B	1	-1.0986	0.5164	4.5261	0.0334	0.333

最大尤度推定値の分析

オッズ比推定値

変動因	点推定値	95% Wald 信頼限界	
GROUP A vs B	4.500	1.166	17.372

上記より，ロジスティック回帰分析モデルの式は以下のように推定されます．

○ 薬剤 A の改善の有無のオッズ = 1.500
○ 薬剤 B の改善の有無のオッズ = 0.333
○ 薬剤 B に対する薬剤 A のオッズ比 = 4.500 [1.166, 17.372]

ところで，ロジスティック回帰分析モデルの式は

[切片] [薬剤]
薬剤 A の改善の有無の対数オッズ = − 1.098 + 1.504 = 0.406
薬剤 B の改善の有無の対数オッズ = − 1.098 +   0   = − 1.098

と推定されましたが，対数オッズから「改善ありとなる**確率 p（リスク）**」を計算することができます．例えば，薬剤 A の改善の有無の対数オッズは $\log(p/(1-p))$ ですので，

薬剤 A の改善の有無の対数オッズ：$\log\left(\dfrac{p}{1-p}\right) = -1.098 + 1.504 \times 薬剤(1) = 0.406$

薬剤 A の改善の有無のオッズ：$\left(\dfrac{p}{1-p}\right) = \exp(0.406)$

薬剤 A の改善ありとなる確率：$p = \dfrac{\exp(0.406)}{1 + \exp(0.406)} = 0.600$

となり「薬剤 A の改善ありとなる**確率 p（リスク）**」は 0.60 となりましたが，これは 3.5.6 節「リスク差，リスク比，オッズ比」で求めた薬剤 A の改善ありとなるリスクの値と一致します．
　同様に，例えば，薬剤 B の改善の有無の対数オッズは

薬剤 B の改善の有無の対数オッズ：$\log\left(\dfrac{p}{1-p}\right) = -1.098 + 1.504 \times 薬剤(0) = -1.098$

薬剤 B の改善ありとなる確率：$p = \dfrac{\exp(-1.098)}{1 + \exp(-1.098)} = 0.250$

となり「薬剤 B の改善ありとなる**確率 p（リスク）**」は 0.25 となりましたが，これは 3.5.6 節「リス

ク差，リスク比，オッズ比」で求めた薬剤Bの改善ありとなるリスクの値と一致します．

3.5.10 〔参考〕説明変数に連続変数を指定した場合

前節では説明変数にカテゴリ変数（薬剤の種類）を指定しましたが，説明変数に連続変数を指定することもできます．例えば，罹病期間（DURATION：単位は年）を説明変数とした

改善の有無の対数オッズ $= \beta_0 + \beta_1 \times$ 罹病期間

というロジスティック回帰分析モデルについて解析を行います．

```
proc logistic data=MYDATA order=internal ;
  model EVENT = DURATION / expb ;
  units DURATION=5 ;
  format EVENT EVENTF. ;
run ;
```

出力結果（抜粋）は以下のようになります．この場合，罹病期間（DURATION）のオッズ比は「ある罹病期間のオッズに対する，罹病期間が1年（1単位）増えたときのオッズ比（0.693）」が推定されます．もし，「罹病期間が5年（5単位）増えたときのオッズ比（0.160）」を推定する場合は，units ステートメントに「DURATION=5」と指定します[23]．

最大尤度推定値の分析

パラメータ	自由度	推定値	標準誤差	Wald カイ2乗	Pr > ChiSq	Exp(推定値)
Intercept	1	1.8036	0.8226	4.8073	0.0283	6.071
DURATION	1	-0.3664	0.1360	7.2545	0.0071	0.693

オッズ比推定値

変動因	点推定値	95% Wald 信頼限界	
DURATION	0.693	0.531	0.905

オッズ比

変動因	単位	推定値
DURATION	5.0000	0.160

[23] $\exp(5\beta_1) = \{\exp(\beta_1)\}^5$ という関係を使うことにより，「罹病期間が1年（1単位）増えたときのオッズ比」を5乗（$0.693^5 = 0.160$）することで「罹病期間が5年増えたときのオッズ比（0.160）」を手で計算することもできます．

3.5.11 多重ロジスティック回帰分析と調整オッズ比について

3.4.5節「調整済み平均値（LS Means）」では，ある変数で調整した上で各薬剤の平均値を求める「調整済み平均値（LS Means）」というものを紹介しましたが，本節では，ある変数で調整した上で薬剤間のオッズ比を求める「調整オッズ比」というものを紹介します．「調整オッズ比」とは疫学などの分野で使われる用語で，ロジスティック回帰分析モデルを使って，前治療薬の有無や罹病期間などの変数で調整した薬剤間のオッズ比のことを指します[24]．例えば，薬剤間で「前治療薬の有無の割合」に不均衡がある場合，「前治療薬の有無の割合の不均衡」の影響をかわした上で（調整した上で）オッズ比を求めたものが「調整オッズ比」となります．

まず，カテゴリ変数で調整した上で「調整オッズ比」を求める例として，前治療の有無で調整した上で薬剤間のオッズ比を求めてみます．調整オッズ比を計算する場合は，調整したい変数である「前治療薬の有無」をモデルに含めてロジスティック回帰分析を行います．

改善の有無の**対数オッズ** = $\beta_0 + \beta_1 \times$ 薬剤 $+ \beta_2 \times$ 前治療の有無

- カテゴリ変数（「GROUP」「PREDRUG」）はclassステートメントで指定します．
- modelステートメントに上記モデルを記述しますが，切片項と誤差項は明示的に指定しません．また，「+」の代わりにスペースで区切ります．
- 最後に「/」（スラッシュ）の後にsolutionオプションをつけることで，回帰モデルの推定値が得られます．

```
proc logistic data=MYDATA order=internal ;
  class  GROUP PREDRUG / ref=last param=ref ;
  model  EVENT = GROUP PREDRUG / expb ;
  format EVENT EVENTF. ;
run ;
```

出力結果（抜粋）を次に示します．

最大尤度推定値の分析

パラメータ		自由度	推定値	標準誤差	Wald カイ2乗	Pr > ChiSq	Exp(推定値)
Intercept		1	-1.6255	0.6266	6.7306	0.0095	0.197
GROUP	A	1	0.8099	0.7913	1.0477	0.3060	2.248
PREDRUG	NO	1	1.6523	0.7971	4.2965	0.0382	5.219

オッズ比推定値

変動因		点推定値	95% Wald 信頼限界	
GROUP	A vs B	2.248	0.477	10.599
PREDRUG	NO vs YES	5.219	1.094	24.895

---

[24] ちなみに，普通のオッズ比のことを「粗オッズ比」と呼ぶこともあります．

この結果より，ロジスティック回帰分析モデルの式は

薬剤 A の改善の有無の対数オッズ＝－1.625＋0.809＋1.652×前治療の有無
薬剤 B の改善の有無の対数オッズ＝－1.625＋　　0＋1.652×前治療の有無

と推定されました．よって，薬剤 B に対する薬剤 A の改善の有無の対数オッズ比とオッズ比は

薬剤 B に対する薬剤 A の改善の有無の対数オッズ比
　＝薬剤 A の改善の有無の対数オッズ － 薬剤 B の改善の有無の対数オッズ
　＝0.809
薬剤 B に対する薬剤 A の改善の有無のオッズ比
　＝exp(0.809)＝2.248

となります．ポイントは「切片と前治療の有無の値はキャンセルされる」点で，このモデルを使って薬剤間のオッズ比を求めることは，「前治療薬の有無」の影響を調整することに相当します．

さて，薬剤 B に対する薬剤 A の改善の有無のオッズ比は 4.500 でしたが，薬剤 B に対する薬剤 A の改善の有無の「調整オッズ比」は 2.248 と調整オッズ比の方が低くなっております．これは，薬剤間で「前治療薬の有無の割合」に不均衡があり，「前治療薬の有無の割合の不均衡」の影響を調整したためです．ちなみに，疫学の分野では，普通の調整しないオッズ比（粗オッズ比）である 4.500 に加えて，興味のある変数で調整した「調整オッズ比（2.248）」もあわせてレポートをし，「調整オッズ比」の結果を重視することが多いようです．

次に，連続変数で調整した上で「調整オッズ比」を求める例として，罹病期間で調整した上で薬剤間のオッズ比を求めてみます．調整したい変数である「罹病期間」をモデルに含めてロジスティック回帰分析を行います．

改善の有無の**対数オッズ**＝$\beta_0 + \beta_1 \times$ 薬剤 ＋ $\beta_2 \times$ 罹病期間

```
proc logistic data=MYDATA order=internal ;
  class  GROUP / ref=last param=ref ;
  model  EVENT = GROUP DURATION / expb ;
  format EVENT EVENTF. ;
run ;
```

出力結果（抜粋）を次に示します．薬剤 B に対する薬剤 A の改善の有無のオッズ比は 4.500 でしたが，薬剤 B に対する薬剤 A の改善の有無の「調整オッズ比」は 2.998 と調整オッズ比の方が低くなっております．

最大尤度推定値の分析

パラメータ		自由度	推定値	標準誤差	Wald カイ 2 乗	Pr > ChiSq	Exp（推定値）
Intercept		1	0.9897	0.9741	1.0323	0.3096	2.690
GROUP	**A**	1	**1.0979**	**0.7605**	2.0842	0.1488	**2.998**
DURATION		1	-0.3280	0.1394	5.5358	0.0186	0.720

オッズ比推定値

変動因		点推定値	95% Wald 信頼限界	
GROUP	A vs B	2.998	0.675	13.310
DURATION		0.720	0.548	0.947

ここでは例示しませんが，前治療薬の有無と罹病期間を両方ともモデルに入れた（同時調整した）上で「調整オッズ比」を求めることもできます．

3.5.12 交互作用の有無の検討

3.4.6節で既に解説した通り，交互作用とは「複数の変数の組み合わせにより生じる作用」のことで，「交互作用がある」とは2つの要因（例えば「薬剤×前治療薬の有無」）が互いに影響を及ぼし合っている状態のことです．2値データ（ここでは改善の有無）の場合においても同様で，例えば「薬剤」と「前治療薬の有無」の関係については以下の2つの方法で検討することができます．

- 「前治療薬の有無」のカテゴリごとに解析する（リスク差，リスク比，オッズ比などを計算する）．
  ⇒ 本節ではオッズ比を求める．
- ロジスティック回帰分析モデルに交互作用項を入れて解析する．

本節では，3.4.6節での解説の流れと同じく，2つのパターンに分けて交互作用の解説をしていきます．

カテゴリ変数×カテゴリ変数の場合

「薬剤×前治療薬の有無」の交互作用について考えますが，基本的な見方は3.4.6節における図の「QOL」を「対数オッズ」に置き変えるだけです．

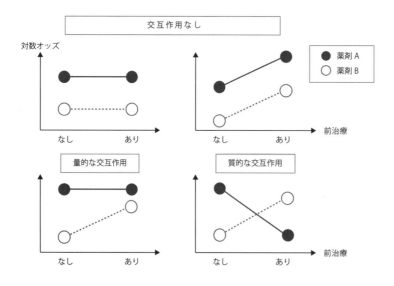

ただし，ここではさらに「オッズ比」を使った交互作用の解説を加えます．次の図を見てください．

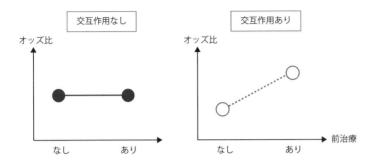

この左図では，カテゴリ（前治療なし／あり）間でオッズ比が変わっていません．このようにカテゴリ（前治療なし／あり）が異なってもオッズ比が変わらない状態のことを，「薬剤×前治療薬の有無」の交互作用がないといいます．

一方，右図では，カテゴリ（前治療なし／あり）間でオッズ比が変わっています．このようにカテゴリ（前治療なし／あり）が異なるとオッズ比が変わる状態のことを，「薬剤×前治療薬の有無」の交互作用があるといいます．「薬剤×前治療薬の有無」の交互作用がある場合，この状態はさらに「量的な交互作用」と「質的な交互作用」に分けられます．

量的な交互作用　交互作用はあるが，いずれのカテゴリも「オッズ比が1以上」又は「オッズ比が1以下」となっている．

質的な交互作用　交互作用があり，あるカテゴリでは「オッズ比が1以上」，あるカテゴリでは「オッズ比が1以下」となっている．

ここで，うつ病患者に薬剤Aもしくは薬剤Bを投与された患者のデータを使って，「前治療薬の有無」というカテゴリによって，「薬剤の種類」と「改善の有無」との関係が異なるかどうか，すなわち「薬剤の種類」と「前治療薬の有無」との間に交互作用があるかどうかを見ていきます．前治療の有無別に改善の有無のオッズ比を算出してみましょう．

```
proc sort data=MYDATA ;
  by PREDRUG ;
run ;

proc freq data=MYDATA order=internal ;
  by    PREDRUG ;
  tables GROUP*EVENT / riskdiff relrisk nocol nopercent ;
  exact  or ;
  format EVENT EVENTF. ;
run ;
```

SASの結果を表にまとめます．

改善の有無〔前治療あり〕（オッズ比）

	あり (Y)	なし (N)	オッズ	オッズ比
薬剤A	2	3	2 ÷ 3 = 0.66	0.66 ÷ 0.15 = 4.33
薬剤B	2	13	2 ÷ 13 = 0.15	

改善の有無〔前治療なし〕（オッズ比）

	あり (Y)	なし (N)	オッズ	オッズ比
薬剤A	10	5	10 ÷ 5 = 2.00	2.00 ÷ 1.50 = 1.33
薬剤B	3	2	3 ÷ 2 = 1.50	

上記の結果から以下のことが分かります．

- 前治療あり：薬剤Aの方が薬剤Bよりも改善する．
- 前治療なし：薬剤Aの方が薬剤Bよりも改善するが，「前治療あり」ほど度合いは大きくない．

「前治療薬あり」と「前治療薬なし」で結果が変わっているので「交互作用あり」ということが分かります．ただ，「前治療あり」の場合も「前治療薬なし」の場合もオッズ比は1以上（いずれも薬剤Aの方が改善する）となっており，逆転現象は起こっていませんので，これは「量的な交互作用あり」の状態であることが分かります[25]．

さて，ロジスティック回帰分析モデルに交互作用項（「薬剤×前治療薬の有無」）を入れて解析することで，「薬剤の種類」と「前治療薬の有無」との間に交互作用があるかどうかをみることもできます．以下のロジスティック回帰分析モデル：

$$改善の有無の対数オッズ = \beta_0 + \beta_1 \times 薬剤 + \beta_2 \times 前治療薬の有無 + \beta_3 \times 薬剤 \times 前治療薬の有無$$

について解析を行い，交互作用の有無を確認します．

```
proc logistic data=MYDATA order=internal ;
  class  GROUP PREDRUG / ref=last param=ref ;
  model  EVENT = GROUP PREDRUG GROUP*PREDRUG / expb ;
  format EVENT EVENTF. ;
run ;
```

出力結果（抜粋）は次のようになります．

---

[25] 仮に，「前治療薬あり」の場合はオッズ比が1以上，「前治療薬なし」の場合はオッズ比が1以下と，前治療薬の有無によって逆転現象が起こっている場合は「質的な交互作用あり」の状態となります．

最大尤度推定値の分析

パラメータ		自由度	推定値	標準誤差	Wald カイ 2 乗	Pr > ChiSq	Exp(推定値)
Intercept		1	-1.8718	0.7596	6.0730	0.0137	0.154
GROUP	A	1	1.4663	1.1875	1.5246	0.2169	4.333
PREDRUG	NO	1	2.2773	1.1875	3.6773	0.0552	9.750
GROUP*PREDRUG	A NO	1	-1.1787	1.5949	0.5462	0.4599	0.308

上記の結果より，求めたい回帰式が

改善の有無の対数オッズ＝－1.87＋1.46×薬剤＋2.27×前治療薬の有無
　　　　　　　　　　　－1.17×薬剤×前治療薬の有無

（薬剤：Aならば1，Bならば0，前治療薬の有無：なしならば1，ありならば0）

と得られたことになります．よって

　　　　　　　　　　　　　　　　　　　　　　［切片］　［薬剤］　［前治療薬］　［薬剤×前治療薬］
薬剤A＆前治療薬ありの対数オッズ＝－1.87＋　1.46＋　　0＋　　　　0＝－0.41
薬剤A＆前治療薬なしの対数オッズ＝－1.87＋　1.46＋　2.27－　　　1.17＝　0.69
薬剤B＆前治療薬ありの対数オッズ＝－1.87＋　　0＋　　0＋　　　　0＝－1.87
薬剤B＆前治療薬なしの対数オッズ＝－1.87＋　　0＋　2.27＋　　　　0＝　0.40

と推定されました．また，3.4.6節の「平方和について」の項で紹介した平方和の結果（因子の影響の有無の確認結果）と似たような結果が「Type 3による効果分析」というタイトルで出力されています．解釈の仕方もその項で紹介した平方和と同じです．

Type 3 による効果分析

変動因	自由度	Wald カイ 2 乗	Pr > ChiSq
GROUP	1	1.5246	0.2169
PREDRUG	1	3.6773	0.0552
GROUP*PREDRUG	1	0.5462	0.4599

出力結果（抜粋）について，「GROUP*PREDRUG（「薬剤×前治療薬の有無」）」の「Pr＞Chisq」は「帰無仮説：交互作用なし」に関する検定結果を表しており，結果は「Pr＞Chisq：0.4599」となっており，5％よりも大きくなっているので，交互作用の有無に関する検定結果だけから判断すると，「帰無仮設は間違っていない＝交互作用があるとはいえない」となります．一方，「前治療薬あり」と「前治療薬なし」でオッズ比の結果は大きく変わっていましたが，検定結果は「交互作用があるとはいえない」となっており，釈然としません．理由は「交互作用を検出するための検出力は低い」，すなわち「交互作用に関する検定で有意差を出すためには多数の例数が必要となる」からです．この場合でいえば，オッズ比では差がみられていますが，例数が40例しかなく交互作用を検出するための検出力が低いために，検定ではこの差を見出すことができなかった，ということになります．よって，

「交互作用に関する検定」に加えて,「前治療薬あり」と「前治療薬なし」でオッズ比を求めて総合的に判断するのが良いでしょう.

検定と検出力の関係については 3.8 節「例数設計」で扱います.

3.5.13 〔参考〕Breslow-Day 検定と Cochran-Mantel-Haenszel 検定

「前治療薬あり」と「前治療薬なし」でオッズ比(点推定値)の結果は大きく変わっていました.ここで,「前治療薬あり」と「前治療薬なし」のオッズ比が等しい(交互作用がない)かどうかを調べることができる「Breslow-Day 検定」を行ってみましょう.以下のプログラムを実行してみます.

```
proc freq data=MYDATA order=data ;
  tables PREDRUG*GROUP*EVENT / nocol nopercent chisq cmh ;
  format EVENT EVENTF. ;
run ;
```

「前治療薬あり」の患者に関するクロス表と「前治療薬なし」の患者に関するクロス表が出力された後(結果は省略),「Breslow-Day 検定」の結果が出力されます.

```
     オッズ比等質性に対する
       Breslow-Day 検定
   ----------------------
   カイ 2 乗値        0.5550
   自由度                 1
   Pr > ChiSq        0.4563

   標本サイズの合計 = 40
```

「Pr > ChiSq」は「帰無仮説:交互作用なし」に関する検定結果を表しており,結果は「Pr > Chisq:0.4599(≒ 46%)」となっており,「帰無仮説は間違っていない=交互作用があるとはいえない」ことになります.「前治療薬あり」と「前治療薬なし」でオッズ比の結果は大きく変わっていましたが,検定結果は「交互作用があるとはいえない」となっており釈然としませんが,前節の最後での解説と同じく,「交互作用を検出するための検出力は低い」,すなわち「交互作用に関する検定で有意差を出すためには多数の例数が必要となる」のが理由です.

また,「前治療の有無」で調整した上で薬剤間の改善の有無の割合に差があるかを検定した「Cochran-Mantel-Haenszel 検定」の結果が表示されます.

```
           GROUP * EVENT の要約統計量
              層別変数：PREDRUG
      Cochran-Mantel-Haenszel 統計量（テーブルスコアに基づく）

   統計量    対立仮説        自由度     値       p 値
   ─────────────────────────────────────────────
     1      相関統計量         1     1.0215    0.3122
     2      ANOVA 統計量       1     1.0215    0.3122
     3      一般関連統計量      1     1.0215    0.3122
```

Cochran-Mantel-Haenszel 検定は，「前治療の有無」の各カテゴリで調整した（各カテゴリのリスク比・オッズ比を一定とした）上で

  帰無仮説 H_0：薬剤間の「改善ありの割合」に違いがない
  対立仮説 H_1：薬剤間の「改善ありの割合」に違いがある

に対する検定を行います．3種類の検定結果が出ていますが，2×2分割表では全て同じ結果となります．結果は「p値：<0.3122」となっており，5% よりも大きくなっているので，「薬剤間の『改善ありの割合』に違いがない」と結論付けます．参考までに，各カテゴリのリスク比・オッズ比を一定とした上で算出する「調整済みオッズ比」や「調整済みリスク比」も表示されます．

```
                相対リスクの推定値（行1/行2）

  研究の種類       調整方法         値         95% 信頼限界
  ──────────────────────────────────────────────────
  ケースコントロール研究  Mantel-Haenszel  2.1905   0.4747   10.1085
  （オッズ比）        ロジット        2.2543   0.4767   10.6600
  コーホート研究      Mantel-Haenszel  1.4545   0.7075    2.9905
  （列1のリスク）     ロジット        1.3355   0.6486    2.7499
  コーホート研究      Mantel-Haenszel  0.7368   0.3824    1.4200
  （列2のリスク）     ロジット        0.7250   0.3809    1.3800
```

カテゴリ変数×連続変数の場合

次に，「薬剤×罹病期間」の交互作用について考えますが，基本的な見方は 3.4.6 節における図の「QOL」を「対数オッズ」に置き換えるだけです．

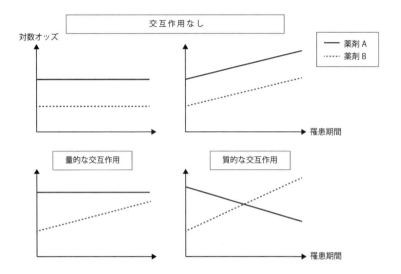

さて，ロジスティック回帰分析モデルに交互作用項（「薬剤×罹病期間」）を入れて解析することで，「薬剤の種類」と「罹病期間」との間に交互作用があるかどうかをみてみましょう．以下のロジスティック回帰分析モデル：

改善の有無の対数オッズ $= \beta_0 + \beta_1 \times$ 薬剤 $+ \beta_2 \times$ 罹病期間 $+ \beta_3 \times$ 薬剤 $\times$ 罹病期間

について解析を行い，交互作用の有無を確認します．

```
proc logistic data=MYDATA order=internal ;
  class  GROUP / ref=last param=ref ;
  model  EVENT = GROUP DURATION GROUP*DURATION / expb ;
  format EVENT EVENTF. ;
run ;
```

出力結果（抜粋）は以下のようになります．

パラメータ		自由度	推定値	標準誤差	Wald カイ2乗	Pr > ChiSq	Exp(推定値)
Intercept		1	-0.1005	1.1609	0.0075	0.9310	0.904
GROUP	A	1	3.9383	2.0393	3.7297	0.0535	51.334
DURATION		1	-0.1464	0.1614	0.8231	0.3643	0.864
DURATION*GROUP	A	1	-0.5205	0.3427	2.3067	0.1288	0.594

上記の結果より，求めたい回帰式が

改善の有無の対数オッズ $= -0.10 + 3.93 \times$ 薬剤 $- 0.14 \times$ 罹病期間 $- 0.52 \times$ 薬剤 $\times$ 罹病期間

（薬剤：A ならば 1，B ならば 0）

と得られたことになります．よって

$$\text{薬剤 A の対数オッズ} = \underset{[切片]}{-0.10} + \underset{[薬剤]}{3.93} - \underset{[罹病期間]}{0.14 \times \text{罹病期間}} - \underset{[薬剤 \times 罹病期間]}{0.52 \times \text{罹病期間}}$$
$$= 3.83 - 0.66 \times \text{罹病期間}$$

$$\text{薬剤 B の対数オッズ} = \underset{[切片]}{-0.10} + \underset{[薬剤]}{0} - \underset{[罹病期間]}{0.14 \times \text{罹病期間}} - \underset{[薬剤 \times 罹病期間]}{0}$$
$$= -0.10 - 0.14 \times \text{罹病期間}$$

と推定されました．この式の罹病期間に具体的な値を代入することで各薬剤の対数オッズやオッズ比を推定することができます．例えば罹病期間が5年である患者について各薬剤の対数オッズやオッズ比を推定する場合は

薬剤 A の対数オッズ　　　　　　　= 3.83 − 0.66 × 5　　= 0.53
薬剤 B の対数オッズ　　　　　　　= − 0.10 − 0.14 × 5　= − 0.80
薬剤 B に対する薬剤 A のオッズ比 = exp{0.53 − (− 0.80)} = 3.78

と計算することで，罹病期間が5年である患者について各薬剤の対数オッズやオッズ比を推定することができます．

また，3.4.6節の「平方和について」の項で紹介した平方和の結果（因子の影響の有無の確認結果）と似たような結果が「Type 3 による効果分析」というタイトルで出力されています．解釈の仕方もその項で紹介した平方和と同じです．

変動因	自由度	Wald カイ2乗	Pr > ChiSq
Type 3 による効果分析			
GROUP	1	3.7297	0.0535
DURATION	1	0.8231	0.3643
DURATION*GROUP	1	2.3067	0.1288

出力結果（抜粋）について，「DURATION*GROUP（「薬剤×罹病期間」）」の「Pr > Chisq」は「帰無仮説：交互作用なし」に関する検定結果を表しており，結果は「Pr > Chisq：0.1288」となっています．ただし，「交互作用を検出するための検出力は低い」，すなわち「交互作用に関する検定で有意差を出すためには多数の例数が必要となる」ことから，この結果のみで「交互作用なし」と結論するのは難しいでしょう．

3.5.14　その他の話題

頻度データの持ち方について

クロス表に関するデータの作成方法ですが，本章では次の左側に示す作成方法を用いましたが，各セルの度数を直接記述するような右側の作成方法を用いることもできます．

```
data MYFREQ2 ;
  input GROUP $ EVENT $ ;
  cards ;
    A Y
    A N
    A N
    A N
    A N
    B Y
    B Y
    B N
    B N
    B N
  ;
run ;
```

```
data MYFREQ3 ;
  input GROUP $ EVENT $ N ;
  cards ;
    A Y 1
    A N 4
    B Y 2
    B N 3
  ;
run ;
```

「各セルの度数を直接記述する」右上の方法で作成したデータについて，freq プロシジャで解析を行う場合は，WEIGHT ステートメントに度数が格納された変数を指定します．（この例では変数 N を指定します）

```
proc freq data=MYFREQ3 ;
  weight N ;
  tables GROUP*EVENT ;
run ;
```

「改善の有無」に関するデータの作成方法ですが，他にも以下のような作成方法を用いることもできます．

```
data MYFREQ4 ;
  input PREDRUG $ GROUP $
        EVENT    NTOTAL ;
  cards ;
    Y A  2  5
    Y B  2 13
    N A 10 15
    N B  3  5
  ;
run ;
```

```
data MYFREQ5 ;
  input PREDRUG $  GROUP $
        EVENTYN $ N    ;
  cards ;
    Y A Y  2
    Y A N  3
    Y B Y  2
    Y B N 13
    N A Y 10
    N A N  5
    N B Y  3
    N B N  2
  ;
run ;
```

「各層における各群の改善ありの頻度（EVENT）」と「各層における各群の例数（NTOTAL）」を入力する形式（左側の方法）で作成したデータについて，logisticプロシジャで解析を行う場合は，modelステートメントの目的変数に「EVENT/NTOTAL」と指定します．

```
proc logistic data=MYFREQ4 order=data ;
  class GROUP / ref=last param=ref ;
  model EVENT/NTOTAL = GROUP / expb ;
run ;
```

「改善あり/なし（EVENTYN）」と「改善あり/なしの例数（N）」を入力する形式（右側の方法）で作成したデータについて，logisticプロシジャで解析を行う場合は，freqステートメントに「N」を，modelステートメントの目的変数に「EVENTYN」を指定します．

```
proc logistic data=MYFREQ5 order=data ;
  freq N ;
  class GROUP / ref=last param=ref ;
  model EVENTYN = GROUP / expb ;
run ;
```

割合に関する非劣性検定

薬剤間の「改善ありの割合」に違いがあるかを検定する手法（χ^2検定）については既に紹介しましたが，薬剤間の「改善ありの割合」に関する非劣性検定：

帰無仮説 H_0：薬剤Aの「改善ありの割合」$\leq$ 薬剤Bの「改善ありの割合」$- \Delta$
対立仮説 H_1：薬剤Aの「改善ありの割合」$>$ 薬剤Bの「改善ありの割合」$- \Delta$

を行うこともできます（Δは非劣性マージン，$\Delta > 0$）．手法はWaldの方法（METHOD=WALD），Farrington-Manningの方法（METHOD=FM），Wilsonの信頼区間（METHOD=SCORE）などが選択できます．

```
proc freq data=MYDATA ;
  tables GROUP*EVENT / riskdiff(margin=0.1 method=FM noninf column=1)
 alpha=0.025 ;
  format EVENT EVENTF. ;
run ;
```

出力結果（抜粋）は以下のようになります．

```
Noninferiority Analysis for the Proportion (Risk) Difference

    H0: P1 - P2 <= -Margin    Ha: P1 - P2 > -Margin
```

```
                  Margin = 0.1    Farrington-Manning Method

      Proportion Difference    ASE (F-M)          Z      Pr > Z
                     0.3500       0.1558      2.8880     0.0019


         Noninferiority Limit        95% 信頼区間
                      -0.1000      0.0446      0.6554
```

「Pr > Z」に非劣性検定の結果が表示されており，p 値は 0.0019 と 2.5%（片側検定なので 2.5% を用いる点に注意します）よりも小さくなっているので，得られた確率が小さく，「帰無仮説は間違っている」と結論づけ，薬剤 A の「改善ありの割合」は薬剤 B の「改善ありの割合」よりも劣らないと結論付けます．

ROC 曲線

ROC 曲線を作成する場合は，logistic プロシジャの model ステートメントに「outroc=データセット名」を指定します．

```
proc logistic data=MYDATA descending ;
  model GROUP = QOL / outroc=ROC ;
run ;

data ROC (keep=X Y) ;
  set ROC ;
  X = 100*_1MSPEC_ ; *--- 1-特異度 ;
  Y = 100*_SENSIT_ ; *--- 感度 ;
run ;

proc sgplot data=ROC ;
  series x=X y=Y ;
run ;
```

出力結果（抜粋）は以下のようになります．

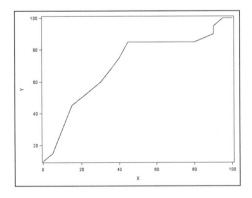

ベイズによるロジスティック回帰分析

本章におけるロジスティック回帰分析をベイズ推定により行うこともできます．genmod プロシジャの model ステートメントに「dist=bin link=logit」を指定し，bayes ステートメントに乱数のシード（MCMC というシミュレーションを行うため）を指定します．

```
ods graphics on ;
proc genmod data=MYDATA order=internal ;
  class GROUP ;
  model EVENT = GROUP / dist=bin link=logit ;
  bayes seed=777 ;
run;
ods graphics off ;
```

出力結果（抜粋）を次に示します．

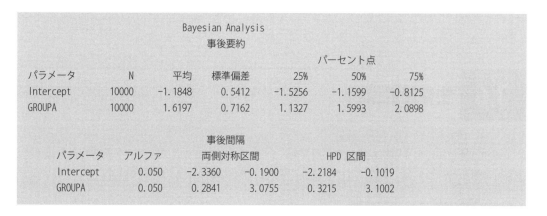

		Bayesian Analysis				
		事後要約				
					パーセント点	
パラメータ	N	平均	標準偏差	25%	50%	75%
Intercept	10000	-1.1848	0.5412	-1.5256	-1.1599	-0.8125
GROUPA	10000	1.6197	0.7162	1.1327	1.5993	2.0898

		事後間隔			
パラメータ	アルファ	両側対称区間		HPD 区間	
Intercept	0.050	-2.3360	-0.1900	-2.2184	-0.1019
GROUPA	0.050	0.2841	3.0755	0.3215	3.1002

切片（Intercept）の事後分布

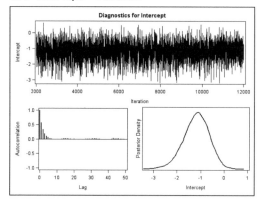

薬剤Aの事後分布

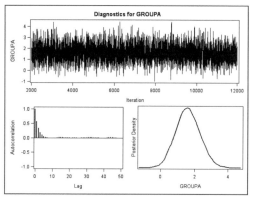

3.5.15 参考文献

「比，割合，率」の違いに関する事項は佐藤（2005）を，オッズ比とロジスティック回帰分析の基本的事項は丹後（1996）をお勧めします．カテゴリデータに関する事項は Agresti 著，渡邉 他訳（2003）や柳川（1986）を参照してください．疫学に関する基本的事項は丹後（2002）や Kenneth J. Rothman（2004）に詳細な解説があります．

- 佐藤 俊哉（2005）「宇宙怪人しまりす医療統計を学ぶ（岩波書店）」
- 丹後 俊郎，高木 晴良，山岡 和枝（1996）「ロジスティック回帰分析（朝倉書店）」
- Alan Agresti 著，渡邉 裕之 他訳（2003）「カテゴリカルデータ解析入門（サイエンティスト社）」
- 柳川 尭（1986）「離散多変量データの解析（共立出版）」
- 臨床評価研究会 (ACE) 基礎解析分科会，浜田 知久馬，SAS Institute Japan（2005）「実用 SAS 生物統計ハンドブック（サイエンティスト社）」
- 丹後 俊郎（2002）「メタ・アナリシス入門（朝倉書店）」
- Kenneth J. Rothman 著，矢野 他翻訳（2004）「ロスマンの疫学」

3.6 生存時間解析

　生存時間解析は，ある時点から注目する事象（イベント）が起きるまでの時間を解析する手法です．生存時間解析を行う対象となる「イベント」の例には以下のようなものがあります．

- ガン患者が死亡するまでの時間．
- 臨床試験に参加している被験者が副作用を発現するまでの時間．
- システムが稼働してから故障するまでの時間．

「イベントが起こるまでの時間」に関するデータには，「イベントの有無」と「観察時間」の2つの変数が含まれます．

- イベントの有無：1：イベントあり，2：イベントなし．
- 観察時間：観察を開始してから終了するまでの時間．
  - イベントありの人：イベントが起こるまでの時間．
  - イベントなしの人：観察を終了するまでの時間．

　上記の通り，生存時間解析では「イベントの有無」と「観察時間」の2つの変数を用いて「イベントが起こるまでの時間」に対する解析を行います．今までの内容と違って若干とっつきにくい概念ですので，データ解析を行う前にいくつか解説を加えます．

3.6.1 暦日と観察期間，イベントと打ち切り

本章冒頭に掲載した表「うつ病患者への治療データ「QOL」」から，ある3人の患者のデータを抽出したものが次の表です（もとの表には「ID（患者の番号）」「観察開始日」と「観察終了日」はありませんが，説明のために追加しています）．

ID	EVENT	観察開始日	観察終了日	DAY
1	2	2010/4/1	2011/8/14	500
2	1	2010/1/1	2011/12/2	700
3	2	2010/7/1	2012/9/8	800

生存時間解析を行う前に，対象となるデータのうち「暦日（calendar time）」を「観察期間（Survival Time）」に変換します．3人の患者でいえば，観察開始日と観察終了日はバラバラですので，解析を行う前に，各患者の観察開始日と観察終了日から「観察期間（DAY）」を算出し，開始時点を揃えます．次に，「観察期間（DAY）」の小さい順に患者を並べ替えます．これで生存時間解析を行う準備が整います．

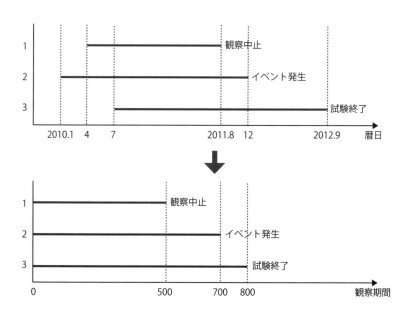

次に各患者の観察終了状態を見てみます．

- ID=1 の患者：500日目に引っ越しにより観察中止．⇒ **打ち切り**
- ID=2 の患者：700日目に病状が改善し観察中止．⇒ イベント
- ID=3 の患者：観察を続けていたが，研究自体の終了時期を迎えたため，800日目に（イベント発生も中止することもなく）観察終了．⇒ **打ち切り**

ID=1 や ID=3 の患者のようにイベントが発生せずに途中で観察をやめてしまうことを「打ち切り」，

このような患者のことを「打ち切り例」と呼びます．先ほどの観察終了状態を「打ち切り」という言葉を使って表現し直すと

- ID=1 の患者：500 日目に打ち切り
- ID=2 の患者：700 日目にイベント
- ID=3 の患者：800 日目に打ち切り

となります．この「打ち切り」を考慮して解析を行うことができることが生存時間解析の特徴でありメリットです．

3.6.2 「イベントが起きるまでの時間」について

さて，「イベントが起きるまでの時間」の代わりに，「観察期間」か「イベントの有無」のどちらか一方のみ解析すると何かまずいことがあるのでしょうか．

例えば，「イベントが起きるまでの時間」の代わりに，「観察期間」のみを解析してみます．

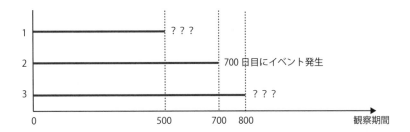

ID=2 の患者は 700 日として解析に含めることになりますが，ID=1 や ID=3 の患者はイベントが発生していないため正確な観察期間が分かりません．仮に，ID=1 や ID=3 の患者のデータを除いて解析してしまうと，「500 日目まではイベントが起きていなかった」「800 日目まではイベントが起きていなかった」という情報が抜けてしまいますし，ID=1 や ID=3 の患者の観察期間をそれぞれ「500 日」「800 日」としてしまうと，「イベント有り」として解析することになるため偏りの原因になってしまうかもしれません．これが「打ち切り」があることの悩ましさです．

次に，「イベントが起きるまでの時間」の代わりに，「イベントの有無」のみを解析してみます．

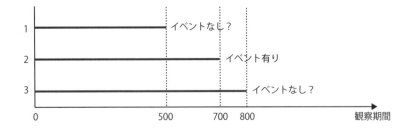

「イベントの有無」に関する解析ですので「イベント有りの割合」を求めてみましょう．3 人中，「イ

ベント有り」の患者は ID=2 の患者 1 人ですので,

　　イベント有の割合 = 1 ÷ 3 = 0.33（33.3%）

となります．この結果はこれで良いのですが，気持ち悪さが残ります．まず，ID=1 の患者は「イベント無し」として良いのでしょうか．ひょっとすると，もう少し観察を続けたら ID=2 の患者のように「イベント有り」となるかもしれませんし，結局は「イベント無し」となるかもしれません．しかしどちらになるかはわからないままです．仮に，この患者を「イベント有り」としてしまうと，500 日目までは「イベント無し」であった情報が抜けてしまいますし，逆に，「イベント無し」としてしまうと，イベント発生割合を小さめにする偏りになってしまうかもしれません．これも「打ち切り」があることの悩ましさです．

また, ID=3 の患者は「イベント無し」として良さそうですが，こちらも若干気持ち悪さが残ります．おそらくこの気持ち悪さは各患者の観察期間がバラバラであることによるものではないでしょうか．

以上の理由により，「イベントの有無」と「観察期間」の両方を同時に解析することができ，しかも「打ち切り」を考慮して解析を行うことができる「生存時間解析」の出番となるわけです．

3.6.3 イベントの無発生割合と累積発生割合の算出方法

では，生存時間解析を用いて「イベントが起きるまでの時間」を解析してみましょう．ここではまず「イベントが起きるまでの時間」を用いて「イベントの無発生割合（イベントが起こっていない人の割合）」を求めてみます．うつ病患者 7 人のデータ（本章冒頭の表のデータとは別のもの）を用いて，「カプラン・マイヤー法」という方法により「イベントの無発生割合」を求める手順を見ていきます．

「イベントの無発生割合」は「◯日目の無発生割合は◯%である」という形で結果が出ます．「イベントの無発生割合」をグラフにすると，横軸を観察期間，縦軸を「イベントの無発生割合」とした下図のようなグラフになります．

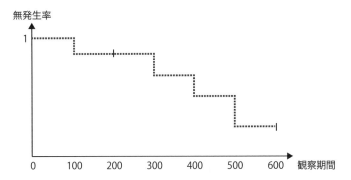

「イベントの無発生割合」は次のルールで算出されます.

1. 0日目の「イベントの無発生割合」を1（100%）とする．
2. 打ち切りが起こった場合は「直前までの無発生割合」をそのまま引き継ぎ，生き残っている人の数（N；リスク集合，at risk）を減らす．
3. イベントが発生した時点で以下の計算を実行する．
   「イベントの無発生割合」=「直前までの無発生割合」
   　　　　　　　　×「この瞬間に生き残っている人の割合」
4. 同じ日にイベントと打ち切りが起こった場合は，先にイベントが起こり，その次の瞬間に打ち切りが起こったとする．

それでは，うつ病患者7人のデータを用いて「イベントの無発生割合」を求める方法を見ていきます．まず，0日目の「イベントの無発生割合」は，全員がイベントなしなので1（100%）です（ルール1）．

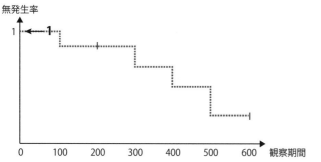

	日	N
イベント	100	7
打ち切り	200	6
イベント	300	5
イベント	400	4
打ち切り	400	
イベント	500	2
打ち切り	600	1

次に，100日目の「イベントの無発生割合」ですが，100日目にイベントが起きているのでルール3を適用します．100日目の瞬間に生き残っている人（N；リスク集合）は7人，そのうちまだイベントが発生していない人は6人ですので，

イベントの無発生割合 = 直前までの無発生割合
　　　　　　× この瞬間に生き残っている人の割合
　　　　　　= 1 × 6/7 = 0.86（86%）

となります．ちなみに，観察期間が1日〜99日の「イベントの無発生割合」は1（100%）となります．

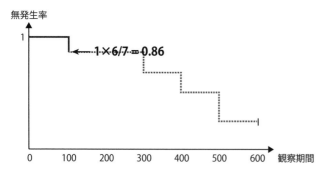

	日	N
イベント	100	7
打ち切り	200	6
イベント	300	5
イベント	400	4
打ち切り	400	
イベント	500	2
打ち切り	600	1

次に，200日目の「イベントの無発生割合」ですが，200日目に打ち切りが起きているのでルール2を適用し，200日目の「イベントの無発生割合」は0.86（86％）となります．

ここで，打ち切りが起こった場合，イベントは起きていませんので，この時点の「イベントの無発生割合」には影響しませんが，その後の「イベントの無発生割合」を計算する時の分母，すなわち生き残っている人（N；リスク集合，at risk）を7人から6人に減らす点がミソです．これが「打ち切り」を考慮して解析を行うカラクリです．ちなみに，観察期間が101日〜199日の「イベントの無発生割合」は0.86（86％）となります．

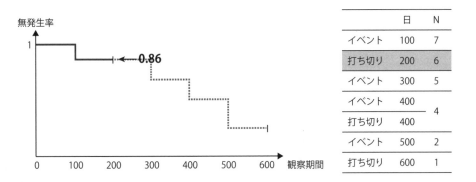

次に，300日目の「イベントの無発生割合」ですが，300日目にイベントが起きているのでルール3を適用します．300日目の瞬間に生き残っている人（N；リスク集合）は5人，そのうちまだイベントが発生していない人は4人ですので，

 イベントの無発生割合＝直前までの無発生割合
　　　　　　　　　×この瞬間に生き残っている人の割合
　　　　　　　　　＝0.86×4/5＝0.69（69％）

となります．ちなみに，観察期間が201日〜299日の「イベントの無発生割合」は0.86（86％）となります．

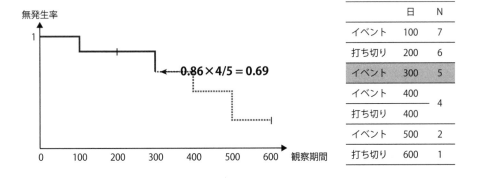

次に，400日目の「イベントの無発生割合」ですが，400日目にイベントと打ち切りが起きている

ので，先にイベント例について考えます（ルール4）．まず，400日目の瞬間に生き残っている人（N；リスク集合）は4人，そのうちまだイベントが発生していない人は3人ですので，

イベントの無発生割合＝直前までの無発生割合
　　　　　　　　　×この瞬間に生き残っている人の割合
　　　　　　　＝0.69 × 3/4 = 0.51（51%）

となります．次に，打ち切りがイベント発生の直後に起こったとしますので（ルール4），400日目の「イベントの無発生割合」は0.51（51%）のままとなります．

ちなみに，観察期間が301日〜399日の「イベントの無発生割合」は0.69（69%）となります．

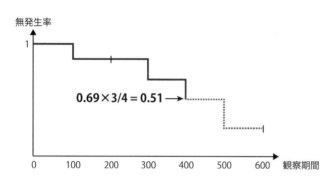

次に，500日目の「イベントの無発生割合」ですが，500日目にイベントが起きているのでルール3を適用します．500日目の瞬間に生き残っている人（N；リスク集合）は2人，そのうちまだイベントが発生していない人は1人ですので，

イベントの無発生割合＝直前までの無発生割合
　　　　　　　　　×この瞬間に生き残っている人の割合
　　　　　　　＝0.51 × 1/2 = 0.26（26%）

となります．ちなみに，観察期間が401日〜499日の「イベントの無発生割合」は0.51（51%）となります．

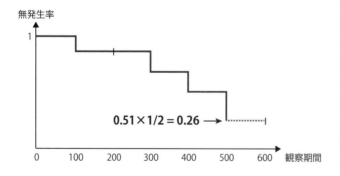

最後に，600日目の「イベントの無発生割合」ですが，600日目に打ち切りが起きているのでルール2を適用し，600日目の「イベントの無発生割合」は0.26（26%）となります．ちなみに，観察期間が501日〜599日の「イベントの無発生割合」は0.26（26%）となります．

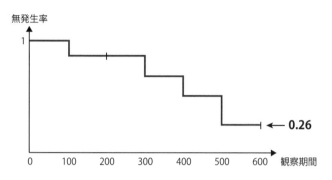

参考までに，仮に打ち切りであった最後の症例の状態がイベントであった場合は

イベントの無発生割合 = 直前までの無発生割合
　　　　　　　　　　× この瞬間に生き残っている人の割合
　　　　　　　　　 = 0.26 × 0/1 = 0.00（0%）

となり，最終時点の「イベントの無発生割合」は0%となりますが，最後の症例の状態が打ち切りである場合は，この例と同じく，最終時点の「イベントの無発生割合」は0%となりません．

以上の計算により，特定の観察期間における「イベント**無発生**割合」が計算できました．ちなみに「累積イベント**発生**割合」は

累積イベント発生割合 = 1 − イベント無発生割合

で計算することができます．

	日	無発生割合	累積発生割合	N
イベント	100	0.86	1 − 0.86 = 0.14	7
打ち切り	200	0.86	1 − 0.86 = 0.14	6
イベント	300	0.69	1 − 0.69 = 0.31	5
イベント	400	0.51	1 − 0.51 = 0.49	4
打ち切り				
イベント	500	0.26	1 − 0.26 = 0.74	2
打ち切り	600	0.26	1 − 0.26 = 0.74	1

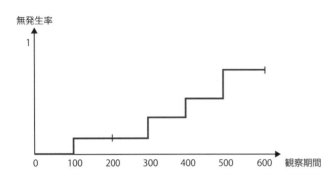

3.6.4　生存関数とハザードと比例ハザード性

　ある時点 t におけるイベントの無発生割合を，生存時間解析では「生存関数」と呼び S(t) で表します．ちなみに，前節で紹介したイベントの無発生割合（生存関数 S(t)）の算出方法（カプラン・マイヤー法）とは別に「ある時点 t における**瞬間的な**イベント発生率」を表す「ハザード」という概念があります．

- 「**瞬間**イベント発生率」であるハザードは，例えばイベントが「死亡」であれば「（**瞬間**）死亡率」と解釈することができます．
- よくやる解析方法として，注目する 2 つの群（例：薬剤 A と薬剤 B）のハザードの比（ハザード比）を計算する方法があります．多くの場合，ハザード比をリスク比のように解釈することができます．
- ハザードは 0 から ∞ の値をとるもので，ハザード関数 h(t) で表します．数学的には，時間 t の直前まで生存した人が次の瞬間にイベントが発生する条件付き確率となります．前節の例でいえば，300 日目で生き残っている人（N；リスク集合）は 5 人，そのうちイベントが発生した人が 1 人なので，300 日時点のハザードの推定値は 1/5 = 0.2（20%）となります．
- 「ハザード関数 h(t)」と「生存関数 S(t)」には以下の関係式があります．

$$h(t) = -\frac{d}{dt} \log S(t)$$

　「ハザード」は「**瞬間**イベント発生率」なので，時間ごとにコロコロ変わる値ですが，後で紹介する「Cox 回帰分析」では「注目する 2 群のハザード比がどの時点でも一定となる」，すなわち「比例ハザード性」を前提として解析を行います．

　例えば，薬剤 B に対する薬剤 A のハザード比（≒リスク比の生存時間解析版）が 1.5 であったとします．もし，比例ハザード性が成り立っている場合は

- 観察開始日から 1 日後のハザード比　= 1.5
- 観察開始日から 200 日後のハザード比　= 1.5
- 観察開始日から 30000 日後のハザード比 = 1.5

ということになります．

3.6.5 〔参考〕人年法によるハザードの計算

3.5.5 節「割合と比」で，参考的に「率」の求め方を説明しました．

率　ある事象が単位時間（例えば1年）の間に起こった頻度を表します．

例えば，「200人を1年間観察した結果，6人が死亡した」場合は「死亡数（6人）」を「のべ観察期間（200人×1年=200人年）」で割り算した値：0.03（人/年）が率となります．

さて，前節では$-\log S(t)$をtで微分することにより，ハザード（**瞬間**イベント発生率）を求めましたが，ここでは「人年法」という方法によりハザード（**瞬間**イベント発生率）を計算してみましょう．例として，うつ病を患っている3人の患者のデータを使います．

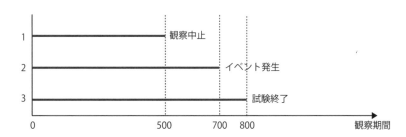

さて，イベント発生率を「人年法」を使って計算してみましょう．

人年法によるイベント発生率 = イベント発生数 ÷ 総観察期間
$$= 1 \div (500 + 700 + 800) = 0.0005 \text{（単位：日）}$$
人年法によるイベント発生率 = イベント発生数 ÷ （総観察期間 ÷ 365.25）
$$= 0.0005 \times 365.25 \quad = 0.1826 \text{（単位：年）}$$

イベント発生率を2つの別の単位で求めてみました．結果の解釈は，

イベント発生率（日）　1人を1**日**観察したときにイベントが発生する率
イベント発生率（年）　1人を1**年**観察したときにイベントが発生する率

となります．「人年法」により算出したイベント発生率(年)は「1人年あたりのイベント発生率は0.1826（人/年）である」という風に表現します．

3.6.6 データの準備

さて，いよいよSASによる解析方法を見ていきましょう．まず，うつ病患者60人のデータから，薬剤Aと薬剤Bを投与された患者のデータのみを抽出し，データセット MYDATA に保存します．

```
data MYDATA ;
  set   QOL ;
```

```
    where GROUP ne "C" ;
run ;
```

3.6.7 グラフの作成

lifetest プロシジャのオプション plots=(s) でイベントの無発生割合(生存関数)の推定を表すグラフを描きます.変数 EVENT の後の「(2)」は,「2:改善なし」を打ち切り(「1:改善あり」をイベント)とすることを指定するコマンドです.グラフ中の「階段」はイベント,「+」は打ち切りが起きたことを表します.

```
ods graphics on ;
proc lifetest data=MYDATA plots=(s) ;
    time    DAY * EVENT(2) ;   * 観察期間*イベントの有無を表す変数 ;
    strata GROUP ;             * 群を表す変数 ;
run;
ods graphics off ;
```

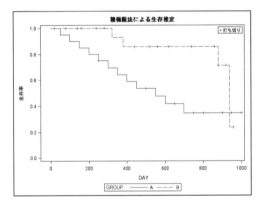

3.6.8 生存率の推定とログランク検定

lifetest プロシジャでイベントの無発生割合(生存関数)の推定や,各薬剤の生存関数に違いがあるかどうかを検定(ログランク検定)することができます.

```
proc lifetest data=MYDATA ;
    time    DAY * EVENT(2) ;   * 観察期間*イベントの有無を表す変数 ;
    strata GROUP ;             * 群を表す変数 ;
run;
```

各時点における生存率の推定値を表示する

「積極限法による生存推定」に，各薬剤の各時点におけるイベントの無発生割合（生存率）と累積イベント発生割合（死亡率）の推定値が表示されます．

```
                    LIFEST プロシジャ
                     層 1: GROUP = A
                    積極限法による生存推定
    DAY      生存率     死亡率    生存率の標準誤差    死亡数   生存数
    0.00     1.0000      0              0              0      20
    50.00    0.9500    0.0500         0.0487           1      19
    100.00   0.9000    0.1000         0.0671           2      18
    150.00   0.8500    0.1500         0.0798           3      17
    200.00   0.8000    0.2000         0.0894           4      16
    250.00   0.7500    0.2500         0.0968           5      15
    250.00*    .         .              .              5      14
    300.00   0.6964    0.3036         0.1037           6      13
    350.00   0.6429    0.3571         0.1087           7      12
    400.00   0.5893    0.4107         0.1120           8      11
    450.00   0.5357    0.4643         0.1139           9      10
    500.00*    .         .              .              9       9
    550.00   0.4762    0.5238         0.1158          10       8
    600.00   0.4167    0.5833         0.1156          11       7
    650.00*    .         .              .             11       6
    700.00   0.3472    0.6528         0.1153          12       5
    750.00*    .         .              .             12       4
    800.00*    .         .              .             12       3
    900.00*    .         .              .             12       2
    950.00*    .         .              .             12       1
   1000.00*  0.3472    0.6528           .             12       0
        NOTE: マークが付いた生存時間は打ち切りデータです．
```

出力結果（GROUP=A；薬剤 A の解析結果）の内容は次の通りです．

- **DAY**　　　　　　時点を表します．単位は指定した変数 DAY の単位（日）です．
- **生存率**　　　　　イベントの無発生割合の推定値です．
- **死亡率**　　　　　累積イベント発生割合の推定値です．
- **生存率の標準誤差**　イベントの無発生割合の推定値の標準誤差です．
- **死亡数**　　　　　累積イベント発生数です．
- **生存数**　　　　　該当時点の直後に残っている患者の数です．リスク集合（at risk 数）は「該当時点の直前でイベントも打ち切りも起きていない患者の総数」ですので，生存数とズレる場合があることに注意してください．例えば，DAY=200 日時点では「生存数」は「16」になっていますが，リスク集合は「17」です．

各群のイベント数／打ち切り数を表示する

「打ち切りと非打ち切り値の数の要約」に，各群のイベント数／打ち切り数が表示されます．

```
            打ち切りと非打ち切り値の数の要約
                                              パーセント
    層   GROUP     全体    死亡   打ち切り   打ち切り
    1    A         20     12       8         40.00
    2    B         20      5      15         75.00

    Total          40     17      23         57.50
```

GROUP	各薬剤のラベルです．
全体	各薬剤の総患者数です．
死亡	イベント発生数です．
打ち切り	打ち切り数です．
パーセント打ち切り	打ち切り数の割合です．

イベントが起こるまでの時間の群間比較を行う

出力結果の「層に対しての同等性の検定」に，イベントの無発生割合（生存曲線）の群間比較（イベントが起こるまでの時間の群間比較）を行った結果が表示されます．ここでは「ログランク検定」と「一般化ウィルコクソン検定（Wilcoxon）」の結果について解説します．

```
           層に対しての同等性の検定
                                   Pr >
   検定       カイ 2 乗   自由度   Chi-Square
   ログランク   3.8503       1       0.0497
   Wilcoxon    6.1566       1       0.0131
   -2Log(LR)   3.6685       1       0.0555
```

ログランク検定も Wilcoxon 検定も，イベントの無発生割合（生存曲線）の群間比較，すなわちイベントが起こるまでの時間の群間比較を行った結果を表します．

帰無仮説 H_0：各薬剤の生存関数に違いがない

対立仮説 H_1：各薬剤の生存関数に違いがある

なる仮説に対する検定を実施します．ログランク検定を行った結果，「Pr > Chi-Square：0.0497」となっており，5% よりも小さくなっているので，得られた確率が小さく，「帰無仮説は間違っている」と結論づけ，各薬剤の生存関数に違いがあると結論付けます．一般化ウィルコクソン検定から得られる結論も同様です．

さて，「各薬剤の生存関数に違いがある」，すなわち「薬剤効果の差がある」ことは分かりましたが，p 値だけでは薬剤 A と薬剤 B のどちらの方が効果があるかは分かりません．これを確認する方法は

イベントの無発生割合（生存関数）のグラフをチェックすることで確認できますが，薬剤 A の曲線の方が薬剤 B よりも下にあります．よって，「薬剤 A のイベントの無発生割合が低い（累積発生割合が高い）」＝「薬剤 A の方が効果がある」と解釈できます．

ところで，「ログランク検定」と「一般化ウィルコクソン検定」の違いを次に示します．

- ログランク検定：後半の「イベント無発生割合の差」を重視します．
   ⇒ 次図左のような曲線の差を検出しやすい検定手法です．

- 一般化ウィルコクソン検定：前半の「イベント無発生割合の差」を重視します．
   ⇒ 次図右のような曲線の差を検出しやすい検定手法です．
   ⇒ 後半のイベントよりも前半のイベントに対して，より大きな重みを明示的につけて計算する手法ですが，「前半のイベントに対して大きな重みをつける」ことの意味づけをするのが難しい場面が少なくないため，通常はログランク検定を用います．

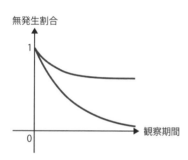
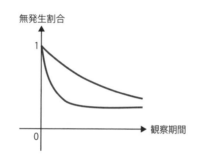

3.6.9 Cox 回帰分析

Cox 回帰分析とは，3.4 節「平均値の比較と回帰分析」で紹介した回帰分析と似たような手法ですが，回帰分析が連続変数に対する手法であるのに対し，Cox 回帰分析はハザード関数に対する分析手法です．うつ病患者のデータでいえば，「改善」というイベント発生に関するハザードを目的変数とした回帰分析となります．モデル式は以下のようになります．

$$h(t) = h_0(t) \times \exp\{\beta_1 \times 説明変数_1 + \cdots + \beta_k \times 説明変数_k\}$$

（$h_0(t)$：ベースラインハザード関数）

ベースラインハザード関数 $h_0(t)$ とは，「説明変数 1」・・・「説明変数 k」が全て 0 となったときのハザード関数のことです．Cox 回帰分析では，この関数 $h_0(t)$ は推定しませんので（?!），ここでは説明を保留します．

さて，うつ病患者のデータに関して，ハザード $h(t)$ を「薬剤の種類」で推定する場合は，以下のようなモデルを立てて分析を行います．

$$h(t) = h_0(t) \times \exp\{\beta_1 \times 薬剤\}$$

Cox 回帰分析を行った結果，モデルが以下のように推定されたとします．

$$h(t) = h_0(t) \times \exp\{2.0 \times 薬剤\}$$

上記モデルから「薬剤 A(1) のハザード」と「薬剤 B(0) のハザード」はそれぞれ

薬剤 A のハザード　　$h_A(t) = h_0(t) \times \exp\{2.0 \times 1\} = h_0(t) \times \exp(2.0)$
薬剤 B のハザード　　$h_B(t) = h_0(t) \times \exp\{2.0 \times 0\} = h_0(t)$

と推定されますが，$h_0(t)$ の値が分からないため，ハザードの値は決まりません．ここで $h_A(t)$ を $h_B(t)$ で割り算することで，「薬剤 B に対する薬剤 A のハザード比」を計算してみます．

$$h_A(t)/h_B(t) = \{h_0(t) \times \exp(2.0)\} \div h_0(t) = \exp(2.0)$$

結果を見ますと，$h_0(t)$ の値を推定しなくても，「薬剤 B に対する薬剤 A のハザード比」が $\exp(2.0)$ = 7.4 と決まり，「ハザード比」は 7.4（薬剤 B に対する薬剤 A の改善割合は 7.4 倍）と解釈することができるようになりました．

先程は「Cox 回帰分析ではベースラインハザード関数 $h_0(t)$ は推定しません」として説明を保留していましたが，ベースラインハザード関数を推定しなくても「薬剤 B に対する薬剤 A のハザード比」が決まるというカラクリがあるので，ハザード比だけに興味がある場合は，ベースラインハザード関数は推定する必要はありません．ちなみに，Cox 回帰分析では「比較する 2 群のハザード比がどの時点でも一定となる」，すなわち「比例ハザード性」が成り立っていることを仮定していますので，上記の手順で計算した「ハザード比」を「薬剤 B に対する薬剤 A のハザード比」と解釈することができます．

さて，SAS では phreg プロシジャを用いて Cox 回帰分析を実行することができます．以下のようなモデルについて分析を行ってみます．

$$h(t) = h_0(t) \times \exp\{\beta_1 \times 薬剤\}$$

- カテゴリ変数（例えば「GROUP」）は class ステートメントで指定します．
- model ステートメントに上記モデルを記述しますが，切片項と誤差項は明示的に指定しません．もし説明変数を複数指定する場合は「+」の代わりにスペースで区切ります．
- model ステートメントの中の目的変数は「観察期間を表す変数 * イベントの有無を表す変数 (打ち切りの値) と指定します．変数 EVENT の後に「(2)」を指定しているので，「2：改善なし」を打ち切り（「1：改善あり」をイベント）としています．
- 最後に「/」（スラッシュ）の後に solution オプションをつけることで，回帰モデルの推定値が得られます[26]．

---

[26] 以下のプログラムでは，同時刻に複数のイベントが起きた場合の処理の方法として「ties=exact」を指定しています．他にもいくつか計算方法がありますが，例えばイベントが起きているかを離散的に観測している場合（1 日ごとではなく，例えば半年ごとにイベントが起きたかどうかを確認している場合）は「ties=discrete」とします．

```
proc phreg data=MYDATA;
  class GROUP ;
  model DAY * EVENT(2) = GROUP / ties=exact;
run ;
```

出力結果の「分類変数の水準の詳細」に，SAS の内部で定義しているデザイン行列の情報が表示されます．「0（薬剤 B）」を基準としていることを表しており，後述する「最尤推定量の分析」の「ハザード比」を見ると，基準に対するハザード比（薬剤 B に対する薬剤 A のハザード比）が得られます．

分類変数の水準の詳細

分類	値	デザイン変数
GROUP	A	1
	B	0

出力結果の「最尤推定量の分析」に，Cox 回帰分析モデルの式を推定した結果が表示されます．

最尤推定量の分析

パラメータ		自由度	パラメータ推定値	標準誤差	カイ 2 乗	Pr > ChiSq	ハザード比
GROUP	A	1	0.96944	0.53470	3.2871	0.0698	2.636

上記より，Cox 回帰分析モデルの式が

薬剤 A のハザード $h_A(t) = h_0(t) \times \exp\{0.96944 \times 1\} = h_0(t) \times \exp(0.96944)$
薬剤 B のハザード $h_B(t) = h_0(t) \times \exp\{0.96944 \times 0\} = h_0(t)$

と推定されました．$h_A(t)$ を $h_B(t)$ で割り算することで，「薬剤 B に対する薬剤 A のハザード比」が計算でき，$\exp(0.96944) = 2.636$ となります．

- 「ハザード比」は 2.636（薬剤 B に対する薬剤 A の改善割合は 2.636 倍）と解釈することができます．この結果は上記の「ハザード比」の結果と一致します[27]．

- $\exp(0.96944)$ の 0.96944（exp をとる前の値）は対数ハザード比といいます．

また，上記の「Pr > ChiSq」では変数 GROUP について以下の仮説に関する検定を行っています．

帰無仮説 H_0：$\beta_1 = 0$ → 薬剤 A と薬剤 B の生存関数は等しい．
対立仮説 H_1：$\beta_1 \neq 0$ → 薬剤 A と薬剤 B の生存関数は等しくない．

結果は，「p 値 =0.0698」となっており，5% よりも大きくなっていますので，「薬剤 A と薬剤 B の

---

[27]「hazardratio GROUP / cl=wald ;」なるステートメントを追記することで，ハザード比とその両側 95% 信頼区間が表示されます．

生存関数は等しい」とします．ちなみに，出力結果の「Type 3 検定」では，変数 GROUP（薬剤の種類）がハザード関数に影響を与えているかどうかを検定した結果が表示されていますが，モデルに変数 GROUP（薬剤の種類）のみしか指定していない場合は「最尤推定量の分析」における検定結果と一致します．

		Type 3 検定	
		Wald	
変動因	自由度	カイ 2 乗	Pr > ChiSq
GROUP	1	3.2871	0.0698

「Type 3 検定」の結果は，3.6.11 節「調整ハザード比と交互作用の検討」で再度取り扱います．

3.6.10 〔参考〕説明変数に連続変数を指定した場合

前節では説明変数にカテゴリ変数（薬剤の種類）を指定しましたが，説明変数に連続変数を指定することもできます．例えば，罹病期間（DURATION：単位は年）を説明変数とした

$h(t) = h_0(t) \times \exp\{ \beta_1 \times 罹病期間 \}$

という Cox 回帰分析モデルについて解析を行います．

```
proc phreg data=MYDATA;
  model DAY * EVENT(2) = DURATION / ties=exact;
run ;
```

出力結果（抜粋）は以下のようになります．この場合，罹病期間（DURATION）のハザード比は「ある罹病期間のハザードに対する，罹病期間が 1 年（1 単位）増えたときのハザード比（0.812）」が推定されます．

		最尤推定量の分析				
		パラメータ				
パラメータ	自由度	推定値	標準誤差	カイ 2 乗	Pr > ChiSq	ハザード比
DURATION	1	-0.20783	0.09455	4.8315	0.0279	0.812

もし，「罹病期間が 5 年(5 単位)増えたときのハザード比」を推定する場合は，$\exp\{5 \times (-0.20783)\}$ = $\{\exp(-0.20783)\}^5 = 0.812^5$ という関係を使うことにより，「罹病期間が 1 年（1 単位）増えたときのハザード比」を 5 乗(0.812^5)することで「罹病期間が 5 年増えたときのハザード比（$0.812^5 = 0.353$）」を手で計算することもできます．

3.6.11 調整ハザード比と交互作用の検討

調整ハザード比

3.4.5 節「調整済み平均値（LS Means）」節では，ある変数で調整した上で各薬剤の平均値を求める「調整済み平均値（LS Means）」というものを紹介しましたが，本節では，ある変数で調整した上で薬剤間のハザード比を求める「調整ハザード比」というものを紹介します．これは Cox 回帰分析モデルを使って，前治療薬の有無や罹病期間などの変数で調整した薬剤間のハザード比のことを指します．例えば，薬剤間で「前治療薬の有無の割合」に不均衡がある場合，「前治療薬の有無の割合の不均衡」の影響をかわした上で（調整した上で）ハザード比を求めたものが「調整ハザード比」となります．

まず，カテゴリ変数で調整した上で「調整ハザード比」を求める例として，前治療の有無で調整した上で薬剤間のハザード比を求めてみます．調整ハザード比を計算する場合は，調整したい変数である「前治療薬の有無」をモデルに含めて Cox 回帰分析を行います．以下のようなモデルについて分析を行ってみます．

$$h(t) = h_0(t) \times \exp\{ \beta_1 \times 薬剤 + \beta_2 \times 前治療の有無 \}$$

- カテゴリ変数（例えば「GROUP」）は class ステートメントで指定します．
- model ステートメントに上記モデルを記述しますが，切片項と誤差項は明示的に指定しません．もし説明変数を複数指定する場合は「+」の代わりにスペースで区切ります．
- model ステートメントの中の目的変数は「観察期間を表す変数 * イベントの有無を表す変数 (打ち切りの値) と指定します．変数 EVENT の後に「(2)」を指定しているので，「2：改善なし」を打ち切り（「1：改善あり」をイベント）としています．
- 最後に「/」（スラッシュ）の後に solution オプションをつけることで，回帰モデルの推定値が得られます．

```
proc phreg data=MYDATA;
  class GROUP PREDRUG ;
  model DAY * EVENT(2) = GROUP PREDRUG / ties=exact;
run ;
```

出力結果（抜粋）を次に示します．

最尤推定量の分析

パラメータ	パラメータ	自由度	推定値	標準誤差	カイ 2 乗	Pr > ChiSq	ハザード比
GROUP	A	1	0.56732	0.56662	1.0025	0.3167	1.764
PREDRUG	NO	1	1.25667	0.60758	4.2780	0.0386	3.514

上記より，Cox 回帰分析モデルの式は

薬剤 A のハザード = $h_0(t) \times \exp\{0.567 + 1.256 \times 前治療の有無\}$
薬剤 B のハザード = $h_0(t) \times \exp\{0 + 1.256 \times 前治療の有無\}$

と推定されました．よって，薬剤 B に対する薬剤 A の改善の有無の対数ハザード比とハザード比は

薬剤 B に対する薬剤 A の改善の有無の対数ハザード = 0.567
薬剤 B に対する薬剤 A の改善の有無のハザード比 = $\exp(0.567) = 1.764$

となります．ポイントは「切片と前治療の有無の値はキャンセルされる」点で，このモデルを使って薬剤間のハザード比を求めることは，「前治療薬の有無」の影響を調整することに相当します．

さて，薬剤 B に対する薬剤 A のハザード比は 2.636 でしたが，薬剤 B に対する薬剤 A の「調整ハザード比」は 1.764 と調整ハザード比の方が低くなっております．これは，薬剤間で「前治療薬の有無の割合」に不均衡があり，「前治療薬の有無の割合の不均衡」の影響を調整したためです．ちなみに，疫学の分野では，調整なしのハザード比である 2.636 に加えて，興味のある変数で調整した「調整ハザード比（1.764）」もあわせてレポートをし，「調整ハザード比」の結果を重視することが多いようです．

また，連続変数（罹病期間）で調整した上で「調整ハザード比」を求めたり：

$h(t) = h_0(t) \times \exp\{\beta_1 \times 薬剤 + \beta_2 \times 罹病期間\}$

前治療薬の有無と罹病期間を両方ともモデルに入れた（同時調整した）上で「調整オッズ比」を求めることもできます．

$h(t) = h_0(t) \times \exp\{\beta_1 \times 薬剤 + \beta_2 \times 前治療の有無 + \beta_3 \times 罹病期間\}$

カテゴリ変数×カテゴリ変数の交互作用

3.4.6 節で既に解説した通り，交互作用とは「複数の変数の組み合わせにより生じる作用」のことで，「交互作用がある」とは 2 つの要因（例えば「薬剤×前治療薬の有無」）が互いに影響を及ぼし合っている状態のことです．「イベントが起きるまでの時間」を解析する場合においても同様で，以下の 2 つの方法で検討することができます．

- 「前治療薬の有無」のカテゴリごとに解析する（生存関数やハザード比などを計算する）．
- Cox 回帰分析モデルに交互作用項を入れて解析する．

本節では，3.4.6 節での解説の流れと同じく，2 つのパターンに分けて交互作用の解説をしていきます．まず，「薬剤×前治療薬の有無」の交互作用について考えますが，基本的な見方は 3.4.6 節における図の「QOL」を「対数ハザード」に置き変えるだけです．

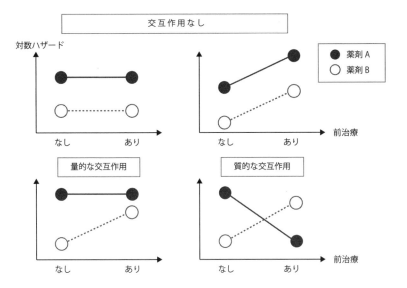

しかし，Cox 回帰分析では各薬剤の対数ハザード自体を求めることはできませんので，対数ハザードでは交互作用の検討はやりにくいです．そこで，ここでは「ハザード比」を使った交互作用の検討を行ってみます．次の図を見てください．

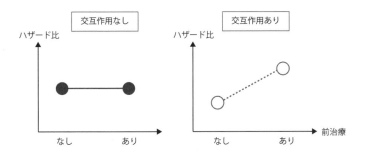

左図は，カテゴリ（前治療なし／あり）間でハザード比が変わっていません．このようにカテゴリ（前治療なし／あり）が異なってもハザード比が変わらない状態のことを，「薬剤×前治療薬の有無」の交互作用がないといいます．

一方，右図は，カテゴリ（前治療なし／あり）間でハザード比が変わっています．このようにカテゴリ（前治療なし／あり）が異なるとハザード比が変わる状態のことを，「薬剤×前治療薬の有無」の交互作用があるといいます．「薬剤×前治療薬の有無」の交互作用がある場合，この状態はさらに**「量的な交互作用」**と**「質的な交互作用」**に分けられます．

量的な交互作用 交互作用はあるが，いずれのカテゴリも「ハザード比が 1 以上」又は「ハザード比が 1 以下」となっている．

質的な交互作用 交互作用があり，あるカテゴリでは「ハザード比が 1 以上」，あるカテゴリでは「ハザード比が 1 以下」となっている．

ここで，うつ病患者に薬剤Aもしくは薬剤Bを投与された患者のデータを使って，「前治療薬の有無」というカテゴリによって，「薬剤の種類」とハザードとの関係が異なるかどうか，すなわち「薬剤の種類」と「前治療薬の有無」との間に交互作用があるかどうかを見ていきます．前治療の有無別にハザード比を算出してみましょう．

```
proc sort data=MYDATA ;
  by PREDRUG ;
run ;

proc phreg data=MYDATA;
  by     PREDRUG ;
  class GROUP ;
  model DAY * EVENT(2) = GROUP / ties=exact;
run ;
```

SASの結果を表にまとめます．

ハザード比〔前治療の有無別〕

	ハザード比
全体	2.636
前治療薬あり	2.102
前治療薬なし	1.702
調整ハザード比	1.764

上記の結果から以下のことが分かります．

- 前治療あり：薬剤Aの方が薬剤Bよりも改善する．
- 前治療なし：薬剤Aの方が薬剤Bよりも改善するが，「前治療あり」ほど度合いは大きくない．
- 調整ハザード比：薬剤Aの方が薬剤Bよりも改善する．

「前治療薬あり」と「前治療薬なし」で結果が変わっているので「交互作用あり」ということが分かります．ただ，「前治療薬あり」の場合も「前治療薬なし」の場合もハザード比は1以上（いずれも薬剤Aの方が改善する）となっており，逆転現象は起こっていませんので，これは「量的な交互作用あり」の状態であることが分かります[28]．ちなみに，「前治療薬の有無」で調整した結果においても薬剤Aの方が薬剤Bよりも改善するという結果になっています．

さて，Cox回帰分析モデルに交互作用項（「薬剤×前治療薬の有無」）を入れて解析することで，「薬剤の種類」と「前治療薬の有無」との間に交互作用があるかどうかをみることもできます．以下のCox回帰分析モデルについて解析を行い，交互作用の有無を確認します．

---

[28] 仮に，「前治療薬あり」の場合はハザード比が1以上，「前治療薬なし」の場合はハザード比が1以下と，前治療薬の有無によって逆転現象が起こっている場合は「質的な交互作用あり」の状態となります．

$$h(t) = h_0(t) \times \exp\{ \beta_1 \times 薬剤 + \beta_2 \times 前治療の有無$$
$$+ \beta_3 \times 薬剤 \times 前治療薬の有無 \}$$

```
proc phreg data=MYDATA;
  class GROUP PREDRUG ;
  model DAY * EVENT(2) = GROUP PREDRUG / ties=exact;
run ;
```

出力結果（抜粋）を次に示します．

最尤推定量の分析

パラメータ		自由度	パラメータ推定値	標準誤差	カイ2乗	Pr > ChiSq
GROUP	A	1	0.76049	1.00140	0.5767	0.4476
PREDRUG	NO	1	1.35436	0.91439	2.1939	0.1386
GROUP*PREDRUG	A NO	1	-0.21515	1.20983	0.0316	0.8589

上記の結果より，求めたい回帰式が

$$h(t) = h_0(t) \times \exp\{0.76 \times 薬剤 + 1.35 \times 前治療薬の有無$$
$$- 0.22 \times 薬剤 \times 前治療薬の有無$$

（薬剤：A ならば 1，B ならば 0，前治療薬の有無：なしならば 1，ありならば 0）

と得られたことになります．また，3.4.6 節の「平方和について」の項で紹介した平方和の結果（因子の影響の有無の確認結果）と似たような結果が「Type 3 検定」というタイトルで出力されています．解釈の仕方もその項で紹介した平方和と同じです．

Type 3 検定

変動因	自由度	Wald カイ2乗	Pr > ChiSq
GROUP	1	0.5767	0.4476
PREDRUG	1	2.1939	0.1386
GROUP*PREDRUG	1	0.0316	0.8589

出力結果（抜粋）について，「GROUP*PREDRUG（「薬剤×前治療薬の有無」）」の「Pr > Chisq」は「帰無仮説：交互作用なし」に関する検定結果を表しており，結果は「Pr > Chisq：0.8589」となっており，5% よりも大きくなっているので，「帰無仮説は間違っていない＝交互作用があるとはいえない」となります．一方，「前治療薬あり」と「前治療薬なし」でハザード比の結果は大きく変わっていましたが，検定結果は「交互作用があるとはいえない」となっており，釈然としません．理由は「交互作用を検出するための検出力は低い」，すなわち「交互作用に関する検定で有意差を出すためには多数のイベント数が必要となる」からです．この場合でいえば，ハザード比では差がみられていま

すが，イベント数が少なく交互作用を検出するための検出力が低いために，検定ではこの差を見出すことができなかった，ということになります．よって，「交互作用に関する検定」に加えて，「前治療薬あり」と「前治療薬なし」でハザード比を求めて総合的に判断するのが良いでしょう．

検定と検出力の関係については 3.8 節「例数設計」で扱います．

カテゴリ変数×連続変数の交互作用

次に，「薬剤×罹病期間」の交互作用について考えます．Cox 回帰分析モデルに交互作用項（「薬剤×罹病期間」）を入れて解析することで，「薬剤の種類」と「罹病期間」との間に交互作用があるかどうかをみてみましょう．以下の Cox 回帰分析モデル：

$$h(t) = h_0(t) \times \exp\{\beta_1 \times 薬剤 + \beta_2 \times 罹病期間 + \beta_3 \times 薬剤 \times 罹病期間\}$$

について解析を行い，交互作用の有無を確認します．

```
proc phreg data=MYDATA;
  class GROUP ;
  model DAY * EVENT(2) = GROUP DURATION GROUP*DURATION / ties=exact;
run ;
```

出力結果（抜粋）は以下のようになります．

最尤推定量の分析

パラメータ		自由度	パラメータ推定値	標準誤差	カイ 2 乗	Pr > ChiSq
GROUP	A	1	4.38211	1.47755	8.7959	0.0030
DURATION		1	0.11475	0.15591	0.5417	0.4617
DURATION*GROUP	A	1	-0.62297	0.24340	6.5507	0.0105

上記の結果より，求めたい回帰式が

$$h(t) = h_0(t) \times \exp\{4.38 \times 薬剤 + 0.11 \times 罹病期間 - 0.62 \times 薬剤 \times 罹病期間$$

（薬剤：A ならば 1，B ならば 0，前治療薬の有無：なしならば 1，ありならば 0）

と得られたことになります．また，3.4.6 節の「平方和について」の項で紹介した平方和の結果（因子の影響の有無の確認結果）と似たような結果が「Type 3 検定」というタイトルで出力されています．解釈の仕方もその項で紹介した平方和と同じです．

Type 3 検定

変動因	自由度	Wald カイ 2 乗	Pr > ChiSq
GROUP	1	8.7959	0.0030
DURATION	1	0.5417	0.4617

DURATION*GROUP	1	6.5507	0.0105

出力結果（抜粋）について，「GROUP*PREDRUG（「薬剤×罹病期間」）」の「Pr > Chisq」は「帰無仮説：交互作用なし」に関する検定結果を表しており，結果は「Pr > Chisq：0.0105」となっており，5%よりも小さくなっているので，「帰無仮説は間違っている＝交互作用がある」と結論付けます．よって，「薬剤」と「罹病期間」の2つの要因の間に交互作用があることが分かりました．

3.6.12　多重イベントに関する解析

本章のこれまでの解析では，各患者のイベント数は0回（打ち切り）又は1回（イベント）のいずれかでしたが，本節では同一患者から2回以上のイベントが観測されうる場合に対応する解析手法を2つ紹介します．本節では，うつ病を患っている5人の患者のデータセットQOL2を用います（本章冒頭の表に掲載したデータセットQOLとは別のデータです）．

データセットQOL2には，患者（ID），薬剤の種類（A, B），イベントの有無（EVENT；1：イベント，2：打ち切り），観察開始時（START：単位は年），観察終了時（END：単位は年），観察期間（DIFF：単位は年），層（STRATUM：患者ごとに何行目のデータかを表す）に関するデータがあります．

うつ病患者への治療データ（改）「QOL2」

ID	GROUP	EVENT	START	END	DIFF	STRATUM
1	A	1	0	1	1	1
1	A	1	1	2	1	2
1	A	2	2	4	2	3
2	A	1	0	6	6	1
2	A	1	6	8	2	2
3	B	2	0	3	3	1
4	B	1	0	5	5	1
4	B	2	5	7	2	2
5	B	1	0	9	9	1

```
data QOL2 ;
  input ID GROUP $ EVENT START END DIFF STRATUM ;
  cards ;
    1 A 1 0 1 1 1
    1 A 1 1 2 1 2
    1 A 2 2 4 2 3
    2 A 1 0 6 6 1
    2 A 1 6 8 2 2
    3 B 2 0 3 3 1
    4 B 1 0 5 5 1
    4 B 2 5 7 2 2
    5 B 1 0 9 9 1
```

```
    ;
run ;
```

各患者について，イベント又は打ち切りが発生する度に行が追加されます．例えばID=1の患者は観察開始1年後と2年後にイベントが1回，観察開始4年後に打ち切りが起こっていますので，

- ID=1のSTRATUM=1の行：STARTが0（年），ENDが1（年）でEVENT=1（イベント）
- ID=1のSTRATUM=2の行：STARTが1（2回目のイベントの観察開始年），ENDが2（年）でEVENT=1（イベント）
- ID=1のSTRATUM=3の行：STARTが2（3回目のイベントの観察開始年），ENDが4（年）でEVENT=2（打ち切り）

となっています．

Mean Cumulative Function（MCF）

MCFは，時刻tにおける1人あたりの「平均イベント発生回数」を表す関数です．「イベント発生回数」は時刻tまでの累積発生回数とします．算出方法は「カプラン・マイヤー法」による「イベントの無発生割合」に似ています．

1. 0年目のMCF（平均イベント発生回数）を0回とする．
2. 打ち切りが起こった場合は「直前までのMCF」をそのまま引き継ぎ，生き残っている人の数（N；リスク集合，at risk）を減らす．
3. イベントが発生した時点で以下の計算を実行する．
   MCF＝「直前までのMCF」＋「この瞬間にイベントが発生した人の割合」
4. 同じ日にイベントと打ち切りが起こった場合は，先にイベントが起こり，その次の瞬間に打ち切りが起こったとする．

それでは前表のうち，薬剤Aを投与された患者のデータを用いてMCFを計算してみましょう．
まず，0年目のMCFは0（回）です（ルール1）．
次に，1年後のMCFを計算します．1年後にイベントが起きているのでルール3を適用します．1年後の瞬間に生き残っている人（N；リスク集合）は2人，この瞬間にイベントが発生した人は1人ですので，

MCF＝直前までのMCF＋この瞬間にイベントが発生した人の割合
　　＝0＋1/2＝0.5（回）

となります．ちなみに，観察期間が0年目〜1年後の直前のMCFは0（回）となります．

GROUP	EVENT	END（年）	N	MCF
A	イベント	1	2	0 + 1/2 = 0.5（回）
A	イベント	2	2	

GROUP	EVENT	END（年）	N	MCF
A	打ち切り	4	2	
A	イベント	6	1	
A	イベント	8	1	

次に，2年後のMCFを計算します．2年後にイベントが起きているのでルール3を適用します．2年後の瞬間に生き残っている人（N；リスク集合）は2人，この瞬間にイベントが発生した人は1人ですので，

MCF = 直前までのMCF + この瞬間にイベントが発生した人の割合
　　 = 0.5 + 1/2 = 1.0（回）

となります．ちなみに，観察期間が1年後〜2年後の直前のMCFは0.5（回）となります．

GROUP	EVENT	END（年）	N	MCF
A	イベント	1	2	0.5（回）
A	イベント	2	2	0.5 + 1/2 = 1.0（回）
A	打ち切り	4	2	
A	イベント	6	1	
A	イベント	8	1	

次に，4年後のMCFですが，打ち切りが起きているのでルール2を適用し，4年後のMCFは1.0（回）となります．

GROUP	EVENT	END（年）	N	MCF
A	イベント	1	2	0.5（回）
A	イベント	2	2	1.0（回）
A	打ち切り	4	2	1.0（回）
A	イベント	6	1	
A	イベント	8	1	

次に，6年後のMCFを計算します．6年後にイベントが起きているのでルール3を適用します．6年後の瞬間に生き残っている人（N；リスク集合）は1人，この瞬間にイベントが発生した人は1人ですので，

MCF = 直前までのMCF + この瞬間にイベントが発生した人の割合
　　 = 1.0 + 1/1 = 2.0（回）

となります．ちなみに，観察期間が4年後〜6年後の直前のMCFは1.0（回）となります．

GROUP	EVENT	END（年）	N	MCF
A	イベント	1	2	0.5（回）
A	イベント	2	2	1.0（回）
A	打ち切り	4	2	1.0（回）
A	イベント	6	1	1.0 + 1/1 = 2.0（回）
A	イベント	8	1	

次に，8年後のMCFを計算します．8年後にイベントが起きているのでルール3を適用します．8年後の瞬間に生き残っている人（N；リスク集合）は2人，この瞬間にイベントが発生した人は1人ですので，

MCF ＝ 直前までのMCF ＋ この瞬間にイベントが発生した人の割合
　　 ＝ 2.0 ＋ 1/1 ＝ 3.0（回）

となります．ちなみに，観察期間が6年後〜8年後の直前のMCFは2.0（回）となります．

GROUP	EVENT	END（年）	N	MCF
A	イベント	1	2	0.5（回）
A	イベント	2	2	1.0（回）
A	打ち切り	4	2	1.0（回）
A	イベント	6	1	2.0（回）
A	イベント	8	1	2.0 + 1/1 = 3.0（回）

さて，SASではphregプロシジャを用いてMCFを計算することができます．その際，baselineステートメントのcovariatesに薬剤の種類を表すデータセットを指定する必要があるため，下記のように別途データセットINを作成した上で，phregプロシジャを実行しています．

また，modelステートメントの左辺について，今までは「**DAY***EVENT(2)」としていたところに「**(START,END)***EVENT(2)」を指定していますが，これは行ごとに開始時点が違うために明示的に「開始時点」と「終了時点」を明示する必要があるからです．逆に，今まで「**DAY***EVENT(2)」としていた理由は，全ての行について開始時点が「0」であるためです．ちなみに，「**DAY***EVENT(2)」という命令は，数値の0ばかりが格納された変数ZEROを用いて「**(ZERO,DAY)***EVENT(2)」とすることに相当します．

```
data IN ;
  GROUP="A" ; output;
  GROUP="B" ; output;
run;

proc phreg data=QOL2 covs(aggregate) ;
  by    GROUP ;
  class GROUP ;
  model (START,END)*EVENT(2) = GROUP ;
```

```
    baseline covariates=IN out=OUT cmf=_all_ ;
    id ID ;
run;

proc print data=OUT ;
run ;
```

出力結果を次に示します.

OBS	GROUP	END	CMF	StdErr CMF	Lower CMF	Upper CMF
1	A	0	0.0	.	.	.
2	A	1	0.5	0.35355	0.12505	1.99922
3	A	2	1.0	0.70711	0.25010	3.99844
4	A	6	2.0	0.70711	1.00020	3.99922
5	A	8	3.0	0.70711	1.89013	4.76158
6	B	0	0.0	.	.	.
7	B	5	0.5	0.35355	0.12505	1.99922
8	B	9	1.5	0.35355	0.94506	2.38079

再発イベントに関する解析

MCF は多重イベントに対する解析結果として「1 人あたりの平均イベント発生回数」を求めましたが,Cox 回帰分析を多重イベント版に拡張した結果を求めることもできます.SAS では以下のモデルに対して解析を行うことができます.

AG モデル　　Andersen and Gill(1982)で提案されたモデル.
PWP モデル　Prentice, Williams and Peterson(1981)で提案されたモデル,「Conditional Probability (CP)」と「Gap Time(GT)」の 2 種類あり.
TT-R モデル　Kelly and Lim(2000)で提案されたモデル,「TT-R」は「Total Time-Restricted」の略.
WLW モデル　Wei, Lin and Weissfeld(1989)で提案されたモデル.

それでは,3.6.12 節の表「うつ病患者への治療データ(改)「QOL2」」(241 ページ)のうち,薬剤 A を投与された患者のデータを用いて上記のモデルを順番に見ていきます.

ID	GROUP	EVENT	START	END	DIFF	STRATUM
1	A	1	0	1	1	1
1	A	1	1	2	1	2
1	A	2	2	4	2	3
2	A	1	0	6	6	1
2	A	1	6	8	2	2

(A) AG モデル

何回目のイベントであろうともイベントの起こりやすさ（正確にはベースラインハザード関数）は同じと仮定します．リスク集合のイメージ図を以下に示します．

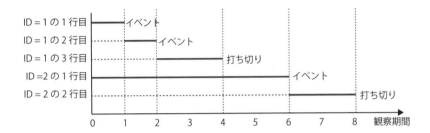

ID=1 の患者の 2 行目（2 回目のイベント）の観察開始時は，1 行目（1 回目のイベント）の観察終了時となりますので，2 行目（2 回目のイベント）の観察期間は 2 − 1=1 年となります（上図の太線部分）．

ID	GROUP	EVENT	START	END
1	A	1	0	1
1	A	1	1	2
1	A	2	2	4
2	A	1	0	6
2	A	1	6	8

AG モデルについて解析を行う場合は以下のようにします（出力結果は省略）．

```
proc phreg data=QOL2 covs(aggregate) ;
  class   GROUP ;
  model (START,END)*EVENT(2) = GROUP ;
  id    ID ;
run ;
```

(B) PWP（CP）モデル

1 回目のイベントと 2 回目のイベントの起こりやすさ（正確にはベースラインハザード関数）は異なると仮定します．よってリスク集合は「1 回目のイベントが起こるまでの層」「2 回目のイベントが起こるまでの層」「3 回目のイベントが起こるまでの層」に分けて定義されます（次図参照）．

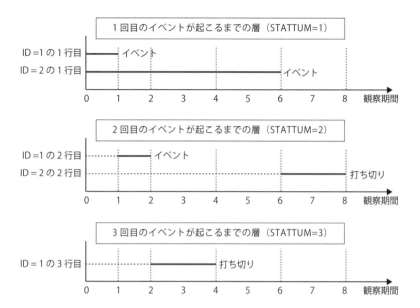

　ID=1 の患者の 2 行目（2 回目のイベント）の観察開始時は，1 行目（1 回目のイベント）の観察終了時となりますので，2 行目（2 回目のイベント）の観察期間は 2 − 1 = 1 年となり（上図の太線部分），1 行目（1 回目のイベント）の層とは別の層のリスク集合に含まれます．

ID	GROUP	EVENT	START	END	STRATUM
1	A	1	0	1	1
1	A	1	1	2	2
1	A	2	2	4	3
2	A	1	0	6	1
2	A	1	6	8	2

　PWP（CP）モデルについて解析を行う場合は以下のようにします（出力結果は省略）．

```
proc phreg data=QOL2 covs(aggregate) ;
  class  GROUP ;
  model (START,END)*EVENT(2) = GROUP ;
  strata STRATUM ;
  id    ID ;
run ;
```

(C) PWP（GT）モデル

PWP（CP）モデルと考え方は同じですが，観察開始時の定義が異なります．

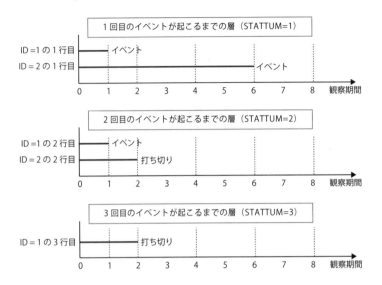

観察期間は観察開始時から観察終了時までの期間としますが，その後，全ての行について観察開始時を 0（年）に揃えます（前図の太線部分）．

ID	GROUP	EVENT	DIFF	STRATUM
1	A	1	1	1
1	A	1	1	2
1	A	2	2	3
2	A	1	6	1
2	A	1	2	2

PWP(GT) モデルについて解析を行う場合は以下のようにします（出力結果は省略）．

```
proc phreg data=QOL2 covs(aggregate) ;
  class  GROUP ;
  model  DIFF*EVENT(2) = GROUP ;
  strata STRATUM ;
  id     ID ;
run ;
```

(D) TT-R モデル

PWP（GT）モデルと考え方は同じですが，観察期間の定義が異なります．

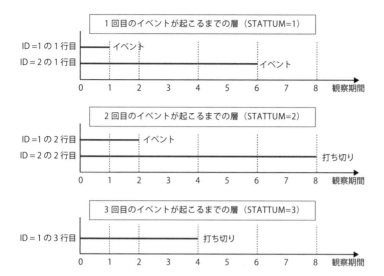

どの行（何回目のイベント）でも観察開始時は 0（年）とし，観察期間は 0（年）から観察終了時までの期間となります（上図の太線部分）．

ID	GROUP	EVENT	END	STRATUM
1	A	1	1	1
1	A	1	2	2
1	A	2	4	3
2	A	1	6	1
2	A	1	8	2

TT-R モデルについて解析を行う場合は以下のようにします（出力結果は省略）．

```
proc phreg data=QOL2 covs(aggregate) ;
  class  GROUP ;
  model  END*EVENT(2) = GROUP ;
  strata STRATUM ;
  id     ID ;
run ;
```

(E) WLW モデル

まず，全ての患者の中で最大の行数を求めます（ここでは 3 となります）．次に，打ち切りの行を補完することで，全ての患者について 3 行分データを起こします．要は，どの層にも全ての患者がリスク集合に含まれるようにします（次図参照）．

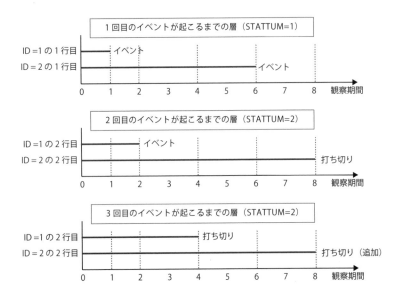

　観察開始時や観察期間の定義は TT-R モデルと同じですが，ID=2 の患者の打ち切りの行を追加している点が異なります．追加する行の観察期間は，その患者の最大の観察期間とします．

ID	GROUP	EVENT	END	STRATUM
1	A	1	1	1
1	A	1	2	2
1	A	2	4	3
2	A	1	6	1
2	A	1	8	2
2	A	2	8	3

　WLW モデルについて解析を行う場合は以下のようにします．

```
data QOL3 ;
  input ID GROUP $ EVENT END STRATUM ;
  cards ;
    1 A 1 1 1
    1 A 1 2 2
    1 A 2 4 3
    2 A 1 6 1
    2 A 1 8 2
    2 A 2 8 3
    3 B 2 3 1
    3 B 2 3 2
    3 B 2 3 3
    4 B 1 5 1
    4 B 2 7 2
    4 B 2 7 3
```

```
      5 B 1 9 1
      5 B 2 9 2
      5 B 2 9 3
   ;
run ;

proc phreg data=QOL3 covs(aggregate) ;
  class  GROUP ;
  model  END*EVENT(2) = GROUP ;
  strata STRATUM ;
  id     ID ;
run ;
```

代表して WLW モデルの出力結果を示します(他のモデルの出力結果も同様の見栄えです).同一患者から複数のイベントが発生することを仮定した上でのモデルの結果からは,薬剤 B に比べて薬剤 A のハザードは高い(ハザード比 :5.520)ことが分かります.

		最尤推定量の分析				
パラメータ		パラメータ推定値	標準誤差	カイ2乗	Pr > ChiSq	ハザード比
パラメータ	自由度					
GROUP A	1	1.70844	1.03879	2.7048	0.1000	5.520

3.6.13 その他の話題

比例ハザード性の確認

Cox 回帰分析を行う前提として「比例ハザード性」を確認する必要があります.「比例ハザード性」は 3.6.7 節「グラフの作成」で紹介した lifetest プロシジャのオプション plots=(lls) で生存関数の二重対数プロットを描き,曲線が平行であれば概ね比例ハザード性が成り立っていると判断します.

```
proc lifetest data=MYDATA plots=(s,lls) ;
  time   DAY * CENSOR(0) ;
  strata GROUP ;
run;
```

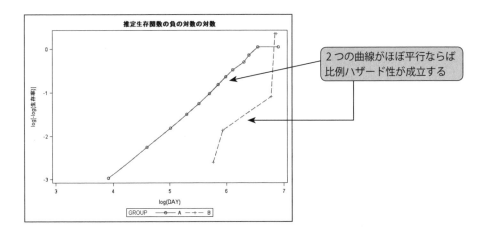

　他の方法としては Schoenfeld 残差と観察期間の相関があるかどうか（散布図や相関係数）を見る方法があります（相関が無ければ比例ハザード性あり）．

```
proc phreg data=MYDATA;
  class  GROUP ;
  model  DAY * EVENT(2) = GROUP / ties=exact;
  output out=OUT ressch=SCHOENFELD ;
run ;
proc corr data=OUT ;
  var DAY SCHOENFELD ;
run ;
```

ポアソン回帰

　多重イベントに対するその他の解析手法としてポアソン回帰があります．まず，3.6.12 節の表「うつ病患者への治療データ（改）「QOL2」」(241 ページ) のデータについて，各患者のイベント回数（変数 COUNT）と観察期間（変数 TIME）のデータを作成します．

ID	GROUP	EVENT	START	END	DIFF	STRATUM
1	A	1	0	1	1	1
1	A	1	1	2	1	2
1	A	2	2	4	2	3
2	A	1	0	6	6	1
2	A	1	6	8	2	2
3	B	2	0	3	3	1
4	B	1	0	5	5	1
4	B	2	5	7	2	2
5	B	1	0	9	9	1

ID	GROUP	COUNT	TIME
1	A	2	4
2	A	2	8
3	B	0	3
4	B	1	7
5	B	1	9

SASではgenmodプロシジャを用いてポアソン回帰を実行することができます．以下のようなモデルについて分析を行うことになります．

$\log(\text{イベント数}) = \log(\text{観察期間}) + \beta_0 + \beta_1 \times \text{薬剤}$（$\beta_0$：切片）

```
data QOL4 ;
  input ID GROUP $ COUNT TIME ;
  LOGT = log(TIME) ;
  cards ;
    1 A 2 4
    2 A 2 8
    3 B 0 3
    4 B 1 7
    5 B 1 9
  ;
run ;

proc genmod data=QOL4 ;
  class GROUP ;
  model COUNT=GROUP / link=log dist=poisson offset=LOGT ;
run ;
```

出力結果（抜粋）を次に示します．薬剤Bに対する薬剤Aのイベント発生率の比はexp(1.1527) = 3.167となります．

最大尤度パラメータ推定値の分析

パラメータ		自由度	推定値	標準誤差	Wald 95% 信頼限界		Wald カイ2乗	Pr > ChiSq
Intercept		1	-2.2513	0.7071	-3.6372	-0.8654	10.14	0.0015
GROUP	A	1	1.1527	0.8660	-0.5447	2.8501	1.77	0.1832
GROUP	B	0	0.0000	0.0000	0.0000	0.0000	.	.
Scale		0	1.0000	0.0000	1.0000	1.0000		

ちなみに，イベント発生率を「人年法」を使って計算すると

薬剤Aのイベント発生率 = (2 + 2) ÷ (4 + 8) = 0.333
薬剤Bのイベント発生率 = (0 + 1 + 1) ÷ (3 + 7 + 9) = 0.105
薬剤Bに対する薬剤Aのイベント発生率の比 = 0.333 ÷ 0.105 = 3.171

となり，ポアソン回帰による薬剤Bに対する薬剤Aのイベント発生率の比と近い値となっています．

競合リスクに関する解析

まず，以下のデータについて考えてみましょう．5人のがん患者に薬物療法を行い，「がんの再発」をイベントとしてカプラン・マイヤー推定量によりイベント発生割合を計算したものです．なお，何らかの理由でイベントを発生せずに観察を終了した場合は打ち切りとして計算に含めています．

期間	N	イベント数	打ち切り数	無発生割合	イベント発生割合
0	5	-	-	100%	0%
180	5	1	0	100% × 4/5=80%	0% + 100% × 1/5=20%
360	4	0	1	80%	20%
540	3	1	0	**80%** × 2/3=53.3%	20% + **80%** × 1/3=46.7%
720	2	0	1	53.3%	46.7%
:	:	:	:	:	:

さて，複数のイベントにおいて，一方のイベントが観測されると他方のイベントは観測できないという場合があります．このようなイベントの関係を競合リスクイベントといいます．例えば，がんの治療として薬物療法を行った場合，「がんの再発」と「再発前の死亡」は競合リスクイベントとなります．というのも，「再発した患者」においては「再発前の死亡」は起こりませんし，「再発前に死亡した患者」においては「再発」は起こりません．

ところで，競合リスクが存在する場合，カプラン・マイヤー推定量にはバイアスが入ることが知られています．「がんの再発」をイベントとした場合で「再発前の死亡」という競合リスクが存在する場合は，「再発前の死亡」を打ち切りとして扱ってしまうことで，カプラン・マイヤー推定量にバイアスが入ってしまいます．

例として，先ほどの5人のがん患者のデータのうち，イベントを「① がんの再発」，打ち切りをもう1つのイベント「② 再発前の死亡」と定義し直して，「① がんの再発」の発生割合を計算してみましょう．その際，もう1つのイベント「② 再発前の死亡」が起きた場合は打ち切りと扱われることに注意してください．

まず，180日目にイベントが起こっていますので，「①の無発生割合」は，

①の無発生割合 = 1 × 4/5 = 0.80（80%）

となり，「①の発生割合」は20%となります．次に，360日目に打ち切り（② 再発前の死亡）が起こっていますので，「①の無発生割合」は80%のまま，「①の発生割合」も20%のままとなります．しかし実際は①も②も起こっていない人の割合は60%（5人中3人）なので，「①の無発生割合」が80%であるのは過大に推定しすぎです．

日	N	①の数	②の数	無発生割合	①の発生割合
0	5	-	-	100%	0%
180	5	1	0	100% × 4/5=80%	0% + 100% × 1/5=20%
360	4	0	1	80%	20%
540	3	1	0		
720	2	0	1		

次に，540日目にイベントが起こっていますので，「①の無発生割合」は，

①の無発生割合 = 0.8 × 2/3 = 0.533（53.3%）

となり，「①の発生割合」は46.7%となります．360日目に「①の無発生割合」を80%と過大推定したため，「①の発生割合」に多めに足しこまれています．720日目も同様に計算し，「①の発生割合」は46.7%となりました．

日	N	①の数	②の数	無発生割合	①の発生割合
0	5	-	-	100%	0%
180	5	1	0	80%	20%
360	4	0	1	80%	20%
540	3	1	0	**80%** × 2/3=53.3%	20% + **80%** × 1/3=46.7%
720	2	0	1	53.3%	46.7%

同様に，「② 再発前の死亡」の発生割合を計算してみましょう．360日目と720日目に，もう1つのイベント「① がんの再発」が起きた場合は打ち切りと扱われ，その際に無発生割合が過大推定されている点に注意してください．

日	N	①の数	②の数	無発生割合	②の発生割合
0	5	-	-	100%	0%
180	5	1	0	100%	0%
360	4	0	1	**100%** × 3/4=75%	0% + **100%** × 1/4=25%
540	3	1	0	75%	25%
720	2	0	1	**75%** × 1/2=37.5%	25% + **75%** × 1/2=62.5%

720日目の後の「②の発生割合」は62.5%となりました．このとき，「①の発生割合」は46.7%でしたので，この2つを足すと100%を超えてしまいます．①と②の2つの状態しか取り得ないはずなのに100%を超えてしまうというおかしな現象は，興味のあるイベントの発生割合を求める際に，もう一方のイベント（競合リスク）が起きた時に打ち切りと扱い，無発生割合を過大推定することが原因です．

これを解消する方法がCumulative Incidence Function（イベントごとに発生割合にきちんと計算する）という方法です．この方法を用いて「①がんの再発」と「②再発前の死亡」の発生割合を計算してみましょう．

まず，180日目にイベントが起こっていますので，「イベントの無発生割合」は，

イベントの無発生割合 = 1 × 4/5 = 0.80（80%）

となります．上記で減少した20%は「①の発生割合」に計上され，「①の発生割合」は20%となります．「②の発生割合」は0%のままです．

日	N	①の数	②の数	無発生割合	①の発生割合	②の発生割合
0	5	-	-	100%	0%	0%
180	5	1	0	100% × 4/5=80%	0% + 100% × 1/5=20%	0%
360	4	0	1			
540	3	1	0			
720	2	0	1			

次に，360日目にイベントが起こっていますので，「イベントの無発生割合」は，

イベントの無発生割合 = 0.8 × 3/4 = 0.60（60%）

となります．上記で減少した20%は「②の発生割合」に計上され，「②の発生割合」は20%となります．「①の発生割合」は20%のままです．

先程，「①の発生割合」を求める際（②を打ち切りとして扱った際），360日目の「イベントの無発生割合」は80%と過大推定されていましたが，ここでは「②の発生割合」に計上することにより過大推定を回避している（80% → 60%になっている）点に注意してください．

日	N	①の数	②の数	無発生割合	①の発生割合	②の発生割合
0	5	-	-	100%	0%	0%
180	5	1	0	80%	20%	0%
360	4	0	1	80% × 3/4=60%	20%	0% + 80% × 1/4=20%
540	3	1	0			
720	2	0	1			

次に，540日目にイベントが起こっていますので，「イベントの無発生割合」は，

イベントの無発生割合 = 0.6 × 2/3 = 0.40（40%）

となります．上記で減少した20%は「①の発生割合」に計上され，「①の発生割合」は40%となります．「②の発生割合」は20%のままです．

日	N	①の数	②の数	無発生割合	①の発生割合	②の発生割合
0	5	-	-	100%	0%	0%
180	5	1	0	80%	20%	0%
360	4	0	1	60%	20%	20%
540	3	1	0	60% × 2/3=40%	20% + 60% × 1/3=40%	20%

日	N	①の数	②の数	無発生割合	①の発生割合	②の発生割合
720	2	0	1			

次に，720日目にイベントが起こっていますので，「イベントの無発生割合」は，

イベントの無発生割合 = 0.4 × 1/2 = 0.20（20%）

となります．上記で減少した20%は「②の発生割合」に計上され，「②の発生割合」は40%となります．「①の発生割合」は40%のままです．

先程，「①の発生割合」と「②の発生割合」を別々に推定したときには，720日目の後の2つのイベント発生割合の合計が100%を超えていましたが，この方法では「イベントの無発生割合」と「各イベント発生割合」の合計がちょうど100%となっており，イベント発生割合の過大推定が起こっていない点に注意してください．

日	N	①の数	②の数	無発生割合	①の発生割合	②の発生割合
0	5	-	-	100%	0%	0%
180	5	1	0	80%	20%	0%
360	4	0	1	60%	20%	20%
540	3	1	0	40%	40%	20%
720	2	0	1	40% × 1/2=20%	40%	20% + 40% × 1/2=40%

ちなみに，最後の患者が①も②も起こらなかった場合（打ち切り）は，「イベントの無発生割合」と「各イベント発生割合」もそのままとして，リスク集合だけ減らします（カプラン・マイヤー法の計算方法と同様です）．

日	N	①の数	②の数	無発生割合	①の発生割合	②の発生割合
0	5	-	-	100%	0%	0%
180	5	1	0	100% × 4/5=80%	0% + 100% × 1/5=20%	0%
360	4	0	1	80% × 3/4=60%	20%	0% + 80% × 1/4=20%
540	3	1	0	60% × 2/3=40%	20% + 60% × 1/3=40%	20%
720	2	0	1	40% × 1/2=20%	40%	20% + 40% × 1/2=40%
900	1	0	0	20%	40%	40%

この方法であれば，無発生割合を過大推定することもなく，どの時点においても「イベントの無発生割合」と「各イベント発生割合」の合計は100%となります．Cumulative Incidence Functionの具体的な解説はPintilie（2006）にあります．なお，SASでは競合リスクを考慮した推定を行うプロシジャはありませんが，Pintilie（2006）に競合リスクを考慮した推定を行うSASマクロもあります．

ベイズによるCox回帰分析

本章におけるCox回帰分析をベイズ推定により行うこともできます．phregプロシジャのbayesステートメントに乱数のシード（MCMCというシミュレーションを行うため）を指定します．

```
ods graphics on ;
proc phreg data=MYDATA ;
  class GROUP ;
  model DAY * EVENT(2) = GROUP ;
  bayes seed=777 ;
run ;
ods graphics off ;
```

出力結果（抜粋）を次に示します．

薬剤Aの事後分布

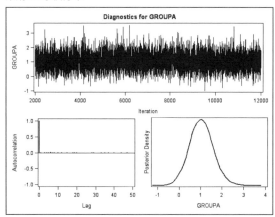

3.6.14 参考文献

「死亡率」と「死亡割合」の違いに関する事項は佐藤（2005）を，生存時間解析の基本的事項は Hosmer（2008）や大橋（1995）を参照してください．カプラン・マイヤー推定量の導出方法については Lachin（2000）を参照してください．MCFについては Nelson（2003）を，Cox回帰による多重イベント解析の概要は Hosmer（2008）を，競合リスクについては Pintilie（2006）を参照してください．ポアソン回帰に関する話題として，overdispersion に対する対処方法（dscale, pscale オプション）やリンク関数を負の二項分布にする場合の話などがあります．詳しくは Alex（2001）を

参照してください．

- 佐藤 俊哉（2005）「宇宙怪人しまりす医療統計を学ぶ（岩波書店）」
- 大橋 靖雄，浜田 知久馬（1995）「生存時間解析（東京大学出版会）」
- Alex Pedan（2001）「Analysis of count data using the SAS system（Global Forum SAS）」www2.sas.com/proceedings/sugi26/p247-26.pdf
- John M. Lachin（2000）「Biostatistical Methods: The Assessment of Relative Risks（Wiley-Interscience）」
- David W. Hosmer, Stanley Lemeshow, and Susanne May（2008）「Applied Survival Analysis: Regression Modeling of Time to Event Data（Wiley-Interscience）」
- Melania Pintilie（2006）「Competing Risks: A Practical Perspective（Wiley）」
- Wayne B. Nelson（2003）「Recurrent Events Data Analysis for Product Repairs, Disease Recurrences, and Other Applications（Society for Industrial Mathematics）」

3.7　3つ以上の薬剤間の比較

これまでの内容は，薬剤の種類が1種類又は2種類の場合における解析方法を扱ってきましたが，本節では，3種類以上の場合における解析方法について見ていきます．

3.7.1　データの準備

まず，うつ病患者60人のデータをコピーし，データセットMYDATAに保存します．次に，改善の有無（EVENT）について「1：改善あり，2：改善なし」というフォーマットを当てるため，formatプロシジャによりフォーマットEVENTFを作成します．

```
data MYDATA ;
  set QOL ;
run ;

proc format ;
  value EVENTF 1="Yes" 2="No" ;
run ;
```

3.7.2 グラフの作成

平均値（QOL）に関する棒グラフ

3つの薬剤（薬剤A，B，C）の平均値の違いを視覚的に見るために，sgplotプロシジャで3つの薬剤のQOLの平均値に関する棒グラフを描きます．

```
title "棒グラフ（平均値±標準偏差）" ;
proc sgplot data=MYDATA ;
  hbar GROUP / response=QOL stat=mean ;
  dot  GROUP / response=QOL stat=mean numstd=1
               limitstat=stddev limits=upper ;
run ;
```

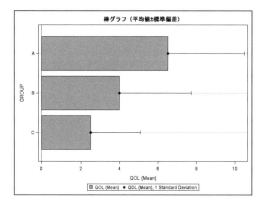

また，前治療薬の有無（PREDRUG；YES，NO）別に，3つの薬剤のQOLの平均値に関する棒グラフを描くこともできます．

```
title "棒グラフ（平均値±標準偏差）" ;
proc sgpanel data=MYDATA ;
  panelby PREDRUG / rows=1 columns=2 ;
  vbar    GROUP   / response=QOL stat=mean numstd=1
                    limitstat=stddev limits=upper ;
  format  EVENT EVENTF. ;
run ;
```

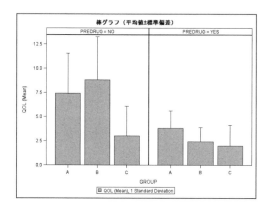

同様に，sgplotプロシジャで3つの薬剤のQOLの平均値に関する箱ひげ図を描くこともできます．

```
title "箱ひげ図" ;
proc sgplot data=MYDATA ;
  hbox QOL / category=GROUP ;
run ;

title "箱ひげ図" ;
proc sgpanel data=MYDATA ;
  panelby PREDRUG / rows=1 columns=2 ;
  vbox    QOL / category=GROUP ;
run ;
```

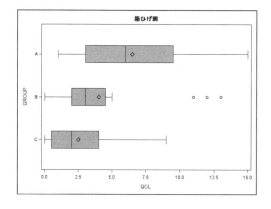
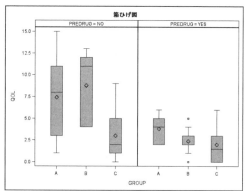

2値データ（改善の有無）に関する棒グラフ

3つの薬剤（薬剤A，B，C）の改善の有無（EVENT；1：改善あり，2：改善なし）の割合の違いを視覚的に見るために，sgplotプロシジャで3つの薬剤の改善の有無の頻度に関する棒グラフを描きます．

```
title "棒グラフ（改善の有無）" ;
proc sgplot data=MYDATA ;
  hbar   GROUP / GROUP=EVENT ;
  format EVENT EVENTF. ;
run ;
```

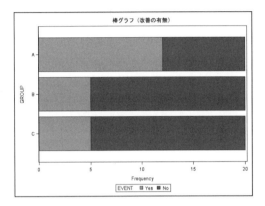

各薬剤の患者の人数が揃っていない場合は，頻度に関する棒グラフは見づらくなります．そこで今度は各薬剤の「改善ありの割合」「改善なしの割合」を求めた上で，3つの薬剤の割合に関する棒グラフを描きます．

```
ods output CrossTabFreqs=OUT1(where=(GROUP ne "" and EVENT ne .)) ;
proc freq data=mydata ;
  table GROUP*EVENT / nopercent nocol ;
run ;
ods output close ;

title "棒グラフ（改善の有無）" ;
proc sgplot data=OUT1 ;
  hbar   GROUP / GROUP=EVENT freq=ROWPERCENT ;
  format EVENT EVENTF. ;
run ;
```

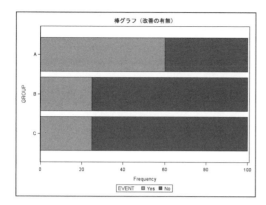

また，前治療薬の有無（PREDRUG；YES, NO）別に，3つの薬剤の改善の有無（EVENT；1：改善あり，2：改善なし）の割合に関する棒グラフを描くこともできます．

```
ods output CrossTabFreqs=OUT2(where=(GROUP ne "" and EVENT ne .)) ;
proc freq data=mydata ;
  table   PREDRUG*GROUP*EVENT / nopercent nocol ;
run ;
ods output close ;

title "棒グラフ（改善の有無）" ;
proc sgpanel data=OUT2 ;
  panelby PREDRUG / rows=1 columns=2 ;
  vbar    GROUP   / GROUP=EVENT freq=ROWPERCENT ;
  format  EVENT EVENTF. ;
run ;
```

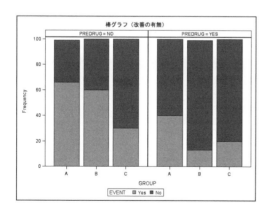

3.7.3 要約統計量と頻度集計

QOL の要約統計量の算出

means プロシジャで 3 つの薬剤（薬剤 A, B, C）の QOL の要約統計量を算出することができます．

```
proc means data=MYDATA nonobs n mean stddev min max fw=4;
  class GROUP ;
  var   QOL ;
run ;
```

出力結果（抜粋）を次に示します．

```
              MEANS プロシジャ
                分析変数：QOL

  GROUP    N    平均   標準偏差   最小値   最大値
  ------------------------------------------------
  A       20   6.50    3.98     1.00    15.0
  B       20   4.00    3.73     0       13.0
  C       20   2.50    2.61     0        9.00
  ------------------------------------------------
```

また，前治療薬の有無（PREDRUG；YES，NO）別に，3 つの薬剤の QOL の要約統計量を算出することもできます．

```
proc means data=MYDATA nonobs n mean stddev min max fw=4;
  class PREDRUG GROUP ;
  var   QOL ;
run ;
```

出力結果（抜粋）を次に示します．

```
                   MEANS プロシジャ
                     分析変数：QOL

  PREDRUG   GROUP    N    平均   標準偏差   最小値   最大値
  -----------------------------------------------------------
  NO        A       15   7.40    4.14     1.00    15.0
            B        5   8.80    4.44     4.00    13.0
            C       10   3.00    3.06     0        9.00
  YES       A        5   3.80    1.79     2.00     6.00
            B       15   2.40    1.50     0        5.00
            C       10   2.00    2.11     0        6.00
  -----------------------------------------------------------
```

改善の有無に関する頻度集計

freqプロシジャで3つの薬剤（薬剤A，B，C）の改善の有無に関する頻度集計を行うことができます．

```
proc freq data=MYDATA ;
  table  GROUP*EVENT    / nopercent nocol ;
  format EVENT EVENTF. ;
run ;
```

出力結果（抜粋）を次に示します．

```
                    FREQ プロシジャ
                  表 : GROUP * EVENT


        GROUP       EVENT
        度数        |
        行のパーセント|Yes    |No     | 合計
        ---------------+--------+--------+
        A            |    12 |     8 |    20
                     | 60.00 | 40.00 |
        ---------------+--------+--------+
        B            |     5 |    15 |    20
                     | 25.00 | 75.00 |
        ---------------+--------+--------+
        C            |     5 |    15 |    20
                     | 25.00 | 75.00 |
        ---------------+--------+--------+
        合計              22       38       60
```

また，前治療薬の有無（PREDRUG；YES，NO）別に，3つの薬剤の改善の有無に関する頻度集計を行うこともできます．

```
proc freq data=MYDATA ;
  table  PREDRUG*GROUP*EVENT / nopercent nocol ;
  format EVENT EVENTF. ;
run ;
```

出力結果（抜粋）を次に示します．

```
                    FREQ プロシジャ

              表 1 : GROUP * EVENT
              層別変数 : PREDRUG=NO

GROUP            EVENT
度数             |
行のパーセント|Yes   |No    | 合計
---------------+------+------+
A              |  10 |   5  |  15
               |66.67|33.33 |
---------------+------+------+
B              |   3 |   2  |   5
               |60.00|40.00 |
---------------+------+------+
C              |   3 |   7  |  10
               |30.00|70.00 |
---------------+------+------+
合計              16    14     30


              表 2 : GROUP * EVENT
              層別変数 : PREDRUG=YES

GROUP            EVENT
度数             |
行のパーセント|Yes   |No    | 合計
---------------+------+------+
A              |   2 |   3  |   5
               |40.00|60.00 |
---------------+------+------+
B              |   2 |  13  |  15
               |13.33|86.67 |
---------------+------+------+
C              |   2 |   8  |  10
               |20.00|80.00 |
---------------+------+------+
合計               6    24     30
```

3.7.4　一様性の検定

平均値（QOL）に関する一様性の検定

3つの薬剤（薬剤 A, B, C）について，QOL の平均値に差があるかどうかを検定する場合は一元配置分散分析を実行します．glm プロシジャを用いることで，「QOL の平均値に差がない」と仮定し，

帰無仮説 H_0：全ての薬剤の QOL の平均値は同じ
対立仮説 H_1：どれかの薬剤の QOL の平均値が異なる

なる仮説に対する検定を実施することができます．

```
proc glm data=MYDATA ;
  class GROUP ;
  model QOL = GROUP / ss3 ;
run ;
```

出力結果（抜粋）を次に示します．

変動因	自由度	Type III 平方和	平均平方	F 値	Pr > F
GROUP	2	163.3333333	81.6666667	6.71	0.0024

実行した結果，「Pr > F：0.0024」となっており，5% よりも小さくなっているので，得られた確率が小さく，「帰無仮説は間違っている」と結論づけ，3 つの薬剤について QOL の平均値に差がある（どの薬剤 QOL の平均値が他と違うかは分からない）と結論付けます．

同様の目的を果たす検定手法としてクラスカル・ウォリス検定があります．SAS では freq プロシジャでクラスカル・ウォリス検定を実施することができます．

```
proc freq data=MYDATA ;
  table  GROUP*QOL   / nopercent nocol cmh2 scores=rank ;
run ;
```

出力結果（抜粋）を次に示します．

Cochran-Mantel-Haenszel 統計量（順位スコアに基づく）

統計量	対立仮説	自由度	値	p 値
1	相関統計量	1	12.8773	0.0003
2	ANOVA 統計量	2	13.0396	0.0015

出力結果のうち「ANOVA 統計量」の p 値がクラスカル・ウォリス検定の結果です．

p 値は 0.0015 となっており，5% よりも小さくなっているので，得られた確率が小さく，「帰無仮説は間違っている」と結論づけ，3 つの薬剤について QOL の平均値に差がある（どの薬剤の QOL の平均値が他と違うかは分からない）と結論付けます．

改善ありの割合に関する一様性の検定

3つの薬剤（薬剤 A, B, C）について，改善ありの割合に差があるかどうかを検定する場合は χ^2 検定を実行します．freqプロシジャを用いることで，「改善ありの割合に差がない」と仮定し，

帰無仮説 H_0：全ての薬剤の改善ありの割合は同じ
対立仮説 H_1：どれかの薬剤の改善ありの割合が異なる

なる仮説に対する検定を実施することができます．

```
proc freq data=MYDATA ;
  table  GROUP*EVENT   / nopercent nocol chisq;
  format EVENT EVENTF. ;
run ;
```

出力結果（抜粋）を次に示します．

```
               GROUP * EVENT の統計量

統計量                              自由度        値      p 値
---------------------------------------------------------------
カイ 2 乗値                            2      7.0335    0.0297
尤度比カイ 2 乗値                      2      6.9517    0.0309
Mantel-Haenszel のカイ 2 乗値          1      5.1872    0.0228
ファイ係数                                    0.3424
一致係数                                      0.3239
Cramer の V 統計量                            0.3424
```

出力結果のうち「カイ 2 乗値」の p 値が χ^2 検定の結果です．

p 値は 0.0297 となっており，5% よりも小さくなっているので，得られた確率が小さく，「帰無仮説は間違っている」と結論づけ，3 つの薬剤について改善ありの割合に差がある（どの薬剤の改善ありの割合が他と違うかは分からない）と結論付けます．

3.7.5 薬剤間の効果の検討

前節で紹介した一様性の検定では「薬剤の効果（QOL の平均値，改善ありの割合）が全て同じかどうか」しか分からず，例えば「薬剤 A は薬剤 B よりも効果が大きいかどうか」「薬剤 C, B, A の順で効果が大きくなるかどうか」までは分かりません．薬剤間の効果の検討をざっくり行う場合は，グラフ（棒グラフ）や要約統計量，頻度集計の結果を見れば分かりますが，本節では検定により薬剤間の効果の検討を行う方法を見ていきます．

対比較の繰り返し

2つの薬剤間の比較に興味がある場合は，全ての薬剤の組み合わせに対して対比較（t検定やχ^2検定）を繰り返す方法があります．例えば，全ての薬剤の組み合わせに対してQOLの平均値に差があるかを検定する場合はttestプロシジャを用いてt検定を実行します．

```
proc ttest data=MYDATA ;
  where GROUP in ("A","B") ; class GROUP ; var QOL ;
proc ttest data=MYDATA ;
  where GROUP in ("A","C") ; class GROUP ; var QOL ;
proc ttest data=MYDATA ;
  where GROUP in ("B","C") ; class GROUP ; var QOL ;
run ;
```

結果（抜粋）は以下のようになります．「薬剤Aの平均値は薬剤Bの平均値よりも有意に大きい」「薬剤Aの平均値は薬剤Cの平均値よりも有意に大きい」「薬剤Bの平均値と薬剤Cの平均値は同じ」という結果となりました．

薬剤Aの平均値	薬剤Bの平均値	薬剤Cの平均値	t検定
6.5	4.0		p=0.0473
6.5		2.5	p=0.0006
	4.0	2.5	p=0.1485

また，全ての薬剤の組み合わせに対して改善ありの割合に差があるかどうかを検定する場合はfreqプロシジャを用いてχ^2検定を実行します．

```
proc freq data=MYDATA ;
  where GROUP in ("A","B") ; tables GROUP*EVENT / chisq ;
proc freq data=MYDATA ;
  where GROUP in ("A","C") ; tables GROUP*EVENT / chisq ;
proc freq data=MYDATA ;
  where GROUP in ("B","C") ; tables GROUP*EVENT / chisq ;
run ;
```

結果（抜粋）は以下のようになります．「薬剤Aの割合は薬剤Bの割合よりも有意に大きい」「薬剤Aの割合は薬剤Cの割合よりも有意に大きい」「薬剤Bの割合と薬剤Cの割合は同じ」という結果となりました．

薬剤 A 割合（対数オッズ）	薬剤 B 割合（対数オッズ）	薬剤 C 割合（対数オッズ）	χ^2 検定
60.0%（0.4055）	25.0%（-1.0986）		p=0.0252
60.0%（0.4055）		25.0%（-1.0986）	p=0.0252
	25.0%（-1.0986）	25.0%（-1.0986）	p=1.0000

　前節では「薬剤の効果が全て同じかどうか」を検定する方法，全ての薬剤の組み合わせに対して対比較を繰り返す方法を紹介しましたが，3つの薬剤の効果の関係をもう少し細かく見たい場合があります．例えば，「薬剤Aは薬剤Bよりも効果が高く，薬剤Bと薬剤Cは効果が同じ」であるかどうかを検定したい場合もあります．次節では，3つの薬剤の効果の関係を細かく見る方法である対比係数を用いた検定方法を紹介します．

対比係数を用いた比較

　興味のあるパラメータ（例えばQOLの平均値）の数がk個（$\mu_1,\cdots,\mu_k$），$C_1+\cdots+C_k=0$を満たす整数の係数（対比係数）を$C_1,\cdots,C_k$とします．このとき，

　　帰無仮説 $H_0: C_1\mu_1+\cdots+C_k\mu_k=0$

についての検定を「対比検定」と呼び，$C_1\mu_1+\cdots+C_k\mu_k$を「対比」と呼びます．対比検定を用いることで，例えば薬剤の種類とQOLの平均値の関係や，薬剤の種類と改善の有無の関係について検定を行うことができます．

　例えば，薬剤の種類とQOLの平均値が以下の関係になっているかどうかを調べることができます．

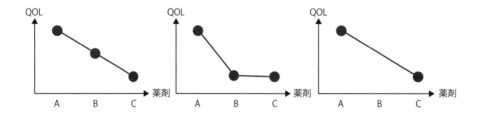

（1）　薬剤A，薬剤B，薬剤Cの順でだんだん下がるかどうか．
（2）　「薬剤Aと薬剤Bとの間に差がある＆薬剤Bと薬剤Cには差がない」かどうか．
（3）　薬剤Aと薬剤Cに差があるかどうか（薬剤Bは検討しない）．

　（1）〜（3）のような関係になっているかどうかを対比検定で調べる場合は，まず，（1）〜（3）のそれぞれに対応する対比係数を決める必要があります．対比係数を決める手順を，いくつかの例を通してみていきましょう．まず，各薬剤のQOLの平均値のパラメータをそれぞれ（μ_A，μ_B，μ_C）とし，対応する対比係数を（C_A，C_B，C_C）とします．対比係数は以下のルールで設定します．

1.　対象とする薬剤を決め，その対比係数について以下の2.〜6.の処理を行う．

2. 効果が一番小さい薬剤の係数をとりあえず1とする．
3. 2つの薬剤間で「差がない」とする場合は対比係数を同じ値とする．
4. 2つの薬剤間で「差がある」とする場合は対比係数を異なる値とする．
5. 対比係数の和が0（$C_A + C_B + C_C = 0$）であれば6に移り，0でない場合は対象としている対比係数の平均を求め，対象である対比係数から引き算する．
6. 対比係数が整数であれば以下の7.に移り，整数でない場合は対象としている対比係数が整数になるように定数倍する．
7. 対象としなかった薬剤の対比係数を0とする．

(1) 薬剤A，薬剤B，薬剤Cの順でだんだん下がるかどうか

- 対象とする薬剤は全ての薬剤とします．
- ルール2より，とりあえず薬剤Cの対比係数を1とします．
- 薬剤Cよりも薬剤Bの方が大きい（差がある）とするので，ルール4より薬剤Bの対比係数を（薬剤Cの1よりも大きい値である）2とします．
- 薬剤Bよりも薬剤Aの方が大きい（差がある）とするので，ルール4より薬剤Aの対比係数を（薬剤Bの2よりも大きい値である）3とします．
- $(C_A, C_B, C_C) = (3, 2, 1)$ となりましたが，対比係数の和が0でないので，ルール5より「C_A, C_B, C_Cの平均値をC_A, C_B, C_Cから引き算」します．「C_A, C_B, C_Cの平均値」は2ですので，引き算した結果は $(C_A, C_B, C_C) = (1, 0, -1)$ となります．
- ルール6と7は行う必要がないので，最終的な対比係数は $(C_A, C_B, C_C) = (1, 0, -1)$ となります．すなわち，

    帰無仮説 $H_0: \mu_A - \mu_C = 0$

    なる対比検定を行えば良いことになります．

(2) 「薬剤Aと薬剤Bとの間に差がある&薬剤Bと薬剤Cには差がない」かどうか

- 対象とする薬剤は全ての薬剤とします．
- ルール2より，とりあえず薬剤Cの対比係数を1とします．
- 薬剤Cと薬剤Bは同じ（差がない）とするので，ルール3より薬剤Bの対比係数を1とします．
- 薬剤Bよりも薬剤Aの方が大きい（差がある）とするので，ルール4より薬剤Aの対比係数を（薬剤Bの1よりも大きい値である）2とします．
- $(C_A, C_B, C_C) = (2, 1, 1)$ となりましたが，対比係数の和が0でないので，ルール5より「C_A, C_B, C_Cの平均値をC_A, C_B, C_Cから引き算」します．「C_A, C_B, C_Cの平均値」は4/3ですので，引き算した結果は $(C_A, C_B, C_C) = (2/3, -1/3, -1/3)$ となります．
- 上記対比係数は整数でないので，ルール6に従い，(C_A, C_B, C_C) を3倍してみますと $(C_A, C_B, C_C) = (2, -1, -1)$ となり，最終的な対比係数は $(C_A, C_B, C_C) = (2, -1, -1)$ となります．すなわち，

    帰無仮説 $H_0: 2\mu_A - \mu_B - \mu_C = 0$

    なる対比検定を行えば良いことになります．

(3) 薬剤 A と薬剤 C に差があるかどうか（薬剤 B は検討しない）

- 対象とする薬剤は薬剤 A と薬剤 C です．
- とりあえず薬剤 C の対比係数を 1 とします．
- 薬剤 C よりも薬剤 A の方が大きい（差がある）とするので，ルール 4 より薬剤 A の対比係数を（薬剤 C の 1 よりも大きい値である）2 とします．
- $(C_A, C_C) = (2, 1)$ となりましたが，対比係数の和が 0 でないので，ルール 5 より「C_A，C_C の平均値を C_A，C_C から引き算」します．「C_A，C_C の平均値」は 3/2 ですので，引き算した結果は $(C_A, C_C) = (1/2, -1/2)$ となります．
- 上記対比係数は整数でないので，ルール 6 に従い，(C_A, C_C) を 2 倍してみますと $(C_A, C_C) = (1, -1)$ となります．
- ルール 7 より，対象としなかった薬剤 B の対比係数を 0 とします．最終的な対比係数は $(C_A, C_B, C_C) = (1, 0, -1)$ となり，すなわち，

　　　　帰無仮説 $H_0: \mu_A - \mu_C = 0$

なる対比検定を行えば良いことになります．
※ (1) の対比係数と同じになったのは偶然です．

それでは，対比検定を用いて，薬剤の種類と QOL の平均値の関係と，薬剤の種類と改善の有無の関係について解析を行います．

平均値に関する対比検定

薬剤の種類と QOL の平均値の関係「(1) 薬剤 A，薬剤 B，薬剤 C の順でだんだん下がるかどうか」について対比検定を行います．平均値に関する対比検定を行う場合は mixed プロシジャを用います．まず，

　　　　QOL = β_1 × 薬剤 （切片 β_0 はなし）

という回帰モデルについて回帰分析を行い各パラメータの推定値を算出します．次に，mixed プロシジャの estimate ステートメントに対比係数を指定することで対比検定を行うことができます．

```
proc mixed data=MYDATA ;
  class    GROUP ;
  model    QOL = GROUP / solution noint ;
  estimate "対比検定" GROUP 1  0 -1 / e ;
run ;
```

出力結果のうちパラメータ推定値は以下となります．

			固定効果の解			
変動因	GROUP	推定値	標準誤差	自由度	t 値	Pr > |t|
GROUP	A	6.5000	0.7802	57	8.33	<.0001

GROUP	B	4.0000	0.7802	57	5.13	<.0001
GROUP	C	2.5000	0.7802	57	3.20	0.0022

各薬剤のパラメータ推定値は($\hat{\mu}_A, \hat{\mu}_B, \hat{\mu}_C$) = (6.5, 4.0, 2.5)となっており，各薬剤のQOLの平均値と一致していることが確認できました．対比係数を指定する際は，このパラメータ推定値の上から順番に割り当てていきます．この場合は，estimateステートメントで変数GROUPに係数「1 0 −1」を指定しましたので，結果として(C_A, C_B, C_C) = (1, 0, −1)を指定しているはずです．念のため，指定した結果が目的の通りになっているかを確認します[29]．

	対比検定 に対する係数	
変動因	GROUP	Row1
GROUP	A	1
GROUP	B	
GROUP	C	−1

対比係数(C_A, C_B, C_C)は(1, 0, −1)となっていますので（空白部分は0），対比係数は正しく指定できています．よって，以下の帰無仮説：

帰無仮説 H_0： $\mu_A - \mu_C = 0$

に対する対比検定を行うことになります．対比検定の結果を確認します．

	推定値				
ラベル	推定値	標準誤差	自由度	t 値	Pr > |t|
対比検定	4.0000	1.1034	57	3.63	0.0006

上記の推定値は「$\hat{\mu}_A - \hat{\mu}_B$」の値が表示されており，「Pr > |t|」で「帰無仮説 H_0：$\mu_A - \mu_C = 0$」に関する検定を行ったp値が出ています．結果は「Pr > |t|：0.0006」となっており，5%よりも小さくなっているので「帰無仮説が間違っている」⇒「(1)薬剤A，薬剤B，薬剤Cの順でだんだん下がる」と結論付けます．

ちなみに，推定値は「4.0」となっていますが，パラメータ推定値「薬剤A：6.5，薬剤B：4.0，薬剤C：2.5」から「$\hat{\mu}_A - \hat{\mu}_B$」の推定値を手で計算すると

$1 \times 6.5 - 0 \times 4.0 - 1 \times 2.5 = 4.0$

となり，上記の対比検定の結果として得られた推定値「4.0」と一致します．この結果から，対比係数を正しく指定したことが確認できます．

また，対比係数を(C_A, C_B, C_C) = (1, 0, −1)と指定した場合，「(3) 薬剤Aと薬剤Cに差があるかどうか（薬剤Aと薬剤Cの対比較）」に対する対比係数にもなっていましたが，結果は「Pr > |t|：

---

[29] solutionステートメントの「/」（スラッシュ）の後にeオプションをつけることで，各母数に割り当てた対比係数が表示されます．

0.0006」となっており，5％よりも小さくなっているので「帰無仮説が間違っている」⇒「(3) 薬剤AとCに差がある」と結論付けます．ちなみに，前節の「薬剤Aと薬剤Cの対比較」の結果（p = 0.0006）とも一致しています．

割合に関する対比検定

薬剤の種類と改善の有無の関係「(1) 薬剤A，薬剤B，薬剤Cの順でだんだん下がるかどうか」について対比検定を行います．薬剤の種類と改善の有無の関係について対比検定を行う場合はlogisticプロシジャを用います．まず，

改善の有無の対数オッズ $= \beta_1 \times$ 薬剤 （切片 β_0 はなし）

というロジスティック回帰モデルについてロジスティック回帰分析を行い各パラメータの推定値を算出します．次に，logisticプロシジャのcontrastステートメントに対比係数を指定することで対比検定を行うことができます．

```
proc logistic data=MYDATA order=internal ;
  class    GROUP EVENT / param=glm ;
  model    EVENT = GROUP / noint expb ;
  contrast "対比検定" GROUP 1  0 -1 / e ;
  format   EVENT EVENTF. ;
run ;
```

出力結果のうちパラメータ推定値は以下となります．

		最大尤度推定値の分析				
パラメータ	自由度	推定値	標準誤差	Wald カイ2乗	Pr > ChiSq	Exp（推定値）
GROUP A	1	0.4055	0.4564	0.7891	0.3744	1.500
GROUP B	1	-1.0986	0.5164	4.5261	0.0334	0.333
GROUP C	1	-1.0986	0.5164	4.5261	0.0334	0.333

各薬剤のパラメータ推定値は $(\hat{\mu}_A, \hat{\mu}_B, \hat{\mu}_C) = (0.4055, -1.0986, -1.0986)$ となっており，各薬剤の対数オッズと一致していることが確認できました．対比係数を指定する際は，このパラメータ推定値の上から順番に割り当てていきます．この場合は，estimateステートメントで変数GROUPに係数「1 0 －1」を指定しましたので，結果として $(C_A, C_B, C_C) = (1, 0, -1)$ を指定しているはずです．念のため，指定した結果が目的の通りになっているかを確認します[30]．

---

[30] solutionステートメントの「/」（スラッシュ）の後にeオプションをつけることで，各母数に割り当てた対比係数が表示されます．SASが何故かInterceptが表示されていますが，気にしなくて良いでしょう．

3.7 3つ以上の薬剤間の比較

```
            対比係数 対比検定

    パラメータ           Row1
    Intercept            0
    GROUPA               1
    GROUPB               0
    GROUPC              -1
```

対比係数 (C_A, C_B, C_C) は (1, 0, − 1) となっていますので（空白部分は 0），対比係数は正しく指定できています．よって，以下の帰無仮説：

帰無仮説 H_0：$\mu_A - \mu_C = 0$ （薬剤 C に対する薬剤 A の対数オッズ比 =0）

に対する対比検定を行うことになります．対比検定の結果を確認します．

```
            対比検定の結果

                      Wald
    対比     自由度   カイ 2 乗   Pr > ChiSq
    対比検定    1      4.7626      0.0291
```

上記の推定値は「$\hat{\mu}_A - \hat{\mu}_B$」の値が表示されており，「Pr > Chisq」で「帰無仮説 H_0：$\mu_A - \mu_C = 0$」に関する検定を行った p 値が出ています．結果は「Pr > Chisq：0.0291」となっており，5% よりも小さくなっているので「帰無仮説が間違っている」⇒「(1) 薬剤 A，薬剤 B，薬剤 C の順でだんだん下がる」と結論付けます．

ちなみに，対比係数を用いて傾向性の検定を行いましたが，freq プロシジャの trend オプションでコクラン・アーミテージ検定による傾向性検定を行うことができます．

```
proc freq data=MYDATA ;
  table  GROUP*EVENT / trend ;
  format EVENT EVENTF. ;
run ;
```

出力結果（抜粋）は次のようになります．

```
         GROUP * EVENT の統計量

      Cochran-Armitage 傾向検定
      -----------------------
        統計量 (Z)    -2.2968
        片側 Pr < Z    0.0108
        両側 Pr > |Z|  0.0216
```

〔参考〕対比係数の指定方法の補足

複数の対比係数を同時に指定することもできます.

```
proc mixed data=MYDATA ;
  class    GROUP ;
  model    QOL = GROUP / solution ;
  estimate "対比検定" GROUP 2 -1 -1 / e ;
  estimate "対比検定" GROUP 1  0 -1 / e ;
run ;
```

また,対比検定を行う際,簡単のために切片を除いたモデルを用いましたが,切片を入れたモデルに対して対比検定を行うこともできます.例えば,

$$QOL = \beta_0 + \beta_1 \times 薬剤$$

という回帰モデルについて回帰分析を行い各パラメータの推定値を算出した後,mixedプロシジャのestimateステートメントに対比係数を指定します.

```
proc mixed data=MYDATA ;
  class    GROUP ;
  model    QOL = GROUP / solution ;
  estimate "対比検定"   INT    0
                     GROUP 1  0 -1 / e ;
run ;
```

出力結果のうちパラメータ推定値を次に示します.

固定効果の解

変動因	GROUP	推定値	標準誤差	自由度	t値	Pr > |t|
Intercept		2.5000	0.7802	57	3.20	0.0022
GROUP	A	4.0000	1.1034	57	3.63	0.0006
GROUP	B	1.5000	1.1034	57	1.36	0.1794
GROUP	C	0	.	.	.	.

各薬剤のQOLの平均値のパラメータ推定値は ($\hat{\mu}_A, \hat{\mu}_B, \hat{\mu}_C$) = (6.5, 4.0, 2.5) となっています.対比係数を指定する際は,このパラメータ推定値の上から順番に割り当てていきます.上記のプログラムでは,estimateステートメントで変数INT(切片)に係数「0」を,変数GROUPに係数「1 0 －1」を指定しましたので,結果として (C_A, C_B, C_C) = (1, 0, －1) を指定していることに相当します.念のため,指定した結果が目的の通りになっているかを確認します.

対比検定 に対する係数

変動因	GROUP	Row1
Intercept		
GROUP	A	1
GROUP	B	
GROUP	C	-1

対比係数 (C_A, C_B, C_C) は (1, 0, −1) となっていますので（空白部分は 0），対比係数は正しく指定できています．対比検定の結果は先ほどと同じです．

推定値

ラベル	推定値	標準誤差	自由度	t 値	Pr > |t|
対比検定	4.0000	1.1034	57	3.63	0.0006

ちなみに，対比係数を何も指定しない変数の対比係数は自動的に「0」と設定されますので，上記のプログラムは以下のように簡略化して（変数 INT の指定を省いて）書くこともできます．結果は同様です．

```
proc mixed data=MYDATA ;
  class    GROUP ;
  model    QOL = GROUP / solution ;
  estimate "対比検定" GROUP 1  0 -1 / e ;
run ;
```

〔参考〕Cox 回帰分析における対比検定

phreg プロシジャにより，Cox 回帰分析モデル：

$$h(t) = h_0(t) \times \exp\{ \beta_1 \times 薬剤 \}$$

を用いて対比検定を行うこともできます．phreg プロシジャの各パラメータの推定値はある薬剤に対する対数ハザード比になっている点に注意し，contrast ステートメントに対比係数を指定することで対比検定を行うことができます．

```
proc phreg data=MYDATA;
  class    GROUP ;
  model    DAY * EVENT(2) = GROUP / ties=exact;
  contrast "対比検定" GROUP 1 -1 / e ;
run ;
```

ある層に関する対比検定

対比係数と交互作用項を上手く用いることで，ある層に絞った上で，薬剤の種類とQOLの平均値の関係や，薬剤の種類と改善の有無の関係など，様々な関係に対する対比検定を行うことができます．

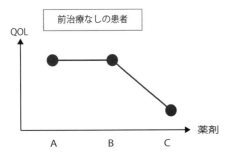

最初の例として『前治療なしの患者に絞った上で「薬剤Aと薬剤Bとの間に差がない＆薬剤Bと薬剤Cには差がある」かどうか』を調べることを考えます．

$$QOL = \beta_1 \times 薬剤 \times 前治療の有無 \quad (切片\beta_0はなし)$$

という回帰モデルについて回帰分析を行い各パラメータの推定値を算出します．次に，mixedプロシジャのestimateステートメントに対比係数を指定することで対比検定を行うことができます．

```
proc mixed data=MYDATA ;
  class    GROUP PREDRUG ;
  model    QOL = GROUP*PREDRUG / solution noint ;
  estimate "前治療なしの層"
           GROUP*PREDRUG 1 0 1 0 -2 0 / e ;
run ;
```

出力結果のうちパラメータ推定値を次に示します．上から順番に $\hat{\mu}_{A無}$，$\hat{\mu}_{A有}$，$\hat{\mu}_{B無}$，$\hat{\mu}_{B有}$，$\hat{\mu}_{C無}$，$\hat{\mu}_{C有}$ とおきます．

固定効果の解

変動因	GROUP	PREDRUG	推定値	標準誤差	自由度	t 値	Pr > |t|
GROUP*PREDRUG	A	NO	7.4000	0.7752	54	9.55	<.0001
GROUP*PREDRUG	A	YES	3.8000	1.3427	54	2.83	0.0065
GROUP*PREDRUG	B	NO	8.8000	1.3427	54	6.55	<.0001
GROUP*PREDRUG	B	YES	2.4000	0.7752	54	3.10	0.0031
GROUP*PREDRUG	C	NO	3.0000	0.9495	54	3.16	0.0026
GROUP*PREDRUG	C	YES	2.0000	0.9495	54	2.11	0.0398

3.7 3つ以上の薬剤間の比較

まず，パラメータ推定値が上から順に

- 薬剤 A & 前治療なしの QOL の平均値
- 薬剤 A & 前治療ありの QOL の平均値
- 薬剤 B & 前治療なしの QOL の平均値
- 薬剤 B & 前治療ありの QOL の平均値
- 薬剤 C & 前治療なしの QOL の平均値
- 薬剤 C & 前治療ありの QOL の平均値

と一致していることを確認します．次に，パラメータ推定値に対応する対比係数を $C_{A無}$, $C_{A有}$, $C_{B無}$, $C_{B有}$, $C_{C無}$, $C_{C有}$ とし，前節で紹介した対比係数作成ルールを使って，『前治療なしの患者に絞った上で「薬剤 A と薬剤 B との間に差がある & 薬剤 B と薬剤 C には差がない」かどうか』を調べるための対比係数を作ってみましょう．

- 対象は前治療なしの薬剤 A, B, C ですので，対比係数 $C_{A無}$, $C_{B無}$, $C_{C無}$ を対象とします．
- ルール 2 より，とりあえず薬剤 C の対比係数を 1 とします．
- 薬剤 C よりも薬剤 B の方が大きい（差がある）とするので，ルール 3 より薬剤 B の対比係数を（薬剤 C の 1 よりも大きい値である）2 とします．
- 薬剤 B と薬剤 A は同じ（差がない）とするので，ルール 4 より薬剤 A の対比係数を 2 とします．
- $(C_{A無}, C_{B無}, C_{C無}) = (2, 2, 1)$ となりましたが，対比係数の和が 0 でないので，ルール 5 より「$C_{A無}$, $C_{B無}$, $C_{C無}$ の平均値を $C_{A無}$, $C_{B無}$, $C_{C無}$ から引き算」します．「$C_{A無}$, $C_{B無}$, $C_{C無}$ の平均値」は 5/3 ですので，引き算した結果は $(C_{A無}, C_{B無}, C_{C無}) = (1/3, 1/3, -2/3)$ となります．
- 上記対比係数は整数でないので，ルール 6 に従い，$(C_{A無}, C_{B無}, C_{C無})$ を 3 倍してみますと $(C_{A無}, C_{B無}, C_{C無}) = (1, 1, -2)$ となります．
- ルール 7 より，対象としなかった対比係数を 0 とし，最終的な対比係数は $(C_{A無}, C_{A有}, C_{B無}, C_{B有}, C_{C無}, C_{C有}) = (1, 0, 1, 0, -2, 0)$ となり，

  帰無仮説 $H_0 : C_{A無} + C_{B無} - 2C_{C無} = 0$

なる対比検定を行えば良いことになります．

念のため，指定した結果が目的の通りになっているかを確認します．

	前治療なしの層 に対する係数		
変動因	GROUP	PREDRUG	Row1
GROUP*PREDRUG	A	NO	1
GROUP*PREDRUG	A	YES	
GROUP*PREDRUG	B	NO	1
GROUP*PREDRUG	B	YES	
GROUP*PREDRUG	C	NO	−2
GROUP*PREDRUG	C	YES	

対比係数は正しく指定できています．よって，以下の帰無仮説：

帰無仮説 $H_0: C_{A無} + C_{B無} - 2C_{C無} = 0$

に対する対比検定を行うことになります．対比検定の結果を確認します．

	推定値				
ラベル	推定値	標準誤差	自由度	t 値	Pr > |t|
前治療なしの層	10.2000	2.4515	54	4.16	0.0001

上記の推定値は「$\hat{\mu}_{A無} + \hat{\mu}_{B無} - 2\hat{\mu}_{C無}$」の値が表示されており，「Pr > |t|」で「帰無仮説 H_0：$C_{A無} + C_{B無} - 2C_{C無} = 0$」に関する検定を行ったp値が出ています．結果は「Pr > |t|：0.0001」となっており，5%よりも小さくなっているので，帰無仮設が間違っている⇒「前治療なしの患者について，薬剤Aと薬剤Bとの間に差がない＆薬剤Bと薬剤Cには差がある」と結論付けます．

ちなみに，推定値は「10.2」となっていますが，パラメータ推定値「薬剤A：7.4，薬剤B：8.8，薬剤C：3.0」から「$\hat{\mu}_{A無} + \hat{\mu}_{B無} - 2\hat{\mu}_{C無}$」の推定値を手で計算すると

$1 \times 7.4 + 1 \times 8.8 - 2 \times 3.0 = 10.2$

となり，上記の対比検定の結果として得られた推定値「10.2」と一致します．この結果から，対比係数を正しく指定したことが確認できます．

同様に，薬剤の種類と改善の有無の関係についても同様の対比検定を行うことができます．

改善の有無の対数オッズ $= \beta_1 \times$ 薬剤 $\times$ 前治療の有無 （切片 β_0 はなし）

というロジスティック回帰モデルについてロジスティック回帰分析を行い各パラメータの推定値を算出します．次に，logisticプロシジャのcontrastステートメントに対比係数を指定することで対比検定を行うことができます．

```
proc logistic data=MYDATA order=internal ;
  class    GROUP EVENT PREDRUG / param=glm ;
  model    EVENT = GROUP*PREDRUG / noint expb ;
  contrast "前治療なしの層"
           GROUP*PREDRUG 1 0 1 0 -2 0 / e ;
  format   EVENT EVENTF. ;
run ;
```

出力結果のうちパラメータ推定値を次に示します．上から順番に $\hat{\mu}_{A無}$, $\hat{\mu}_{A有}$, $\hat{\mu}_{B無}$, $\hat{\mu}_{B有}$, $\hat{\mu}_{C無}$, $\hat{\mu}_{C有}$とおきます．

最大尤度推定値の分析

パラメータ	自由度	推定値	標準誤差	Wald カイ2乗	Pr > ChiSq
GROUP*PREDRUG A NO	1	0.6931	0.5477	1.6015	0.2057
GROUP*PREDRUG A YES	1	-0.4055	0.9129	0.1973	0.6569
GROUP*PREDRUG B NO	1	0.4055	0.9129	0.1973	0.6569
GROUP*PREDRUG B YES	1	-1.8718	0.7596	6.0730	0.0137
GROUP*PREDRUG C NO	1	-0.8473	0.6901	1.5076	0.2195
GROUP*PREDRUG C YES	1	-1.3863	0.7906	3.0749	0.0795

まず，パラメータ推定値が上から順に

- 薬剤A＆前治療なしの対数オッズ
- 薬剤A＆前治療ありの対数オッズ
- 薬剤B＆前治療なしの対数オッズ
- 薬剤B＆前治療ありの対数オッズ
- 薬剤C＆前治療なしの対数オッズ
- 薬剤C＆前治療ありの対数オッズ

と一致していることを確認します．次に，パラメータ推定値に対応する対比係数を $(C_{A無}, C_{A有}, C_{B無}, C_{B有}, C_{C無}, C_{C有})$ とし，前節で作成した対比係数 $(1, 0, 1, 0, -2, 0)$ を用いて，対数オッズに関する帰無仮説：

帰無仮説 $H_0 : C_{A無} + C_{B無} - 2C_{C無} = 0$

に対する検定を行います．念のため，指定した結果が目的の通りになっているかを確認します．

対比係数 前治療なしの層

パラメータ	Row1
Intercept	0
GROUPA PREDRUGNO	1
GROUPA PREDRUGYES	0
GROUPB PREDRUGNO	1
GROUPB PREDRUGYES	0
GROUPC PREDRUGNO	-2
GROUPC PREDRUGYES	0

対比係数は正しく指定できています．よって，以下の帰無仮説：

帰無仮説 $H_0 : C_{A無} + C_{B無} - 2C_{C無} = 0$

に対する対比検定を行うことになります．対比検定の結果を次に示します．

	対比検定の結果		
対比	自由度	Wald カイ2乗	Pr > ChiSq
前治療なしの層	1	2.5681	0.1090

「Pr > Chisq」で「帰無仮説 H_0：$C_{A無} + C_{B無} - 2C_{C無} = 0$」に関する検定を行った p 値が出ています．結果は「Pr > Chisq：0.1090」となっており，5% よりも大きくなっているので，帰無仮説が間違っていない⇒「前治療なしの患者について，薬剤 A と薬剤 B との間に差がない＆薬剤 B と薬剤 C には差がある」という関係はないと結論付けます．

〔参考〕マニアックな対比係数の指定方法

先ほど『前治療なしの患者に絞った上で「薬剤 A と薬剤 B との間に差がない＆薬剤 B と薬剤 C には差がある」かどうか』を調べるために

$$QOL = \beta_1 \times 薬剤 \times 前治療の有無 \quad (切片 \beta_0 はなし)$$

という回帰モデルに対して対比検定を行いました．

```
proc mixed data=MYDATA ;
  class    GROUP PREDRUG ;
  model    QOL = GROUP*PREDRUG / solution noint ;
  estimate "前治療なしの層"
           GROUP*PREDRUG 1 0 1 0 -2 0 / e ;
run ;
```

出力結果は次のようになりました．

	推定値				
ラベル	推定値	標準誤差	自由度	t 値	Pr > |t|
前治療なしの層	10.2000	2.4515	54	4.16	0.0001

上記の推定値は「$\hat{\mu}_{A無} + \hat{\mu}_{B無} - 2\hat{\mu}_{C無}$」の値が表示されていますが，例えば，「$(\hat{\mu}_{A無} + \hat{\mu}_{B無} - 2\hat{\mu}_{C無}) \div 2$」の値を推定したい場合は divisor オプションに 2 を指定します．

```
proc mixed data=MYDATA ;
  class    GROUP PREDRUG ;
  model    QOL = GROUP*PREDRUG / solution noint ;
  estimate "前治療なしの層"
           GROUP*PREDRUG 1 0 1 0 -2 0 / divisor=2 ;
run ;
```

出力結果は以下のようになります.

		推定値			
ラベル	推定値	標準誤差	自由度	t 値	Pr > |t|
前治療なしの層	5.1000	1.2258	54	4.16	0.0001

また,薬剤の種類と改善の有無の関係について考察するために

$$\text{改善の有無の対数オッズ} = \beta_1 \times \text{薬剤} \times \text{前治療の有無} \quad (\text{切片 } \beta_0 \text{はなし})$$

というロジスティック回帰モデルに対して対比検定を行い,以下のパラメータ推定値が得られました.

		最大尤度推定値の分析			
パラメータ	自由度	推定値	標準誤差	Wald カイ 2 乗	Pr > ChiSq
GROUP*PREDRUG A NO	1	0.6931	0.5477	1.6015	0.2057
GROUP*PREDRUG A YES	1	−0.4055	0.9129	0.1973	0.6569
GROUP*PREDRUG B NO	1	0.4055	0.9129	0.1973	0.6569
GROUP*PREDRUG B YES	1	−1.8718	0.7596	6.0730	0.0137
GROUP*PREDRUG C NO	1	−0.8473	0.6901	1.5076	0.2195
GROUP*PREDRUG C YES	1	−1.3863	0.7906	3.0749	0.0795

上から順番に $\hat{\mu}_{A無}, \hat{\mu}_{A有}, \hat{\mu}_{B無}, \hat{\mu}_{B有}, \hat{\mu}_{C無}, \hat{\mu}_{C有}$ とおきます.さて,マニアックな考察の例として,『各薬剤の「前治療ありに対する前治療なしの対数オッズ比」について「薬剤 A と薬剤 B との間に差がない & 薬剤 B と薬剤 C には差がある」かどうか』を調べることを考えます.

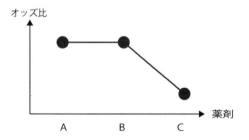

出力されたパラメータ推定値に対応する対比係数を $(C_{A無}, C_{A有}, C_{B無}, C_{B有}, C_{C無}, C_{C有})$ とします.まず,『薬剤 A の「前治療ありに対する前治療なしの対数オッズ比」』は,薬剤 A の「前治療なしの対数オッズ」と薬剤 A の「前治療ありの対数オッズ」の差となっているので,『薬剤 A の「前治療ありに対する前治療なしの対数オッズ比」が 0 かどうか』を検定するための対比係数は

(A)　　$(1, -1, 0, 0, 0, 0)$

となります.同様に,薬剤 B と薬剤 C の「前治療ありに対する前治療なしの対数オッズ比」は

(B)　　$(0, 0, 1, -1, 0, 0, 0, 0)$
(C)　　$(0, 0, 0, 0, 1, -1)$

となります．この対数オッズ比に関して『用量が高くなるにつれて「対数オッズ」が増えるかどうか』を調べる場合は，対比係数を

$$1 \times (A) + 1 \times (B) - 2 \times (C)$$

とすれば良いので，最終的に対比係数を

$(1, -1, 1, -1, -2, 2)$

とすれば，『各薬剤の「前治療ありに対する前治療なしの対数オッズ比」について「薬剤 A と薬剤 B との間に差がない＆薬剤 B と薬剤 C には差がある」かどうか』を調べることができます．

```
proc logistic data=MYDATA order=data ;
  class    GROUP EVENT PREDRUG / param=glm ;
  model    EVENT = GROUP*PREDRUG / noint expb ;
  contrast "対数オッズ比に関する傾向性検定"
           GROUP*PREDRUG 1 -1 1 -1 -2 2 / e ;
run ;
```

出力結果（抜粋）は以下のようになり，帰無仮説は棄却されません．

対比検定の結果

対比	自由度	Wald カイ2乗	Pr > ChiSq
対数オッズ比に関する傾向性検定	1	0.7599	0.3833

3.7.6　多重比較の基礎

ここで「検定」の手順を再掲します．

1. 比較の枠組みを決める．
2. 比較するものの間に差がないという仮説（帰無仮説 H_0）を立てる．
3. 帰無仮説とは裏返しの仮説（対立仮説 H_1）を立てる．
4. 帰無仮説が成り立つという条件の下で，手元にあるデータが起こる確率（p 値）を計算する．
5. 計算した確率が非常に小さい場合は「珍しいデータが得られた」と考えるのではなく「帰無仮説 H_0（差がないという仮説）が間違っている」と考え，対立仮説 H_1 が正しいと結論付ける．
6. 計算した確率が小さくない場合は「帰無仮説 H_0 が間違っている」と結論付けることが出来ないので「帰無仮説 H_0 が正しい」と考える．

さて，検定を行う際は以下の2種類のerrorに注意する必要があります．

Type I error（α） 本当は帰無仮説H_0は正しいが，検定の結果「帰無仮説H_0が間違っている」とする確率．

Type II error（β） 本当は帰無仮説H_0は間違いだが，検定の結果「帰無仮説H_0が正しい」とする確率．

上記に関連したものとして「有意水準」と「検出力」とがあります．検定では，帰無仮説H_0が正しいのに，検定の結果，帰無仮説H_0が間違っているとするのは良くないと考え，有意水準αの値は小さい値（例えば5%）で固定します．その上で，検出力$1 - \beta$がなるべく大きくなるようにします．

有意水準（α） 検定の結果，p値が大きい（帰無仮説H_0は正しい）か小さい（帰無仮説H_0は間違い）かを決めるボーダーライン．

検出力（1–β） 本当は帰無仮説H_0が間違っているときに，検定の結果，正しく「帰無仮説H_0が間違っている」と判定する確率．

本章冒頭の表「うつ病患者への治療データ」について，薬剤間でQOLの平均値に差があるかどうかを検定する場合，薬剤の種類は3種類あるので，例えば以下のような比較の組み合わせを考えることができます．

1. 薬剤Cとの比較のみに興味がある場合は，「薬剤A vs 薬剤C」「薬剤B vs 薬剤C」の2種類の比較ができます．
2. 全ての比較結果について興味がある場合は，「薬剤A vs 薬剤B」「薬剤A vs 薬剤C」「薬剤B vs 薬剤C」の3種類の比較ができます．

1回の検定を行う場合にType I errorを起こす確率は，αを5%とすると5%となりますが，上記2「全ての比較結果について興味がある場合」に3回の検定を行う場合は，少なくとも1回Type I errorを起こす確率は，αを5%とすると

少なくとも1回Type I errorを起こす確率
= 1 −（1回もType I errorを起こさない確率）
= $1 - (1 - \alpha)^3 = 1 - (1 - 0.05)^3 = 0.1426 \fallingdotseq 14.3\%$

となり，確率は14.3%となります．これでは「検定」の手順5の「得られた確率が非常に小さい場合」に合致するかどうかがあやしくなってきます．

ここで，検定回数と「少なくとも1回Type I errorを起こす確率」との関係を表す表を紹介します．この表から分かる通り，検定を10回やれば40%の確率で「少なくとも1回Type I errorを起こす」ことになり，50回やれば，ほぼ確実に「少なくとも1回Type I errorを起こす」ことになってしまいます．この「1回の検定のType I error」は5%だが「一連の検定のType I error」が5%よりも大きくなってしまうというこの問題は「多重性の問題」と呼ばれます．

検定回数	少なくとも1回 Type I error を起こす確率
1	5.0%
2	9.8%
3	14.3%
:	:
5	22.6%
:	:
10	40.1%
:	:
50	92.3%

　もし，1つのデータに対して複数回検定を行う際に，計画している検定をすべて行ったとしても Type I error が 5% 以下になるようにしたい場合，すなわち複数回の検定全体で「少なくとも1回 Type I error を起こす」確率を 5% に調節したい場合は，検定1回あたりの有意水準 α を 5% よりも小さくして検定を行う必要があります．本節では，「多重性の問題」を解消するために，検定1回あたりの有意水準 α を調節する方法（多重性の調整方法）を紹介します．

固定順検定

　QOL の平均値を薬剤間で複数回検定することを考えます．ここでは薬剤 C との比較のみに興味がある，すなわち，

1. 薬剤 A vs 薬剤 C
2. 薬剤 B vs 薬剤 C

の 2 種類の比較に興味がある場合を考えます．ここで，検定の順序を以下のようにあらかじめ決めておきます．

1. 「薬剤 A vs 薬剤 C」の検定を行い，有意差があった場合のみ 2 に進む（$\alpha = 5\%$）．
2. 「薬剤 B vs 薬剤 C」の検定を行う（$\alpha = 5\%$）．

　上記のように「有意差があった場合のみ次の検定を行う」という手順を「固定順検定」といいます．1 回の検定の有意水準 α を 5% にしているので，全体の有意水準（少なくとも 1 回 Type I error を起こす確率）が 5% を超えてしまうのではないかという懸念がありますが，「まず 1 番目の検定を行い，有意差があった場合のみ 2 番目の検定を行う」のがミソで，こうすることにより，1 回の検定の有意水準 α を 5% にしたとしても，全体の有意水準も 5% に抑えられることが知られています．逆に，「有意差があった場合のみ 2 番目の検定を行う」ことをせずに，2 つの検定を行った場合は，1 回の検定の有意水準 α を調整（5% よりも小さく）する必要が出てきます．

　さて，「固定順検定」の手順を行うために「薬剤 A vs 薬剤 C」「薬剤 B vs 薬剤 C」を行う場合は，

mixedプロシジャで実行するのがお手軽です[31].

```
proc mixed data=MYDATA ;
  class    GROUP ;
  model    QOL = GROUP / solution ;
  lsmeans  GROUP / diff=control("C") ;
run ;
```

出力結果（抜粋）は次のようになります．lsmeans ステートメント[32]の「/」（スラッシュ）の後に「diff=control("C")」とすることで，薬剤 C に対する比較を行います[33].

最小 2 乗平均の差

変動因	GROUP	_GROUP	推定値	標準誤差	自由度	t 値	Pr > |t|
GROUP	A	C	4.0000	1.1034	57	3.63	0.0006
GROUP	B	C	1.5000	1.1034	57	1.36	0.1794

解釈する手順は次の通りです.

1. 「薬剤 A vs 薬剤 C」の検定結果は「GROUP　A　C」に表示されており，「Pr > |t|：0.0006」となっており（α = 5%），群間差（薬剤 A －薬剤 C）が「4.0000」となっているので，有意差がみられています．よって，次の検定を行います．
2. 「薬剤 B vs 薬剤 C」の検定結果は「GROUP　B　C」に表示されており，「Pr > |t|：0.1794」となっており（α = 5%），有意差はみられていません.
※ もし「薬剤 A vs 薬剤 C」の検定の結果，有意差が無かった場合は，それ以降の検定は全て行わずに，「薬剤 A vs 薬剤 C」の p 値をそれ以降の p 値としてコピーするのがしきたりです．例えば，仮に「薬剤 A vs 薬剤 C」の検定の結果，p 値が 0.3333 であった場合は，「薬剤 B vs 薬剤 C」の検定は行わずに，「薬剤 B vs 薬剤 C」の p 値を 0.3333 としてレポートします．

上記の「固定順検定」の手順は，対比係数を使って対比検定を行うことでも実行できます．

```
proc mixed data=MYDATA ;
  class    GROUP ;
  model    QOL = GROUP / solution noint ;
  estimate "A vs C" GROUP 1  0 -1 ;
  estimate "B vs C" GROUP 0  1 -1 ;
run ;
```

---

[31] ここでは QOL の平均値の比較の例を挙げていますが，2 値データ（例えば「改善の有無」の場合も「固定順検定」の手順で解析することができます．

[32] lsmeans となっているので調整済み平均値を求めているように見えますが，説明変数には薬剤の種類（GROUP）のみないので，実際には普通の平均値を求めています．

[33] 全ての薬剤の組み合わせに関する対比較を行う場合は「diff=all」とします．

出力結果（抜粋）は次のようになります．解釈する手順は先ほどと同様です．

推定値

ラベル	推定値	標準誤差	自由度	t 値	Pr > |t|
A vs C	4.0000	1.1034	57	3.63	0.0006
B vs C	1.5000	1.1034	57	1.36	0.1794

ボンフェローニの方法とシダックの方法

「固定順検定」のように検定の順番を決めずに複数回の検定を行う場合は，例えば以下の方法で調整を行う必要が出てきます．

- 1回ごとの検定で求まった p 値を調整する．
- 1回ごとの検定における有意水準 α（5%）を調整する．

上記の方法のどちらを採用しても，「有意差あり／なし」は同じ結果となります．

ここではボンフェローニ（Bonferroni）の方法とシダック（Sidak）の方法を紹介します．検定回数を k 回，i 回目の検定結果の p 値を p_i（$1 \leq i \leq k$），調整した p 値（$\hat{p}_i$ とする）は次の式で算出されます．

ボンフェローニの方法　　　$\hat{p}_i = k p_i$　　　　　　　（1 を超えた場合は 1）

シダックの方法　　　$\hat{p}_i = 1 - (1 - p_i)^k$　　（1 を超えた場合は 1）[34]

手計算で算出しても良いのですが，SAS の multtest プロシジャに bon, sid オプションを指定して調整した p 値を計算することもできます（k = 2 の場合）[35]．

```
data PVALUE ;
  input TEST $ RAW_P ;
  cards ;
    AvsC 0.0006
    BvsC 0.1794
  ;
run ;

proc multtest pdata=PVALUE bon sid out=OUTDATA ;
run ;

proc print data=OUTDATA ;
```

[34] シダックの方法は，検定が独立でない場合は，全体の Type I error を上手く調整できない場合があります．ボンフェローニの方法は，検定が独立であってもなくても，全体の Type I error を上手く調整することができます．

[35] 他にも，逐次棄却法であるホルムの方法（ボンフェローニ・ホルムの方法；stepbon オプション）やシダック・ホルムの方法（stepsid オプション）を選択することもできます．ホルムの方法の詳しい解説については永田，吉田（1997）や Randall et al.（1999）を参照してください．

```
run ;
```

OUTDATAというデータセットに調整したp値の結果が格納されています．ここではp値を調整しているので，調整したp値（Bonferroni, Sidak）がα（5%）よりも大きいかどうかで「有意差あり／なし」を判断します．

```
                    p-Values

      Test      Raw     Bonferroni    Sidak
       1      0.0006     0.0012      0.0012
       2      0.1794     0.3588      0.3266
```

TEST　　　　　どの薬剤間の比較であるかを表しています．
Raw　　　　　調整前のp値です．
Bonferroni　　ボンフェローニの方法で調整したp値です．
Sidak　　　　 シダックの方法で調整したp値です．

次に，SASのマクロ変数に調整したαを代入し，調整したα（5%よりも小さい）を使って多重性を考慮した検定とその同時信頼区間を求めることもできます．ボンフェローニ（Bonferroni）の方法とシダック（Sidak）の方法を紹介します．検定回数をk回とすると，1回の検定で使用するαは以下の式で算出されます．

ボンフェローニの方法　　$\hat{\alpha} = \alpha/k$
シダックの方法　　　　 $\hat{\alpha} = 1 - (1 - \alpha)k$

調整したαの算出と，調整したαを使って多重性を考慮した検定とその同時信頼区間を求める例を以下に紹介します．

```
data _null_ ;
  call symput('bon_a', 0.05/2             );
  call symput('sid_a', 1-(1-0.05)**(1/2));
run ;

proc mixed data=MYDATA ;
  class    GROUP ;
  model    QOL = GROUP / solution ;
  lsmeans  GROUP / diff=control("C") alpha=&bon_a. cl ;
run ;
```

出力結果（抜粋）は次のようになります．

最小 2 乗平均の差

変動因	GROUP	_GROUP	推定値	・・・	アルファ	下限	上限
GROUP	A	C	4.0000	・・・	0.025	1.4597	6.5403
GROUP	B	C	1.5000	・・・	0.025	-1.0403	4.0403

ちなみに，上記では調整した α を求めた上で，その α を使って多重性を考慮した検定とその同時信頼区間を求めましたが，adjust オプションに「bon」または「sid」を指定することで，それぞれ「ボンフェローニの方法」「シダックの方法」で多重性を調整した解析結果が出力されます．以下では「ボンフェローニの方法」で調整を行っています．

```
proc mixed data=MYDATA ;
  class    GROUP ;
  model    QOL = GROUP / solution ;
  lsmeans  GROUP / diff=control("C") adjust=bon cl ;
run ;
```

出力結果（抜粋）を次に示します．

最小 2 乗平均の差

変動因	GROUP	_GROUP	・・・	調整	調整済 P	アルファ	調整済下限値	調整済上限値
GROUP	A	C	・・・	Bonferroni	0.0012	0.05	1.4597	6.5403
GROUP	B	C	・・・	Bonferroni	0.3587	0.05	-1.0403	4.0403

ダネットの方法とテューキーの方法

「固定順検定」のように検定の順番を決めずに複数回の検定を行う他の方法として，ここではダネット（Dunnett）の方法とテューキー（Tukey）の方法を紹介します．この 2 つの手法の使い分けを次に示します．

ダネットの方法　ある薬剤とそれ以外の薬剤全ての対比較にのみ興味がある場合，例えば薬剤 C との対比較（「薬剤 A vs 薬剤 C」と「薬剤 B vs 薬剤 C」）にのみ興味がある場合に使用します．

テューキーの方法　全ての組み合わせの対比較（「薬剤 A vs 薬剤 C」「薬剤 A vs 薬剤 C」「薬剤 B vs 薬剤 C」）に興味がある場合に使用します．

まず，ダネットの方法で調整する方法を次に示します．

```
proc mixed data=MYDATA ;
```

```
  class    GROUP ;
  model    QOL = GROUP / solution ;
  lsmeans  GROUP / diff=control("C") adjust=dunnett cl ;
run ;
```

ダネットの方法で解析した出力結果（抜粋）は次のようになります．調整した p 値が「調整済 P」に表示されており，「薬剤 A vs 薬剤 C」の検定結果のみ有意差がみられています．

最小 2 乗平均の差

変動因	GROUP	_GROUP	推定値	・・・	調整	調整済 P	調整済下限値	調整済上限値
GROUP	A	C	4.0000	・・・	Dunnett	0.0012	1.4973	6.5027
GROUP	B	C	1.5000	・・・	Dunnett	0.3011	-1.0027	4.0027

次に，テューキーの方法で調整する方法を示します．

```
proc mixed data=MYDATA ;
  class    GROUP ;
  model    QOL = GROUP / solution ;
  lsmeans  GROUP / adjust=tukey cl ;
run ;
```

テューキーの方法で解析した出力結果（抜粋）は次のようになります．調整した p 値が「調整済」に表示されており，「薬剤 A vs 薬剤 C」の検定結果のみ有意差がみられています．

最小 2 乗平均の差

変動因	GROUP	_GROUP	推定値	・・・	調整	調整済 P	調整済下限値	調整済上限値
GROUP	A	B	2.5000	・・・	Tukey	0.0690	-0.1553	5.1553
GROUP	A	C	4.0000	・・・	Tukey	0.0018	1.3447	6.6553
GROUP	B	C	1.5000	・・・	Tukey	0.3689	-1.1553	4.1553

中間解析で使用する棄却限界値の算出

臨床試験などの前向き研究では，通常データが全て集まった後に 1 回だけ解析（最終解析）を行いますが，試験が長期にわたる場合（例えば数年）は，倫理的な観点やその他の理由で「試験途中で解析（中間解析）を行い，その時点でエビデンスが得られた場合は試験を中止する」という「中間解析」を実施する計画を立てる場合があります．まず，以下のようなデザインを想定します．

① 評価項目は連続変数とし，薬剤 A の平均値が薬剤 B の平均値よりも高いかどうかを 2 標本 t 検定(片側検定）で検証する．

帰無仮説 H_0：薬剤 A の平均値 = 薬剤 B の平均値
② 中間解析を 3 回，最終解析を 1 回，最大 4 回の解析を行う．
③ 各解析までに n 例ずつデータが集まり，各解析ではそれまでに集まったデータを全て用いて解析を行う（1 回目の例数：n 例，2 回目の例数：2n 例，…，4 回目の例数：4n 例 = N 例）．
④ 3 回の中間解析の各検定において，薬剤 A の平均値が薬剤 B の平均値よりも有意に高ければ試験を中止する．

このとき，「薬剤 A の平均値が薬剤 B の平均値よりも有意に高くなる」という結論が得られる場合は

- 1 回目の解析で有意差あり
- 1 回目の解析で有意差なし & 2 回目の解析で有意差あり
- 1〜2 回目の解析で有意差なし & 3 回目の解析で有意差あり
- 1〜3 回目の解析で有意差なし & 4 回目の解析で有意差あり

の 4 通りとなり，最大 4 回の検定を行うことになります．複数回の検定を行う可能性があるので，例えば「検定全体の Type I error を起こす確率」を片側 2.5% に調節したい場合は，検定 1 回あたりの有意水準を 2.5% よりも小さくして検定を行う必要があります．

ここで，各検定における基準化された検定統計量を Z_i（帰無仮説 H_0 の下で標準正規分布に従います），各検定における棄却限界値を c とすると，「4 回の解析のうちどこかで有意となる確率が 2.5%」であることは「4 回の解析のいずれも有意でない確率が 97.5%」となることに注意しつつ，これを数式で表すと

$$1 - P(\{Z_1 < c\} \text{ and } \{Z_2 < c\} \text{ and } \{Z_3 < c\} \text{ and } \{Z_4 < c\}) = 0.025$$

となり，帰無仮説の下ではこれが「検定全体の Type I error を起こす確率」となります．よって，上式を満たすような棄却限界値 c を求め，この c を各検定で用いれば「検定全体の Type I error を起こす確率」を 2.5% に調節することができます．この方法を Pocock の方法と呼び，SAS で Pocock の方法による棄却限界値 c を求める場合は seqdesign プロシジャを用います．

```
ods graphics on ;
proc seqdesign plots=all ;
  Pocock1: design method=poc nstages=4 alt=upper alpha=0.025 ;
run ;
ods graphics off ;
```

出力結果（抜粋）は以下となり，棄却限界値が 2.36129 と算出されました．

```
            Boundary Information (Standardized Z Scale)
                       Null Reference = 0
                           -Alternative-    -Boundary Values-
      -Information Level-   --Reference--   ------Upper------
```

Stage	Proportion	Upper	Alpha
1	0.2500	1.76292	2.36129
2	0.5000	2.49315	2.36129
3	0.7500	3.05348	2.36129
4	1.0000	3.52585	2.36129

ちなみに，棄却限界値 2.36129 を使って検定することは，有意水準：

$1 - \Phi(2.36129) = 0.00911$　（$\Phi(x)$：正規分布の分布関数）

を用いて検定することに相当します．

```
data alpha ;
  alpha = 1-probnorm(2.36129) ;
proc print;
run ;
```

検定統計量が正規分布 Z に従っている場合は，棄却限界値（2.36129）を使って検定しても良いのですが（例えば，2 値データの割合の比較やログランク検定の場合），2 標本 t 検定は t 統計量を用いて検定するため，正規分布に関する棄却限界値を使って検定するのは良くありません．このような場合は，有意水準に変換し，この有意水準を使って検定するのが良いでしょう．ちなみに，上記有意水準を seqdesign プロシジャで出力する場合は，boundaryscale オプションに pvalue を指定します（出力結果は省略）．

```
proc seqdesign boundaryscale=pvalue ;
  Pocock1: design method=poc nstages=4 alpha=0.025 alt=upper ;
run ;
```

ところで，Pocock の方法では各検定で同じ棄却限界値を用いますが，状況によっては「データ数が少ない場合は基準を厳しく（棄却限界値を大きく）」「最終解析では基準を甘く（棄却限界値を小さく）」したい，すなわち，各検定での棄却限界値を $c_1 > c_2 > c_3 > c_4$ とし，「検定全体の Type I error を起こす確率」を 2.5%：

$1 - P(\{Z_1 < c_1\}$ and $\{Z_2 < c_2\}$ and $\{Z_3 < c_3\}$ and $\{Z_4 < c_4\}) = 0.025$

としたい場合があります．このような要求を満たす方法として良く用いられる手法が O'Brien-Fleming の方法です[36]．SAS で O'Brien-Fleming の方法による棄却限界値 c を求める場合は seqdesign プロシジャを用います．

---

[36] O'Brien-Fleming の方法では $c_i = c \times (4/i)^{1/2}$（$i = 1, 2, 3, 4$；c は定数）とします．

```
ods graphics on ;
proc seqdesign plots=all ;
  OBrienFleming1: design method=obf nstages=4 alpha=0.025 alt=upper ;
run;
ods graphics off ;
```

出力結果（抜粋）を次（Boundary Values）に示します．最終解析に近づくにつれて棄却限界値が小さく（有意になりやすく）なっています．

```
          Boundary Information (Standardized Z Scale)
                       Null Reference = 0
                              -Alternative-   -Boundary Values-
              -Information Level-  --Reference--    ------Upper------
   _Stage_         Proportion         Upper              Alpha
      1             0.2500           1.63863           4.04862
      2             0.5000           2.31737           2.86281
      3             0.7500           2.83818           2.33747
      4             1.0000           3.27725           2.02431
```

2つの手法の各検定における棄却限界値の違いを図示します．

Pocockの方法の棄却限界値　　　　　　**O'Brien-Flemingの方法の棄却限界値**

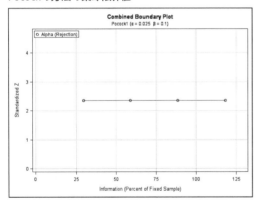 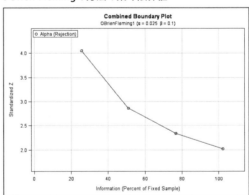

今回は片側（上側）検定の場合の棄却限界値を求めましたが，片側（下側）検定や両側検定の場合の棄却限界値を求める場合は以下のようにします．

```
ods graphics on ;
proc seqdesign plots=all ;
  Pocock2:        design method=poc nstages=4 alpha=0.025 alt=lower ;
  OBrienFleming2: design method=obf nstages=4 alpha=0.025 alt=lower ;
  Pocock3:        design method=poc nstages=4 alpha=0.025 ;
  OBrienFleming3: design method=obf nstages=4 alpha=0.025 ;
run;
```

```
ods graphics off ;
```

さて，今回の想定の③では「各解析までに n 例ずつデータが集まり，各解析ではそれまでに集まったデータを全て用いて解析を行う」ことを想定しましたが，実際の臨床試験では「各解析までに**ちょうど n 例ずつデータを集める**」ことは非常に困難です．しかし，紹介した 2 つの方法はこの仮定を前提としているため，この 2 つの方法をそのまま実際の臨床試験に適用するのは現実的ではありません．

ここで，Lan and DeMets の α 消費関数を用いたアプローチを適用すると，各解析時までに集まった情報（情報分数 t）を元に，各検定で用いる棄却限界値を算出することができます．まず，Lan and DeMets の方法には「Pocock 型」と「O'Brien-Fleming 型」が用意されています[37]．次に，「情報分数 t」は 0（試験開始時）～1（試験終了時）の値をとり，（試験が中止せずに終わった場合に集まると計画している）全体の例数 N に対して

平均値を比較する場合　　（その時点までの例数）÷（全体の例数 N）
割合を比較する場合　　　（その時点までの例数）÷（全体の例数 N）
生存率を比較する場合　　（その時点までのイベント数）÷（全体のイベント数 N）

が情報分数となります[38]．

先ほどの想定①～④のうち，③の条件を変更します．全体の例数を N = 100，各中間解析時まで集まった例数をそれぞれ 20 例，50 例，80 例とし，情報分数 t がそれぞれ

- 1 回目の中間解析時の情報分数 t = 20 ÷ 100 = 0.2
- 2 回目の中間解析時の情報分数 t = 50 ÷ 100 = 0.5
- 3 回目の中間解析時の情報分数 t = 80 ÷ 100 = 0.8
- 4 回目の中間解析時の情報分数 t = 100 ÷ 100 = 1.0

であるとします．このとき，Lan and DeMets の方法の「Pocock 型」と「O'Brien-Fleming 型」で棄却限界値を求める場合は次のようにします．

```
ods graphics on ;
proc seqdesign plots=all errspend ;
  Pocock:        design method=errfuncpoc nstages=4
                        info=cum(0.2,0.5,0.8,1.0) alpha=0.025 alt=upper ;
  OBrienFleming: design method=errfuncobf nstages=4
                        info=cum(0.2,0.5,0.8,1.0) alpha=0.025 alt=upper ;
run;
ods graphics off ;
```

---

[37] それぞれ「Pocock の方法に似たもの」と「O'Brien-Fleming の方法に似たもの」ですので，「Pocock の方法」「O'Brien-Fleming の方法」とは厳密には一致はしません．この 2 つ以外にもいくつかの型が提案されています．
[38] これとは異なる定義を用いる場合もあります．

出力結果（抜粋）は以下（Boundary Values）となります．

```
                        【Pocock型】
                        -Alternative-    -Boundary Values-
         -Information Level-  --Reference--     ------Upper------
_Stage_      Proportion        Upper             Alpha
   1          0.2000          1.57443           2.43798
   2          0.5000          2.48940           2.33277
   3          0.8000          3.14887           2.32427
   4          1.0000          3.52054           2.36869

                      【O'Brien-Fleming型】
                        -Alternative-    -Boundary Values-
         -Information Level-  --Reference--     ------Upper------
_Stage_      Proportion        Upper             Alpha
   1          0.2000          1.46508           4.87688
   2          0.5000          2.31649           2.96264
   3          0.8000          2.93015           2.26614
   4          1.0000          3.27601           2.02781
```

2つの手法の各検定における棄却限界値の違いを図示します．

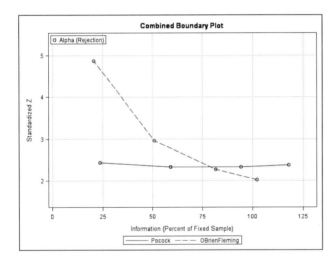

最後に，参考までに Lan and DeMets において提案された，Pocock 型と O'Brien-Fleming 型の α 消費関数を紹介します．いずれも $\alpha(0)=0$，$\alpha(1)=\alpha$ となることに注意してください．

Pocock の方法（片側，両側）　　　　$\alpha(t) = \alpha \log(1 + (e-1)t)$
O'Brien & Fleming の方法（片側）　　$\alpha(t) = 2(1 - \Phi(z_{\alpha/2}/t^{1/2}))$
O'Brien & Fleming の方法（両側）　　$\alpha(t) = 4(1 - \Phi(z_{\alpha/4}/t^{1/2}))$

例えば，情報分数が t = 0.5 のときに中間解析（片側検定；検定全体の Type I error を起こす確率 = 2.5%）を行った場合は，情報分数 t = 0.5 までで

O'Brien & Fleming の方法（片側）　　$\alpha(t) = 2(1 - \Phi(z_{0.025/2}/0.5^{1/2})) = 0.00153$

だけ Type I error を起こす確率を消費することになります．ちなみに，`seqdesign` プロシジャの出力にもこの情報が表示されています．

```
                       Error Spending Information

                                    -Cumulative Error Spending-
                -Information Level-  ------------Upper-----------
        _Stage_      Proportion        Beta            Alpha

           1          0.2000         0.00000          0.00000
           2          0.5000         0.00000          0.00153
           3          0.8000         0.00000          0.01221
           4          1.0000         0.10000          0.02500
```

3.7.7　参考文献

対比検定に関する事項は SAS.com を参照してください．多重比較に関する網羅的な本は永田，吉田（1997）や Randall et al.（1999）です．永田，吉田（1997）や Dmitrienko（2009）には，本書では触れなかった「閉検定手順」の詳細な解説と，「閉検定手順」を使った手法の紹介があります（「固定順検定（Fixed-Sequence Testing Method）」や「ホルムの方法」は「閉検定手順」に従った手法です）．中間解析における棄却限界値などを算出する方法と `seqdesign` プロシジャについては Yang（2009）を参照してください．

- 永田 靖，吉田 道弘（1997）「統計的多重比較法の基礎（サイエンティスト社）」
- Alex Dmitrienko 著，田崎 武信，森川 馨 監訳（2009）「治験の統計解析―理論と SAS による実践（講談社）」
- 臨床評価研究会 (ACE) 基礎解析分科会，浜田 知久馬，SAS Institute Japan（2005）「実用 SAS 生物統計ハンドブック（サイエンティスト社）」
- Randall D. Tobias, Dror Rom, Russell D. Wolfinger, Yosef Hochberg 著，Peter H. Westfall 著，編集（1999）「Multiple Comparisons & Multiple Tests Using the Sas System（Sas Institute）」
- Alex Dmitrienko et al.(2005)「Analysis Of Clinical Trials Using Sas: A Practical Guide (Sas Institute)」
- SAS.com「Examples of Writing CONTRAST and ESTIMATE Statements」
  http://support.sas.com/kb/24/447.html
- Ramon Littell（1991）「SAS System for Linear Models, Third Edition（Wiley-Interscience）」
- Yang Yuan（2009）「Group Sequential Analysis Using the New SEQDESIGN and SEQTEST Procedures（SAS Institute）」

3.8 例数設計

3.7.5 節「薬剤間の効果の検討」では，QOL の平均値について薬剤 A（6.5）と薬剤 B（4.0）を投与された患者のを比べた結果，有意差がみられましたが，薬剤 B（4.0）と薬剤 C（2.5）を投与された患者のを比べた結果，有意差がみられず「差がない」と結論付けられました．一体どのくらいの差があれば検定結果が有意となったのでしょうか．また，検定の結果だけで「差がある」「差がない」と結論付けて良いのでしょうか．

3.8.1 検定結果と効果・例数・ばらつきとの関係

ここで，4 つの架空の場面について，薬剤 A と薬剤 B の QOL の平均値に関する 2 標本 t 検定（等分散を仮定）を行います．

1. 各薬剤の例数=20，各薬剤の標準偏差=4の2標本t検定

	薬剤 A の平均値	薬剤 B の平均値	p 値
(i)	5.0	0.0	0.1% 未満
(ii)	4.0	0.0	0.3%
(iii)	3.0	0.0	2.3%
(iv)	2.0	0.0	12.2%
(v)	1.0	0.0	43.4%

(i) から (v) になるにつれて「薬剤 A と薬剤 B の平均値の差」が小さくなっています．(i) の場合は p 値が 0.1% 未満と有意差がみられていますが，(v) の場合は p = 27.8% と有意差はみられていません．(i) のような効果の大きい状況では，(v) のような効果の小さい状況よりも p 値は小さくなります．

2. 各薬剤は等例数，各薬剤の標準偏差=4，p値=2%の2標本t検定

	各薬剤の例数	薬剤 A の平均値	薬剤 B の平均値	p 値
(i)	9	5.0	0.0	0.02
(ii)	13	4.0	0.0	0.02
(iii)	21	3.0	0.0	0.02
(iv)	45	2.0	0.0	0.02
(v)	175	1.0	0.0	0.02

(i) から (v) になるにつれて「薬剤 A と薬剤 B の平均値の差」が小さくなっていくのですが，検定結果は全て p = 2%（小数第一位を四捨五入）となっており，5% よりも小さいので，全ての場合において有意差ありとなっています．(i) の場合は平均値の差は 5 もあり効果に違いがあるように見えますが，(v) の場合は平均値の差は 1 しかなく，効果はほとんど同じであるように見えます．しかし，(i) と (v) の p 値はどちらも 2% となっており，どちらも有意差ありとなっています．

3. 各薬剤は等例数，平均値の差=2，各薬剤の標準偏差=4の2標本t検定

	各薬剤の例数	p値
(i)	50	1.4%
(ii)	40	2.8%
(iii)	30	5.8%
(iv)	20	12.2%
(v)	10	27.8%

(i) から (v) になるにつれて「各薬剤の例数」が小さくなっていくのですが，薬剤間の平均値の差も各薬剤の標準偏差も同じです．しかし，(i) の場合は p = 1.4% と有意差がみられておりますが，(v) の場合は p = 27.8% と有意差はみられておらず，各薬剤の効果は (i) ～ (v) の全て同じ状況のはずにも関わらず結論が変わってしまっています．

4. 各薬剤の例数=20，平均値の差=2，各薬剤は同じ標準偏差の2標本t検定

	各薬剤の標準偏差	p値
(i)	5	21.4%
(ii)	4	12.2%
(iii)	3	4.2%
(iv)	2	0.3%
(v)	1	0.1% 未満

(i) から (v) になるにつれて「各薬剤の標準偏差」が小さくなっていくのですが，各薬剤の例数も平均値の差も同じです．しかし，(i) の場合は p = 21.4% と有意差はみられていませんが，(v) の場合は p 値が 0.1% 未満と有意差がみられています．

以上の4つの例から以下のことが分かります．

- 検定結果と効果（例えば薬剤間の平均値の差）の関係
  - 効果が大きくなる：有意になりやすくなる．
  - 効果が小さくなる：有意になりにくくなる．

- 検定結果と例数の関係
  - 例数が大きくなる：有意になりやすくなる．
  - 例数が小さくなる：有意になりにくくなる．

- 検定結果と標準偏差の関係
  - 標準偏差が大きくなる：有意になりにくくなる．
  - 標準偏差が小さくなる：有意になりやすくなる．

「有意差がみられた／みられなかった」となる理由は上記の通り様々で，効果（この場合は薬剤間の平均値の差）の大きさ，例数，ばらつき（標準偏差）が検定結果を左右します．例数設計とは，「薬剤間の効果の差」に関して，臨床的または科学的に「意味のある差」を設定し，予想されるデータ

のばらつき（標準偏差），有意水準 α（通常は両側 5%），検出力 $1-\beta$（80%，85%，90%）の下で有意差を見出すことができる例数を算出することです．

本書では「帰無仮説 H_0 が間違っていない」場合は「帰無仮説が正しい」と記載しておりましたが，本当は「帰無仮説 H_0 が間違っていない」場合は「帰無仮説が正しい」と積極的に言うことはできません．極端な例を挙げると，2 標本 t 検定で「帰無仮説が正しい」ことを積極的に主張したければ，各薬剤で 1～2 例だけデータを取って検定を行えば，例数不足のため恐らく有意差は出ません．よって，「帰無仮説 H_0 が間違っていない」場合は「帰無仮説が誤っているとは言えない」とトーンを落とすのが良いのですが，臨床的に意味のある差，予想されるばらつき，有意水準 α，検出力 $1-\beta$ を考慮して例数設計をした上でデータを取ったにも関わらず「帰無仮説 H_0 が間違っていない」場合は，例数設計をせずにデータを取った場合に比べて「帰無仮説が正しい」と言いやすくなります．

3.8.2 種々の例数設計

さて，SAS では power プロシジャを用いることで様々な場面の例数設計を行うことができます．先ほどは 2 標本 t 検定の例を挙げましたが，以下では他の場面についても例を挙げます．

1 標本 t 検定

「平均値 =3，標準偏差 =4，α =5%，検出力 80%」と設定したときに「帰無仮説 H_0：平均値が 0 である」という帰無仮説に関する 1 標本 t 検定を行ったときに必要となる例数を算出するプログラムは以下のようになります．

```
proc power;
  onesamplemeans
  mean   = 3
  stddev = 4
  alpha  = 0.05
  power  = 0.8
  ntotal =  . ;
run ;
```

出力結果（抜粋）は次のようになり，16 例と算出されました．

Computed N Total	
Actual Power	N Total
0.801	16

必要例数ではなく，「平均値 =3，標準偏差 =4，α =5%，20 例」と設定したときに「帰無仮説 H_0：平均値が 0 である」という帰無仮説に関する 1 標本 t 検定を行ったときの検出力を算出する場

合は次のようにします.

```
proc power;
  onesamplemeans
  mean    = 3
  stddev  = 4
  alpha   = 0.05
  power   = .
  ntotal  = 20 ;
run ;
```

対応のある t 検定

「前後差 =3,標準偏差 =4,相関係数 =0.6,α =5%,検出力 80%」と設定したときに,「帰無仮説 H_0:前後差が 0 である」という帰無仮説に関する対応のある t 検定を行ったときに必要となる例数を算出するプログラムは次のようになります.

```
proc power;
  pairedmeans
  test      = diff
  meandiff  = 3
  stddev    = 4
  alpha     = 0.05
  corr      = 0.6
  power     = 0.8
  npairs    = . ;
run ;
```

出力結果(抜粋)は次のようになり,14 例(14 組)と算出されました.

```
Computed N Pairs

Actual    N
Power     Pairs
0.826     14
```

2 標本 t 検定

「平均値の差 =3,標準偏差 =4,α =5%,検出力 80%」と設定したときに,「帰無仮説 H_0:平均値の差が 0 である」という帰無仮説に関する 2 標本 t 検定を行ったときに必要となる例数を算出するプログラムは以下のようになります.

```
proc power ;
  twosamplemeans
  test     = diff
  meandiff = 3
  stddev   = 4
  alpha    = 0.05
  power    = 0.8
  ntotal   = . ;
run ;
```

出力結果（抜粋）は以下のようになり，2 群合計 58 例と算出されました．

Computed N Total

Actual Power	N Total
0.801	58

〔参考〕1 群あたりの例数

「計算する例数を「2 群合計」ではなく「1 群あたりの例数」とする場合は以下のようにします．

```
proc power ;
  twosamplemeans
  test     = diff
  meandiff = 3
  stddev   = 4
  alpha    = 0.05
  power    = 0.8
  npergroup = . ;
run ;
```

2 標本 t 検定（非劣性）

「薬剤 A の平均値 =2，薬剤 B の平均値：3（群間差：3 − 2=1），例数比 =1:2，$\Delta = -1$，標準偏差 =4，α =2.5%（片側），検出力 80%」と設定したときに，「帰無仮説 H_0：平均値の差が $-\Delta$ 以下である」という帰無仮説に関する非劣性 2 標本 t 検定を行ったときに必要となる例数を算出するプログラムは以下のようになります．

```
proc power ;
  twosamplemeans
  test       = diff
```

```
   alpha         = 0.025
   sides         = u
   groupmeans    = (2,3)
   groupweights  = (1,2)
   nulldiff      = -1
   stddev        = 4
   power         = 0.8
   ntotal        = . ;
run ;
```

出力結果（抜粋）は以下のようになり，2 群合計 144 例と算出されました．

```
Computed N Total

Actual    N
Power    Total
0.802    144
```

1 標本・割合の検定

「帰無仮説 H_0：割合 π =0.1，対立仮説：H_1：割合 π = 0.2，α =5%，検出力 =80%」としたときの，1 標本の割合に関して正規近似による検定を行ったときに必要となる例数を算出するプログラムは以下のようになります．

```
proc power;
  onesamplefreq
    test          = z
    method        = normal
    alpha         = 0.05
    nullproportion = 0.1
    proportion    = 0.2
    power         = 0.8
    ntotal        =    . ;
run ;
```

出力結果（抜粋）は以下のようになり，86 例と算出されます．

```
Computed N Total

Actual    N
Power    Total
0.802    86
```

2 標本・割合の検定

「薬剤 A の割合：$\pi_1 = 0.1$，薬剤 B の割合：$\pi_2 = 0.2$（群間差：$0.2 - 0.1 = 0.1$），$\alpha = 5\%$，検出力 $=80\%$」としたときの 2 標本の割合に関して「帰無仮説 H_0：割合の差が 0 である」という帰無仮説に関する χ^2 検定を行ったときに必要となる例数を算出するプログラムは以下のようになります．

```
proc power;
  twosamplefreq
  test              = pchi
  alpha             = 0.05
  groupproportions  = (0.1 0.2)
  nullproportiondiff = 0.00
  power             = 0.8
  npergroup         = . ;
run;
```

出力結果（抜粋）は以下のようになり，2 群合計 199 例と算出されます．

Computed N Total	
Actual Power	N Total
0.800	199

χ^2 検定ではなく，Fisher の Exact 検定を想定する場合は「test = fisher」とし，「nullproportiondiff」の指定を削除します．また，「GROUPproportions」と「nullproportiondiff」の部分を以下のように修正すると，「リスク差」「リスク比」「オッズ比」に関する例数設計を行うことができます．

リスク差	リスク比	オッズ比
proportiondiff = 0.10 refproportion = 0.10	relativerisk = 2.0 refproportion = 0.1	oddsratio = 2.0 refproportion = 0.1

2 標本・割合の検定（非劣性）

「薬剤 A の割合：$\pi_1 = 0.1$，薬剤 B の割合：$\pi_2 = 0.2$（群間差：$0.2 - 0.1 = 0.1$），例数比 $=1:2$，$\Delta = -0.1$，$\alpha = 2.5\%$（片側），検出力 80%」と設定したときの 2 標本の割合に関して「帰無仮説 H_0：割合の差が $-\Delta$ 以下である」という帰無仮説に関する非劣性 χ^2 検定を行ったときに必要となる例数を算出するプログラムは以下のようになります．

```
proc power ;
  twosamplefreq
  test              = pchi
```

```
   alpha             = 0.025
   sides             = u
   groupproportions  = (0.1 0.2)
   nullproportiondiff = -0.1
   groupweights      = (1,2)
   power             = 0.8
   ntotal            = . ;
run ;
```

出力結果（抜粋）は以下のようになり，2 群合計 117 例と算出されます．

```
         Computed N Total

         Actual      N
         Power      Total
         0.805      117
```

生存時間解析

「薬剤 A の 2 年あたりの生存割合 $S_A(2) = 0.9$，薬剤 B の 2 年あたりの生存割合 $S_B(2) = 0.8$，試験期間 =5 年，登録期間 =0.001 年（ほぼ無し），α =5%，検出力 =80%」としたときの，「帰無仮説 H_0：生存曲線（生存関数）が同じである」という帰無仮説に関するログランク検定を行ったときに必要となる例数を算出するプログラムは以下のようになります．

```
proc power;
   twosamplesurvival
   test           = logrank
   alpha          = 0.05
   curve("薬剤A")  = (2):(0.9)
   curve("薬剤B")  = (2):(0.8)
   groupsurvival  = "薬剤A" | "薬剤B"
   accrualtime    = 0.001
   followuptime   = 5
   power          = 0.8
   ntotal         = . ;
run ;
```

出力結果（抜粋）は以下のようになり，2 群合計 178 例と算出されます．

```
       Computed N Total

       Actual    N
       Power    Total
       0.802    178
```

ここで,生存時間 T が指数分布:F(t) = 1 − exp(− λ t) に従うと仮定すると,

$S(t) = 1 - F(t) = \exp(-\lambda t) \Leftrightarrow \lambda = -\log S(t)/t$

となりますので,2年あたりの生存割合が分かれば,ハザード λ が求まります.これを用いて,「薬剤 A の 2 年あたりの生存割合 $S_A(2) = 0.9$ ⇒ $\lambda_A = -\log 0.9/2 = 0.05268$,薬剤 B の 2 年あたりの生存割合 $S_B(2) = 0.8$ ⇒ $\lambda_A = -\log 0.8/2 = 0.11157$,試験期間 =5 年,登録期間 =0.001 年(ほぼ無し),α =5%,検出力 =80%」としたときの,「帰無仮説 H_0:生存曲線(生存関数)が同じである」という帰無仮説に関するログランク検定を行ったときに必要となる例数を算出するプログラムは以下のようになります.

```
proc power;
  twosamplesurvival
    test                = logrank
    alpha               = 0.05
    groupsurvexphazards = (0.05268 0.11157)
    accrualtime         = 0.001
    followuptime        = 5
    power               = 0.8
    ntotal              = . ;
run ;
```

ちなみに,3.6.5 節「〔参考〕人年法によるハザードの計算」で紹介した人年法によるハザードの推定値を使って例数設計を行うこともできます.

対比検定

「薬剤 A の平均値 $\mu_1 = 0$,薬剤 B の平均値 $\mu_2 = 10$,薬剤 C の平均値 $\mu_3 = 20$,薬剤 D の平均値 $\mu_4 = 30$,各群共通の標準偏差 = 25,対比係数 = (− 3,− 1,1,3),α =5%,検出力 80%」と設定し,「帰無仮説 H_0:− $3\mu_1 - \mu_2 + \mu_3 + 3\mu_4 = 0$」という帰無仮説に関する対比検定を行ったときに必要となる例数を算出するプログラムは以下のようになります.

```
proc power;
  onewayanova
    test       = contrast
    alpha      = 0.05
    groupmeans = 0 | 10 | 20 | 30
    stddev     = 25
    power      = 0.8
    contrast   = (-3 -1 1 3)
    ntotal     = . ;
run ;
```

出力結果(抜粋)は以下のようになり,合計 44 例と算出されます.

```
                Computed N Total

                Actual     N
                Power     Total
                0.825      44
```

ちなみに，上記の設定に加えて，各群の例数を 1:2:2:2 としたときに必要となる例数を算出するプログラムは以下のようになります．

```
proc power;
  onewayanova
  test         = contrast
  alpha        = 0.05
  groupmeans   = 0 | 10 | 20 | 30
  groupweights = (1 2 2 2)
  stddev       = 25
  power        = 0.8
  contrast     = (-3 -1 1 3)
  ntotal       = . ;
run ;
```

〔参考〕複数の想定値の指定

例えば，2 標本 t 検定を行ったときの必要例数を算出する際，「平均値の差」や標準偏差を同時に複数指定する場合は，想定値をスペースで区切ります．

```
ods output OUTPUT=MYSAMPLESIZE ;
proc power ;
  twosamplemeans
  test      = diff
  meandiff  = 1 2 3
  stddev    = 4 5 6
  alpha     = 0.05
  power     = 0.8 0.9
  npergroup = . ;
run ;
ods output close ;
```

また，上記のように ods output ステートメントで結果をデータセットに出力することもでき，例数の一覧表を簡単に作成することもできます．

3.8.3 参考文献

- 永田 靖 (2003)「サンプルサイズの決め方（朝倉書店）」
- SAS Institute Inc.（2010）「SAS 9.2 Documentation」
  http://support.sas.com/documentation/cdl_main/index.html

3.9 乱数とシミュレーション

SAS には様々な種類の乱数を発生させる関数が用意されており，乱数を用いて簡単にシミュレーションを行うことができます．本節では，乱数に関する事項を簡単に紹介した後，SAS でシミュレーションを行う1つの手順を紹介します．

3.9.1 乱数について

SAS の一様乱数

0から1までの間の実数が以下の2つの性質に従って並んでいる数列を「一様乱数列」と呼び，一様乱数列の1つ1つの数を「一様乱数」と呼びます．

等確率性　　どの実数も同じ頻度で現れる．
無規則性　　数列に規則性はない（0.1, 0.2, 0.1, 0.2, 0.1, ・・・は等確率性を満たすが規則性がある）．

SAS では関数 ranuni(777) を用いることで，0から1までの間の実数のうちの1つの値を等確率で選び，一様乱数として結果を返します．関数 ranuni(777) の「777」は，乱数を生成するための初期値（乱数のシード（種））とよばれます．初期値は好きな整数を指定することができます[39]．

```
data RDATA01(keep=X) ;
  X = ranuni(777) ;   *--- 一様乱数を 1 個生成する ;
run ;

data RDATA02(keep=X) ;
  do I=1 to 5 ;
    X = ranuni(777) ; *--- 一様乱数を 5 個生成する ;
    output ;
  end ;
run ;
```

[39] 関数 ranuni() の「乱数のシード（種）」に 0 又は負の値を指定すると，実行した日時を整数にした値が指定されます．例えば，関数 ranuni(0) とすると，実行するたびに（実行日時が異なるため）異なる乱数が得られることになります．

RDATA01 と RDATA02 の中身を次に示します．

VIEWTABLE: Work.Rdata01	
	X
1	0.7159167518

VIEWTABLE: Work.Rdata02	
	X
1	0.7159167518
2	0.7589320609
3	0.6634858314
4	0.5527474575
5	0.0852030018

ちなみに，関数 ranuni() は乗算合同法という方法を使って一様乱数列を生成しています．SAS の乗算合同法を以下に紹介します．

1. 初期値（乱数のシード）X_0 を与える．
2. n 個の乱数を生成する場合，以下の数列から「シード列」と呼ばれる数列 $X_1 \sim X_n$ を生成する（実際は若干の誤差が生じる）．
   $X_n = 397204094 X_n - 1 \pmod{2^{31} - 1}$
3. 2．で生成した数列（シード列）$X_1 \sim X_n$ を $2^{31} - 1$ で除した数列 $Y_1 \sim Y_n$ を乱数列とする．

関数 ranuni() の初期値について

1つの DATA ステップの中では，関数 ranuni() を使用して生成される一様乱数列は1種類で，1つの DATA ステップの処理が済んだ時点で乱数列は初期化されます．これだけではどういうことなのか良く分かりませんので，いくつか例をあげます．まず，以下のデータセット RDATA03，RDATA04 について考えます．

```
data RDATA03(keep=X1) ;
  do I=1 to 10;
    X1 = ranuni(100) ;
    output ;
  end ;
run ;

data RDATA04(keep=X2 X3) ;
  do I=1 to 5;
    X2 = ranuni(100) ;
    X3 = ranuni(100) ;
    output ;
  end ;
run ;
```

中身を次に示します．データセット RDATA03 も RDATA04 も乱数の初期値は同じ（100）ですが，「1つの DATA ステップの中で生成される一様乱数列は1種類」なので，データセット RDATA04 の変数の中身は

3 統計解析

変数 X2　　X1 の 1 個目，3 個目，5 個目，7 個目，9 個目
変数 X3　　X1 の 2 個目，4 個目，6 個目，8 個目，10 個目

となっています．要は，X2 も X3 も「関数 ranuni(100)」で生成していますが，X2 と X3 に全く同じ値が格納されることはありません．

VIEWTABLE: Work.Rdata03	
	X1
1	0.4962569822
2	0.0088715651
3	0.9824306089
4	0.9398645377
5	0.1602577866
6	0.9277349752
7	0.2979173149
8	0.1691722819
9	0.9794026208
10	0.6566551601

VIEWTABLE: Work.Rdata04		
	X2	X3
1	0.4962569822	0.0088715651
2	0.9824306089	0.9398645377
3	0.1602577866	0.9277349752
4	0.2979173149	0.1691722819
5	0.9794026208	0.6566551601

また，1 つのデータセットの中で初期値を変更しても，「1 つの DATA ステップの中で生成される一様乱数列は 1 種類」ですので，効果はありません．

```
data RDATA05(keep=X2 X3) ;
  do I=1 to 5;
    X2 = ranuni(100) ;
    X3 = ranuni(200) ;
    output ;
  end ;
run ;
```

中身を次に示します．初期値を変更しているにも関わらず，データセット RDATA3 とデータセット RDATA5 の中身は全く同じです．

VIEWTABLE: Work.Rdata03	
	X1
1	0.4962569822
2	0.0088715651
3	0.9824306089
4	0.9398645377
5	0.1602577866
6	0.9277349752
7	0.2979173149
8	0.1691722819
9	0.9794026208
10	0.6566551601

VIEWTABLE: Work.Rdata05		
	X2	X3
1	0.4962569822	0.0088715651
2	0.9824306089	0.9398645377
3	0.1602577866	0.9277349752
4	0.2979173149	0.1691722819
5	0.9794026208	0.6566551601

どうしても同一 DATA ステップ内で ranuni() の初期値を変更したい場合は，call ranuni(初期値, 変数名) を使用します．

```
data RDATA06(keep=X2 X3) ;
  SEED2 = 100 ;
  SEED3 = 200 ;
  do I=1 to 5 ;
    call ranuni(SEED2, X2) ;
    call ranuni(SEED3, X3) ;
    output ;
  end ;
run ;
```

関数 rand()

乗算合同法は非常にシンプルな方法なので，ある特殊な状況では規則性が生じる場合があります．例えば，初期値を 100 とした一様乱数列 X と，初期値を 200 とした一様乱数列 Y をプロットしてみると，規則性が生じることが見て取れます．

```
data X ;
  do I=1 to 10000 ;
    X = ranuni(100) ; output ; end ;
data Y ;
  do I=1 to 10000 ;
    Y = ranuni(200) ; output ; end ;
data RDATA07 ;
  merge X Y ;
run ;
proc gplot data=RDATA07 ;
  plot Y*X ;
run ;
```

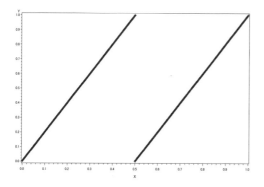

ところで，関数 ranuni() よりも柔軟で性能が良い乱数生成関数に rand() があります．関数 rand() は「メルセンヌ・ツイスター (Mersenne Twister)」というアルゴリズムで一様乱数を生成し，

3 統計解析

以下の良い特徴を持っています．

- 一様乱数の周期は（数学的には）$2^{19937} - 1$．
- 一様乱数列は 623 次元超立方体の中で均等に分布する．
- 乱数生成速度が速い．
- rand("分布名") で一般的に使われる確率分布の乱数が得られる．

関数 rand() で一様乱数を生成する方法を紹介します．関数 rand() では，「call streaminit(数値)」でシード（種）を指定します．

```
data RDATA08(keep=X1) ;
  call streaminit(100) ;
  do I=1 to 10;
    X1 = rand('UNIFORM') ;
    output ;
  end ;
run ;

data RDATA09(keep=X2 X3) ;
  call streaminit(100) ;
  do I=1 to 5;
    X2 = rand('UNIFORM') ;
    X3 = rand('UNIFORM') ;
    output ;
  end ;
run ;
```

中身を次に示します．

VIEWTABLE: Work.Rdata08

	X1
1	0.9284799364
2	0.7296007015
3	0.1804609613
4	0.5594886378
5	0.1048638963
6	0.2163937315
7	0.2154072523
8	0.379288279
9	0.6297597005
10	0.3448153166

VIEWTABLE: Work.Rdata09

	X2	X3
1	0.9284799364	0.7296007015
2	0.1804609613	0.5594886378
3	0.1048638963	0.2163937315
4	0.2154072523	0.379288279
5	0.6297597005	0.3448153166

1 つのデータセットの中で初期値を変更しても，「1 つの DATA ステップの中で生成される一様乱数列は 1 種類」で効果が無いという性質は関数 ranuni() と同じです．次のプログラムを実行した結果生成されるデータセット RDATA10 は，データセット RDATA08 の中身と全く同じです．

```
data RDATA10(keep=X2 X3) ;
  do I=1 to 5;
    call streaminit(100) ;
    X2 = rand('UNIFORM') ;
    call streaminit(200) ;
    X3 = rand('UNIFORM') ;
    output ;
  end ;
run ;
```

関数 ranuni() は，ある特殊な状況では規則性が生じる場合がありましたが，関数 rand() ではそのようなことは起こりません．先ほどと同様，初期値を 100 とした一様乱数列 X と，初期値を 200 とした一様乱数列 Y をプロットしてみても，規則性は生じません．

```
data X ;
  call streaminit(100) ;
  do I=1 to 10000 ;
    X = rand('UNIFORM') ; output ; end ;
data Y ;
  call streaminit(200) ;
  do I=1 to 10000 ;
    Y = rand('UNIFORM') ; output ; end ;
data RDATA11 ;
  merge X Y ;
run ;
proc gplot data=RDATA11 ;
  plot Y*X ;
run ;
```

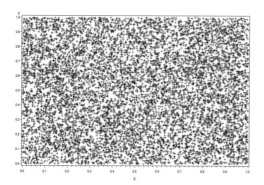

様々な種類の乱数

関数 rand(" 分布名 ") で一様分布以外の確率分布の乱数が得られます．

分布名	rand 関数	他の生成関数
確率 0.1 のベルヌーイ分布	rand("BERNOULLI", 0.1) ;	
パラメータ (2,3) のベータ分布	rand("BETA", 2, 3) ;	
確率 0.4，試行数 50 の二項分布	rand("BINOMIAL", 0.4, 50) ;	ranbin()
コーシー分布	rand("CAUCHY") ;	rancau()
自由度 6 の χ^2 分布	rand("CHISQUARE", 6) ;	
パラメータ 7 のアーラン分布	rand("ERLANG", 7) ;	
指数分布	rand("EXPONENTIAL") ;	ranexp()
自由度 (分子 :8, 分母 :9) の F 分布	rand("F", 8, 9) ;	
パラメータ 10 のガンマ分布	rand("GAMMA", 10) ;	rangam()
確率 0.1 の幾何分布	rand("GEOMETRIC", 0.1) ;	
超幾何分布	rand("HYPER", 40, 3, 20) ;	
対数正規分布	rand("LOGNORMAL") ;	
確率 0.5，成功数 6 の負の二項分布	rand("NEGBINOMIAL", 0.5, 6) ;	
平均 7，標準偏差 8 の正規分布	rand("NORMAL", 7, 8) ;	normal()
平均 9 のポアソン分布	rand("POISSON", 9) ;	ranpoi()
自由度 10 の t 分布	rand("T", 10) ;	
確率 0.1 〜 0.4 のテーブル分布	rand("TABLE",0.1,0.2,0.3,0.4) ;	rantbl()
パラメータ 0.5 の三角分布	rand("TRIANGLE", 0.5) ;	rantri()
一様分布	rand("UNIFORM") ;	ranuni()
パラメータ (6,7) のワイブル分布	rand("WEIBULL", 6, 7) ;	

例えば，「全体で 40 本のうち当たりが 3 本あるくじびきについて，くじを 20 本引いた場合のあたりの本数（超幾何分布）に関する乱数」と「1（確率 0.1），2（確率 0.2），3（確率 0.3），4（確率 0.4）のうちどれが出るか（テーブル分布に従う乱数）」を生成する例を挙げます．

```
data RDATA12 ;
  call streaminit(777) ;
  do I=1 to 5;
    X = rand("HYPER", 40, 3, 20) ;
    Y = rand("TABLE",0.1,0.2,0.3,0.4) ;
    output ;
  end ;
run ;
```

多変量正規乱数の生成

simnormal プロシジャで以下の多変量正規分布に従う乱数を生成することができます.

$$Y = \mu + Z \quad (\mu:\text{平均ベクトル},\ V:\text{分散共分散行列},\ Z \sim N(0, V))$$

simnormal プロシジャで多変量正規乱数を生成する手順は次の通りです.

1. 平均ベクトル μ と分散共分散行列 V の情報が含まれるデータセットを作成する.
2. 1. で作成したデータセットを simnormal プロシジャに指定する.

simnormal プロシジャで多変量正規乱数を生成する例を挙げます.

```
data MV ;
  input _TYPE_ $ _NAME_ $ X Y Z ;
  cards ;
    MEAN . 1.0 2.0  3.0
    COV  X 4.0 0.0  8.0
    COV  Y 0.0 9.0  0.0
    COV  Z 8.0 0.0 16.0
  ;
run ;
proc simnormal
  data    = MV(type=cov)
  out     = RDATA13
  numreal = 1000
  seed    = 777 ;
  var X Y Z ;
run ;
proc corr data=RDATA13 ;
  var X Y Z ;
run ;
```

上記は $\mu^T = (1, 2, 3)$, $V = ((4,0,8)^T, (0,9,0)^T, (8,0,16)^T)$ としており,生成された乱数を corr プロシジャで検算した結果,X,Y,Z の平均値はそれぞれ 1,2,3,分散はそれぞれ $2^2 = 4$,$3^3 = 9$,$4^4 = 16$ となっています.また,共分散は

$$\text{Cov}(X, Y) = \rho(X, Y) \times \sigma_X \times \sigma_Y \fallingdotseq 0 \times 2 \times 3 = 0$$
$$\text{Cov}(Y, Z) = \rho(Y, Z) \times \sigma_Y \times \sigma_Z \fallingdotseq 0 \times 3 \times 4 = 0$$
$$\text{Cov}(Z, X) = \rho(Z, X) \times \sigma_Z \times \sigma_X \fallingdotseq 1 \times 4 \times 2 = 8$$

となっていますので,設定どおりの乱数が生成できていることが分かります.

```
                    CORR プロシジャ
                      要約統計量
  変数        N        平均値      標準偏差
   X        1000      1.00464     2.01285
   Y        1000      2.06690     3.08151
   Z        1000      3.00928     4.02570

              Pearson の相関係数, N = 1000
             帰無仮説 Rho=0 に対する Prob > |r|
                   X           Y           Z
       X        1.00000     -0.00405     1.00000
                             0.8982      <.0001
       Y       -0.00405      1.00000    -0.00405
                0.8982                   0.8982
       Z        1.00000     -0.00405     1.00000
                <.0001       0.8982
```

乱数の生成：逆関数法

一般的な確率分布に従う乱数は rand() で生成できるのですが，本項では，特殊な確率分布に従う乱数を生成するための方法である「逆関数法」を紹介します．U を $(0, 1)$ 上の一様分布に従う確率変数，F を任意の一次元累積分布関数で，F の逆関数 F^{-1} が定義できるものとします．確率変数 X について $X \equiv F^{-1}(U)$ とおくと，

$$P(X \leq x) = P(F^{-1}(U) \leq x) = P(U \leq F(x)) = F(x)$$

となります．$P(U \leq F(x))$ は「U が $F(x)$ 以下で U が一様分布に従う」ので，最後の等号が成り立ち，結局は $F(x)$ そのものとなります．よって，X は分布関数 F に従うことが分かります．

1. **平均 1 の指数分布**

   分布関数 $F(x) = 1 - \exp(-x)$, $x > 0$ の逆関数は $F^{-1}(x) = -\log(1-x)$ ですが，$1-U$ と U はいずれも $(0, 1)$ 上の一様分布に従う確率変数なので，$X = -\log U$ とすると「平均 1 の指数分布に従う乱数」が生成できます．

2. **密度関数が三角形の形をした分布（三角分布）**

   密度関数 $f(x) = \begin{cases} 0 & (x < 0) \\ x & (0 \leq x < 1) \\ 2-x & (1 \leq x < 2) \\ 0 & (2 \leq x) \end{cases}$, 分布関数 $F(x) = \begin{cases} 0 & (x < 0) \\ \frac{1}{2}x^2 & (0 \leq x < 1) \\ 1 - \frac{1}{2}(2-x)^2 & (1 \leq x < 2) \\ 1 & (2 \leq x) \end{cases}$ に従う乱数は，$F(x)$ の逆関数を求めると，

   $$X = \begin{cases} \sqrt{2U} & (0 \leq U < \frac{1}{2}) \\ 2 - \sqrt{2(1-U)} & (\frac{1}{2} \leq U \leq 1) \end{cases}$$

となるので，一様乱数が1/2より大きいか小さいかで場合分けをすることで「三角分布に従う乱数」が生成できます．

上記の例1と2で紹介した方法をSASで実行すると以下のようになります．

```
data RDATA14 ;
  N = 10000 ;
  call streaminit(777) ;
  do I=1 to N ;
    X = -log(rand('UNIFORM')) ;
    output ;
  end ;
run ;
proc univariate data=RDATA14 ;
  histogram X / cfill=blue
    midpoints=0 to 12 by 0.1 ;
run ;

data RDATA15 ;
  N = 10000 ;
  call streaminit(777) ;
  do I=1 to N ;
    U = rand('UNIFORM') ;
    if (U < 1/2) then X = sqrt(2*U) ;
    else              X = 2-sqrt(2*(1-U)) ;
    output ;
  end ;
run ;
proc univariate data=RDATA15 ;
  histogram X / cfill=blue
    midpoints=-1 to 3 by 0.1 ;
run ;
```

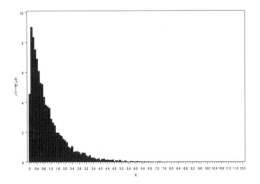
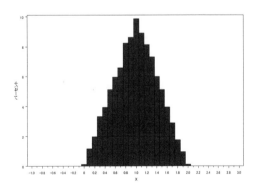

乱数の生成：棄却法

逆関数法は数学的には正しい方法ですが，逆関数を求めるのが困難である場合は適用できません．また，(0, 1) 区間の中の値を分布関数の逆関数で変換し，変換後の分布のサポートの上へ移す方法であることから，一様乱数列が持つ等間隔という性質が失われ，乱数間に広い隙間ができる場合があります（特に無限区間にサポートを持つ分布の場合）．そこで，特殊な確率分布に従う乱数を生成するもう1つの方法として「棄却法」を紹介します．「生成したいけど生成が困難な乱数」が従う密度関数を $f(x)$，乱数生成が容易な分布の密度関数を $g(x)$，任意の x に対して $f(x) \leq c \cdot g(x)$ が成り立つ定数 c（≥ 1），$h(x) \equiv f(x) / \{c \cdot g(x)\}$ なる関数を $h(x)$ とします．棄却法による乱数生成の手順は次の通りです．

1. $g(x)$ に従う乱数 V を生成する．
2. (0, 1) 区間の一様乱数 U を生成する．
3. $U \leq h(V)$ ならば V を $f(x)$ に従う乱数として採用，そうでなければ 1. に戻る．

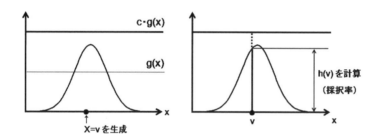

密度関数 $f(x)$ に従う乱数は生成が困難ですが，密度関数 $g(x)$ に従う乱数は簡単に生成できるので，まず $g(x)$ に従う乱数 V を生成します．このまま放っておくと密度関数 $g(x)$ に従う乱数になってしまいますが，ここで $f(v)$ の密度に応じた採択率 $h(v) = f(v) / \{c \cdot g(v)\}$ を計算し，この採択率に基づいて乱数をふるいにかけることで，密度関数 $f(x)$ に従う乱数を生成することができます．

実際に乱数を採択するか棄却するかは，一様乱数 U を生成し，この結果に基づいて判断します．

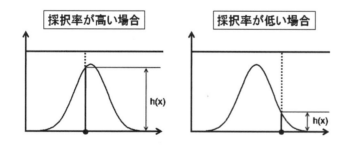

例として，前節の逆関数法における2つめの例「密度関数が三角形の形をした分布（三角分布）」の問題に対して棄却法で乱数を生成してみましょう．$g(x) = 1/2$（$0 \leq x \leq 2$），$c = 2$ とすると，$h(x) = f(x) / \{c \times g(x)\} = f(x)$ となるので，乱数生成の手順は以下となります．

1. g(x) に従う乱数は (0, 2) 区間の一様乱数なので，(0, 2) 区間の一様乱数 V を生成する．
2. (0, 1) 区間の一様乱数 U を生成する．
3. H = f(U) とし，U ≦ h(V) ならば V を f(x) に従う乱数として採用，そうでなければ 1. に戻る．

上記手順を SAS で実行すると以下のようになります．

```
data RDATA16 ;
  I = 1 ;
  N = 10000 ;
  call streaminit(777) ;
  do while (I <= N) ;
    V = 2*rand('UNIFORM') ;
    U = rand('UNIFORM') ;
    if      (0 <= V <= 1) then H = V ;
    else if (1 <  V <= 2) then H = 2-V ;
    else                       H = 0 ;
    if (U <= H) then do ;
      X = V ;
      I = I+1 ;
      output ;
    end ;
  end ;
run ;

proc univariate data=RDATA16 ;
  histogram X / cfill=blue
    midpoints=-1 to 3 by 0.1 ;
run ;
```

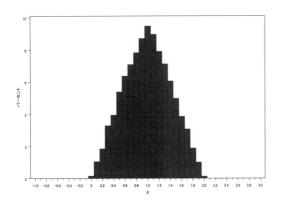

中心極限定理と標準正規乱数の生成

平均 μ，分散 σ^2 である確率変数 $X_1, \cdots, X_n$ が同じ確率分布に従うとすると，中心極限定理より以下が成り立ちます．

- 平均 $\overline{X} = (X_1 + \cdots + X_n)/n$ は正規分布 $N(\mu, \sigma^2/n)$ に従う．

例えば，(0, 1) の一様分布（平均 1/2，分散 1/12）に従う 12 個の確率変数 $X_1, \cdots, X_{12}$ の平均 $\overline{X} = (X_1 + \cdots + X_{12})/12$ は正規分布 $N(1/2, 1/12^2)$ に従いますので，$(X_1 + \cdots + X_{12}) - 6$ は正規分布 $N(0, 1)$ に従います．これを利用すると，「一様分布を 12 個足して 6 を引く」だけで標準正規乱数を簡単に生成することができます．

```
data RDATA17 ;
  N = 10000 ;
  call streaminit(777) ;
  do I=1 to N ;
    X = rand('UNIFORM')+rand('UNIFORM')+rand('UNIFORM')+
        rand('UNIFORM')+rand('UNIFORM')+rand('UNIFORM')+
        rand('UNIFORM')+rand('UNIFORM')+rand('UNIFORM')+
        rand('UNIFORM')+rand('UNIFORM')+rand('UNIFORM')-6 ;
    output ;
  end ;
run ;

proc univariate data=RDATA17 ;
  histogram X / cfill=blue
    midpoints=-4 to 4 by 0.5 ;
run ;
```

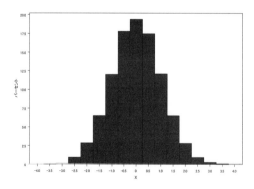

3.9.2 シミュレーションについて

SAS で乱数を発生させる方法を習得しましたので，いよいよ乱数を用いてシミュレーションを行うことにします．本節では，SAS でシミュレーションを行う例を紹介した後，モンテカルロ・シミュレーションの解説を行います．モンテカルロ・シミュレーションとは，乱数を用いたシミュレーションを多数回行うことで，いま考えている問題の近似解を得る方法のことです．この方法を用いることで，手計算や理論的に解くことができない問題に対してシミュレーションを繰り返すだけで近似的に解を得ることができます．

1 回のシミュレーション

シミュレーションを行う例として「1 回のコイン投げ」と「1 回のサイコロ投げ」を取り上げます．

1 回のコイン投げ　$(0, 1)$ の一様乱数から，「表」「裏」の 2 種類の値をとるコイン投げの乱数を出力する場合は，例えば以下のようにします．
- 関数 rand('UNIFORM') の結果が 1/2 より大きい場合は「表」とする．
- 関数 rand('UNIFORM') の結果が 1/2 より小さい場合は「裏」とする．

1 回のサイコロ投げ　$(0, 1)$ の一様乱数から，サイコロの目（$1 \sim 6$）の乱数を出力する場合は，例えば以下のようにします．
- 関数 rand('UNIFORM') の結果が 0 〜 1/6 の場合は「1」とする．
- 関数 rand('UNIFORM') の結果が 1/6 〜 2/6 の場合は「2」とする．
- 関数 rand('UNIFORM') の結果が 2/6 〜 3/6 の場合は「3」とする．
- 関数 rand('UNIFORM') の結果が 3/6 〜 4/6 の場合は「4」とする．
- 関数 rand('UNIFORM') の結果が 4/6 〜 5/6 の場合は「5」とする．
- 関数 rand('UNIFORM') の結果が 5/6 〜 1 の場合は「6」とする．

具体的なプログラム例を以下に挙げます．

```
data SDATA01(keep=COIN) ;
  call streaminit(777) ;
  X = rand('UNIFORM') ;
  if (X > 1/2) then COIN = 1 ; *--- 表 ;
  else              COIN = 0 ; *--- 裏 ;
run ;

data SDATA02(keep=DICE) ;
  call streaminit(777) ;
  X = rand('UNIFORM') ;
  if      (X < 1/6) then DICE = 1 ;
  else if (X < 2/6) then DICE = 2 ;
  else if (X < 3/6) then DICE = 3 ;
  else if (X < 4/6) then DICE = 4 ;
  else if (X < 5/6) then DICE = 5 ;
```

```
      else                DICE = 6 ;
run ;
```

上記では関数 rand('UNIFORM') を用いましたが，例1はベルヌーイ分布に従う乱数生成関数 rand('BERNOULLI')，例2はテーブル分布に従う乱数生成関数 rand('TABLE') を用いてシミュレーションを行うこともできます．

```
data SDATA03(keep=COIN) ;
  call streaminit(777) ;
  COIN = rand("BERNOULLI", 0.5) ;
run ;

data SDATA04(keep=DICE) ;
  call streaminit(777) ;
  DICE = rand("TABLE",1/6,1/6,1/6,1/6,1/6,1/6) ;
run ;
```

多数回のシミュレーション

1回のシミュレーションができたら，do ステートメントを用いて，同じシミュレーションを複数回行うこともできます．先ほどの「コイン投げ」と「サイコロ投げ」を4回行う例に挙げます．ついでに，関数 rand() は初期値を設定しなくても（call streaminit() を実行しなくても）動作するので，call streaminit() を実行せずにシミュレーションを行ってみます．

```
data SDATA05(keep=I COIN) ;
  do I=1 to 4 ;
    COIN = rand("BERNOULLI", 0.5) ;
    output ;
  end ;
run ;

data SDATA06(keep=I DICE) ;
  do I=1 to 4 ;
    DICE = rand("TABLE",1/6,1/6,1/6,1/6,1/6,1/6) ;
    output ;
  end ;
run ;
```

データセット SDATA05 と SDATA06 の中身を次に示します．

VIEWTABLE: Work.Sdata05		
	I	COIN
1	1	0
2	2	1
3	3	0
4	4	0

VIEWTABLE: Work.Sdata06		
	I	DICE
1	1	2
2	2	2
3	3	2
4	4	4

多数回シミュレーションを行った結果に対して要約統計量を求めることができます．例として，「サイコロ投げ」を4回行った結果である SDATA06 について，means プロシジャでサイコロの目の合計を算出し，結果をデータセット SDATA07 に出力してみます．

```
ods output SUMMARY=SDATA07 ;
proc means data=SDATA06 nonobs sum ;
  var DICE ;
run ;
ods output close ;
```

データセット SDATA07 の中身を次に示します．

VIEWTABLE: 要約統計量
DICE_Sum
1	10

モンテカルロ・シミュレーション

同じ確率分布に従う平均 μ，分散 σ^2 の確率変数 $X_1, \cdots, X_n$ について，

- 平均 $\overline{X} = (X_1 + \cdots + X_n)/n$ は正規分布 $N(\mu, \sigma^2/n)$ に従う

というのが中心極限定理でした．シミュレーションの場合は，シミュレーション結果を $X_1, \cdots, X_n$ とすると，平均 $\overline{X} = (X_1 + \cdots + X_n)/n$ は真の平均 μ に近づきます．

モンテカルロ・シミュレーションとは，同じシミュレーション実験を多数回（例えば10000回）繰り返して実験結果の平均値を求め，この平均値を「近似解」とみなす方法です．また，中心極限定理の分散より，実験回数を増やせば増やすほど精度が上がることが分かります．

例として，「4個のサイコロを投げたときの目の合計」の平均値をモンテカルロ・シミュレーションで求めてみます．手順とプログラムを次に示します．

1. do ステートメントを用いて以下を I=1, …, 1000 回繰り返す．
   - 関数 rand('TABLE') でサイコロ投げを行う．
   - 結果を変数 DICE に代入し，レコードを output する．
2. 1. の結果について，繰り返し回数ごと（by I）に「4個のサイコロの目の合計」を算出する．
3. 2. の結果について，平均値を算出する．

```
data SDATA08(keep=I DICE) ;
  call streaminit(777) ;
  do I=1 to 1000 ;
    do j=1 to 4 ;
      DICE = rand("TABLE",1/6,1/6,1/6,1/6,1/6,1/6) ;
      output ;
    end ;
  end ;
run ;

ods listing close ;
ods output SUMMARY=SDATA09 ;
proc means data=SDATA08 nonobs sum ;
  by  I ;
  var DICE ;
run ;
ods output close ;
ods listing ;

proc means data=SDATA09 nonobs n mean ;
  var DICE_SUM ;
run ;
```

出力結果を次に示します．

分析変数：DICE_Sum 合計

N	平均
1000	14.0600000

ちなみに，繰り返し回数を増やすと真の値（14）に近づくことが分かります．

繰り返し回数	平均値
10	14.60
100	14.35
1000	14.06
5000	14.01
10000	14.01

シミュレーションで例数設計

モンテカルロ・シミュレーションの使用例として例数設計をシミュレーションで行ってみます．

(1) 薬剤間の QOL の平均値を比較する

うつ病患者に薬剤 1 または薬剤 2 を投与し，薬剤間の QOL の平均値を比較することを考えます．「薬剤 1 の QOL の平均値は 6.5，薬剤 2 の QOL の平均値は 4.0，標準偏差は両薬剤とも同じ 3.0，例数は 1 群 20 例，α =5%」と設定し，「帰無仮説 H_0：平均値の差が 0 である」という帰無仮説に関する 2 標本 t 検定を行ったときに，薬剤 1 が薬剤 2 に勝ることを検出する検出力を算出する場合，プログラムを作成する手順とプログラムを次に示します．

1. do ステートメントを用いて以下を I=1, …, 1000 回繰り返す（各薬剤の 20 例分の QOL のデータを 1000 セット作成）．
    - 各薬剤の平均値，標準偏差，1 群あたりの例数を変数に代入．
    - 関数 rand('NORMAL') で各薬剤の QOL のデータを生成．
2. 1. の結果について，繰り返し回数ごと（by I）に 2 標本 t 検定を実行（結果はデータセット RESULT01 の変数 tValue（t 値）と変数 Probt（p 値）に格納される）．
3. 2. の結果について，変数 tValue が正（薬剤 1 の方が勝っている）かつ変数 Probt が 0.05 未満であれば，有意差があるかどうかを表す変数 FLAG に 1 を，そうでなければ変数 FLAG に 0 を代入．
4. 変数 FLAG が 1 である割合（= 検出力）を算出．

まず，各薬剤の 20 例分の QOL のデータを 1000 セット作成します．

```
data NDATA01(keep=I N GROUP QOL);
  call streaminit(777) ;
  array MU(2) M1-M2 ;
  M1=6.5; M2=4.0 ; SIGMA=3.0 ; N=20 ;
  do I=1 to 1000 ;
    do GROUP=1 to 2;
      do J=1 to N ;
        QOL = rand("NORMAL", MU(GROUP), SIGMA) ;
        output ;
      end ;
    end ;
  end ;
run ;
```

データセット NDATA01 は以下のようになっています．

3 統計解析

	N	I	GROUP	QOL
1	20	1	1	7.3388197737
2	20	1	1	8.9681711588
3	20	1	1	8.8139638443
4	20	1	1	7.9693175818
5	20	1	1	5.752400677
6	20	1	1	10.54311951
7	20	1	1	8.8501604074
8	20	1	1	4.3625036884
9	20	1	1	6.0635181008
10	20	1	1	2.5601087995

データセット NDATA01 に対して，繰り返し回数ごと（by I）に 2 標本 t 検定を実行し，結果をデータセット RESULT01 に出力します．

```
ods listing close ;
ods output ttests=RESULT01(where=(method="Pooled")) ;
proc ttest data=NDATA01 ;
  by    I    ;
  class GROUP ;
  var   QOL  ;
run ;
ods output close ;
ods listing ;
```

データセット RESULT01 は以下のようになっています．

	I	Variable	Method	Variances	t Value	DF	Pr > |t|
1	1	QOL	Pooled	Equal	1.02	38	0.3129
2	2	QOL	Pooled	Equal	2.65	38	0.0117
3	3	QOL	Pooled	Equal	3.19	38	0.0028
4	4	QOL	Pooled	Equal	2.98	38	0.0050
5	5	QOL	Pooled	Equal	2.27	38	0.0287
6	6	QOL	Pooled	Equal	3.70	38	0.0007
7	7	QOL	Pooled	Equal	0.73	38	0.4718
8	8	QOL	Pooled	Equal	1.31	38	0.1967
9	9	QOL	Pooled	Equal	1.92	38	0.0620
10	10	QOL	Pooled	Equal	2.33	38	0.0251

データセット RESULT01 に対して，有意差があるかどうかを判定し，有意差があれば変数 FLAG に 1 を，そうでなければ変数 FLAG に 0 を代入し，結果をデータセット RESULT01 に出力します．「有意差がある」とは「変数 tValue（t 値）が正（薬剤 1 の方が勝っている）」かつ「変数 Probt（p 値）が 0.05 未満」となります．ここで，「変数 Probt（p 値）が 0.05 未満」だけで判定してしまうと，薬剤 2 が勝った場合にも「有意差がある」と誤判定してしまうことに注意します．

```
data POWER01 ;
  set RESULT01 ;
  if (tValue > 0) and (Probt < 0.05)
```

```
    then FLAG = 1 ;    *--- 有意差あり ;
    else FLAG = 0 ;    *--- 有意差なし ;
run ;
```

データセット POWER01 は以下のようになっています.

	I	t Value	Pr > |t|	FLAG
1	1	1.02	0.3129	0
2	2	2.65	0.0117	1
3	3	3.19	0.0028	1
4	4	2.98	0.0050	1
5	5	2.27	0.0287	1
6	6	3.70	0.0007	1
7	7	0.73	0.4718	0
8	8	1.31	0.1967	0
9	9	1.92	0.0620	0
10	10	2.33	0.0251	1

最後に, データセット POWER01 に対して, 変数 FLAG が 1 である割合 (= 検出力) を算出します.

```
proc freq data=POWER01 ;
  table FLAG ;       *--- FLAG=1 の割合を求める ;
run ;
```

出力結果は次の通りで, 検出力は 72.3% と算出されました.

```
                    FREQ プロシジャ

                                   累積        累積
 FLAG    度数    パーセント    度数    パーセント
 ─────────────────────────────────────────────
    0     277       27.70       277      27.70
    1     723       72.30      1000     100.00
```

ちなみに,「薬剤間の平均値の差が 2.5 (= 6.5 − 4.0), 各薬剤共通の標準偏差が 3.0, 例数は 1 群 20 例, α =5%」と設定したときに,「帰無仮説 H_0: 平均値の差が 0 である」という帰無仮説に関する 2 標本 t 検定を行ったときの検出力を power プロシジャで算出してみます.

```
proc power ;
  twosamplemeans
  test     = diff
  meandiff = 2.5
  stddev   = 3.0
  alpha    = 0.05
  power    = .
  npergroup = 20 ;
```

```
run ;
```

出力結果（抜粋）は以下のようになり，検出力が 72.8% と算出され，シミュレーションの結果とほぼ一致しています．

```
                    Computed Power

                         Power
                         0.728
```

(2) 薬剤間の「改善ありの割合」を比較する

うつ病患者に薬剤 1 または薬剤 2 を投与し，薬剤間の「改善ありの割合」を比較することを考えます．「薬剤 1 の改善ありの割合は 40%，薬剤 2 の改善ありの割合は 20%，例数は 1 群 100 例，α =5%」と設定し，「帰無仮説 H_0：改善ありの割合の差が 0 である」という帰無仮説に関する χ^2 検定を行ったときに，薬剤 1 が薬剤 2 に勝ることを検出する検出力を算出する場合，プログラムを作成する手順とプログラムを次に示します．

1. do ステートメントを用いて以下を I=1，…，1000 回繰り返す（各薬剤の 100 例分の改善の有無のデータを 1000 セット作成）．
   - 薬剤 1 について以下の 2 レコードを出力．
     ○ 改善あり（EVENT="Y"）の例数（K），1 群あたりの例数
     ○ 改善なし（EVENT="N"）の例数（K），1 群あたりの例数
   - 薬剤 2 についても同様に 2 レコードを出力．
   - 関数 rand('BINOMIAL') で各薬剤の改善の有無のデータを生成．
2. 1. の結果について，繰り返し回数ごと（by I）に χ^2 検定を実行（結果はデータセット RESULT02 の変数 Prob（p 値）に格納される）．
3. 2. 上記の結果について，変数 Prob が 0.05 未満であれば，有意差があるかどうかを表す変数 FLAG に 1 を，そうでなければ変数 FLAG に 0 を代入．
4. 変数 FLAG が 1 である割合（＝検出力）を算出．

まず，各薬剤の 100 例分の改善の有無のデータを 1000 セット作成します．

```
data NDATA02(keep=I N GROUP EVENT K);
  call streaminit(777) ;
  array PROP(2) P1-P2 ;
  P1=0.4; P2=0.2 ; N=100 ;
  do I=1 to 1000 ;
    do GROUP=1 to 2;
      X     = rand("BINOMIAL", PROP(GROUP), N) ;
      EVENT = "Y"; K = X   ; output ;
```

```
        EVENT = "N"; K = N-X ; output ;
      end ;
   end ;
run ;
```

データセット NDATA02 は以下のようになっています.

	N	I	GROUP	EVENT	K
1	100	1	1	Y	42
2	100	1	1	N	58
3	100	1	2	Y	25
4	100	1	2	N	75
5	100	2	1	Y	45
6	100	2	1	N	55
7	100	2	2	Y	22
8	100	2	2	N	78
9	100	3	1	Y	39

データセット NDATA02 に対して，繰り返し回数ごと(by I)に χ^2 検定を実行し，結果をデータセット Chisq に出力します.

```
ods listing close ;
ods output ChiSq=ChiSq(where=(Statistic="カイ 2 乗値")) ;
proc freq data=NDATA02 ;
  by    I ;
  weight K ;
  tables GROUP*EVENT / chisq ;
run ;
ods output close ;
ods listing ;
```

また，データセット NDATA02 に対して，繰り返し回数ごと（by I）に割合の差（薬剤 1 − 薬剤 2）を求め，結果をデータセット RiskDiff に出力します．その際，割合の差（薬剤 1 − 薬剤 2）が RiskDiffCol1 と RiskDiffCol2 のどちらに格納されているかをあらかじめ確認します．

```
ods listing close ;
ods output RiskDiffCol2=RiskDiff(where=(Row="差")) ; ;
proc freq data=NDATA02 ;
  by    I ;
  weight K ;
  tables GROUP*EVENT / riskdiff ;
run ;
ods output close ;
ods listing ;
```

データセット Chisq と RiskDiff を変数 I でマージします．

```
data RESULT02 ;
  merge ChiSq RiskDiff ;
  by   I ;
  keep I Prob Risk ;
run ;
```

マージしたデータセット RESULT02 は以下のようになっています．

	I	p値	リスク
1	1	0.0109	0.1700
2	2	0.0006	0.2300
3	3	0.0144	0.1600
4	4	<.0001	0.2700
5	5	0.0002	0.2400
6	6	<.0001	0.2700
7	7	0.0011	0.2100
8	8	0.0029	0.1900
9	9	0.0003	0.2300
10	10	0.0007	0.2200

データセット RESULT02 に対して，有意差があるかどうかを判定し，有意差があれば変数 FLAG に 1 を，そうでなければ変数 FLAG に 0 を代入し，結果をデータセット RESULT02 に出力します．「有意差がある」とは「変数 Risk（割合の差）が正（薬剤 1 の方が勝っている）」かつ「変数 Prob（p 値）が 0.05 未満」となります．ここで，「変数 Prob（p 値）が 0.05 未満」だけで判定してしまうと，薬剤 2 が勝った場合にも「有意差がある」と誤判定してしまうことに注意します．

```
data POWER02 ;
  set RESULT02 ;
  if  (Risk > 0) and (Prob < 0.05)
  then FLAG = 1 ;   *--- 有意差あり ;
  else FLAG = 0 ;   *--- 有意差なし ;
run ;
```

データセット POWER02 は次のようになっています．

	I	p値	リスク	FLAG
1	1	0.0109	0.1700	1
2	2	0.0006	0.2300	1
3	3	0.0144	0.1600	1
4	4	<.0001	0.2700	1
5	5	0.0002	0.2400	1
6	6	<.0001	0.2700	1
7	7	0.0011	0.2100	1
8	8	0.0029	0.1900	1
9	9	0.0003	0.2300	1
10	10	0.0007	0.2200	1
11	11	0.0780	0.1100	0
12	12	<.0001	0.3200	1

最後に，データセット POWER02 に対して，変数 FLAG が 1 である割合（＝検出力）を算出します．

```
proc freq data=POWER02 ;
  table FLAG ;      *--- FLAG=1 の割合を求める ;
run ;
```

出力結果は次の通りで，検出力は 89.9% と算出されました．

```
              FREQ プロシジャ

                              累積    累積
FLAG   度数   パーセント   度数   パーセント
─────────────────────────────────────────
  0     101     10.10       101     10.10
  1     899     89.90      1000    100.00
```

ちなみに，「薬剤間の改善ありの割合の差が 20%（＝40% － 20%），例数は 1 群 100 例，α =5%」と設定したときに，「帰無仮説 H_0：改善ありの割合の差が 0 である」という帰無仮説に関する χ^2 検定を行ったときの検出力を power プロシジャで算出してみます．

```
proc power;
  twosamplefreq
  test              = pchi
  alpha             = 0.05
  groupproportions  = (0.2 0.4)
  nullproportiondiff = 0.00
  power             = .
  npergroup         = 100 ;
run ;
```

出力結果（抜粋）は次のようになり，検出力が 87.6% と算出され，シミュレーションの結果とほぼ一致しています．

```
Computed Power

Power
0.876
```

3.9.3 参考文献

- 伏見 正則「乱数」東京大学出版会
- 宮武修, 中山隆 (1960)「モンテカルロ法 (日刊工業新聞社 (絶版), 統計科学のための電子図書システム)」
  http://www.sci.kagoshima-u.ac.jp/~ebsa/miyatake01/index.html
- SASR 9.2 Language Reference Dictionary
- Mersenne Twister Home Page：
  http://www.math.sci.hiroshima-u.ac.jp/~m-mat/MT/mt.html

3.10 ベイズ統計の基礎

本節では「条件付き確率」「ベイズの定理」を紹介した後，ベイズの定理の簡単な適用例を紹介することで，ベイズの定理を使った解析のイメージをつかむことを目標とします．

3.10.1 条件付き確率とベイズの定理

条件付き確率

2つの事象 A と B について, p(A) と p(B) をそれぞれ「A が起きる確率」「B が起きる確率」とします．

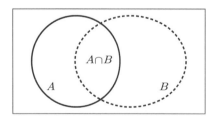

このとき「A が与えられたときの B の条件付き確率」は以下となります．

$$p(B|A) = \frac{P(B \cap A)}{P(A)}$$

1つ例を挙げます．AとBをそれぞれ「3の倍数」「2の倍数」とします．

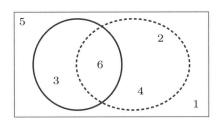

まず，「Aが起こる確率」は「1,2,3,4,5,6」のうち「3,6」が起きる確率ですので，1/3となります．

次に，「Aが与えられたときのBが起こる条件付き確率」は「3,6」のうち「6」が起きる確率ですので，1/2となります．これを先ほどの式で表すと以下のようになります．

$$p(B|A) = \frac{P(B \cap A)}{P(A)} = \frac{1/6}{2/6} = \frac{1}{2}$$

ベイズの定理

さて，先ほどの「Aが与えられたときのBの条件付き確率」の式から

$$P(B \cap A) = p(B|A) \times P(A)$$

となります．これを，「Bが与えられたときのAの条件付き確率」

$$p(A|B) = \frac{P(A \cap B)}{P(B)}$$

のP(A ∩ B)に代入することで（注：P(A ∩ B)とP(B ∩ A)は同じです）

$$p(B|A) = \frac{P(A|B)}{P(A)} \times P(B)$$

が得られます．上式のAを「興味のあるパラメータθ」，Bを「データy」に置き換えることで

$$p(\theta|y) = \frac{P(y|\theta)}{P(y)} \times P(\theta)$$

となります．これが「ベイズの定理」です．

- $p(\theta)$：パラメータθの事前分布．

- p(y|θ)：尤度.
- p(θ|y)：パラメータθの事後分布.
- p(y)：p(θ|y) の全確率が 1 になるための基準化定数.

ちなみに，「ベイズの定理」の表現として，p(y) を省略した形で

$$p(θ|y) \propto P(y|θ) \times P(θ) \Rightarrow 事後分布 \propto 尤度 \times 事前分布$$

と表記することが多いです（∝：比例するという意味）．

3.10.2　ベイズの定理の適用例

うつ病患者に対して薬剤による治療を行うことを考えます．事前情報では，この薬剤の改善割合 θ は 0.1（10%）か 0.3（30%）のどちらかであるようですが，等確率でどちらも起こり得る感じです．実際に 5 人の患者に薬剤を投与したところ 2 人の患者が「改善あり」となりました．このとき，改善割合 θ は 0.1 と 0.3 のどちらであるかをベイズの定理により推測してみましょう．まず，場面設定を次に示します．

- θ：改善割合（0.1 か 0.3 のいずれか）．
- p(θ)：改善割合 θ の事前分布；0.1 となる確率も 0.3 となる確率も 0.5．
- y：データ（N = 5 人中，表が出る回数）．
- p(y|θ)：改善割合 θ に関する尤度は二項分布 $_5C_2 \times θ^2 \times (1 - θ)^3$ に従う．

事前分布は以下のような分布ですが，ベイズの定理を用いてパラメータ θ の事後分布 p(θ|y) を求め，このグラフを更新してみましょう．

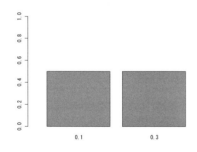

まず，θ = 0.1 のときの事前分布と尤度は以下となります．

- p(θ) = 0.5
- p(y|θ) = $_5C_2 \times 0.1^2 \times (1 - 0.1)^3 = 0.0729$

また，θ = 0.3 のときの事前分布と尤度は以下となります．

- p(θ) = 0.5

- $p(y|\theta) = {}_5C_2 \times 0.3^2 \times (1-0.3)^3 = 0.3087$

これらの結果を表にまとめます.

θ	事前分布 $p(\theta)$	尤度 $p(y|\theta)$	尤度 × 事前分布 $p(\theta) \times p(y|\theta)$
0.1	0.5	0.0729	0.0365
0.3	0.5	0.3087	0.1544
計	1.0		0.1908

$\theta = 0.1$ のときの「尤度×事前分布」は 0.0365,$\theta = 0.3$ のときの「尤度×事前分布」は 0.1544 となりましたが,この 2 つの和は 0.1908 となり 1 にはなりませんので,このままでは確率分布にはなりません.そこで,2 つの「尤度×事前分布」の和が 1 になるように,それぞれの「尤度×事前分布」の値を 0.1908 で割ってみます [40].

θ	事前分布 $p(\theta)$	尤度 $p(y|\theta)$	尤度×事前分布 $p(\theta) \times p(y|\theta)$	**事後分布** $p(\theta|y)$
0.1	0.5	0.0729	0.0365	**0.1910**
0.3	0.5	0.3087	0.1544	**0.8090**
計	1.000		0.1908	**1.0000**

基準化！

以上で事後分布が求まりました.グラフを次に示します.

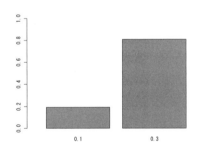

このように,「改善割合 θ は 0.1(10％)か 0.3(30％)のどちらか(等確率)である」という事前分布を「5 人中 2 人の患者が改善あり」という尤度(データ)で更新し,「改善割合 θ が 0.3(30％)になる確率が高いので,改善割合は 0.3(30％)っぽい」という事後分布を求めることがベイズ解析の目的です.

---

[40] 実はこの 0.1908 が p(y) です.

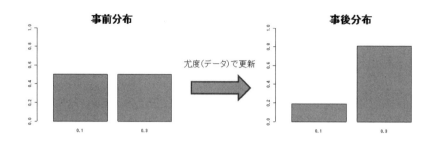

3.10.3　マルコフ連鎖モンテカルロ法と MCMC プロシジャ

事前分布を設定した後,尤度（データ）で更新することで事後分布を求める方法は2つあります.

- 解析的に事後分布を求める方法
- マルコフ連鎖モンテカルロ法（MCMC；Markov Chain Monte Carlo）により事後分布の乱数を生成する方法

前節の「うつ病患者への薬剤治療」の例を少し変えて,上記のそれぞれの方法により事後分布を求めてみましょう.

解析的に事後分布を求める方法

うつ病患者に対して薬剤による治療を行うことを考えます.事前情報では,この薬剤の改善割合 θ は 0（0%）～1（100%）のどの辺りかは予想できませんでした.実際に5人の患者に薬剤を投与したところ2人の患者が「改善あり」となりました.このとき,改善割合 θ はどのような分布（事後分布）になるかをベイズの定理により推測してみましょう.まず,場面設定を次に示します.

- θ：改善割合（0～1），パラメータ.
- $p(\theta)$：θ の事前分布をベータ分布 beta(1, 1)：$p(\theta) = 1$ ($0 \leq \theta \leq 1$) とする（このような事前分布を無情報事前分布とよびます）.
- y：データ（N=5 人中,表が出る回数）.
- $p(y|\theta)$：θ に関する尤度は二項分布 $_5C_2 \times \theta^2 \times (1-\theta)^3$ に従うが,θ に無関係の部分を省き,$p(y|\theta) \propto \theta^2 \times (1-\theta)^3$ とおく.

θ の事前分布（ベータ分布 beta(1, 1)）は以下のような一様分布（無情報事前分布とよびます）ですが,ベイズの定理を用いてパラメータ θ の事後分布 $p(\theta|y)$ を求め,このグラフを更新してみましょう[41].

---

[41] この後,いろいろ式が出てきますが,「複雑ですよ」ということを示すためのものですので,適当に読み流してください.

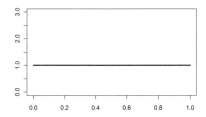

ベイズの定理の式より

$$p(\theta|y) \propto p(y|\theta) \times p(\theta) = \theta^2 \times (1-\theta)^3$$

となるので，事後分布 $p(\theta|y)$ は $\theta^2 \times (1-\theta)^3$ に比例した式になることが分かりますが，このままでは全確率が1になりませんので確率分布になりません．

ところで，ベータ関数 $B(a, b)$：

$$B(a,b) = \int_0^1 \theta^{a-1}(1-\theta)^{b-1}d\theta$$

なるものを持ち出すと，先ほどの $\theta^2 \times (1-\theta)^3$ をベータ関数 $B(2+1, 3+1)$ で割り算したものはベータ分布 (3, 4)：

$$\text{beta}(3,4) = \frac{\theta^2(1-\theta)^3}{B(2+1,3+1)}$$

となり，もちろん全確率は

$$\int_0^1 \frac{\theta^2(1-\theta)^3}{B(2+1,3+1)}d\theta = 1$$

となりますので，最終的に事後分布 $p(\theta|y)$ はベータ分布 (3, 4) となります．

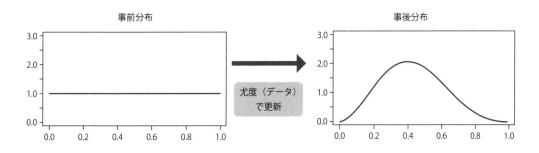

ちなみに，ベータ分布 (a, b) の平均と分散は

$$\text{事後平均} = \frac{a}{a+b}, \quad \text{事後分散} = \frac{ab}{(a+b)^2(a+b+1)}$$

となりますので，事後分布 p(θ|y) の事後平均と事後分散はそれぞれ

$$\text{事後平均} = \frac{3}{3+4} = 0.4286, \quad \text{事後分散} = \frac{3 \times 4}{(3+4)^2(3+4+1)} = 0.0306$$

となります．

ただ，このような非常に単純な状況設定においても，ベータ関数を持ち出す必要があり，事後分布を解析的に求めることは結構手間です．これが複雑な状況（複雑な事前分布や複数のパラメータを設定する場合）になると，事後分布を解析的に求めることはもっと難しくなり，実質計算不能になることがほとんどです．

マルコフ連鎖モンテカルロ法

事後分布を解析的に求めることは難しいことが多いので，事後分布を解析的に求めることをあきらめ，事後分布に従う乱数を生成することで事後分布を求めたことにしようという方法があります．本節ではマルコフ連鎖モンテカルロ法（MCMC）という方法により事後分布に従う乱数を生成し，事後分布に関する特徴をつかむことを考えます．SAS では MCMC プロシジャにより，事後分布に従う乱数を生成することができます．

さて，パラメータ θ の事前分布をベータ分布：beta(1, 1)，初期値を 0.5，モデル式として y が二項分布：binomial(N, θ) に従うとします．MCMC プロシジャではこれらの条件（モデル）を定義するために以下のように記述します．「～」は「特定の確率分布に従う」ことを表します．

```
初期値 ：     parm    THETA   0.2 ;
事前分布：    prior   THETA ~ beta(1,1) ;
モデル式：    model   Y     ~ binomial(N, THETA) ;
```

この表記を用いて θ の事後分布を求める目的でベイズの定理：

$p(\theta|x) \propto p(y|\theta) \times p(\theta)$

を適用する場合は，MCMC プロシジャを使って以下のように記述します．ちなみに，seed=777 は乱数の種，nmc=1000 は乱数を 1000 個生成することを表します．

```
data MYDATA ;
  input Y N ;
  cards ;
    2 5
  ;
run ;

ods graphics on ;
```

```
proc mcmc data=MYDATA seed=777 nmc=1000 ;
  parm  THETA 0.5 ;
  prior THETA ~ beta(1, 1) ;
  model Y     ~ binomial(N, THETA) ;
run ;
ods graphics off ;
```

グラフの出力結果を次に示します．

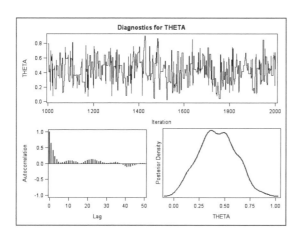

出力結果の上図は，事後分布に従う乱数を順番にプロットしたものです（横軸：乱数の順番，縦軸：乱数の値）．MCMC で生成した乱数は，生成した最初の方の乱数は品質が悪く（何らかの傾向がみられる），後の方の乱数は品質が良い（傾向がみられない）という特徴があります．この図から，今生成した乱数の品質が良いかどうかを確認することができます．

乱数の品質が良い場合の例　　　　　　　　　**乱数の品質が悪い場合の例**

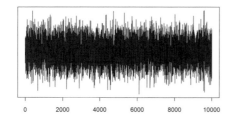 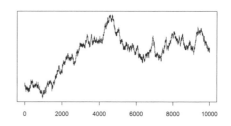

出力結果の左下図は，事後分布に従う乱数の自己相関の結果を表示したものです（横軸：ラグ（何個前の乱数同士の相関を取るか），縦軸：相関の度合い）．MCMC で生成した乱数は，それぞれが独立標本（であるように見立てたもの）ですので，ラグを大きくしても相関が高い場合は品質が悪く，ラグを大きくするとすぐに相関が低くなる場合は品質が良いと判断します．

乱数の品質が良い場合の例　　　乱数の品質が悪い場合の例

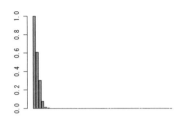
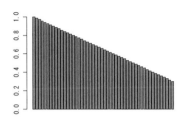

　乱数の品質が悪いことが疑われる場合は，nmc=1000 のオプションに加えて，thin=3（生成した乱数を 3 個おきに抽出；デフォルトは 1），nbi=2000（1 個目〜 2000 個目の乱数を捨てる；デフォルトは 1000）などを指定します．これらのオプションの数を増やすことで品質向上が望まれますが，生成する乱数の数が増えるので計算速度は落ちます．

　出力結果の右下図は，事後分布に従う乱数の密度推定（≒ヒストグラム）ですので，事後分布と解釈します．

　また，テキストの出力結果のうち，パラメータ θ の事後分布に関する統計量の推定結果を次に示します．

```
                        The MCMC Procedure
                         Posterior Summaries
                          Standard              Percentiles
Parameter       N       Mean   Deviation      25%      50%      75%
THETA         1000     0.4290    0.1774      0.3080   0.4189   0.5504

                         Posterior Intervals
   Parameter    Alpha   Equal-Tail Interval      HPD Interval
   THETA        0.050    0.1044     0.7610     0.1112    0.7620
```

- N=1000：事後分布に従う乱数の生成数です．
- Mean=0.4290：事後分布に従う乱数の平均ですので，事後分布の平均と解釈します．解析的に求めた事後平均（0.4286）に近い値となっています．
- Standard Deviation=0.1774：事後分布に従う乱数の標準偏差ですので，事後分布の標準偏差と解釈します．解析的に求めた標準偏差（$\sqrt{0.0306} = 0.1749$）に近い値となっています．
- Percentiles：事後分布に従う乱数のパーセンタイル点です．
- ALPHA=0.05：α が 5% なので，信頼係数は 95% となります．
- Equal-Tail Interval：(0.1044 0.7610)，HPD Interval：(0.1112 0.7620)：事後分布に従う乱数の両側 95% **確信**区間（credible interval）で，パラメータが 95% の確率で含まれる区間を表します．頻度論における**信頼**区間（confidence interval）は，ベイズ解析では**確信**区間と呼び，解釈も頻度論の区間とは異なりますので注意してください．

さて，2種類の**確信**区間が表示されていますので，順に解説します．

Equal-Tail Interval

事後分布の右端から$\alpha/2$の面積と左端$\alpha/2\%$の面積を除いた部分を確信区間としたものです．

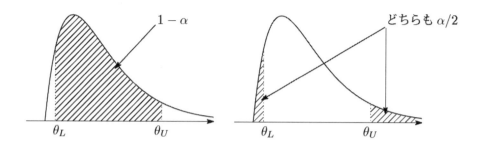

分布がどのような形であっても「右端$\alpha/2$と左端$\alpha/2$を除いた部分」を確信区間とするため，確信度が高い部分が確信区間から除かれる場合が生じえます．

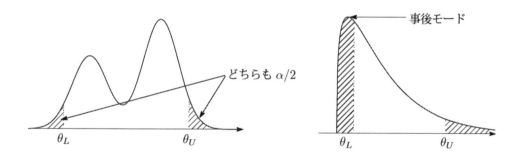

HPD Interval

Highest Posterior Density Interval（最高事後密度区間）の略です．「確信区間の面積は$1-\alpha$」「確信区間内の密度は，確信区間外の密度よりも必ず高い」の2条件を満たします．ただし，SASでは区間が分割されないような計算アルゴリズムを採用しています．

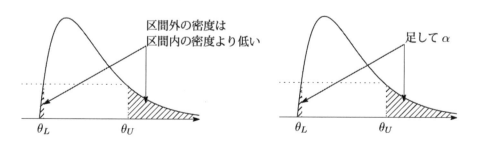

「確信区間外の右裾と左裾の面積が異なる」「分布の形によっては確信区間が分割される」という特徴があります．

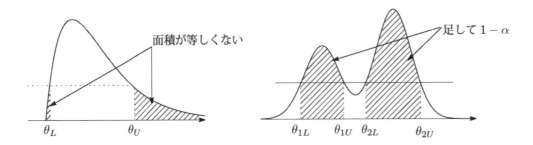

　95%区間について,頻度論の信頼区間はパラメータθを含むかどうかについて確率を与えることができないので,「データの収集と解析を100回繰り返して100個の信頼区間を得たとき,95個の信頼区間がパラメータθを含んでいる」という回りくどい解釈となってしまいますが,ベイズの確信区間はパラメータθの分布から得られるものですので,「真のパラメータθが区間に含まれる確率が95%である」という解釈ができます.

〔参考〕MCMC プロシジャで使える関数

　ここでMCMCプロシジャで使える確率分布に関する関数を表にまとめます.

確率分布名	MCMC プロシジャの関数
ベルヌーイ分布	binary(p)
二項分布	binomial(n, p)
負の二項分布	negbin(p, r)
ポアソン分布	poisson(lambda)
ベータ分布	beta(a, b)
χ^2分布	chisq(k)
二重指数分布	laplace(mu, iscale=tau)
指数分布	expon(iscale=lambda)
ガンマ分布	gamma(a, iscale=b)
対数正規分布	lognormal(mu, prec=tau)
ロジスティック分布	logistic(a, b)
正規分布	normal(mu, sd=sigma)
t分布	t(mu, prec=tau, v)
一様分布	uniform(a, b)

3.10.4　MCMC プロシジャの適用例

　さらなる適用例については「SAS/STAT(R) 9.2 User's Guide」を参照してください.

正規分布(分散既知)の問題

　糖尿病患者におけるBMIについて調査することを考えます.事前情報では糖尿病患者のBMIの平均は27,分散が9となっていました.ここで,ある糖尿病患者集団5人のBMIを測定したとこ

ろ平均値は 25（データ：19, 24, 26, 27, 29）であったとします．我々は BMI の分散が 16 であると知っているとします．この集団の BMI(パラメータ μ とする)を幾らと推定すれば良いでしょうか．

パラメータ μ の事前分布を正規分布：N(27, 9)，初期値を 25，モデル式として y が正規分布：N(MU,16) に従うとします．

初期値：	parm MU 25 ;
事前分布：	prior MU ~ N(27, 9) ;
モデル式：	model Y ~ N(MU,16) ;

MCMC プロシジャでは以下のように記述します．実行すると，事後分布の情報に加えて，パラメータ μ の事後分布に従う乱数などがデータセット RESULT に出力されます．

```
data MYDATA ;
  input Y @@ ;
  cards ;
    19 24 26 27 29
  ;
run ;

ods graphics on ;
proc mcmc data=MYDATA seed=777 nmc=1000
     outpost=RESULT ;
  parm  mu 25 ;
  prior mu ~ normal(mean=27, var= 9) ;
  model Y  ~ normal(mean=mu, var=16) ;
run ;
ods graphics off ;
```

グラフの出力結果を次に示します．

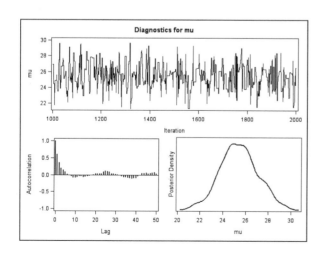

テキストの出力結果のうち，パラメータ μ の事後分布に関する統計量の推定結果は次の通りです．パラメータ μ の事後平均は 25.44，事後標準偏差は 1.629（分散は $1.629^2 = 2.654$）となり，両側 95% 確信区間（Equal-Tail Interval）は (22.1227, 28.5516) となりました．

```
                        Posterior Summaries

                                 Standard              Percentiles
Parameter        N       Mean    Deviation      25%       50%       75%
mu            1000    25.4428      1.6288    24.3718   25.4422   26.4773


                        Posterior Intervals

          Parameter    Alpha   Equal-Tail Interval      HPD Interval
          mu           0.050     22.1227   28.5516    21.9739   28.3549
```

ロジスティック回帰分析

うつ病患者 N 人に薬剤を投与し，「改善あり」となる割合を評価することを考えます．X_1 を薬剤の種類（1 又は 0）とし，X_2 を前治療の有無（なし：1，あり：0）とし，Y を N 回の患者のうち「改善あり」となった人数を表す確率変数で，二項分布：Binomial(N, p) に従うとします．パラメータ β_0, β_1, β_2 の事前分布をいずれも正規分布：N(0, 1000000) とし，以下のロジスティック回帰モデルを考え，パラメータ β_0, β_1, β_2 の事後分布を求めます．

改善の有無の対数オッズ $= \beta_0 + \beta_1 \times X_1 + \beta_2 \times X_2$

MCMC プロシジャでは以下のように記述します．

```
data MYDATA ;
  input n y x1 x2 ;
  cards ;
     5  2 1 0
    15 10 1 1
    15  2 0 0
     5  3 0 1
  ;
run ;

ods graphics on ;
proc mcmc data=MYDATA seed=777 nmc=5000 nbi=5000 thin=5 ;
  parms (beta0 beta1 beta2) 0 ;
  prior beta0 beta1 beta2 ~ normal(0, var = 1000000) ;
  p = logistic(beta0 + beta1*x1 + beta2*x2) ;
  model y ~ binomial(n,p) ;
run ;
```

```
ods graphics off ;
```

テキストの出力結果のうち，パラメータ β_0，β_1，β_2 の事後平均と事後標準偏差の推定結果は次の通りです．

```
                        Posterior Summaries

                                  Standard         Percentiles
Parameter        N      Mean      Deviation   25%       50%       75%
beta0         1000     -1.8068    0.6965    -2.2119   -1.7623   -1.3172
beta1         1000      0.8230    0.8438     0.2774    0.8154    1.3966
beta2         1000      1.8435    0.8592     1.2614    1.8037    2.4192
```

単回帰分析

$\mathbf{x} = (1, 2, 3, 4, 5)$，$\mathbf{y} = (1, 2, 3, 4, 5.1)$ について，以下の回帰モデルを考えます．

$$y_i = \beta_1 + \beta_2 \times x_i + \varepsilon_i \quad \varepsilon_i \sim N(0, 1/\tau_1) \ (i = 1,\cdots,5)$$

上記モデルから，以下の関係式を得ます．

$$y_i \sim N(\mu_i, 1/\tau_1)$$
$$\mu_i = \beta_1 + \beta_2 \times x_i \ (i = 1,\cdots,5)$$

また，パラメータ τ_1 と β_j (j = 1, 2)，及び超パラメータ τ_2 について，以下の事前分布を仮定します．

$$\beta_j \sim N(0, \tau_2) \qquad (j = 1, 2)$$
$$\tau_j \sim \text{Gamma}(0.001, 0.001) \qquad (j = 1, 2)$$
$$\sigma_j = 1/(\tau_j)^{1/2} \qquad (j = 1, 2)$$

各パラメータの事後分布を求めるために，以下のベイズの定理を用います．

$$p(\beta_1, \beta_2, \tau_1, \tau_2 | \mathbf{x}, \mathbf{y}) \propto p(\mathbf{y} | \beta_1, \beta_2, \tau_1, \tau_2, \mathbf{x}) \times p(\tau_1) \times p(\beta_1 | \tau_2) \times p(\beta_2 | \tau_2) \times p(\tau_2)$$

さて，この問題について MCMC プロシジャを使って計算しましょう．まず，パラメータが β_1 (beta[1])，β_2 (beta[2])，…のように配列形式となっている場合は，array ステートメントで配列であることを宣言します．また，パラメータが配列形式となっている場合は「:」を使うことで事前分布や初期値をまとめて定義することができます．

初期値：   `parms beta: 0 ;`
事前分布：   `prior beta: ~ normal(mean=0, var=1/tau2) ;`

次に，超パラメータ（例えば τ_2:tau2）については，hyper ステートメントで分布を定義します。

```
hyper tau2 ~ gamma(0.001, iscale=0.001) ;
```

以上を MCMC プロシジャで記述すると以下のようになります。

```
data MYDATA ;
  input X Y @@ ;
  cards ;
    1 1  2 2  3 3  4 4  5 5.1
  ;
run ;

ods graphics on;
proc mcmc data=MYDATA seed=777 nmc=2000
outpost=RESULT monitor=(_parms_ sigma) ;
  array tau[2]   ;
  array beta[2]  ;
  array sigma[2] ;
  parms tau: 1 ;
  parms beta: 0 ;
  beginprior ;
    prior tau1 ~ gamma(0.001, iscale=0.001) ;
    hyper tau2 ~ gamma(0.001, iscale=0.001) ;
    prior beta:~ normal(mean=0, var=1/tau2) ;
    sigma1 = sqrt(1/tau1) ;
    sigma2 = sqrt(1/tau2) ;
  endprior ;
        mu = beta1 + beta2*X ;
  model Y  ~ normal(mu, var=1/tau1) ;
run;
ods graphics off ;
```

テキストの出力結果のうち，各パラメータの事後平均と事後標準偏差の推定結果は次の通りです。

Posterior Summaries

Parameter	N	Mean	Standard Deviation	25%	50%	75%
tau1	2000	441.0	344.7	168.4	354.5	612.0
tau2	2000	2.2036	2.2984	0.6220	1.5799	2.8570
beta1	2000	-0.0409	0.0677	-0.0776	-0.0407	-0.00332
beta2	2000	1.0208	0.0203	1.0087	1.0195	1.0321
sigma1	2000	0.0626	0.0321	0.0404	0.0531	0.0771
sigma2	2000	1.1243	1.0509	0.5916	0.7956	1.2680

グラフの出力結果は割愛します.

ベイズ推定を行うその他のプロシジャ

MCMC プロシジャ以外でベイズ推定を行うプロシジャは，GENMOD プロシジャ，LIFEREG プロシジャ，PHREG プロシジャがあります．そのうち，GENMOD プロシジャ（線形回帰分析，ロジスティック回帰分析）と PHREG プロシジャ（Cox 回帰分析）でのベイズ推定を行う例を，それぞれ 3.4 節「平均値の比較と回帰分析」，3.5 節「2 値データの比較とロジスティック回帰」，3.6 節「生存時間解析」の最後に載せていますので，興味のある方は参照してください.

3.10.5　参考文献

ベイズ統計のイメージをつかみたい方は涌井（2009）を，数学的基礎を勉強されたい方は渡部（1999）を参照してください．多重比較に関する網羅的な本は永田，吉田（1997）や Randall et al.（1999）です．臨床統計の分野でのベイズ解析については Spiegelhalter（2004）が詳しいです．マルコフ連鎖モンテカルロ法の数学的な説明とプログラミング方法は Bolstad（2009）が詳しいでしょう．Cox 回帰における Bayes 推定と phreg プロシジャの使用方法については黒田（2010）を参照してください.

- 黒田 晋吾（2010）「Cox 回帰における Bayes 推定と PHREG プロシジャ（SAS ユーザー総会論文集）」
- 涌井 良幸（2009）「道具としてのベイズ統計（日本実業出版社）」
- 渡部 洋（1999）「ベイズ統計学入門（福村出版）」
- William M. Bolstad（2009）「Understanding Computational Bayesian Statistics（Wiley）」
- SAS/STAT(R) 9.2 User's Guide「The MCMC Procedure (Experimental)」
  http://support.sas.com/documentation/cdl/en/statug/59654/HTML/default/mcmc_toc.htm
- David J. Spiegelhalter（2004）
  「Bayesian Approaches to Clinical Trials and Health-Care Evaluation（Wiley）」

演習問題

1. 以下を実行してデータセット EXAMPLE を作成し，問題 2 〜 8 を解く準備をしてください.
   - GROUP：薬剤（1：治験薬，2：対照薬）
   - WEIGHT：体重の変化量（kg）
   - ADR：副作用の有無（1：あり，2：なし）
   - TIME：観察日数（副作用が出た人は副作用が出るまでの日数）
   - GENDER：性別（0：男性，1：女性）

```
data EXAMPLE ;
  call streaminit(7777) ;
  do GROUP=1 to 2 ;
    do N=1 to 100 ;
      WEIGHT = rand("NORMAL", 1-3*GROUP, 10) ;
      ADR    = 2-rand("BINOMIAL", 0.1*GROUP, 1) ;
      TIME   = ceil(100*rand("UNIFORM")/GROUP) ;
      GENDER = rand("BINOMIAL", 0.4, 1) ;
      output ;
    end ;
  end ;
run ;
```

2. GROUPごとにWEIGHTの平均値に関するグラフを作成してください．

3. GROUPごとにWEIGHTの要約統計量を算出した後，2標本t検定と2標本Wilcoxon検定を用いてGROUP間のWEIGHTの比較をしてください．

4. GROUPごとに，GENDERで調整した上でのWEIGHTの調整済平均値を算出してください．

5. GROUPごとにADRの頻度を集計した後，χ^2検定を用いてGROUP間の比較をしてください．

6. GROUPごとに，GENDERで調整した上でのADRに関する調整オッズ比を算出してください．

7. GROUPごとに「副作用が発現するまでの日数」について，カプラン・マイヤー法を用いて累積発現割合の推定を計算した後，ログランク検定を用いてGROUP間の比較をしてください．

8. GROUPごとに，GENDERで調整した上でのADRに関する調整ハザード比を算出してください．

9. 検定を4回行いました（T1：p=0.001，T2：p=0.002，T3：p=0.030，T4：p=0.400）．このとき，ボンフェローニの方法で調整p値を算出してください．

10. 「平均値の差=4，標準偏差=10，α=5%，検出力90%」と設定したときに，「帰無仮説H_0：平均値の差が0である」という帰無仮説に関する2標本t検定を行ったときに必要となる例数を算出してください．

11. サイコロを3個振った時の目の合計が10〜13になる確率を，シミュレーションにて計算してください．

第4章 レポートの作成

本章では，レポートの作成方法を紹介します．第3章でもいくつか紹介しましたが，SAS には要約統計量を算出する means プロシジャを始め，tabulate プロシジャや report プロシジャなど，レポートの作成に関する多くのカスタマイズ機能を持つプロシジャや，それらと組み合わせて外部ファイルに高品質なレポートを出力する ODS（Output Delivery System）などの様々な機能が用意されています．

4.1 データの読み込み

本節で使用するデータセットを作成します．「肥満症患者に対する薬剤治療」に関して，2つの薬剤 A，B の薬剤群について，薬剤投与後（4，8週後）の体重・腹囲データ（投与開始からの変化量）を読み込んで，関連するフォーマットを割り当てます．体重・腹囲が減少しているデータにはマイナス符号がついています．@@ は，input ステートメントで各変数のデータを読み込む際に，現在の行のデータを続けて読み込むオプションです．また，体重が測定されなかったデータについては，欠測値が格納されています（ID が 18 の 8 週後のデータが欠測値になっています）．

```
proc format ;
   value TRTF    1 = "薬剤A" 2 = "薬剤B" ;
   value GENDERF 1 = "男性"  2 = "女性"  ;
   value VISITF  1 = "4週後" 2 = "8週後" ;
run ;
```

```
data WGT ;
   input ID TREAT GENDER VISIT WGT_CHG ABD_CHG @@ ;
   label TREAT = "薬剤群" GENDER = "性別" VISIT = "評価時点"
         WGT_CHG = "体重変化量(kg)" ABD_CHG = "腹囲変化量(cm)";
   format TREAT TRTF. GENDER GENDERF. VISIT VISITF. ;
cards;
 1 1 1 1  0.4 -1.1 16 2 1 1 -1.0 -1.7
 1 1 1 2 -1.8 -1.9 16 2 1 2  0.5 -1.3
 2 1 2 1 -1.4 -0.6 17 2 2 1 -1.0 -1.5
 2 1 2 2 -2.1 -1.4 17 2 2 2 -1.0 -1.2
 3 1 2 1 -2.6 -2.1 18 2 2 1 -2.5 -2.2
 3 1 2 2 -2.2 -2.2 18 2 2 2   .   -1.4
 4 1 2 1 -0.7 -2.2 19 2 1 1 -0.8 -0.2
 4 1 2 2 -2.4 -2.1 19 2 1 2  0.7 -0.7
 5 1 2 1 -1.2 -0.7 20 2 1 1 -0.5 -1.0
 5 1 2 2 -2.6 -2.4 20 2 1 2 -0.7  0.5
 6 1 1 1 -1.0 -2.1 21 2 1 1 -1.4 -0.2
 6 1 1 2 -2.4 -2.1 21 2 1 2 -1.5  0.2
 7 1 2 1 -1.5 -2.8 22 2 2 1 -1.3 -1.5
 7 1 2 2 -1.7 -1.0 22 2 2 2 -1.1 -2.5
 8 1 2 1 -1.9 -2.4 23 2 1 1 -0.7 -0.8
 8 1 2 2 -1.9 -2.3 23 2 1 2 -1.2  0.2
 9 1 2 1 -0.8 -0.6 24 2 2 1 -1.7  0.4
 9 1 2 2 -1.1 -2.0 24 2 2 2 -1.5 -1.8
10 1 2 1 -2.2 -1.9 25 2 2 1 -0.5 -0.5
10 1 2 2 -2.7 -1.9 25 2 2 2 -1.3 -0.7
11 1 2 1 -2.9 -1.4 26 2 2 1 -0.3 -2.4
11 1 2 2 -2.6 -2.4 26 2 2 2 -0.1 -1.1
12 1 2 1 -1.4 -0.6 27 2 2 1 -0.4 -1.2
12 1 2 2 -1.9 -2.2 27 2 2 2 -1.8 -1.3
13 1 1 1 -2.2 -2.7 28 2 1 1 -1.4 -1.1
13 1 1 2 -2.3 -2.8 28 2 1 2  0.4 -2.1
14 1 2 1 -2.2 -2.9 29 2 2 1  0.0 -2.3
14 1 2 2 -3.2 -0.9 29 2 2 2 -2.1 -1.7
15 1 2 1 -1.1 -1.4 30 2 1 1 -1.6 -1.7
15 1 2 2 -1.1 -1.9 30 2 1 2  0.4 -1.5
;
run ;

proc sort data=WGT ;
   by ID VISIT ;
run ;
```

データセットWGT（一部抜粋）

	ID	薬剤群	性別	評価時点	体重変化量(kg)	腹囲変化量(cm)
1	1	薬剤A	男性	4週後	0.4	-1.1
2	1	薬剤A	男性	8週後	-1.8	-1.9
3	2	薬剤A	女性	4週後	-1.4	-0.6
4	2	薬剤A	女性	8週後	-2.1	-1.4
5	3	薬剤A	女性	4週後	-2.6	-2.1
6	3	薬剤A	女性	8週後	-2.2	-2.2
7	4	薬剤A	女性	4週後	-0.7	-2.2
8	4	薬剤A	女性	8週後	-2.4	-2.1
9	5	薬剤A	女性	4週後	-1.2	-0.7
10	5	薬剤A	女性	8週後	-2.6	-2.4
11	6	薬剤A	男性	4週後	-1	-2.1
12	6	薬剤A	男性	8週後	-2.4	-2.1
13	7	薬剤A	女性	4週後	-1.5	-2.8
14	7	薬剤A	女性	8週後	-1.7	-1
15	8	薬剤A	女性	4週後	-1.9	-2.4
16	8	薬剤A	女性	8週後	-1.9	-2.3
17	9	薬剤A	女性	4週後	-0.8	-0.6
18	9	薬剤A	女性	8週後	-1.1	-2
19	10	薬剤A	女性	4週後	-2.2	-1.9
20	10	薬剤A	女性	8週後	-2.7	-1.9

4.2　要約統計量の算出（MEANSプロシジャ）

データセットWGTの変数WGT_CHG（体重の変化量）について要約統計量を算出し，ods output を使用して，結果をデータセットWGTSUMに保存します．ods output では，指定した統計プロシジャの計算結果をデータセットに保存できます．以下では，means プロシジャで要約統計量を算出し，その結果であるSummaryをデータセットWGTSUMに保存して，printプロシジャで結果を出力しています．

```
ods output Summary=WGTSUM ;
proc means data=WGT ;
   var WGT_CHG ;
   class VISIT TREAT ;
run ;
ods output close ;

proc print data=WGTSUM noobs label ;
run ;
```

means プロシジャの出力結果

				MEANS プロシジャ			
			分析変数：WGT_CHG 体重変化量(kg)				
評価時点	薬剤群	オブザベーション数	N	平均	標準偏差	最小値	最大値
4週後	薬剤A	15	15	-1.5133333	0.8475736	-2.9000000	0.4000000
	薬剤B	15	15	-1.0066667	0.6540715	-2.5000000	0
8週後	薬剤A	15	15	-2.1333333	0.5740416	-3.2000000	-1.1000000
	薬剤B	15	14	-0.7357143	0.9394001	-2.1000000	0.7000000

データセット WGTSUM の中身を print プロシジャで出力した結果を次に示します．変数 TREAT （薬剤の種類）についてはフォーマットが当たっているものの，要約統計量の桁数が長すぎたりして，見栄えがあまり良くありません．

評価時点	薬剤群	オブザベーション数	N	平均	標準偏差	最小値	最大値
4週後	薬剤A	15	15	-1.513333333	0.8475735675	-2.9	0.4
4週後	薬剤B	15	15	-1.006666667	0.6540714975	-2.5	0
8週後	薬剤A	15	15	-2.133333333	0.5740416444	-3.2	-1.1
8週後	薬剤B	15	14	-0.735714286	0.9394000891	-2.1	0.7

次節以降では，レポート作成プロシジャを使用して，統計解析とレポートのカスタマイズを行う方法をいくつか見ていきたいと思います．

4.3 tabulate プロシジャ

tabulate プロシジャは，SAS のレポート作成プロシジャの 1 つです．データを読み込んで簡単な集計・解析を実行でき，後ほど紹介する ODS（Output Delivery System）と組み合わせることで，綺麗な表を外部ファイルへ出力することができます．自動計算できる統計量も豊富に用意されております．本節では，基本的な使用方法と，アウトプット画面に結果を出力する方法を紹介します．

4.3.1 使用方法

前節では，統計解析結果が保存されたデータセット WGTSUM を作成した上でレポート出力を実行しましたが，本節では tabulate プロシジャを使用して，統計解析と表の作成を同時に行う方法を紹介します．まず，tabulate プロシジャの構文を紹介します．

```
proc tabulate data=データセット名 オプション ;
   where    データを絞り込む条件 ;
   by       繰り返しのための変数1  変数2 … ;
```

```
      class    カテゴリ変数1  変数2 … ;
      classlev カテゴリ変数1  変数2 … ;
      var      解析対象変数1  変数2 … ;
      table    ページの指定，行の指定，列の指定  /  オプション ;
      format   変数1  フォーマット1  変数2  フォーマット2 … ;
      label    変数1  ="ラベル1"    変数2  ="ラベル2"      … ;
      keyword  統計量1  統計量2 … ;
      keylabel 統計量1="ラベル1"    統計量2="ラベル2"      … ;
   run ;
```

主なステートメントと機能を以下にまとめます．

主なステートメント	機能
class	カテゴリ変数を指定します．
classlev	各カテゴリの出力をカスタマイズします．
var	解析対象変数を指定します．
table	表に出力する変数・計算項目を指定します．
keyword	統計量などの出力をカスタマイズします．
keylabel	統計量のラベルを指定します．

4.3.2 使用例（単純な表）

簡単な表を作成する例として，カテゴリ変数 TREAT のみを指定した表と，解析対象変数 WGT_CHG のみを指定した表を作成する方法を紹介します．使用するデータは，where ステートメントを使用して，投与 8 週後のデータに絞り込んでいます．

カテゴリ変数TREATのみを指定した表

```
proc tabulate data=WGT ;
   where VISIT = 2 ;
   class TREAT ;
   table TREAT ;
run ;
```

```
-------------------------
|        薬剤群          |
-------------------------
|   薬剤A    |   薬剤B   |
-------------------------
|     N      |     N     |
-------------------------
|     15.00  |    15.00  |
-------------------------
```

解析対象変数WGT_CHGのみを指定した表

```
proc tabulate data=WGT ;
   where VISIT = 2 ;
   var   WGT_CHG ;
   table WGT_CHG ;
run ;
```

```
-------------
|体重変化量(k|
|g)         |
-------------
|    Sum    |
-------------
|   -42.30  |
-------------
```

また，カテゴリ変数 TREAT ごとに解析対象変数 WGT_CHG や ABD_CHG に関する表を作成する場合は次のようにします．label ステートメントで解析対象変数のラベルを短縮しています．

```
proc tabulate data=WGT ;
  class TREAT ;
  var   WGT_CHG ;
  table TREAT*WGT_CHG ;
  label WGT_CHG="体重" ;
run ;
```

	薬剤群	
	薬剤A	薬剤B
	体重	体重
	Sum	Sum
	-32.00	-10.30

```
proc tabulate data=WGT ;
  class TREAT ;
  var   WGT_CHG ABD_CHG ;
  table TREAT*(WGT_CHG ABD_CHG) ;
  label WGT_CHG="体重"
        ABD_CHG="腹囲" ;
run ;
```

	薬剤群			
	薬剤A		薬剤B	
	体重	腹囲	体重	腹囲
	Sum	Sum	Sum	Sum
	-32.00	-29.50	-10.30	-16.40

カテゴリ変数 TREAT ごとに解析対象変数 WGT_CHG を分析する際に，カテゴリを併合した分析結果も合わせて出力する場合は all というキーワードを使用します．

```
proc tabulate data=WGT ;
  where VISIT = 2 ;
  class TREAT ;
  var   WGT_CHG ;
  table (TREAT all)*WGT_CHG ;
  label WGT_CHG="体重" ;
run ;
```

	薬剤群		
	薬剤A	薬剤B	All
	体重	体重	体重
	Sum	Sum	Sum
	-32.00	-10.30	-42.30

4.3.3 使用例（統計量の指定）

前節の方法で表を作成することができましたが，出力される統計量は SAS にお任せとなっていました．例えば，解析対象変数 WGT_CHG に関する例数，平均値，頻度の割合（%）を出力する場合は以下のようにします．「統計量 *f= フォーマット」という形式で，統計量の出力フォーマットを指定することができます．

```
proc tabulate data=WGT ;
   where VISIT = 2 ;
   class TREAT  ;
   var   WGT_CHG ;
   table TREAT*WGT_CHG*(N*f=8.0 MEAN*f=8.2 PCTN*f=8.2) ;
run ;
```

結果を次に示します．

```
-----------------------------------------
|                  薬剤群                  |
|-----------------------------------------|
|       薬剤A        |       薬剤B        |
|-------------------+---------------------|
|    体重変化量(kg)  |    体重変化量(kg)  |
|-----+------+------+-----+------+-------|
|  N  | Mean | PctN |  N  | Mean | PctN |
|-----+------+------+-----+------+-------|
|  15 | -2.13| 51.72|  14 | -0.74| 48.28 |
-----------------------------------------
```

参考までに，指定できる統計量の一部を紹介します．

キーワード	統計量	キーワード	統計量
COLPCTN	列の %	P α ※	α % 点
CV	変動係数	PCTN	全体の %
MAX	最大値	RANGE	範囲
MEAN	平均値	ROWPCTN	行の %
MEDIAN	中央値	STD/STDDEV	標準偏差
MIN	最小値	STDERR	平均値の標準誤差
N	例数（欠測除く）	SUM	総和
NMISS	欠測値の例数	VAR	分散

※ α = 1, 5, 10, 25, 50, 75, 90, 95, 99

4.3.4 使用例（フォーマットとラベルの指定）

format ステートメントを使用して，カテゴリ変数 TREAT に関するフォーマットを指定することができます．4.1 節でデータセットを作成した際に，TREAT にはフォーマット TRTF が割り当てられていましたが，新たなフォーマット TRT2F を作成して割り当てます．

```
proc format ;
   value TRT2F 1 = "Drug A" 2 = "Drug B" ;
run ;

proc tabulate data=WGT ;
   where VISIT = 2 ;
   class   TREAT ;
   var     WGT_CHG ;
   table   (TREAT all)*WGT_CHG*(MEAN*f=8.2) ;
   format TREAT TRT2F. ;
   label   WGT_CHG="体重" ;
run ;
```

結果を次に示します．カテゴリ変数 TREAT に関するフォーマットが「Drug A」，「Drug B」として出力されました．

```
-----------------------------
|       薬剤群              |
|Drug A | Drug B |  All     |
|-------+--------+----------|
| 体重  |  体重  |  体重    |
|-------+--------+----------|
| Mean  |  Mean  |  Mean    |
|-------+--------+----------|
| -2.13 | -0.74  | -1.46    |
-----------------------------
```

続いて，表のラベルを整えます．table ステートメント中で「変数名='文字列'」や「統計量='文字列'」という形式でラベルを修正することができます．また，keylabel ステートメントでは「統計量='文字列'」という形式で統計量のラベルを一括修正することができます．もし，「WGT_CHG=''」と文字列を指定しない場合は，そのセル自体（WGT_CHG に関するセル）が削除されます．これまでも使用してきた label ステートメントの「変数名='文字列'」と組み合わせることによって，表の見栄えを整えることができます．

```
proc tabulate data=WGT ;
   where VISIT = 2 ;
   class    TREAT ;
   var      WGT_CHG ;
   table    (TREAT all)*WGT_CHG=''*(MEAN*f=8.2) ;
   label    TREAT="Group" ;
   keylabel MEAN='Mean (kg)' all='Total' ;
   format   TREAT TRT2F. ;
run ;
```

結果を次に示します．

```
-----------------------------
|         Group             |
|Drug A | Drug B |  Total   |
|-------+--------+----------|
| Mean  |  Mean  |  Mean    |
| (kg)  |  (kg)  |  (kg)    |
|-------+--------+----------|
| -2.13 | -0.74  | -1.46    |
-----------------------------
```

さらに，新たなフォーマットを作成して，体重の変化量である WGT_CHG をカテゴリ変数として扱うこともできます．以下の例では，体重が減少したカテゴリ（WGT_CHG＜0）と体重が減少しなかったカテゴリ（WGT_CHG≧0）についてフォーマットを作成し，tabulate プロシジャ内で割り当てることにより，各時点のカテゴリごとの症例数を算出しています．また，WGT_CHG をカテゴリ変数として扱うため，class ステートメントにも WGT_CHG を指定します．

```
proc format ;
   value WGTF LOW -< 0 = "減少した"
              0 - HIGH = "減少せず" ;
run ;
```

```
proc tabulate data=WGT ;
   class VISIT TREAT WGT_CHG ;
   table VISIT*TREAT*WGT_CHG=' '*N='例数'*f=8.0 ;
   format WGT_CHG WGTF. ;
run ;
```

結果を次に示します．8週後の薬剤Aに関しては，体重が減少していない症例が存在しなかったため，「減少せず」のカテゴリが表示されていません．データが存在しないカテゴリを表示させる方法については，4.3.6節で紹介します．

評価時点						
4週後				8週後		
薬剤群				薬剤群		
薬剤A		薬剤B		薬剤A		薬剤B
減少した	減少せず	減少した	減少せず	減少した	減少した	減少せず
例数	例数	例数	例数	例数	例数	例数
14	1	14	1	15	10	4

4.3.5 使用例（行と列の指定）

ここまでは table ステートメントに「列の指定」のみを行ってきました．本節では「列の指定」に加えて「行の指定」を行う方法を見ていきます．例えば，カテゴリ変数 TREAT ごとに解析対象変数 WGT_CHG に関する表を作成する場合，TREAT と WGT_CHG を「*」で区切っていましたが，これを「,」で区切るようにすると「行の指定」と「列の指定」の両方が行われます．

「*」で列を指定

```
proc tabulate data=WGT ;
   where VISIT = 2 ;
   class TREAT ;
   var   WGT_CHG ;
   table TREAT*WGT_CHG ;
   label WGT_CHG="体重" ;
run ;
```

薬剤群	
薬剤A	薬剤B
体重	体重
Sum	Sum
-32.00	-10.30

「,」で行と列を指定

```
proc tabulate data=WGT ;
   where VISIT = 2 ;
   class TREAT ;
   var   WGT_CHG ;
   table TREAT,WGT_CHG ;
   label WGT_CHG="体重" ;
run ;
```

	体重
	Sum
薬剤群	
薬剤A	-32.00
薬剤B	-10.30

ここで，変数の区切り方の違いをまとめます．

スペースで区切る　　変数と変数を併記する（独立に扱う）．
「*」で区切る　　「行」または「列」の中で階層的に表現する．
「,」で区切る　　「行」と「列」に分けて表現する．

例えば，カテゴリ変数 TREAT と GENDER ごとに解析対象変数 WGT_CHG に関する表を作成する場合において，「*」で区切る場合と「,」で区切る場合の違いを見てみます．

「*」で区切る場合

```
proc tabulate data=WGT ;
   where VISIT = 2 ;
   class TREAT GENDER ;
   var   WGT_CHG ;
   table TREAT*GENDER*WGT_CHG ;
   label WGT_CHG="体重" ;
run ;
```

	薬剤群			
	薬剤A		薬剤B	
	性別		性別	
	男性	女性	男性	女性
	体重	体重	体重	体重
	Sum	Sum	Sum	Sum
	-6.50	-25.50	-1.40	-8.90

「,」で区切る場合

```
proc tabulate data=WGT ;
   where  VISIT = 2 ;
   class  TREAT GENDER ;
   var    WGT_CHG ;
   table  TREAT,GENDER*WGT_CHG ;
   label  WGT_CHG="体重" ;
run ;
```

	性別	
	男性	女性
	体重	体重
	Sum	Sum
薬剤群		
薬剤A	-6.50	-25.50
薬剤B	-1.40	-8.90

続いて，行にVISITを追加して，薬剤群ごとに4週後，8週後の体重変化量の要約統計量を算出します．行に VISIT と TREAT，列に体重と要約統計量を指定します．

```
proc tabulate data=WGT ;
   class  TREAT VISIT GENDER ;
   var    WGT_CHG ;
   table  VISIT=''*TREAT='',
          WGT_CHG*(N*f=8.0 MEAN*f=8.2 STDDEV*f=8.3
                   MIN*f=8.1 MEDIAN*f=8.2 MAX*f=8.1) ;
run ;
```

結果を次に示します．

```
                |        |          体重変化量(kg)
                |        |   N  | Mean  | StdDev | Min  | Median | Max
  4週後         | 薬剤A  |  15  | -1.51 | 0.848  | -2.9 | -1.40  | 0.4
                | 薬剤B  |  15  | -1.01 | 0.654  | -2.5 | -1.00  | 0.0
  8週後         | 薬剤A  |  15  | -2.13 | 0.574  | -3.2 | -2.20  | -1.1
                | 薬剤B  |  14  | -0.74 | 0.939  | -2.1 | -1.05  | 0.7
```

4.3.6 使用例（オプション）

本節では，いくつかの有用なオプションを紹介します．

order オプション

カテゴリ変数を出力する際，通常はフォーマットの順番で出力されますが，出現頻度順で出力したい場合は，以下のように，order オプションに「freq」を指定します．

```
proc tabulate data=WGT order=freq ;
   where  VISIT = 2 ;
   class  GENDER ;
   var    WGT_CHG ;
   table  GENDER,WGT_CHG ;
   label  WGT_CHG="体重" ;
run ;
```

結果を次に示します．

```
             |      体重
             |      Sum
  性別       |
  女性       |    -34.40
  男性       |     -7.90
```

order オプションの種類を以下にまとめます．

order=data データを上から見ていき，出てきた順番に出力されます．GENDER の場合，先頭が「1」なので「1：男性」から出力されます．

order=formatted フォーマットの順番に出力されます．GENDER の場合，フォーマットの文字で見ると「**男性**」よりも「**女性**」の方が文字列の並びとしては先なので「2：女性」から出力されます．例えば，英語であればアルファベット順になります．

`order=freq`	データの頻度の大きい順番に出力されます．GENDER の場合，「2：女性」の頻度が一番大きいので「2：女性」から出力されます．	
`order=internal`	内部のデータ順番に出力されます．GENDER の場合，データの文字で見ると「2」よりも「1」の方が文字列の並びとしては先なので「1：男性」から出力されます．	

rtspace オプション

デフォルトのままでは行の幅が長すぎたり短すぎたりする場合があります．この場合，table ステートメントの rtspace オプションで行の幅を変更することができます．指定する単位はバイト（1バイトは半角 1 文字）です．

```
proc tabulate data=WGT ;
   class   VISIT TREAT ;
   var     WGT_CHG ;
   table   VISIT=''*TREAT='',WGT_CHG*(N*f=8.0 MEAN*f=8.2)
           / rtspace=20 ;
run ;
```

結果を次に示します．行の幅が半角 20 文字分の長さになっています．

		体重変化量(kg)	
		N	Mean
4週後	薬剤A	15	-1.51
	薬剤B	15	-1.01
8週後	薬剤A	15	-2.13
	薬剤B	14	-0.74

box オプション

行の最上段に文字列を表示するオプションです．rtspace オプションの例で使用したプログラムに box オプションを追加します．

```
proc tabulate data=WGT ;
   class   VISIT TREAT ;
   var     WGT_CHG ;
   table   VISIT=''*TREAT='',WGT_CHG*(N*f=8.0 MEAN*f=8.2)
           / rtspace=20 box="評価時点/薬剤" ;
run ;
```

結果を次に示します．行の最上段に指定した文字列が出力されています．

```
 評価時点/薬剤  | 体重変化量(kg)
                |  N  |  Mean
 4週後  薬剤A   |  15 |  -1.51
        薬剤B   |  15 |  -1.01
 8週後  薬剤A   |  15 |  -2.13
        薬剤B   |  14 |  -0.74
```

printmiss オプション

行や列に指定されたカテゴリ変数について，該当するデータが存在しない場合でも，表示されるカテゴリを統一します．4.3.4節で体重について「減少した」と「減少せず」の例数を算出しましたが，8週後の薬剤Aでは「減少せず」のカテゴリが表示されていませんでした．そこで，printmissオプションを追加してみましょう．

```
proc tabulate data=WGT ;
   class VISIT TREAT WGT_CHG ;
   table VISIT*TREAT*WGT_CHG=''*N='例数'*f=8.0
         / printmiss ;
   format WGT_CHG WGTF. ;
run ;
```

結果を次に示します．データが存在しないカテゴリが表示されています．

```
-------------------------------------------------------------------
|                          評価時点                                |
|-----------------------------------------------------------------|
|          4週後           |          8週後                       |
|--------------------------|------------------------------------- |
|          薬剤群          |          薬剤群                      |
|--------------------------|--------------------------------------|
|   薬剤A      |   薬剤B   |   薬剤A      |   薬剤B               |
|減少した|減少せず|減少した|減少せず|減少した|減少せず|減少した|減少せず|
| 例数  | 例数  | 例数  | 例数  | 例数  | 例数  | 例数  | 例数  |
|   14  |   1   |   14  |   1   |   15  |   .   |   10  |   4   |
-------------------------------------------------------------------
```

misstext オプション

printmissオプションの例では，8週後の薬剤Aの「減少せず」のカテゴリにはデータが存在しないため，表には欠測値を表す「.」が出力されています．misstextオプションを使用すれば，セルが欠測である場合に表示する文字列を指定することができます．以下の例では，「.」の代わりに「0」を表示させます．

```
proc tabulate data=WGT ;
   class VISIT TREAT WGT_CHG ;
   table VISIT*TREAT*WGT_CHG=''*N='例数'*f=8.0
```

```
            / printmiss misstext="0" ;
    format WGT_CHG WGTF. ;
run ;
```

結果を次に示します．

評価時点							
4週後				8週後			
薬剤群				薬剤群			
薬剤A		薬剤B		薬剤A		薬剤B	
減少した	減少せず	減少した	減少せず	減少した	減少せず	減少した	減少せず
例数	例数	例数	例数	例数	例数	例数	例数
14	1	14	1	15	0	10	4

missing オプション

missing オプションは，カテゴリ変数に欠測値が存在する場合でも，そのカテゴリを表中に出力するオプションです．例えば，上記の例では，8週後の薬剤Bは「減少した」と「減少せず」のカテゴリを合わせても 14 例となっていますが，1 例だけ体重の変化量について欠測値が存在します（4.1 節参照）ので，missing オプションで欠測値のカテゴリについても表示してみましょう．前出の printmiss や misstext オプションも同時に指定します．**また，missing オプションが指定されていない場合は，カテゴリ変数に欠測値が存在する場合，そのレコードが全ての表の集計対象から除かれてしまいますので，とりあえず missing オプションを指定して実行し，カテゴリ変数について欠測値の存在を確かめておくことをお勧めします．**

```
proc tabulate data=WGT ;
    class VISIT TREAT WGT_CHG / missing ;
    table VISIT*TREAT*WGT_CHG=' '*N='例数'*f=8.0
            / printmiss misstext="0" ;
    format WGT_CHG WGTF. ;
run ;
```

結果を次に示します．

評価時点											
4週後						8週後					
薬剤群						薬剤群					
薬剤A			薬剤B			薬剤A			薬剤B		
.	減少した	減少せず	.	減少した	減少せず	.	減少した	減少せず	.	減少した	減少せず
例数	例数	例数	例数	例数	例数	例数	例数	例数	例数	例数	例数
0	14	1	0	14	1	0	15	0	1	10	4

また，欠測値のカテゴリは「.」と表示されていますが，以下のように欠測値にフォーマットを与えることで文字列を出力することもできます．

```
proc format ;
   value WGT2F .          = "欠測値"
                LOW -< 0  = "減少した"
                0 - HIGH  = "減少せず" ;
run ;

proc tabulate data=WGT ;
   class VISIT TREAT WGT_CHG / missing ;
   table VISIT*TREAT*WGT_CHG=' '*N='例数'*f=8.0
         / printmiss misstext="0" ;
   format WGT_CHG WGT2F. ;
run ;
```

結果を次に示します．ラベルには「欠測値」と表示されました．

評価時点											
4週後						8週後					
薬剤群						薬剤群					
薬剤A			薬剤B			薬剤A			薬剤B		
欠測値	減少した	減少せず	欠測値	減少した	減少せず	欠測値	減少した	減少せず	欠測値	減少した	減少せず
例数	例数	例数	例数	例数	例数	例数	例数	例数	例数	例数	例数
0	14	1	0	14	1	0	15	0	1	10	4

mlf オプション

FORMAT プロシジャで，multilabel オプションを使用して作成したフォーマットを出力することができます．multilabel オプションを使用すると，同じ値に対して複数のフォーマットを割り当てることができます．また，FORMAT プロシジャの notsorted オプションと，TABULATE プロシジャ内の preloadfmt と order=data オプションを指定することにより，フォーマットを定義した順番で出力することができます．

```
proc format ;
   value WGT3F (multilabel notsorted)
                LOW -< 0   = "< 0kg"
                0   - HIGH = ">= 0kg"
                LOW - -2   = "<= -2kg"
                -2< - HIGH = "> -2kg" ;
run ;

proc tabulate data=WGT ;
```

```
    class VISIT TREAT ;
    class WGT_CHG / mlf preloadfmt order=data ;
    table VISIT=''*WGT_CHG='',TREAT=''*N=''*f=8.0
          / printmiss misstext="0" rtspace=30 box="時点/体重" ;
    format WGT_CHG WGT3F. ;
run ;
```

結果を次に示します．「0kg」で区切った場合と，「-2kg」で区切った場合のそれぞれのカテゴリが定義した順番で出力されています．

```
 時点/体重          |   薬剤A|  薬剤B
 ------------------+-------+------
 4週後   |< 0kg     |     14|    14
         |>= 0kg    |      1|     1
         |<= -2kg   |      5|     1
         |> -2kg    |     10|    14
 ------------------+-------+------
 8週後   |< 0kg     |     15|    10
         |>= 0kg    |      0|     4
         |<= -2kg   |      9|     1
         |> -2kg    |      6|    13
```

その他のオプション

tableステートメントで指定できる他のオプションを以下に示します．また，この表には載せていませんが，styleオプションでODS出力時の様々なカスタマイズが行えます（4.5節参照）．

オプション	機能
classdata	カテゴリ変数のカテゴリを格納したデータセットを指定すると，全ての表で格納されているカテゴリが出力されます（例:proc tabulate data=AAA **classdata=CLSDT** ;）．
condense	複数の表を1ページに出力します．
exclusive	preloadfmtとともに使用すると，フォーマットに割り当てられているカテゴリ以外は集計対象から除かれます．
preloadfmt	exclusiveもしくはprintmissオプションとともに使用して，フォーマットに割り当てられているカテゴリの出力方法を制御します（mlfオプションの紹介の際に使用しております）．
row=float	見出しセルが空白の場合，当該セルを表示しません．

4.3.7　使用例（まとめ）

今までに紹介した方法を組み合わせて，複数のページにまたがった表を作成する例を1つ紹介します．1つ目のtableステートメントではTREATをページに指定して，薬剤群ごとに表を作成していますが，2つ目のtableステートメントでは，1つの表にまとめて出力しています．

```
title '体重と腹囲の変化量に関する要約統計量' ;
proc tabulate data=WGT ;
  class  VISIT TREAT GENDER ;
  var    WGT_CHG ABD_CHG ;
  table  TREAT='薬剤群：',
         VISIT=''*(GENDER='' all),
         (WGT_CHG ABD_CHG)*(N*f=8.0 MEAN*f=8.2 STD*f=8.3)
         / rtspace=20 box='時点/性別' ;
  table  VISIT=''*TREAT=''*(GENDER='' all),
         (WGT_CHG ABD_CHG)*(N*f=8.0 MEAN*f=8.2 STD*f=8.3)
         / rtspace=30 box='時点/薬剤群/性別' ;
  label  TREAT='薬剤群：' GENDER='性別';
  keylabel N='例数' MEAN='平均値' STD='標準偏差' all='合計' ;
run ;
```

結果を次に示します．

薬剤群：薬剤A		体重変化量(kg)			腹囲変化量(cm)		
時点/性別		例数	平均値	標準偏差	例数	平均値	標準偏差
4週後	男性	3	-0.93	1.301	3	-1.97	0.808
	女性	12	-1.66	0.701	12	-1.63	0.871
	合計	15	-1.51	0.848	15	-1.70	0.842
8週後	男性	3	-2.17	0.321	3	-2.27	0.473
	女性	12	-2.13	0.633	12	-1.89	0.518
	合計	15	-2.13	0.574	15	-1.97	0.516

薬剤群：薬剤B		体重変化量(kg)			腹囲変化量(cm)		
時点/性別		例数	平均値	標準偏差	例数	平均値	標準偏差
4週後	男性	7	-1.06	0.416	7	-0.96	0.619
	女性	8	-0.96	0.838	8	-1.40	0.968
	合計	15	-1.01	0.654	15	-1.19	0.828
8週後	男性	7	-0.20	0.909	7	-0.67	1.001
	女性	7	-1.27	0.645	8	-1.46	0.542
	合計	14	-0.74	0.939	15	-1.09	0.862

時点/薬剤群/性別			体重変化量(kg)			腹囲変化量(cm)		
			例数	平均値	標準偏差	例数	平均値	標準偏差
4週後	薬剤A	男性	3	-0.93	1.301	3	-1.97	0.808
		女性	12	-1.66	0.701	12	-1.63	0.871
		合計	15	-1.51	0.848	15	-1.70	0.842
	薬剤B	男性	7	-1.06	0.416	7	-0.96	0.619
		女性	8	-0.96	0.838	8	-1.40	0.968
		合計	15	-1.01	0.654	15	-1.19	0.828
8週後	薬剤A	男性	3	-2.17	0.321	3	-2.27	0.473
		女性	12	-2.13	0.633	12	-1.89	0.518
		合計	15	-2.13	0.574	15	-1.97	0.516
	薬剤B	男性	7	-0.20	0.909	7	-0.67	1.001
		女性	7	-1.27	0.645	8	-1.46	0.542
		合計	14	-0.74	0.939	15	-1.09	0.862

4.4 report プロシジャ

report プロシジャは，tabulate プロシジャと同じく，レポート作成プロシジャの1つです．print プロシジャのように，既に統計解析結果を格納したデータセットを出力したり，tabulate プロシジャのように，プロシジャ内で要約統計量の計算を実行することもできます．さらに，表のレイアウトをカスタマイズしたり，要約統計量だけではなく，任意の計算を実行することもできますので，レポートを作成するうえでは非常に有用なプロシジャです．

4.4.1 使用方法

report プロシジャの主な構文を紹介します．

```
proc report data=データセット オプション ;
    break 変数1 変数2 … / オプション ;
    by 変数1 変数2 … ;
    column出力する変数1 変数2 … ;
    define出力する変数1 / オプション ;
    define出力する変数2 / オプション ;
    rbreak 場所 / オプション ;
    compute ;
        SASステートメント ;
    endcomp ;
run ;
```

主なステートメントと機能を次に示します．

主なステートメント	機能
break	表の中で区切る位置と対象となる変数を指定して要約を出力します．
column	出力する変数を指定します．
compute	compute と endcomp の間に SAS ステートメントを記述して任意の計算を実行し，表に出力することができます．
define	出力する変数の詳細（フォーマットや要約統計量など）を指定します．
rbreak	要約を出力します．

define ステートメントの主なオプションと機能を次に示します．

主なオプション	機能
across	指定された変数について，カテゴリを列側に表示します．
analysis	指定された変数を解析対象変数として扱います．

主なオプション	機能
computed	compute ステートメントで計算した値を出力します.
display	データをそのまま出力します.
group	指定された変数について，解析を行う際のグループとして使用します.
order	データを order= オプションで指定された順番に並べて重複を出力しません.

次節以降では，主なステートメントやオプションを使用してアウトプット画面に表を出力します．

4.4.2 使用例（データセットの出力）

4.2 節で MEANS プロシジャを使用して要約統計量を算出し，データセット WGTSUM に結果を格納しましたが，WGTSUM を使用して，既に要約統計量を算出したデータセットをアウトプット画面に出力してみましょう．report プロシジャには，report プロシジャウィンドウと呼ばれる対話型のウィンドウが自動的に開かれますが，本書では紹介しませんので，nowd オプションでウィンドウを開かないようにしています．headline オプションは変数の下に点線を出力します．order オプションは繰り返しの場合は文字列を出力しないようにします．

```
proc report data=WGTSUM nowd headline ;
   column VISIT TREAT WGT_CHG_N WGT_CHG_Mean WGT_CHG_Stddev
          WGT_CHG_MIN WGT_CHG_MAX ;
   define VISIT            / order   width=10 ;
   define TREAT            / display width=10 ;
   define WGT_CHG_N        / display format=8.0 ;
   define WGT_CHG_Mean     / display format=8.2 ;
   define WGT_CHG_Stddev   / display format=8.3 ;
   define WGT_CHG_MIN      / display format=8.1 ;
   define WGT_CHG_MAX      / display format=8.1 ;
quit ;
```

結果を次に示します．

評価時点	薬剤群	N	平均	標準偏差	最小値	最大値
4週後	薬剤A	15	-1.51	0.848	-2.9	0.4
	薬剤B	15	-1.01	0.854	-2.5	0.0
8週後	薬剤A	15	-2.13	0.574	-3.2	-1.1
	薬剤B	14	-0.74	0.939	-2.1	0.7

4.4.3 使用例（要約統計量の指定）

データセットをそのまま出力するのではなく，report プロシジャ内で要約統計量を算出することができます．ここでは，column ステートメントで解析対象変数 WGT_CHG を指定して，カンマ区切

りで括弧内に要約統計量のキーワードを指定します．解析対象変数については，defineステートメントでanalysisオプションを指定します．解析を行う際のグループについては，defineステートメントのgroupオプションを指定します．

```
proc report data=WGT nowd headline ;
   column VISIT TREAT WGT_CHG,(n mean std min max) ;
   define VISIT      / group width=10 ;
   define TREAT      / group width=10 ;
   define WGT_CHG    / analysis format=8.2 ;
quit ;
```

結果を次に示します．

評価時点	薬剤群	n	体重変化量(kg) mean	std	min	max
4週後	薬剤A	15.00	-1.51	0.85	-2.90	0.40
	薬剤B	15.00	-1.01	0.65	-2.50	0.00
8週後	薬剤A	15.00	-2.13	0.57	-3.20	-1.10
	薬剤B	14.00	-0.74	0.94	-2.10	0.70

上記の例では，全ての要約統計量のフォーマットを個別に指定することができませんでしたが，「alias（別名）」と呼ばれる機能を使用することで，要約統計量ごとに出力をカスタマイズすることができます．「変数名＝別名」を記述して，defineステートメントで別名について，analysisオプション，要約統計量のキーワード，フォーマット，ラベルをそれぞれ詳細に定義します．

```
proc report data=WGT nowd headline ;
   column VISIT TREAT
          ("体重変化量(kg)" WGT_CHG=WGT_N WGT_CHG=WGT_MEAN
          WGT_CHG=WGT_SD WGT_CHG=WGT_MIN WGT_CHG=WGT_MAX) ;
   define VISIT     / group width=10 ;
   define TREAT     / group width=10 ;
   define WGT_N     / analysis n    format=8.0 "N" ;
   define WGT_Mean  / analysis mean format=8.2 "Mean" ;
   define WGT_SD    / analysis std  format=8.3 "SD" ;
   define WGT_MIN   / analysis min  format=8.1 "Min" ;
   define WGT_MAX   / analysis max  format=8.1 "Max" ;
quit ;
```

結果を次に示します．

評価時点	薬剤群	N	体重変化量(kg) Mean	SD	Min	Max
4週後	薬剤A	15	-1.51	0.848	-2.9	0.4
	薬剤B	15	-1.01	0.654	-2.5	0.0
8週後	薬剤A	15	-2.13	0.574	-3.2	-1.1
	薬剤B	14	-0.74	0.939	-2.1	0.7

4.4.4 使用例（break ステートメント）

breakステートメントを使用して，group変数のカテゴリを併合した解析を実行することができます．breakステートメントは，併合するタイミングと対応する変数を指定します．なお，rbreakステートメントでは，自動的に表の最後に併合結果が出力されます．ここでは，breakステートメントを使用して，評価時点，薬剤群，性別ごとの結果を出力した後，性別を併合した結果も出力します．

- afterで各カテゴリ出力後に合計行を出力します．
- summarizeオプションで要約統計量に関する併合結果を出力します．
- dolは合計行の上側の二重の点線，dulは下側の二重の点線を出力するオプションです（ol, ulは一重の点線）．
- suppressオプションは，合計行のラベルを表示しないオプションです．

```
proc report data=WGT nowd headline ;
   column VISIT TREAT GENDER
          ("体重変化量(kg)" WGT_CHG=WGT_N WGT_CHG=WGT_MEAN
           WGT_CHG=WGT_SD WGT_CHG=WGT_MIN WGT_CHG=WGT_MAX) ;
   define VISIT    / group width=10 ;
   define TREAT    / group width=10 ;
   define GENDER   / group width=10 ;
   define WGT_N    / analysis n    format=8.0 "N" ;
   define WGT_Mean / analysis mean format=8.2 "Mean" ;
   define WGT_SD   / analysis std  format=8.3 "SD" ;
   define WGT_MIN  / analysis min  format=8.1 "Min" ;
   define WGT_MAX  / analysis max  format=8.1 "Max" ;

   break after TREAT / dol dul summarize suppress ;
quit ;
```

結果を次に示します．

評価時点	薬剤群	性別	N	体重変化量(kg) Mean	SD	Min	Max
4週後	薬剤A	女性	12	-1.66	0.701	-2.9	-0.7
		男性	3	-0.93	1.301	-2.2	0.4
			15	-1.51	0.848	-2.9	0.4
	薬剤B	女性	8	-0.96	0.838	-2.5	0.0
		男性	7	-1.06	0.416	-1.6	-0.5
			15	-1.01	0.654	-2.5	0.0
8週後	薬剤A	女性	12	-2.13	0.633	-3.2	-1.1
		男性	3	-2.17	0.321	-2.4	-1.8
			15	-2.13	0.574	-3.2	-1.1
	薬剤B	女性	7	-1.27	0.645	-2.1	-0.1
		男性	7	-0.20	0.909	-1.5	0.7
			14	-0.74	0.939	-2.1	0.7

4.4.5 使用例（compute ステートメント）

compute ステートメントを使用して，新たな数値変数や文字変数を作成して出力することができます．

- compute ステートメントで，ID，GENDER，TREAT をまとめて結合した 1 つの文字変数 DEMOG を作成します．また，文字変数を定義する character オプションを指定します．新たに作成される DEMOG を column ステートメントと define ステートメントに指定します．スラッシュ区切りで DEMOG のラベルを入力していますが，デフォルトでは特殊文字が改行を意味するため，split オプションを使用して，改行する文字としてラベルに関係のないシャープを定義しています．
- define ステートメントでは，ID，GENDER，TREAT を指定して，noprint オプションで出力しないようにします．compute ステートメントに使用するので，それぞれの定義は必要になります．
- compute ステートメントで，体重の変化量を kg から g に変換した変数 WGT_G を作成します．DEMOG 同様，WGT_G を column ステートメントと define ステートメントに指定します．

```
proc report data=WGT nowd headline split="#" ;
   column ID GENDER TREAT DEMOG VISIT WGT_CHG WGT_G ;
   define ID      / display noprint width=10 ;
   define GENDER  / display noprint width=10 ;
   define TREAT   / display noprint width=10 ;
   define DEMOG   / order computed "ID/性別/薬剤群" width=15 ;
   define VISIT   / display width=10 ;
   define WGT_CHG / display width=15 ;
   define WGT_G   / computed "体重変化量(g)" width=15 ;

   compute DEMOG / character length=20 ;
      DEMOG = compress(put(ID,best.))        ||"/"||
              compress(put(GENDER,GENDERF.))||"/"||
              compress(put(TREAT,TRTF.)) ;
   endcomp ;

   compute WGT_G ;
      WGT_G = WGT_CHG*1000 ;
   endcomp ;
quit ;
```

結果を次に示します（一部抜粋）．

ID/性別/薬剤群	評価時点	体重変化量(kg)	体重変化量(g)
1/男性/薬剤A	4週後	0.4	400
1/男性/薬剤A	8週後	-1.8	-1800
2/女性/薬剤A	4週後	-1.4	-1400
2/女性/薬剤A	8週後	-2.1	-2100
3/女性/薬剤A	4週後	-2.6	-2600
3/女性/薬剤A	8週後	-2.2	-2200
4/女性/薬剤A	4週後	-0.7	-700
4/女性/薬剤A	8週後	-2.4	-2400
5/女性/薬剤A	4週後	-1.2	-1200
5/女性/薬剤A	8週後	-2.6	-2600
6/男性/薬剤A	4週後	-1	-1000
6/男性/薬剤A	8週後	-2.4	-2400
7/女性/薬剤A	4週後	-1.5	-1500
7/女性/薬剤A	8週後	-1.7	-1700
8/女性/薬剤A	4週後	-1.9	-1900
8/女性/薬剤A	8週後	-1.9	-1900
9/女性/薬剤A	4週後	-0.8	-800
9/女性/薬剤A	8週後	-1.1	-1100
10/女性/薬剤A	4週後	-2.2	-2200
10/女性/薬剤A	8週後	-2.7	-2700

4.4.6 使用例（lineステートメント）

4.4.4節で実行した結果について，computeステートメントとlineステートメントを使用して，TREATごとに点線とラベルを挿入します．

computeステートメントのafterオプションでTREATを指定して，TREATごとにlineステートメントで行を挿入します．「@」は文字列の開始位置を指定して，「84*"-"」は，ダッシュを84文字出力します．以下の例では，点線，文字列，点線の順に出力しています．

```
proc report data=WGT nowd headline ;
   column VISIT TREAT GENDER
          ("体重変化量(kg)" WGT_CHG=WGT_N WGT_CHG=WGT_MEAN
          WGT_CHG=WGT_SD WGT_CHG=WGT_MIN WGT_CHG=WGT_MAX) ;
   define VISIT    / group width=10 ;
   define TREAT    / group width=10 ;
   define GENDER   / group width=10 ;
   define WGT_N    / analysis n    format=8.0 "N" ;
   define WGT_Mean / analysis mean format=8.2 "Mean" ;
   define WGT_SD   / analysis std  format=8.3 "SD" ;
   define WGT_MIN  / analysis min  format=8.1 "Min" ;
   define WGT_MAX  / analysis max  format=8.1 "Max" ;

   break after TREAT / dol dul summarize suppress ;
   compute after TREAT ;
       line @22 84*"-" ;
       line "line break after TREAT" ;
       line @22 84*"-" ;
   endcomp ;
quit ;
```

結果を次に示します．

```
            評価時点     薬剤群    性別     N       体重変化量(kg)
                                                  Mean      SD       Min      Max
             4週後      薬剤A     女性     12     -1.86    0.701    -2.9     -0.7
                                 男性      3     -0.93    1.301    -2.2      0.4
                                 ========  ========  ========  ========  ========
                                         15     -1.51    0.848    -2.9      0.4
                                 ========  ========  ========  ========  ========
            --------------------------------------------------------------------
                                    line break after TREAT
            --------------------------------------------------------------------
                       薬剤B     女性      8     -0.96    0.838    -2.5      0.0
                                 男性      7     -1.06    0.416    -1.6     -0.5
                                 ========  ========  ========  ========  ========
                                         15     -1.01    0.654    -2.5      0.0
                                 ========  ========  ========  ========  ========
            --------------------------------------------------------------------
                                    line break after TREAT
            --------------------------------------------------------------------
             8週後      薬剤A     女性     12     -2.13    0.633    -3.2     -1.1
                                 男性      3     -2.17    0.321    -2.4     -1.8
                                 ========  ========  ========  ========  ========
                                         15     -2.13    0.574    -3.2     -1.1
                                 ========  ========  ========  ========  ========
            --------------------------------------------------------------------
                                    line break after TREAT
            --------------------------------------------------------------------
                       薬剤B     女性      7     -1.27    0.645    -2.1     -0.1
                                 男性      7     -0.20    0.909    -1.5      0.7
                                 ========  ========  ========  ========  ========
                                         14     -0.74    0.939    -2.1      0.7
                                 ========  ========  ========  ========  ========
            --------------------------------------------------------------------
                                    line break after TREAT
            --------------------------------------------------------------------
```

4.5 ODSによるレポートの作成

これまでの表は全てSASのアウトプットウィンドウに出力していましたが，3.2節で紹介したように，ODSを使用すれば，統計プロシジャ，グラフ作成プロシジャ，printプロシジャ，tabulateプロシジャやreportプロシジャで作成した表やグラフをrtfファイルやEXCELファイルに出力して保存することができます．なお，さらに表をカスタマイズしたい場合は，レポート作成プロシジャや，4.6節のtemplateプロシジャの中でstyleオプションを使用します．

4.5.1 ODSの使用方法

ODSの基本的な使用方法は，3.2節で統計プロシジャを出力した場合と同様です．

```
ods ファイル形式 file="ファイルのパス" オプション ;

〔レポート作成を行う命令〕

ods ファイル形式 close;
```

主な出力ファイル形式を以下に示します.

ファイル形式	機能
HTML	HTML 形式で出力します．Excel ファイルを指定することもできます．
RTF	リッチテキスト形式（WORD）で出力します．
PDF	PDF 形式で出力します．
TAGSETS	tagsets.ExcelXP で Excel ファイル，tagsets.rtf で rtf ファイルを出力することができます．

次節から，上記の出力先を指定して実際にレポートを作成してみましょう．

4.5.2 ODS RTF の使用方法

`ods rtf` ステートメントで，リッチテキスト（rtf）形式のファイルを作成します．rtf ファイルは WORD で編集が可能であり，レポート文書に適している形式です．`ods rtf` ステートメントで使用できる主なオプションを以下に示します．

オプション	機能	使用例
bodytitle	title と footnote を本文に出力します．	
columns=	1ページに横に並べて出力する表やグラフの数を指定します．	columns=2
file=	出力するファイルのパスを指定します．	file="C:¥xxx.rtf"
startpage=	改ページするタイミングを指定します．no：改ページしない，yes：改ページする，now：指定されたところで改ページする．	startpage=no
style=	スタイルテンプレートを指定します．	style=minimal
text=	本文に文字列を出力します．	text="Text Option"

上記のいくつかのオプションを使用して rtf ファイルを作成します．

使用例・1

以下では，tabulate プロシジャで作成した表を rtf 形式で出力しています．

- 「`ods listing close ;`」と指定すると，アウトプット画面へ結果が表示されません（今後はスペースの関係上，記載を省略します）．
- `options` ステートメントの「orientation=portrait」で出力ファイルの向きを縦向きに指定しています．また，「paodersize=A4」で出力ファイルのサイズを A4 に指定しています．
- `file` ステートメントに指定されたパスに rtf ファイルが作成されます．ここでは，「C:¥temp」フォルダに output.rtf というファイルが作成されます．
- `bodytitle` で，title をファイルの本文に出力します．
- 「style=statistical」でスタイルテンプレートに statistical を指定しています．スタイルテンプレートについては後ほど紹介します．

```
options orientation=portrait papersize=A4 ;
ods listing close ;
ods rtf file="C:\tempoutput.rtf" bodytitle style=statistical ;

proc tabulate data=WGT ;
   where VISIT = 2 ;
   class TREAT ;
   var   WGT_CHG ;
   table (TREAT all)*WGT_CHG ;
run ;

ods rtf close ;
ods listing ;
```

結果を次に示します．

薬剤群		All
薬剤A	薬剤B	
体重変化量(kg)	体重変化量(kg)	体重変化量(kg)
Sum	Sum	Sum
−32.00	−10.30	−42.30

使用例・2（columns オプションの使用）

columns オプションで2つの表を横に並べて出力します．また，option ステートメントで「orientation=landscape」を指定して，出力する用紙を横向きにしています．

```
options orientation=landscape papersize=A4 nodate nonumber ;
ods rtf file="C:\tempoutput.rtf" columns=2 style=statistical ;

proc tabulate data=WGT ;
   where VISIT = 2 ;
   class TREAT ;
   var   WGT_CHG ;
   table (TREAT all)*WGT_CHG ;
run ;

proc tabulate data=WGT ;
   where VISIT = 2 ;
   class TREAT ;
   var   ABD_CHG ;
   table (TREAT all)*ABD_CHG ;
run ;

ods rtf close ;
```

結果を次に示します．表が横に2つ並べて出力されています．

薬剤群		
薬剤A	薬剤B	All
体重変化量(kg)	体重変化量(kg)	体重変化量(kg)
Sum	Sum	Sum
−32.00	−10.30	−42.30

薬剤群		
薬剤A	薬剤B	All
腹囲変化量(cm)	腹囲変化量(cm)	腹囲変化量(cm)
Sum	Sum	Sum
−29.50	−16.40	−45.90

スタイルテンプレート

上記では style オプションに statistical を指定しましたが，SAS には約50種類のスタイルテンプレートが用意されています．スタイルテンプレートの種類は，「結果」タブの「結果」を右クリックして，「テンプレート」→「Styles」で確認することができます．また，**スタイルテンプレートは，rtf 以外の出力先にも使用することができます．**

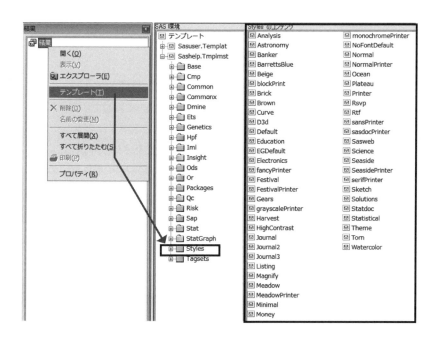

いくつかのスタイルテンプレートを指定して rtf ファイルを作成します．4.5.1 節で紹介したプログラムの中の「style= スタイルテンプレート」の指定を変更するだけで，次のように見栄えの異なる表を出力することができます．

style=brick　　　　　　　　　　　　style=gears

style=harvest　　　　　　　　　　　style=theme

4.5.3　ODS Tagsets.ExcelXP の使用方法

　ODS Tagsets.ExcelXP を使用して Excel 形式のファイルを作成します．`ods tagsets.excelxp` ステートメントで使用できるオプションは `ods rtf` ステートメントと基本的に同じですが，以降に示す様々な出力オプションを options ステートメントに指定することができます．しかし，**ODS Tagsets.ExcelXP では，グラフを出力することができませんのでご注意ください**．

```
ods tagsets.excelxp file=ファイルのパス
    options(オプションの種類 = 'オプションの値') ;

〔レポート作成を行う命令〕

ods tagsets.excelxp close;
```

　options ステートメントで使用できる主なオプションの種類と機能を次に示します．

オプションの種類	機能	使用例
absolute_column_width	各列の幅を指定します（単位はバイト）．	'5,8,10'
autofilter	オートフィルタを割り当てる列を指定します．	'all', '3-5'
contents	目次シートを作成します．	'Yes', 'No'
embedded_footnote	シートの中にフットノートを出力します．	'Yes', 'No'
embedded_title	シートの中にタイトルを出力します．	'Yes', 'No'
frozen_headers	タイトル行を固定します．	'Yes', 'No'
index	表のリンク付き一覧のシートを作成します．	'Yes', 'No'
sheet_interval	シートを区切るタイミングを指定します．例えば，'Proc' であれば，プロシジャごとにシートを分けて出力します．	'Table', 'Page', 'Bygroup', 'Proc', 'None'

オプションの種類	機能	使用例
sheet_name	シートの名前を指定します.	'Sheet 1'

使用例・1（1シートへの出力）

tabulateプロシジャで作成した表をExcelに出力します．各評価時点について，薬剤群別に要約統計量を算出します．

- 「embedded_footnote='Yes'」，「embedded_title='Yes'」を指定して，タイトルとフットノートをシートの中に出力します．
- 「sheet_name='Tabulate Procedure 1'」で，シート名を指定します．

```
ods tagsets.excelxp file='C:\temp\test.xls' style=statistical
    options(embedded_titles    = 'Yes'
            embedded_footnotes = 'Yes'
            sheet_name         = 'Tabulate Procedure 1') ;

title "体重変化量の要約統計量" ;
footnote "ODS tagsets.ExcelXPとtabulateプロシジャ" ;

proc tabulate data=WGT ;
   class  TREAT VISIT ;
   var    WGT_CHG ;
   table  VISIT=''*TREAT='',
          WGT_CHG*(N*f=8.0 MEAN*f=8.2 STDDEV*f=8.3
                   MIN*f=8.1 MEDIAN*f=8.2 MAX*f=8.1) ;
run ;

title ; footnote ;
ods tagsets.excelxp close ;
```

結果を次に示します．タイトル，フットノート，シート名に指定した文字列が出力されています．

4 レポートの作成

使用例・2（複数シートへの出力）

複数の表をそれぞれ別のシートに出力して，目次シートと表の一覧シートを作成します．

- 「contents='Yes'」で，目次シートを作成します．目次は，ods proclabel, tabulate プロシジャ内の contents ステートメント（tabulate ステートメント，table ステートメントの 2 箇所）に指定された文字列が出力されます．
- 「index='Yes'」で，リンク付きの表の一覧が貼られたシートを出力します．表の名前は，table ステートメントの contents オプションに指定された文字列になっています．
- 「sheet_name='シート1：体重'」で，1 つ目のシート名を指定しています．また，2 つ目の tabulate プロシジャを実行する前に ODS Tagsets.ExcelXP とともに「sheet_name='シート2：腹囲'」を指定して，1 つ目のシート名から名前を変更しています．

```
ods tagsets.excelxp file='C:\temp\test.xls' style=statistical
    options(contents        = 'Yes'
            index           = 'Yes'
            sheet_name      = 'シート1：体重'
            embedded_titles = 'Yes') ;

ods proclabel="コンテンツ1" ;
title "体重変化量の要約統計量" ;

proc tabulate data=WGT contents="体重変化量の要約統計量" ;
   class   TREAT VISIT ;
   var     WGT_CHG ;
   table   VISIT=''*TREAT='',
           WGT_CHG*(N*f=8.0 MEAN*f=8.2 STDDEV*f=8.3
                    MIN*f=8.1 MEDIAN*f=8.2 MAX*f=8.1)
           / contents="表1" ;
run ;

ods tagsets.excelxp options(sheet_name='シート2：腹囲') ;

ods proclabel="コンテンツ2" ;
title "腹囲変化量の要約統計量" ;

proc tabulate data=WGT contents="腹囲変化量の要約統計量" ;
   class   TREAT VISIT ;
   var     ABD_CHG ;
   table   VISIT=''*TREAT='',
           ABD_CHG*(N*f=8.0 MEAN*f=8.2 STDDEV*f=8.3
                    MIN*f=8.1 MEDIAN*f=8.2 MAX*f=8.1)
           / contents="表2" ;
run ;

title ;
ods tagsets.excelxp close ;
```

結果を次に示します．目次シート，出力表一覧シート，要約統計量の2個のシートがそれぞれ出力されています．

目次シート（リンク付き）

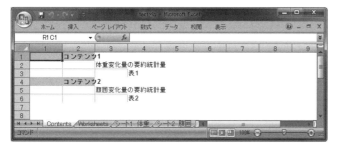

表の一覧シート（リンク付き）

シート1: 体重

シート2: 腹囲

4 レポートの作成

使用例・3（オートフィルタとウィンドウの固定）

print プロシジャでデータセット WGT を出力します．

- 「autofilter='all'」で，全ての列にオートフィルタが適用された状態で出力されます．
- 「frozen_headers='Yes'」で，ウィンドウの固定が適用された状態で出力されます．
- 「absolute_column_width='5,8,8,10,13,13'」で，出力される列（ID〜ABD_CHG の 6 変数）の幅をそれぞれ指定します．

```
ods tagsets.excelxp file='C:\temp\test.xls' style=statistical
    options(autofilter            = 'all'
            frozen_headers        = 'Yes'
            absolute_column_width = '5,8,8,10,13,13') ;

proc print data=WGT noobs label ; run ;

ods tagsets.excelxp close ;
```

結果を次に示します．各列の幅は指定された長さで，オートフィルタとウィンドウの固定が適用された状態で出力されています．

ODS Tagsets.ExcelXP には，その他にも多くのオプションが用意されていて，以下のステートメントを実行することで，ログ画面に使用できるオプションと使用方法を確認することができますので参照してください．

```
ods tagsets.excelxp file='test.xml' options(doc='help') ;
ods tagsets.excelxp close ;
```

4.5.4 ODS HTML の使用方法

ODS HTML を使用して，ウェブサイトなどで使用されている html ファイルを作成します．基本的に使用できるオプションは，ODS RTF や Tagsets.ExcelXP と同じですが，ODS HTML で有用なオプションを以下に示します．

オプションの種類	機能	使用例
body	メインのファイルのパスまたは名前を指定します．	'_BODY.htm'
contents	目次を出力したファイルのパスまたは名前を指定します．	'_CONTENTS.htm'
frame	フレームを出力したファイルのパスまたは名前を指定します．	'_FRAME.htm'
newfile	body ファイルを新たに作成するタイミングを指定します．	Proc, Bygroup, Output, Page
page	ページごとのリンクを出力したファイルのパスまたは名前を指定します．	'_PAGE.htm'
path	html ファイルを作成するパスを指定します．	'C:¥temp'

使用例・1（body ファイルの作成）

ODS HTML を使用して，tabulate プロシジャで作成した体重変化量の要約統計量を HTML ファイルに出力します．

- 「path="C:¥temp"」で，HTML ファイルを作成するフォルダを指定します．
- 「body="_BODY.htm"」で，body ファイルの名前を指定します．

```
ods html path = "C:¥temp"
         body = "_BODY.htm"
         style = statistical ;

title "体重変化量の要約統計量" ;
proc tabulate data=WGT ;
   class  TREAT VISIT ;
   var    WGT_CHG ;
   table  VISIT=''*TREAT='',
          WGT_CHG*(N*f=8.0 MEAN*f=8.2 STDDEV*f=8.3
                   MIN*f=8.1 MEDIAN*f=8.2 MAX*f=8.1) ;
run ;
title ;

ods html close ;
ods listing ;
```

結果を次に示します．C:¥temp フォルダに _BODY.htm ファイルが作成され，既定のブラウザ（こ

こではインターネットエクスプローラー）で表示されます．

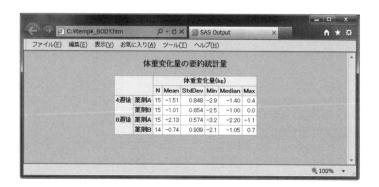

使用例・2（フレームの作成）

続いて，上記で作成した体重変化量の要約統計量に加えて，腹囲変化量の要約統計量も算出し，目次やページをフレームとともに作成します．

- 「path="C:¥temp"」で，HTMLファイルを作成するフォルダを指定します．
- 「body="_BODY.htm"」で，bodyファイルの名前を指定します．
- 「contents="_CONTENTS.htm"」で，目次ファイルの名前を指定します．目次は，ods proclabel, tabulateプロシジャ内のcontentsステートメント（proc tabulateステートメント，tableステートメントの2箇所）に指定された文字列が出力されます．
- 「frame="_FRAME.htm"」で，フレームファイルの名前を指定します．ods proclabelに指定された文字列が出力されます．
- 「page="_PAGE.htm"」で，ページごとのリンクファイル名を指定します．
- 「newfile=proc」で，プロシジャごとに新しいHTMLファイルを作成します．
- 「style=festival」で，festivalテンプレートを使用します．

```
ods html path  = "C:¥temp"    body = "_BODY.htm" contents = "_CONTENTS.htm"
         frame = "_FRAME.htm" page = "_PAGE.htm" newfile  = proc
         style = festival ;

ods proclabel="コンテンツ1" ;
title "体重変化量の要約統計量" ;

proc tabulate data=WGT contents="体重変化量の要約統計量" ;
   class   TREAT VISIT ;
   var     WGT_CHG ;
   table   VISIT=''*TREAT='',
 WGT_CHG*(N*f=8.0 MEAN*f=8.2 STDDEV*f=8.3
 MIN*f=8.1 MEDIAN*f=8.2 MAX*f=8.1) / contents="表1" ;
run ;
```

```
ods proclabel="コンテンツ2" ;
title "腹囲変化量の要約統計量" ;

proc tabulate data=WGT contents="腹囲変化量の要約統計量" ;
   class   TREAT VISIT ;
   var     ABD_CHG ;
   table   VISIT=''*TREAT='',
           ABD_CHG*(N*f=8.0 MEAN*f=8.2 STDDEV*f=8.3
                    MIN*f=8.1 MEDIAN*f=8.2 MAX*f=8.1) / contents="表2" ;
run ;

title ;
ods html close ;
```

結果を次に示します．C:¥temp フォルダに各ファイルが作成され，フレームファイル（_FRAME.htm）を開くと，目次，ページのリンク，メインの要約統計量を出力した表が表示されます．

C:¥tempフォルダ

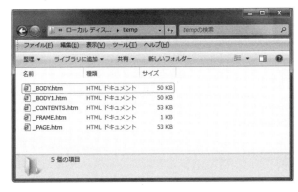

_FRAME.htmファイル

4.5.5 ODS PDF の使用方法

ODS PDF では，他のファイル形式同様，高品質な表やグラフの作成に加えて，しおりの設定も行うことができます．基本的なオプションは，RTF などの他のファイル形式と同様です．4.5.4 節で tabulate プロシジャや ods proclabel を使用して，目次や表のリンクを作成しましたが，そのプログラムを利用して，表としおりを PDF ファイル形式で出力します．なお，「pdftoc=3」で，しおりに出力する見出しのレベルを 3 に指定しています．

```
ods pdf file="C:¥tempoutput.pdf" pdftoc=3 style=minimal ;

ods proclabel="コンテンツ1" ;
title "体重変化量の要約統計量" ;

proc tabulate data=WGT contents="体重変化量の要約統計量" ;
   class   TREAT VISIT ;
   var     WGT_CHG ;
   table   VISIT=''*TREAT='',
 WGT_CHG*(N*f=8.0 MEAN*f=8.2 STDDEV*f=8.3
  MIN*f=8.1 MEDIAN*f=8.2 MAX*f=8.1) / contents="表1" ;
run ;

ods proclabel="コンテンツ2" ;
title "腹囲変化量の要約統計量" ;

proc tabulate data=WGT contents="腹囲変化量の要約統計量" ;
   class   TREAT VISIT ;
   var     ABD_CHG ;
   table   VISIT=''*TREAT='',
           ABD_CHG*(N*f=8.0 MEAN*f=8.2 STDDEV*f=8.3
                    MIN*f=8.1 MEDIAN*f=8.2 MAX*f=8.1) / contents="表2" ;
run ;

title ;
ods pdf close ;
```

結果を次に示します．しおりには，3 段階のリンク（ods proclabel，tabulate プロシジャ内の contents オプション 2 個）が出力されています（2 ページ目には腹囲変化量の表が出力されていますが割愛しています）．

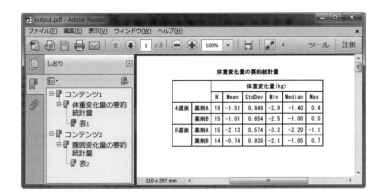

4.5.6 ODS LAYOUT の使用方法

PDF ファイルなどに表を出力する際に，columns オプションを使用して表を横に並べて出力する方法を紹介しましたが，ODS LAYOUT を使用すれば，より詳細に表やグラフの出力レイアウトを定義することができます．ODS LAYOUT の主な構文を以下に示します．

```
ods layout start columns=number rows=number
                 width=number height=number ;
   ods region オプション ; *--- 指定グリッド数繰り返す ;
   <グラフ/レポート作成プロシジャ>
   ods region ;
   .........
ods layout end ;
```

ODS REGION の主なオプションを以下に示します．

オプション	機能
x=	該当する ODS REGION の横軸の開始位置を指定します．
y=	該当する ODS REGION の縦軸の開始位置を指定します．
width=	該当する ODS REGION の幅を指定します．
height=	該当する ODS REGION の高さを指定します．
column_span=	複数の列をまとめて1つの出力領域に結合します．
row_span=	複数の行をまとめて1つの出力領域に結合します．

例えば，columns=3，rows=2 と指定すると，下図の各グリッドに対応した出力が可能となります．ODS LAYOUT で columns や rows オプションを指定しない場合は，ODS REGION の上記の x, y オプションなどを使用するとより詳細に出力位置を指定することができます．

region 1	region 2	region 3
region 4	region 5	region 6

columns, rows オプションの使用例

columns=2, rows=2 を指定して，ods region ステートメントごとに体重変化量の要約統計量，グラフ，腹囲変化量の要約統計量，グラフを出力します．グラフの作成方法の詳細については第5章を参照してください．

```
title "ODS Layout: columns=2 rows=2" ;
options orientation=landscape nocenter papersize=A4 ;

ods pdf file="C:\tempoutput.pdf" style=analysis ;
ods layout start columns=2 rows=2 ;

ods region width=5in ;
proc tabulate data=WGT ;
   class   TREAT VISIT ;
   var     WGT_CHG ;
   table   VISIT=''*TREAT='',
           WGT_CHG*(N*f=8.0 MEAN*f=8.2 STDDEV*f=8.3
                   MIN*f=8.1 MEDIAN*f=8.2 MAX*f=8.1) ;
run ;
title ;

ods region width=5in ;
ods graphics on / width=4in height=3in ;
proc sgplot data=WGT ;
   vline VISIT / response=WGT_CHG group=TREAT stat=mean limitstat=stddev
limits=both markers markerattrs=(symbol=circlefilled) ;
   xaxis offsetmin=0.1 offsetmax=0.1 ;
run ;

ods region width=5in ;
proc tabulate data=WGT ;
   class   TREAT VISIT ;
   var     ABD_CHG ;
   table   VISIT=''*TREAT='',ABD_CHG*(N*f=8.0 MEAN*f=8.2 STDDEV*f=8.3
                                      MIN*f=8.1 MEDIAN*f=8.2 MAX*f=8.1) ;
run ;

ods region width=5in ;
ods graphics on / width=4in height=3in ;
proc sgplot data=WGT ;
   vline VISIT / response=ABD_CHG group-TREAT stat=mean limitstat=stddev
limits=both markers markerattrs=(symbol=circlefilled) ;
   xaxis offsetmin=0.1 offsetmax=0.1 ;
run ;

ods layout end ;
ods pdf close ;
```

結果を次に示します．指定した順番に表とグラフが2個ずつ出力されています．

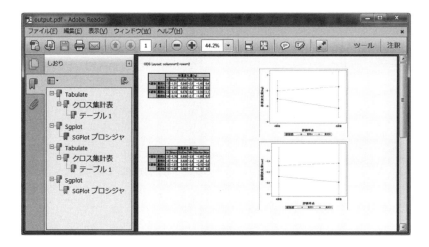

column_span オプションの使用例

上記の例で出力したグラフの下に，各時点における薬剤群・性別ごとの要約統計量の表を出力します．この表は横幅が長いので，column_span=2 と指定して，2列分の領域を結合して表を出力します．以下は，追加した表の部分のみ表示しています．ods layout ステートメントでは，colunms=2，rows=3 を指定しています．

```
ods region column_span=2 ;
proc tabulate data=WGT ;
  class   VISIT TREAT GENDER ;
  var     WGT_CHG ABD_CHG ;
  table   VISIT=''*TREAT=''*GENDER='',
          (WGT_CHG ABD_CHG)*(N*f=8.0 MEAN*f=8.2 STD*f=8.3 MIN*f=8.1 MAX*f=8.1)
          / box='時点/薬剤群/性別' ;
  label   TREAT='薬剤群: ' GENDER='性別';
  keylabel N='例数' MEAN='平均値' STD='標準偏差' MIN='最小' MAX='最大' ;
run ;
```

結果を次に示します．3行目については，体重変化量と腹囲変化量の性別ごとの要約統計量の表が出力されています．

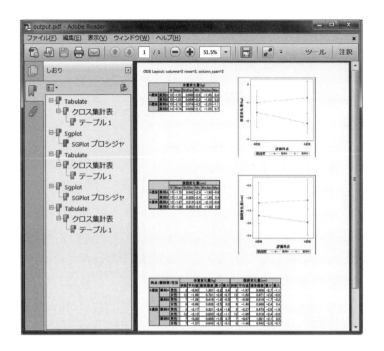

4.5.7 スタイル属性のカスタマイズ

これまで，ODS を使用したいくつかの外部ファイル形式への表の出力方法を紹介しましたが，罫線やフォントの種類などを指定できるスタイル属性と呼ばれるオプションを ODS とともに使用することで，さらに細かく表のレイアウトをカスタマイズすることができます．スタイル属性は，「style={スタイル属性の種類 = オプションの種類や値 }」で指定します．SAS で使用できるスタイル属性の種類は膨大な量のため，ここでは主な属性について指定方法と使用例を紹介します．

罫線パターンの指定（rules オプション）

「style={rules= 罫線パターン }」を指定することで，以下の罫線パターンを出力することができます．

オプション	機能
rules=all	表内全ての縦・横罫線を出力します．
rules=cols	縦罫線のみを出力します．
rules=group	ラベル部分の上下とデータ部分の上下の罫線を出力します．
rules=rows	横罫線のみを出力します．
rules=none	罫線を出力しません．

以下では，tabulate プロシジャの中で上記の rules オプションを使用して rtf 形式で出力します．「startpage=no」で，表と表の間で改ページを行わないように指定しています．

```
ods rtf file="C:\tempoutput.rtf" style=theme startpage=no ;
proc tabulate data=WGT ;
   class TREAT VISIT ;
   var   WGT_CHG ;
   table VISIT=''*TREAT='', WGT_CHG*(N*f=8.0 MEAN*f=8.2 STDDEV*f=8.3)
         / style={rules=all} ;
   table VISIT=''*TREAT='', WGT_CHG*(N*f=8.0 MEAN*f=8.2 STDDEV*f=8.3)
         / style={rules=cols} ;
   table VISIT=''*TREAT='', WGT_CHG*(N*f=8.0 MEAN*f=8.2 STDDEV*f=8.3)
         / style={rules=group} ;
   table VISIT=''*TREAT='', WGT_CHG*(N*f=8.0 MEAN*f=8.2 STDDEV*f=8.3)
         / style={rules=rows} ;
   table VISIT=''*TREAT='', WGT_CHG*(N*f=8.0 MEAN*f=8.2 STDDEV*f=8.3)
         / style={rules=none} ;
run ;

ods rtf close ;
```

結果を次に示します.

rules=all

		体重変化量(kg)		
		N	Mean	StdDev
4週後	薬剤A	15	-1.51	0.848
	薬剤B	15	-1.01	0.654
8週後	薬剤A	15	-2.13	0.574
	薬剤B	14	-0.74	0.939

rules=cols

		体重変化量(kg)		
		N	Mean	StdDev
4週後	薬剤A	15	-1.51	0.848
	薬剤B	15	-1.01	0.654
8週後	薬剤A	15	-2.13	0.574
	薬剤B	14	-0.74	0.939

rules=group

		体重変化量(kg)		
		N	Mean	StdDev
4週後	薬剤A	15	-1.51	0.848
	薬剤B	15	-1.01	0.654
8週後	薬剤A	15	-2.13	0.574
	薬剤B	14	-0.74	0.939

rules=rows

		体重変化量(kg)		
		N	Mean	StdDev
4週後	薬剤A	15	-1.51	0.848
	薬剤B	15	-1.01	0.654
8週後	薬剤A	15	-2.13	0.574
	薬剤B	14	-0.74	0.939

rules=none

		体重変化量(kg)		
		N	Mean	StdDev
4週後	薬剤A	15	-1.51	0.848
	薬剤B	15	-1.01	0.654
8週後	薬剤A	15	-2.13	0.574
	薬剤B	14	-0.74	0.939

フレームの指定（frame オプション）

フレームとは，表を囲む罫線を意味します.「style={frame= フレームパターン}」を指定することで，以下のフレームパターンを出力することができます.

オプション	機能
frame=above	表の上側に罫線を出力します．
frame=below	表の下側に罫線を出力します．
frame=box	表の周り（上下左右）に罫線を出力します．
frame=hsides	表の上下に罫線を出力します．
frame=lhs	表の左側に罫線を出力します．
frame=rhs	表の右側に罫線を出力します．
frame=void	フレームを出力しません．
frame=vsides	表の左右に罫線を出力します．

以下では，box，hsides，void，vsides を使用して出力します．

```
ods rtf file="C:\tempoutput.rtf" style=theme startpage=no ;

proc tabulate data=WGT ;
   class   TREAT VISIT ;
   var     WGT_CHG ;
   table   VISIT=''*TREAT='', WGT_CHG*(N*f=8.0 MEAN*f=8.2 STDDEV*f=8.3)
           / style={frame=box rules=none} ;
   table   VISIT=''*TREAT='', WGT_CHG*(N*f=8.0 MEAN*f=8.2 STDDEV*f=8.3)
           / style={frame=hsides rules=none} ;
   table   VISIT=''*TREAT='', WGT_CHG*(N*f=8.0 MEAN*f=8.2 STDDEV*f=8.3)
           / style={frame=void rules=none} ;
   table   VISIT=''*TREAT='', WGT_CHG*(N*f=8.0 MEAN*f=8.2 STDDEV*f=8.3)
           / style={frame=vsides rules=none} ;
run ;

ods rtf close ;
```

結果を次に示します．

frame=box

		体重変化量(kg)		
		N	Mean	StdDev
4週後	薬剤A	15	-1.51	0.848
	薬剤B	15	-1.01	0.654
8週後	薬剤A	15	-2.13	0.574
	薬剤B	14	-0.74	0.939

frame=hsides

		体重変化量(kg)		
		N	Mean	StdDev
4週後	薬剤A	15	-1.51	0.848
	薬剤B	15	-1.01	0.654
8週後	薬剤A	15	-2.13	0.574
	薬剤B	14	-0.74	0.939

frame=void

		体重変化量(kg)		
		N	Mean	StdDev
4週後	薬剤A	15	-1.51	0.848
	薬剤B	15	-1.01	0.654
8週後	薬剤A	15	-2.13	0.574
	薬剤B	14	-0.74	0.939

frame=vsides

		体重変化量(kg)		
		N	Mean	StdDev
4週後	薬剤A	15	-1.51	0.848
	薬剤B	15	-1.01	0.654
8週後	薬剤A	15	-2.13	0.574
	薬剤B	14	-0.74	0.939

罫線とフレームの細かい指定・1

report プロシジャ内でスタイル属性を使用して，さらに細かく罫線とフレームを指定します．ヘッダやセルに指定できる罫線のオプションを以下に示します．

属性	機能	使用例
borderbottomstyle	ヘッダやセルの下側の罫線の種類	solid, dashed, dotted, double
borderbottomwidth	ヘッダやセルの下側の罫線の太さ	1, 3px, 2pt
bordertopstyle	ヘッダやセルの上側の罫線の種類	solid, dashed, dotted, double
bordertopwidth	ヘッダやセルの上側の罫線の太さ	1, 3px, 2pt

上記のオプションを使用してヘッダやセルの罫線をカスタマイズして，体重変化量について要約統計量の表を出します．

- 「style(report)={frame=void rules=group}」で，レポートの罫線とフレームを指定します．ここでは，フレームを出力していません．
- 「style(header)={bordertopstyle=solid bordertopwidth=1}」で，ヘッダの下側に実線を出力しています．
- 「style(column)={bordertopstyle=dashed bordertopwidth=1}」で，セルの上側に点線を出力しています．
- break ステートメントで VISIT ごとに合計行を出力し，その上下に実線を出力しています．

```
ods rtf file="C:\tempoutput.rtf" style=minimal ;

proc report data=WGT
    style(report)={frame=void rules=group}
    style(header)={bordertopstyle=solid    bordertopwidth=1}
    style(column)={bordertopstyle=dashed   bordertopwidth=1}
    nowd split="*" ;

    column VISIT TREAT WGT_CHG,(n mean std) ;
    define VISIT    / group "Visit" ;
    define TREAT    / group "Treatment*A/B" ;
    define WGT_CHG  / analysis " " format=8.2 ;
```

4 レポートの作成

```
    break after VISIT
    / summarize suppress
      style={bordertopstyle    = solid bordertopwidth    = 1
             borderbottomstyle = solid borderbottomwidth = 1} ;
quit ;

ods rtf close ;
```

結果を次に示します．ヘッダの上側には実線，各セルの間に点線，合計行の上下には実線が出力されています．

```
         Treatment
Visit    A/B       n      mean    std

4週後    薬剤A    15.00   -1.51   0.85
---------------------------------------
         薬剤B    15.00   -1.01   0.65

                  30.00   -1.26   0.79

8週後    薬剤A    15.00   -2.13   0.57
---------------------------------------
         薬剤B    14.00   -0.74   0.94

                  29.00   -1.46   1.04
```

罫線とフレームの細かい指定・2

さらに，compute ステートメントで空白行を挿入して，VISIT の間にだけ罫線を出力することもできます．

```
ods rtf file="C:\tempoutput.rtf" style=minimal ;

proc report data=WGT
   style(report)={frame=hsides rules=group}
   style(header)={bordertopstyle=solid bordertopwidth=1}
   nowd split="*" ;

   column VISIT TREAT WGT_CHG=A WGT_CHG=B WGT_CHG=C ;
   define VISIT / group "Visit" ;
   define TREAT / group "Treatment*A/B" ;
   define A / analysis n      "N"    format=8.0 ;
   define B / analysis mean   "Mean" format=8.1 ;
   define C / analysis std    "SD"   format=8.2 ;

   compute after VISIT
```

```
    / style={borderbottomstyle=solid borderbottomwidth=1 height=1};
       line "" ;
   endcomp ;
quit ;

ods rtf close ;
```

結果を次に示します．VISIT の間に実線が出力されています．

```
          Treatment
Visit     A/B     N   Mean   SD

4週後     薬剤A   15   -1.5   0.85

          薬剤B   15   -1.0   0.65

8週後     薬剤A   15   -2.1   0.57

          薬剤B   14   -0.7   0.94
```

罫線とフレームの細かい指定・3（call define ステートメント）

compute ステートメントで call define ステートメントによってスタイル属性を指定することにより，行の途中から罫線を引くこともできます．call define は，「call define (行や列の指定 , 'style' , ' スタイル属性の指定 ')」と指定することにより，任意の行や列にスタイル属性を割り当てることができます．行や列の指定方法を以下に示します．

行や列の指定	意味
COL	対象となっている列が指定されます．
ROW	対象となっている行が指定されます．
'_Cn_'	n 列目が指定されます．

以下の例では，TREAT が 1 の場合は 2 列目から 5 列目（'_C2_' から '_C5_'）まで下線を引き，VISIT が欠測値，つまり各評価時点の 2 行目の場合は _ROW_ を使用して下側に実線を引きます．また，VISIT の列には _COL_ を使用して薄いグレーの網掛けを出力します（網掛けについては後述します）．

```
ods rtf file="C:\tempoutput.rtf" style=minimal ;

proc report data=WGT
   style(report)={frame=void rules=none}
   style(header)={bordertopstyle   = solid bordertopwidth   = 1
```

```
                         borderbottomstyle = solid borderbottomwidth = 1}
    nowd split="*" ;

    column VISIT TREAT WGT_CHG,(n mean std) DEF ;
    define VISIT    / group "Visit" ;
    define TREAT    / group "Treatment*A/B" ;
    define WGT_CHG  / analysis " " format=8.2 ;
    define DEF / computed noprint ;

    compute DEF ;
      if TREAT = 1 then do ;
        call define('_C2_','style',
                    'style={borderbottomstyle=solid borderbottomwidth=1}') ;
        call define('_C3_','style',
                    'style={borderbottomstyle=solid borderbottomwidth=1}') ;
        call define('_C4_','style',
                    'style={borderbottomstyle=solid borderbottomwidth=1}') ;
        call define('_C5_','style',
                    'style={borderbottomstyle=solid borderbottomwidth=1}') ;
      end ;
      if VISIT = . then do ;
        call define(_ROW_,'style',
                    'style={borderbottomstyle=solid borderbottomwidth=1}') ;
      end ;
    endcomp ;
    compute VISIT ;
      call define(_COL_,'style','style={background=lightgray}') ;
    endcomp ;
quit ;

ods rtf close ;
```

結果を次に示します.

Visit	Treatment A/B	n	mean	std
4週後	薬剤A	15.00	-1.51	0.85
	薬剤B	15.00	-1.01	0.65
8週後	薬剤A	15.00	-2.13	0.57
	薬剤B	14.00	-0.74	0.94

セルの結合と段落前後のスペースの調整

report プロシジャでは，ODS でレポートを出力する際に，spanrows オプションを使用して，order オプションや group オプションに指定された変数のカテゴリについて，自動的にセルを結合することができます．また，スタイル属性の cellpadding オプションを使用することで，段落（ここでは行間）前後のスペースを調整することができます．

```
ods listing close ;
ods rtf file="C:¥tempoutput.rtf" style=minimal ;

proc report data=WGT spanrows
   style(report)={frame=below rules=rows cellpadding=0}
   style(header)={bordertopstyle    = solid bordertopwidth    = 1
                  borderbottomstyle = solid borderbottomwidth = 1}
   nowd split="*" ;

   column VISIT TREAT WGT_CHG,(n mean std) ;
   define VISIT    / group "Visit" style(column)={vjust=c} ;
   define TREAT    / group "Treatment*A/B" ;
   define WGT_CHG / analysis " " format=8.2 ;
quit ;

ods rtf close ;
ods listing ;
```

結果を次に示します．セルが結合されて，行間のスペースが調整されていることが確認できます．

	Treatment			
Visit	A/B	n	mean	std
4週後	薬剤A	15.00	-1.51	0.85
	薬剤B	15.00	-1.01	0.65
8週後	薬剤A	15.00	-2.13	0.57
	薬剤B	14.00	-0.74	0.94

フォント，カラー，出力配置の指定

表中に出力される文字列，背景色，出力配置をカスタマイズします．以下の例で使用する属性を下表に示します．

属性	機能	使用例
background	背景色を指定します．	red, blue
fontfamily	フォントの種類を指定します．	Courier New, MS Gothic
fontsize	フォントのサイズを指定します．	8pt, 9pt

属性	機能	使用例
just	横方向の配置を指定します．	l, c, r
width	セルの幅を指定します．	100pt, 200pt

tabulate プロシジャの中で上記の属性を使用したプログラムは以下になります．class ステートメント，var ステートメントなどに別々に style オプションで属性を指定しています．

```
ods rtf file="C:\tempoutput.rtf" style=theme ;

proc tabulate data=WGT ;
   class TREAT VISIT / style={fontfamily = "Courier New"
                              fontsize   = 9pt
                              background = magenda
                              just       = C} ;

   var   WGT_CHG / style={fontfamily = "Courier New"
                          fontsize   = 9pt
                          background = red
                          just       = R} ;

   table VISIT=''*TREAT='',
         WGT_CHG="Summary Statistics"
         *(N*f=8.0 MEAN*f=8.2 STDDEV*f=8.3)
         *{style={fontfamily="Courier New" background=yellow
                  just=C width=80pt}}
    / style={rules=all}
      box={label = "Visit/Treatment"
           style = {fontfamily="Courier New" fontsize=9pt background=pink}} ;

   keyword all n mean stddev / style = {fontfamily = "Courier New"
                                        fontsize   = 9pt
                                        background = blue} ;
run ;

ods rtf close ;
```

結果を次に示します．

Visit/Treatment		Summary Statistics		
		N	Mean	StdDev
4週後	薬剤A	15	-1.51	0.848
	薬剤B	15	-1.01	0.654
8週後	薬剤A	15	-2.13	0.574
	薬剤B	14	-0.74	0.939

動的なカラーの指定

上記の例では，styleオプションのbackground属性に「red」や「blue」などの背景色を直接指定していましたが，「**background= フォーマット名.**」と記述して動的に背景色を指定することができます．以下の例では，WGT_CHGの平均値が−2以下の場合にはセルの背景色が「lightgray」になり，それ以外の場合は白のままで出力されます．

```
proc format ;
   value COLORF LOW - -2   = "lightgray"
                -2< - HIGH = "white" ;
run ;

ods rtf file="C:\tempoutput.rtf" style=theme ;
proc tabulate data=WGT;
   class TREAT VISIT ;
   var   WGT_CHG ;
   table VISIT=''*TREAT='',
         WGT_CHG*mean*f=8.2*{style={background=COLORF.}} ;
run ;
ods rtf close ;
```

結果を次に示します．8週後の薬剤Aのみ−2以下なので，薄いグレーの網掛けが出力されています．

		体重変化量(kg)
		Mean
4週後	薬剤A	−1.51
	薬剤B	−1.01
8週後	薬剤A	−2.13
	薬剤B	−0.74

以上，スタイル属性をいくつか紹介しましたが，SASには他にも多くのスタイル属性が用意されていますので，それらを使用する際は，SAS onlinedoc（http://support.sas.com/documentation/cdl_main/index.html）を参照してください．

4.6 template プロシジャ

templateプロシジャは，これまで使用してきた「style=statistical」や「style=theme」などのスタイルテンプレート，第5章で紹介するグラフ作成プロシジャによって作成されるグラフの出力レイアウトをカスタマイズするグラフテンプレート，ならびに個々の表の出力レイアウトを定義できるプロシジャです．本節では，統計解析結果を格納したデータセットなど，出力するデータセットがあらかじめ用意されている状況で，個々の表をカスタマイズする方法を紹介します．スタイルテンプレートやグラフテンプレートの作成については本書では割愛します．

4.6.1 使用方法

templateプロシジャを使用してレポートを行う手順を次に示します．

① 出力するデータセットを作成する（例：データセットWGTSUM）．
② 出力形式を定義した「テンプレート」を作成する．
③ データセットに「テンプレート」を適用してレポート出力する．

①の作業は済んでいるので，②と③を実行するための雛型を紹介します．なお，ここでは，個々の表をカスタマイズする define table ～ end ステートメントの中で使用する主なステートメントやオプションを紹介します．

```
proc template ;                              ←②templateプロシジャで「テンプレート」を作成
  define table XXX ;                         ←テンプレート名を指定
    header ヘッダ1 ヘッダ2 … ;                 ←「ヘッダ」に関する「テンプレート」を定義
      define ヘッダ1 ; text "ラベル" ; just=r ; start=開始列 ; end=終了列 ; end ;
      define ヘッダ2 ; text "ラベル" ; just=r ; start=開始列 ; end=終了列 ; end ;
      ……
    column 列1 列2 … ;                        ←「変数列」に関する「テンプレート」を定義
      define 列1 ; header="ラベル" ; style={スタイル} format=フォーマット ; end ;
      define 列2 ; header="ラベル" ; style={スタイル} format=フォーマット ; end ;
      ……
  end ;
run ;

ods listing close ;
ods rtf file="C:\tempoutput.rtf" bodytitle style=statdoc ;   ←出力先を指定
options orientation=portrait papersize=A4 ;

data _null_ ;                                ←③データセットに「テンプレート」を適用してレポート出力
  set データセット名 ;                          ←出力するデータセットを指定
  file print ods=(template='テンプレート名') ;   ←「テンプレート」を適用
```

```
  put _ods_ ;
run ;

ods rtf close ;
ods listing ;
```

以下,いくつかの使用例とともにオプションを紹介します.

4.6.2 使用例(列の定義)

以下のような出力を得るためのプログラム例を紹介します.

時点	投与群	例数	平均値	標準偏差	最小値	最大値
4週後	薬剤A	15	-1.51	0.848	-2.9	0.4
4週後	薬剤B	15	-1.01	0.654	-2.5	0.0
8週後	薬剤A	15	-2.13	0.574	-3.2	-1.1
8週後	薬剤B	14	-0.74	0.939	-2.1	0.7

- 「define table XXX」で,テンプレートの名前を「XXX」にします.
- 「column TREAT …」で,出力する変数名(TREAT,…)を指定します.
- 「define 変数1,…」で,headerには変数のラベル,styleにはセル幅(width)や揃える位置(l,c, r),formatに出力形式を指定します.
- 「data _null_ ;」では,新しいデータセットを作成しません.ここでは,4.2節で作成したデータセットWGTSUMを読み込んで,「file print ods=(template='XXX') ;」で,テンプレート「XXX」を適用し,「put _ods_ ;」でデータをODSに出力しています.

```
proc template ;
  define table XXX ;
    style={rules=groups frame=below} ;

    column VISIT TREAT WGT_CHG_N WGT_CHG_Mean WGT_CHG_StdDev WGT_CHG_Min WGT_CHG_Max ;
      define VISIT          ; header="時点"     ;
                              style={width=50pt just=r} format=VISITF. ; end ;
      define TREAT          ; header="投与群"    ;
                              style={width=50pt just=r} format=TRTF.   ; end ;
      define WGT_CHG_N      ; header="例数"     ;
                              style={width=40pt just=r} format=6.0     ; end ;
      define WGT_CHG_Mean   ; header="平均値"    ;
                              style={width=40pt just=r} format=6.2     ; end ;
      define WGT_CHG_StdDev ; header="標準偏差"   ;
```

```
                                    style={width=40pt just=r} format=6.3     ; end ;
      define WGT_CHG_Min     ; header="最小値"   ;
                                    style={width=40pt just=r} format=6.1     ; end ;
      define WGT_CHG_Max     ; header="最大値"   ;
                                    style={width=40pt just=r} format=6.1     ; end ;
   end ;
run ;

options orientation=portrait papersize=A4 ;
ods rtf file="C:\tempoutput.rtf" style=minimal ;

data _null_ ;
  set WGTSUM ;
  file print ods=(template='XXX') ;
  put _ods_ ;
run ;

ods rtf close ;
```

4.6.3 使用例（ヘッダ，フッタの定義）

4.6.2 節の出力にヘッダとフッタを追加します．

時点	投与群	要約統計量				
		例数	平均値	標準偏差	最小値	最大値
4週後	薬剤A	15	-1.5	0.85	-3	0
4週後	薬剤B	15	-1.0	0.65	-3	0
8週後	薬剤A	15	-2.1	0.57	-3	-1
8週後	薬剤B	14	-0.7	0.94	-2	1
フットノート1: 体重変化量の要約統計量						
フットノート2: テンプレートXXX使用						

- 「header H1 H2」で，出力するヘッダ名を指定します．ヘッダ名は「H1」「H2」など，好きな名前を指定することができます．
- 「define H1」で，ヘッダ「H1」の出力形式を指定します．ラベルなし(text "")，右寄せ(just=c)，出力する範囲は変数 VISIT から TREAT の上 (start=VISIT ; end=TREAT ;) とします．
- 「define H2」で，ヘッダ「H2」の出力形式を指定します．ラベルは「要約統計量」(text " 要約統計量 ")，中央寄せ(just=c)，出力する範囲は変数 WGT_CHG_N から WGT_CHG_MAX まで(start= WGT_CHG_N ; end= WGT_CHG_MAX ;) とします．

- 「footer F1 F2」で，出力するフッタ名を指定します．フッタ名は「F1」「F2」など，好きな名前を指定することができます．
- 「define F1」「define F2」で，ヘッダ同様，出力文字列と配置などを指定します．

```
proc template ;
  define table XXX ;
    style={rules=rows frame=hsides} ;

    header H1 H2 ;
      define H1 ; text ""         ; just=c ; start=VISIT      ; end=TREAT       ; end;
      define H2 ; text "要約統計量" ; just=c ; start=WGT_CHG_N  ; end=WGT_CHG_MAX ; end;
    column VISIT TREAT WGT_CHG_N WGT_CHG_Mean WGT_CHG_StdDev WGT_CHG_Min WGT_CHG_Max ;
      define VISIT          ; header="時点"      ;
                              style={width=50pt just=r} format=VISITF. ; end ;
      define TREAT          ; header="投与群"    ;
                              style={width=50pt just=r} format=TRTF.   ; end ;
      define WGT_CHG_N      ; header="例数"      ;
                              style={width=50pt just=r} format=4.0     ; end ;
      define WGT_CHG_Mean   ; header="平均値"    ;
                              style={width=50pt just=r} format=4.1     ; end ;
      define WGT_CHG_StdDev ; header="標準偏差"  ;
                              style={width=50pt just=r} format=4.2     ; end ;
      define WGT_CHG_Min    ; header="最小値"    ;
                              style={width=50pt just=r} format=4.0     ; end ;
      define WGT_CHG_Max    ; header="最大値"    ;
                              style={width=50pt just=r} format=4.0     ; end ;
    footer F1 F2 ;
      define F1 ; text "フットノート1：体重変化量の要約統計量" ; just=l ; end ;
      define F2 ; text "フットノート2：テンプレートXXX使用"   ; just=l ; end ;
  end ;
run ;

options orientation=portrait papersize=A4 ;
ods rtf file="C:\tempoutput.rtf" style=minimal ;

data _null_ ;
  set WGTSUM ;
  file print ods=(template='XXX') ;
  put _ods_ ;
run ;

ods rtf close ;
```

フッタの下線を出力しない場合は，以下のように，footer ステートメント内で，スタイル属性に「borderbottomstyle=none」を指定します．

```
footer F1 F2 ;
  define F1 ;
    text "フットノート1: 体重変化量の要約統計量" ;
    style={just=l borderbottomstyle=none} ;
  end ;
  define F2 ;
    text "フットノート2: テンプレートXXX使用"   ;
    style={just=l borderbottomstyle=none} ;
  end ;
```

結果を次に示します．フッタの下線は出力されていません．

時点	投与群	要約統計量				
		例数	平均値	標準偏差	最小値	最大値
4週後	薬剤A	15	-1.5	0.85	-3	0
4週後	薬剤B	15	-1.0	0.65	-3	0
8週後	薬剤A	15	-2.1	0.57	-3	-1
8週後	薬剤B	14	-0.7	0.94	-2	1

フットノート1: 体重変化量の要約統計量

フットノート2: テンプレートXXX使用

4.6.4　使用例（ヘッダの詳細な定義）

4.6.3 節では，変数ラベルが左寄せになっているものや右寄せになっているものが混在していたので，ヘッダをより詳細に定義したプログラムを紹介します．

時点	投与群	要約統計量				
		例数	平均値	標準偏差	最小値	最大値
4週後	薬剤A	15	-1.5	0.85	-3	0
4週後	薬剤B	15	-1.0	0.65	-3	0
8週後	薬剤A	15	-2.1	0.57	-3	-1
8週後	薬剤B	14	-0.7	0.94	-2	1

次のプログラムでは，「print_headers=off」で，変数ラベルの出力を制御して，header ステートメントで変数ラベルを指定して，データ部分とヘッダ部分の指定を別々に行っています．結果は

上記のように，ヘッダもデータも中央寄せに出力しています．

```
proc template ;
  define table XXX ;
    style={rules=rows frame=hsides} ;

    header H11 H12 H21 H22 H23 H24 H25 H26 H27 ;
      define H11 ; text ""          ; just=c ; start=VISIT            ;
                                                end=TREAT           ; end ;
      define H12 ; text "要約統計量" ; just=c ; start=WGT_CHG_N        ;
                                                end=WGT_CHG_MAX     ; end ;
      define H21 ; text "時点"      ; just=c ; start=VISIT            ;
                                                end=VISIT           ; end ;
      define H22 ; text "投与群"    ; just=c ; start=TREAT            ;
                                                end=TREAT           ; end ;
      define H23 ; text "例数"      ; just=c ; start=WGT_CHG_N        ;
                                                end=WGT_CHG_N       ; end ;
      define H24 ; text "平均値"    ; just=c ; start=WGT_CHG_Mean     ;
                                                end=WGT_CHG_Mean    ; end ;
      define H25 ; text "標準偏差"  ; just=c ; start=WGT_CHG_StdDev   ;
                                                end=WGT_CHG_StdDev  ; end ;
      define H26 ; text "最小値"    ; just=c ; start=WGT_CHG_Min      ;
                                                end=WGT_CHG_Min     ; end ;
      define H27 ; text "最大値"    ; just=c ; start=WGT_CHG_Max      ;
                                                end=WGT_CHG_Max     ; end ;
    column VISIT TREAT WGT_CHG_N WGT_CHG_Mean WGT_CHG_StdDev WGT_CHG_Min WGT_CHG_Max ;
      define VISIT            ; print_headers=off ;
                                style={width=50pt just=c} format=VISITF. ; end ;
      define TREAT            ; print_headers=off ;
                                style={width=50pt just=c} format=TRTF.   ; end ;
      define WGT_CHG_N        ; print_headers=off ;
                                style={width=50pt just=c} format=4.0     ; end ;
      define WGT_CHG_Mean     ; print_headers=off ;
                                style={width=50pt just=c} format=4.1     ; end ;
      define WGT_CHG_StdDev   ; print_headers=off ;
                                style={width=50pt just=c} format=4.2     ; end ;
      define WGT_CHG_Min      ; print_headers=off ;
                                style={width=50pt just=c} format=4.0     ; end ;
      define WGT_CHG_Max      ; print_headers=off ;
                                style={width=50pt just=c} format=4.0     ; end ;
  end ;
run ;

options orientation=portrait papersize=A4 ;
ods rtf file="C:\tempoutput.rtf" style=minimal ;

data _null_ ;
  set WGTSUM ;
  file print ods=(template='XXX') ;
```

```
  put _ods_ ;
run ;

ods rtf close ;
```

4.6.5 使用例（重複行の制御）

続いて，4.6.4 節で出力した表の時点について，重複している行の文字列を出力しないように指定します．「blank_dups=on」を指定することにより，重複ラベルを空白にすることができます．以下では，4.6.4 節のプログラムの define VISIT ステートメントに「blank_dups=on」を追加した部分を抜粋して記載しています．

```
define VISIT ;
  blank_dups=on ;
  print_headers=off ;
  style={cellwidth=50pt just=c} format=VISITF. ;
end ;
```

結果を次に示します．一番左の VISIT 列の「4 週後」，「8 週後」の重複部分は表示されていません．

時点	投与群	要約統計量				
		例数	平均値	標準偏差	最小値	最大値
4週後	薬剤A	15	-1.5	0.85	-3	0
	薬剤B	15	-1.0	0.65	-3	0
8週後	薬剤A	15	-2.1	0.57	-3	-1
	薬剤B	14	-0.7	0.94	-2	1

4.6.6 使用例（セルの制御）

template プロシジャでは，「**cellstyle 条件 as {スタイル属性の定義}**」と指定することで，条件に合致した各セル，行，列のスタイルを詳細に定義することができます．ここでは，VISIT の値によって，セルの下側の罫線を制御するプログラムを紹介します．define VISIT ステートメント内で，「cellstyle TREAT = 1 as {borderbottomstyle = none} ;」と記述することで，TREAT の値が 1 のときに，VISIT のセルの下側の罫線を出力しないように指定しています．

```
proc template ;
  define table XXX ;
    style={rules=rows frame=hsides} ;

    column VISIT TREAT WGT_CHG_N WGT_CHG_Mean WGT_CHG_StdDev WGT_CHG_Min WGT_CHG_Max ;
      define VISIT ;
        header="時点" ; blank_dups=on ; style={width=50pt just=r} format=VISITF. ;
        cellstyle TREAT = 1 as {borderbottomstyle=none} ;
      end ;
      define TREAT          ; header="投与群"   ;
                              style={width=50pt just=r} format=TRTF. ; end ;
      define WGT_CHG_N      ; header="例数"    ;
                              style={width=40pt just=r} format=6.0   ; end ;
      define WGT_CHG_Mean   ; header="平均値"   ;
                              style={width=40pt just=r} format=6.2   ; end ;
      define WGT_CHG_StdDev ; header="標準偏差" ;
                              style={width=40pt just=r} format=6.3   ; end ;
      define WGT_CHG_Min    ; header="最小値"   ;
                              style={width=40pt just=r} format=6.1   ; end ;
      define WGT_CHG_Max    ; header="最大値"   ;
                              style={width=40pt just=r} format=6.1   ; end ;
  end ;
run ;

options orientation=portrait papersize=A4 ;
ods rtf file="C:\tempoutput.rtf" style=minimal ;

data _null_ ;
  set WGTSUM ;
  file print ods=(template='XXX') ;
  put _ods_ ;
run ;

ods rtf close ;
```

結果を次に示します.

時点	投与群	例数	平均値	標準偏差	最小値	最大値
4週後	薬剤A	15	-1.51	0.848	-2.9	0.4
	薬剤B	15	-1.01	0.654	-2.5	0.0
8週後	薬剤A	15	-2.13	0.574	-3.2	-1.1
	薬剤B	14	-0.74	0.939	-2.1	0.7

cellstyle ステートメントでは，_ROW_ や _COL_ を使用して，行や列にスタイル属性を指定することができます．cellstyle ステートメントで，複数の条件とスタイル属性の組み合わせを記述する場合は，カンマ区切りで指定します．以下の例では，_COL_ を使用して，偶数番目の列は背景色を薄いグレー色に，奇数番目の列は背景色を濃いグレー色，文字の色を白色に指定しています．

```
proc template ;
  define table XXX ;
    style={rules=rows frame=hsides} ;

    cellstyle mod(_COL_,2) =  0 as {background=lightgray},
              mod(_COL_,2) ne 0 as {background=darkgray foreground=white} ;

    column VISIT TREAT WGT_CHG_N WGT_CHG_Mean WGT_CHG_StdDev WGT_CHG_Min WGT_CHG_Max ;
      define VISIT ; header="時点" ; blank_dups=on ;
                    style={width=50pt just=r} format=VISITF. ;
                    cellstyle TREAT = 1 as {borderbottomstyle=none} ;
      end ;
      define TREAT         ; header="投与群"   ;
                             style={width=50pt just=r} format=TRTF. ; end ;
      define WGT_CHG_N     ; header="例数"    ;
                             style={width=40pt just=r} format=6.0   ; end ;
      define WGT_CHG_Mean  ; header="平均値"   ;
                             style={width=40pt just=r} format=6.2   ; end ;
      define WGT_CHG_StdDev ; header="標準偏差" ;
                             style={width=40pt just=r} format=6.3   ; end ;
      define WGT_CHG_Min   ; header="最小値"   ;
                             style={width=40pt just=r} format=6.1   ; end ;
      define WGT_CHG_Max   ; header="最大値"   ;
                             style={width=40pt just=r} format=6.1   ; end ;
  end ;
run ;

options orientation=portrait papersize=A4 ;
ods rtf file="C:\tempoutput.rtf" style=minimal ;

data _null_ ;
  set WGTSUM ;
  file print ods=(template='XXX') ;
  put _ods_ ;
run ;

ods rtf close ;
```

結果を次に示します．

時点	投与群	例数	平均値	標準偏差	最小値	最大値
4週後	薬剤A	15	-1.51	0.848	-2.9	0.4
	薬剤B	15	-1.01	0.654	-2.5	0.0
8週後	薬剤A	15	-2.13	0.574	-3.2	-1.1
	薬剤B	14	-0.74	0.939	-2.1	0.7

template プロシジャについては，スタイル属性同様，他にも様々なステートメントやオプションが用意されていますので，SAS onlinedoc を参照してください．

4.7 複雑なレポートの作成

これまでに紹介したレポート作成プロシジャや ODS を使用して，少し複雑なレポートを作成してみましょう．

4.7.1 連続変数とカテゴリ変数が混在したレポートの作成

ここでは，連続変数の要約統計量とカテゴリ変数の集計を1つのレポートとして作成します．以下のプログラムを実行して，臨床試験で得られた被験者背景情報と薬剤群を格納したデータセット DEMOG を作成します．

```
data DEMOG ;
   input ID TREAT AGE GENDER HEIGHT WEIGHT SMOKE @@ ;
cards;
1  1 86 2  187.2 67.6  2 21 2   64 1  170.7 63.5  2
2  2 52 1  157.6 55.4  2 22 1   40 1  166.4 42.4  2
3  2 59 1  159.0 45.5  1 23 1   58 1  165.3 75.2  2
4  1 50 2  176.6 64.2  2 24 2   48 2  158.6 63.4  2
5  1 71 2  177.1 55.0  1 25 1   45 1  156.7 52.9  2
6  2 52 1  148.4 44.4  1 26 1   42 1  144.6 52.6  2
7  1 52 2  171.8 51.2  1 27 1   61 2  177.3 65.1  2
8  1 48 2  162.7 68.9  1 28 1   58 1  163.6 62.7  1
9  1 66 1  160.5 74.4  2 29 2   63 1  170.2 65.6  1
10 2 69 2  174.3 50.8  2 30 1   71 2  190.2 75.5  2
11 1 58 1  149.9 61.9  1 31 2   48 2  169.7 81.1  1
12 2 38 2  163.5 66.9  2 32 2   49 2  177.8 74.9  1
13 1 51 2  153.1 51.9  1 33 1   72 1  165.4 50.5  2
14 2 49 2  175.9 56.8  2 34 2   53 1  163.7 59.9  1
15 1 37 2  170.4 41.8  2 35 2   46 1  153.8 54.7  1
```

```
16 1   51 1   165.2 68.9   1 36 1   51 1   158.3 55.7   1
17 2   34 2   188.0 52.7   2 37 2   57 1   156.9 70.3   1
18 2   55 1   173.0 48.1   2 38 2   57 1   162.4 59.5   2
19 1   57 2   180.9 54.3   2 39 2   55 1   141.8 77.8   2
20 1   40 2   162.2 67.5   1 40 2   45 1   171.9 51.6   2
;
run ;
```

先に作成する帳票をみておきましょう．以下のように，GENDER などのカテゴリ変数については，薬剤群ごとに「例数(%)」を出力し，AGE などの連続変数については，各要約統計量を縦に出力します．

項目	統計量/カテゴリ	薬剤1	薬剤2
Age(years)	N	21	19
	Mean	55.5	52.3
	SD	12.49	8.58
Gender	Male	10(47.6)	12(63.2)
	Female	11(52.4)	7(36.8)

今回作成するプログラムの要点は以下になります．

- 各変数で使用するフォーマットが異なるため，処理は1変数ずつ行います．
- 「例数(%)」と「要約統計量」を同じ列に出力するため，計算結果を文字列として文字変数に格納します．
- 要約統計量は summary プロシジャ，例数とパーセントは tabulate プロシジャを使用して計算します．
- ods rtf ステートメントを使用して rtf ファイルにレポートを出力します．
- report プロシジャを使用してレポートを作成します．ここでは，4.5.7 節で紹介した style ステートメントで，表の罫線，文字のフォント，列の幅などのスタイル属性を指定しています．

連続変数（ここでは AGE）の結果を格納するまでの処理の流れとプログラムは以下になります．

- summary プロシジャで薬剤群ごとの要約統計量を算出して，結果をデータセット _AGE に出力します．
- 要約統計量にラベルを指定します．
- transpose プロシジャでデータセットを転置して薬剤群を横に展開します．転置後の変数は _RES1 と _RES2 になります．
- 各要約統計量に適切なフォーマットを割り当てて，put 関数で文字変数に変換します．結果のデータセットは RES_AGE となります．

```
*--- (1) 連続変数 ;
*--- 1. 各薬剤群の要約統計量の算出 ;
proc summary data=DEMOG nway ;
```

```
   var AGE ;
   class TREAT  ;
   output out=_AGE(drop=_FREQ_ _TYPE_) n=_N mean=_MEAN stddev=_SD ;
run ;
*--- 2．統計量のラベル指定 ;
data _AGE ;
   set _AGE ;
   label _N="N" _MEAN="Mean" _SD="SD" ;
run ;
*--- 3．データセットの転置(薬剤群を横に展開) ;
proc transpose data=_AGE out=_AGE_T prefix=_GRP ;
   var _N _MEAN _SD ;
   id TREAT ;
run ;
*--- 4．統計量の値を各フォーマットで文字列に変換 ;
data RES_AGE ;
   length LABEL _LABEL_ _RES1 _RES2 $20. ;
   set _AGE_T ;

   LABEL = "Age(years)" ;

   if _NAME_ = "_N"    then do ; *--- 例数を文字列変換 ;
      _RES1 = put(_GRP1,best.) ;
      _RES2 = put(_GRP2,best.) ;
   end ;
   if _NAME_ = "_MEAN" then do ; *--- 平均値を文字列変換 ;
      _RES1 = put(_GRP1,8.1) ;
      _RES2 = put(_GRP2,8.1) ;
   end ;
   if _NAME_ = "_SD"   then do ; *--- 標準偏差を文字列変換 ;
      _RES1 = put(_GRP1,8.2) ;
      _RES2 = put(_GRP2,8.2) ;
   end ;
   keep LABEL _LABEL_ _RES1 _RES2 ;
run ;
```

カテゴリ変数（ここでは GENDER）の結果を格納するまでの処理の流れとプログラムは以下になります．

- tabulate プロシジャで薬剤群ごとの GENDER のカテゴリ別（男性・女性）の例数とパーセントを算出して，結果をデータセット _GENDER に出力します．
- 例数とパーセントをそれぞれ put 関数で文字列に変換して結合します．結合された文字列は「例数(%)」となります．
- 変数 GENDER に割り当てるフォーマット GENDERF を作成します（1:Male，2:Female）.
- GENDER にラベルを割り当てて，各カテゴリには GENDERF を割り当てて文字列に変換します．結果のデータセットは RES_GENDER となります．

```
*--- (2) カテゴリ変数 ;
*--- 1. 各薬剤群のカテゴリごとの例数とパーセントを算出 ;
ods listing close ;
proc tabulate data=DEMOG out=_GENDER ;
   class TREAT GENDER ;
   var WEIGHT ;
   table TREAT,GENDER*(n rowpctn)  ;
run ;
ods listing ;
*--- 2. 例数とパーセントを文字列変換して例数(%)に結合 ;
data _GENDER ;
   set _GENDER ;
   _RES=put(N,best.)||"("||right(put(pctn_10,6.1))||")" ;
run ;
*--- 3. データセットの転置(薬剤群を横に展開) ;
proc sort data=_GENDER ; by GENDER ; run ;
proc transpose data=_GENDER out=_GENDER_t prefix=_RES ;
   by GENDER ;
   var _RES ;
   id TREAT ;
run ;
*--- 4. カテゴリ変数のフォーマットを作成 ;
proc format ;
   value GENDERF 1="Male" 2="Female" ;
run ;
*--- 5. カテゴリの値にフォーマットを割り当てて文字列変換 ;
data RES_GENDER ;
   length LABEL _LABEL_ $20. ;
   LABEL="Gender" ;
   set _GENDER_t ;
   _LABEL_ = left(put(GENDER,GENDERF.)) ;
   keep LABEL _LABEL_ _RES1 _RES2 ;
run ;
```

最後に，レポートを作成する処理の流れとプログラムは以下になります．結果は C:¥temp フォルダの report.rtf ファイルとして出力されます．

- set ステートメントで RES_AGE と RES_GENDER を縦結合します．
- report プロシジャでレポートを作成します．compute ステートメントで，変数 LABEL が欠測値でない場合（ラベルが出力されている箇所）の上に横罫線を引いています．また，frame=hsides で，レポートの上下に横罫線を引いています．

```
*--- (3) レポートの作成 ;
*--- 1. 連続変数とカテゴリ変数の結果を縦結合 ;
data RESULT ;
   set RES_AGE RES_GENDER ;
```

```
run ;

*--- 2. レポートの出力(styleステートメントで属性をカスタマイズ) ;
ods listing close ;
ods rtf file="C:\temp\report.rtf"
    style=minimal ;
proc report data=RESULT nowd split="#"
  style(report)={frame=hsides rules=none background=white cellpadding=0pt}
  style(header)={fontfamily="MS Gothic"   fontsize=10pt height=15pt
                 just=c vjust=bottom}
  style(column)={fontfamily="Courier New" fontsize=10pt height=15pt
                      vjust=c} ;
  column LABEL _LABEL_ _RES1 _RES2 DEF ;
  define LABEL   / order "項目" style={width=80pt} ;
  define _LABEL_ / display "統計量/カテゴリ" style={width=80pt} ;
  define _RES1   / display "薬剤1" style(column)={just=r width=80pt} ;
  define _RES2   / display "薬剤2" style(column)={just=r width=80pt} ;
  define DEF     / computed noprint ;

  compute DEF ; *--- 項目ごとの横罫線の制御 ;
    if LABEL ne "" then do ;
      call define(_ROW_,'style','style={bordertopstyle=solid bordertopwidth=1}') ;
    end ;
  endcomp ;
run ;

ods rtf close ;
ods listing ;
```

結果は本節の冒頭で紹介したレイアウトで出力されます．

4.7.2　要約統計量と検定結果を出力するレポートの作成

ここでは，連続変数について，要約統計量の算出と検定結果（2標本t検定）を1つの表に出力する方法を紹介します．処理の流れは以下になります．

- 変数WEIGHTについて，summaryプロシジャで薬剤群ごとに要約統計量を算出して，結果をデータセット_SUMに格納します．
- ttestプロシジャで2標本t検定を実行します．検定結果はデータセット_TTESTに格納します．

```
*--- 要約統計量の算出 ;
proc summary data=DEMOG nway ;
   class TREAT ;
   var WEIGHT ;
   output out=_OUT(drop=_TYPE_ _FREQ_) n=N mean=MEAN stddev=SD ;
run ;
```

4 レポートの作成

```
*--- 2標本t検定の実行 ;
ods listing close ;
ods output Ttests=_TTEST(where=(method="Pooled")) ;
proc ttest data=DEMOG ;
   class TREAT ;
   var WEIGHT ;
run ;
ods output close ;
ods listing ;
```

続いて，計算結果を格納したデータセットをマージして，reportプロシジャでレポートを作成します．処理の概要を次に示します．

- データセット _OUT と _TTEST を結合し，データセット _OUT を更新します．
- 「options missing=" " ;」で欠測値を空白文字で出力します．
- 薬剤群のフォーマット TRTRF を作成します．
- ODS RTF と report プロシジャでレポートを作成します．変数のラベルと検定結果の出力部分については，出力しない変数 _LINE の compute ステートメントの中で，スタイル属性の「borderbottomstyle=none」を使用して，1行目と2行目の間の罫線を出力しないよう定義しています．

```
*--- 計算結果を格納したデータセットの結合 ;
data _OUT ; merge _OUT _TTEST ; run ;
*--- 解析対象変数のラベルの格納 ;
data _OUT ;
   length LABEL $20. ;
   set _OUT ;
   LABEL = "Weight(kg)" ;
run ;
*--- 欠測値の空白出力 ;
options missing=" " ;
*--- 薬剤群変数のフォーマット作成 ;
proc format ;
   value TRTRF 1 = "薬剤1" 2 = "薬剤2" ;
run ;
*--- レポートの作成 ;
ods listing close ;
ods rtf file="C:¥temp
eport.rtf" style=minimal ;
proc report data=_OUT nowd
   style(report)={frame=hsides rules=rows}
   style(header)={background=white fontfamily="Courier New"}
   style(column)={background=white fontfamily="Courier New"} ;
   column LABEL TREAT N MEAN SD tValue Probt _LINE ;
   define LABEL   / order ;
   define TREAT   / display format=TRTRF. ;
```

```
      define N       / display format=best. ;
      define MEAN    / display format=8.1 ;
      define SD      / display format=8.2 ;
      define _LINE   / computed noprint ;
      define tValue  / display "t-value" format=8.3 ;
      define Probt   / display "p-value" format=8.3 ;
      compute _LINE ; *--- 1行目と2行目の間の罫線出力の制御 ;
        if LABEL ne "" then do ;
            call define('_C1_','style','style={borderbottomstyle=none}') ;
            call define('_C6_','style','style={borderbottomstyle=none}') ;
            call define('_C7_','style','style={borderbottomstyle=none}') ;
        end ;
      endcomp ;
run ;
ods rtf close ;
ods listing ;
```

結果を次に示します．要約統計量と検定結果が出力されています．

LABEL	TREAT	N	MEAN	SD	t-value	p-value
Weight(kg)	薬剤1	21	60.0	10.15	-0.043	0.966
	薬剤2	19	60.2	10.69		

以上のように，本章で紹介したレポート作成プロシジャやODS，並びにスタイル属性を組み合わせることによって，複雑なレポートについても高品質で作成することができます．

4.8 参考文献

- SAS Institute Inc.「SAS OnlineDoc® 9.2」
  http://support.sas.com/documentation/cdl_main/index.html
- Kevin D. Smith, SAS Institute Inc., Cary, NC「PROC TEMPLATE Tables from Scratch」SAS Global Forum 2007
- Rick Andrews, UnitedHealth Group, Cary, NC「Printable Spreadsheets Made Easy: Utilizing the SASR Excel XP Tagset」NESUG 2008
- Daniel O'Connor and Scott Huntley, SAS Institute Inc., Cary, NC「Breaking New Ground with SAS® 9.2 ODS Layout Enhancements」SAS Global Forum 2009
- Wendi L. Wright, CTB / McGraw-Hill, Harrisburg, PA「Using PROC TABULATE® and ODS Style Options to Make Really Great Tables」SAS Global Forum 2009

- Cynthia L. Zender, SAS Institute Inc., Cary, NC「SAS® Style Templates: Always in Fashion」SAS Global Forum 2010
- Art Carpenter, California Occidental Consultants, Anchorage, AK「PROC TABULATE: Doing More」SAS Global Forum 2011
- Allison McMahill Booth, SAS Institute Inc., Cary, NC, USA「Beyond the Basics: Advanced REPORT Procedure Tips and Tricks Updated for SAS® 9.2」SAS Global Forum 2011
- Cynthia Zender, SAS Institute Inc., Cary, NC, USA「The Greatest Hits: ODS Essentials Every User Should Know」SAS Global Forum 2011

演習問題

1. sashelpライブラリのデータセットCARSについて，メーカー（変数Make）ごとの都市部の燃費（変数MPG_CITY）の要約表を作成してください．要約表には，N, MEAN, STDDEV, MIN, MEDIAN, MAXを出力してください．なお，要約表は，tabulateプロシジャ，reportプロシジャ，meansプロシジャでそれぞれ作成してください．

2. ODSを使用して，1.で作成した要約表をRTFファイルとPDFファイルに出力してください．なお，スタイルオプションにはstyle=defaultを指定してください．

第5章
グラフの作成

　この章では，SAS によるグラフの作成方法について紹介します．SAS では，GPLOT プロシジャや GCHART プロシジャなど，SAS 9.1 以前でも利用が可能であったプロシジャ（以下従来のグラフプロシジャ）と，SAS 9.2 から新たに追加された，ODS Graphics の機能を拡張した SG プロシジャ（Statistical Graphics Procedure）や GTL（Graph Template Language）などを用いてグラフを作成することができます．本章では，主に SG プロシジャや GTL の基本的な使用方法や，それらを使用したグラフの作成方法を紹介します．

5.1　ODS Graphics

本節では，ODS Graphics の基本的な使用方法を紹介します．

5.1.1　ODS Graphics の概要

　ODS Graphics とは，SAS 9.1 から評価版として追加され，`ods graphics` ステートメントとともに統計プロシジャを実行すると，自動的に綺麗なグラフを作成してくれる便利な機能です．SAS 9.2 では正式版としてリリースされ，主要な統計プロシジャについてはほとんどが対応しています．以下のように「`ods graphics on`」と「`ods graphics off`」で統計プロシジャを囲むだけなので指定方法は簡単です．

```
ods graphics on </options> ;
<統計プロシジャ>
ods graphics off ;
```

ODS Graphicsに対応しているプロシジャ一覧

プロダクト	対応プロシジャ
Base SAS	CORR, FREQ, UNIVARIATE
SAS/STAT	ANOVA, MIXED, BOXPLOT, MULTTEST, CALIS, NPAR1WAY, CLUSTER, PHREG, CORRESP, PLM, FACTOR, PLS, FREQ, PRINCOMP, GAM, PRINQUAL, GENMOD, PROBIT, GLIMMIX, QUANTREG, GLM, REG, GLMSELECT, ROBUSTREG, KDE, RSREG, KRIGE2D, SEQDESIGN, LIFEREG, SEQTEST, LIFETEST, SIM2D, LOESS, SURVEYFREQ, LOGISTIC, TPSPLINE, MCMC, TRANSREG, MDS, TTEST, MI, VARIOGRAM
SAS/ETS	ARIMA, AUTOREG, ENTROPY, ESM, EXPAND, MODEL, PANEL, SEVERITY, SIMILARITY, SYSLIN, TIMEID, TIMESERIES, UCM, VARMAX, X12
SAS/QC	ANOM, CAPABILITY, CUSUM, MACONTROL, PARETO, RELIABILITY, SHEWHART

reg プロシジャやODS HTML とともに使用した例を示します.

```
ods html ;
ods graphics on ;
proc reg data=sashelp.class ;
  model WEIGHT=HEIGHT ;
run ;
ods graphics off ;
ods html close ;
```

作成されたHTMLファイル

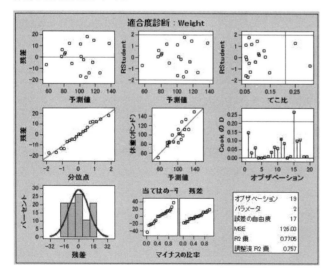

ods graphics ステートメントで使用できる主なオプションは以下になります．

オプション	内容
border=on/off	枠線の出力を制御します．
height= 高さ	画像ファイルの高さを指定します（例：5in）．
imagefmt= ファイル形式	作成する画像ファイル形式を指定します（png，jpeg など）．
imagemap=on/off	ツールチップを有効（/ 無効）にします．
imagename=" 名前 "	画像ファイルの名前を指定します．複数ファイルの場合は末尾に連番が自動的に付与されます．
reset=all/ オプションの種類	オプションを初期化します．
width= 幅	画像ファイルの幅を指定します（例：5in）．

上記のいくつかの ods graphics オプションとともに reg プロシジャを実行してみましょう．結果は先程の例と同様ですが，以下のように，画像ファイル形式や大きさを細かく指定することができます．

```
ods html ;
ods graphics on / border=on
                  width=5in
                  height=4in
                  imagefmt=jpg
                  imagemap=on
                  imagename="reg1" ;
proc reg data=sashelp.class ;
  model WEIGHT=HEIGHT ;
run ;
ods graphics off ;
ods html close ;
```

5.1.2　グラフの保存先

ODS listing の GPATH オプションを使用して，ODS Graphics や SG プロシジャで作成したグラフの保存先を指定することができます．なお，デフォルトでは，「C:¥Users¥< ユーザー名 >」フォルダに出力されます．以下の例では，「C:¥temp」フォルダにグラフを保存します．

```
ods listing gpath="C:¥temp" ;
```

5.2 SGプロシジャ (Statistical Graphics Procedure)

本節では，SGプロシジャの基本的な使用方法を紹介します．

5.2.1 使用するデータセットの作成

本章で用いるデータセットを以下のプログラムで作成します．なお，作成するデータセットのオブザベーション数が多いため，ここではデータ部分を省略したプログラムを記載しています．

GTEST1 2つの薬剤群について，経時的に測定された体重と空腹時血糖を格納したデータセットです．性別と喫煙歴の情報も格納しています．各被験者・評価時点で1レコードを持つ構造になっています．100症例×4時点の400オブザベーションとなります．

GTEST2 2つの薬剤群について，被験者背景の情報を格納したデータです．各被験者につき1レコードを持つ構造になっています．性別，身長，体重などが格納されています．100症例で100オブザベーションとなります．

GTEST3 2つの薬剤群について，あるイベント（例えばある疾患の発症など）の有無と，各被験者の観察期間を格納した，生存時間解析で用いられる構造のデータセットです．100症例で100オブザベーションとなります．

```
proc format ;
   value TRTF 1="薬剤A" 2="薬剤B" ;
   value GENDERF 1="男性" 2="女性" ;
   value SMOKEF 1="現在" 2="過去" 3="なし" ;
   value VISITF 100="0週" 110="4週後" 120="8週後" 130="12週後" ;
run ;

data GTEST ;
   input ID TREAT GENDER SMOKE VISIT FBS WEIGHT @@ ;
   label TREAT   = "薬剤群"    GENDER = "性別"
         SMOKE   = "喫煙歴"    VISIT  = "評価時点"
         WEIGHT = "体重(kg)" FBS     = "空腹時血糖(mg/dl)"  ;
   format TREAT TRTF. GENDER GENDERF. SMOKE SMOKEF. VISIT VISITF. ;
cards;
1 1 1 3 100 119 69.4
1 1 1 3 110 152 74.2
1 1 1 3 120 100 68.8
1 1 1 3 130 114 69.7
2 2 2 1 100 113 49.8
2 2 2 1 110 140 52.5
2 2 2 1 120 109 63.7
2 2 2 1 130 114 55.5
3 2 2 2 100 145 60.9
3 2 2 2 110 125 58.6
```

```
   3 2 2 2 120  92 49.2
   3 2 2 2 130 100 53.5
<以下省略>
;
run ;
```

GTEST1（一部抜粋）

ID	薬剤群	性別	喫煙歴	評価時点	空腹時血糖 (mg/dl)	体重(kg)
1	薬剤A	男性	なし	0週	119	69.4
1	薬剤A	男性	なし	4週後	152	74.2
1	薬剤A	男性	なし	8週後	100	68.8
1	薬剤A	男性	なし	12週後	114	69.7
2	薬剤B	女性	現在	0週	113	49.8
2	薬剤B	女性	現在	4週後	140	52.5
2	薬剤B	女性	現在	8週後	109	63.7
2	薬剤B	女性	現在	12週後	114	55.5
3	薬剤B	女性	過去	0週	145	60.9
3	薬剤B	女性	過去	4週後	125	58.6
3	薬剤B	女性	過去	8週後	92	49.2
3	薬剤B	女性	過去	12週後	100	53.5

```
data GTEST2 ;
   input ID TREAT GENDER SMOKE HEIGHT WEIGHT ABDCF ;
   label TREAT  = "薬剤群"   GENDER = "性別"
         SMOKE  = "喫煙歴"   HEIGHT = "身長(cm)"
         WEIGHT = "体重(kg)" ABDCF  = "腹囲(cm)" ;
   format TREAT TRTF. GENDER GENDERF. SMOKE SMOKEF. ;
cards;
1 1 1 3 173.3 69.4 95.0
2 2 2 2 158.0 54.2 93.1
3 2 2 3 166.9 51.5 71.0
4 1 1 3 169.8 78.7 79.6
5 1 1 3 169.4 77.6 89.5
6 2 2 2 154.0 50.0 70.7
7 1 2 2 164.0 55.1 78.4
8 1 2 2 158.5 47.6 76.2
9 1 1 3 185.7 71.4 56.1
<以下省略>
;
run ;
```

GTEST2（一部抜粋）

ID	薬剤群	性別	喫煙歴	身長(cm)	体重(kg)	腹囲(cm)
1	薬剤A	男性	なし	173.3	69.4	95.0
2	薬剤B	女性	過去	158.0	54.2	93.1
3	薬剤B	女性	なし	166.9	51.5	71.0
4	薬剤A	男性	なし	169.8	78.7	79.6
5	薬剤A	男性	なし	169.4	77.6	89.5
6	薬剤B	女性	過去	154.0	50.0	70.7
7	薬剤A	女性	過去	164.0	55.1	78.4
8	薬剤A	女性	過去	158.5	47.6	76.2
9	薬剤A	男性	なし	185.7	71.4	56.1
10	薬剤B	男性	なし	167.3	60.9	82.2

```
data GTEST3 ;
   input ID TREAT TIME EVENT ;
   label TREAT = "薬剤群" EVENT = "イベントの有無" TIME = "日数(日)" ;
   format TREAT TRTF. ;
cards;
1 1 400 2
2 2 229 2
3 1 355 2
4 2 9 1
5 1 66 2
6 2 168 2
7 2 54 2
8 1 31 2
9 2 87 1
<以下省略>
;
run ;
```

GTEST3（一部抜粋）

ID	薬剤群	日数(日)	イベントの有無
1	薬剤A	400	2
2	薬剤B	229	2
3	薬剤A	355	2
4	薬剤B	9	1
5	薬剤A	66	2
6	薬剤B	168	2
7	薬剤B	54	2
8	薬剤A	31	2
9	薬剤B	87	1
10	薬剤A	271	2

5.2.2 SG プロシジャの種類

SG プロシジャは，ODS Graphics と同様の高品質なグラフを個別に作成できるプロシジャです．SG プロシジャには，主なプロシジャとして SGPLOT，SGPANEL，SGSCATTER，SGRENDER が用意されています．

SG プロシジャ	概要
SGPLOT	様々な種類のグラフを作成します．SG プロシジャのメインとなるプロシジャです．
SGPANEL	層ごとに分割してグラフを作成します（作成できるグラフの種類は SGPLOT プロシジャとほぼ同様です）．
SGSCATTER	散布図の作成に特化したプロシジャで，散布図行列も作成できます．
SGRENDER	GTL でカスタマイズしたグラフテンプレートを読み込んでグラフを作成します．

5.2.3　SGPLOT プロシジャの使用方法

SGPLOT は SG プロシジャのメインとなるプロシジャであり，様々なグラフを作成できます．主なステートメントを以下に示します．

```
proc sgplot data=<データセット名> ;
   <グラフ>    </options> ; *--- グラフの定義 ;
   xaxis      <options> ; *--- 横軸の定義 ;
   yaxis      <options> ; *--- 縦軸の定義 ;
   refline    <options> ; *--- 参照線の定義 ;
   keylegend </options> ; *--- 凡例の定義 ;
run ;
```

SGPLOT プロシジャで作成できる主なグラフの種類を次に示します．

グラフの種類	ステートメント
バンド幅	BAND X= 横軸変数（または Y= 縦軸変数） UPPER= 値または変数 LOWER= 値または変数 </option(s)>;
密度推定	DENSITY 変数 </option(s)>;
ドットプロット	DOT カテゴリ変数 </option(s)>;
楕円グラフ	ELLIPSE X= 横軸変数　Y= 縦軸変数 </option(s)>;
棒グラフ	HBAR</VBAR> カテゴリ変数 </option(s) >
箱ひげ図	HBOX</VBOX> 変数 </option(s)>;
ヒストグラム	HISTOGRAM 変数 < /option(s)>
折れ線グラフ	HLINE</VLINE> カテゴリ変数 </option(s)>
Loess 曲線	LOESS X= 横軸変数　Y= 縦軸変数 </option(s)>;
ニードルプロット	NEEDLE X= 横軸変数　Y= 縦軸変数 </option(s)>;
Penalized B-spline curve	PBSPLINE X= 横軸変数　Y= 縦軸変数 </option(s)>;
回帰直線	REG X= 横軸変数　Y= 縦軸変数 </option(s)>;
散布図	SCATTER X= 横軸変数　Y= 縦軸変数 </option(s)>;
シリーズプロット	SERIES X= 横軸変数　Y= 縦軸変数 </option(s)>;
ステップグラフ	STEP X= 横軸変数　Y= 縦軸変数 </option(s)>;

SGPLOT プロシジャの使用例を次に示します．データセット GTEST1 には，被験者・評価時点ごとに体重や空腹時血糖などのデータが格納されています．また，GTEST2 には身長や体重データが格納されています．使用しているオプションについては後述します．

```
proc sgplot data=GTEST1 ;
   vline VISIT
     / response  = FBS
       group     = TREAT
       stat      = mean
       limitstat = stddev
       numstd    = 1
       markers
       markerattrs
         =(symbol=circlefilled);
run ;
```

```
proc sgplot data=GTEST2 ;
   reg x=HEIGHT y=WEIGHT / clm cli ;
run ;
```

5.2.4 SGPANEL プロシジャの使用方法

SGPANEL プロシジャは，層ごとに分割してグラフを作成できます．作成できるグラフの種類は SGPLOT プロシジャとほとんど同じです．主なステートメントを以下に示します．

```
proc sgpanel data=<データセット名> ;
   panelby <変数> </options> ;
    <グラフ>    </options> ; *--- グラフの定義 ;
   colaxis    <options> ; *--- 横軸の定義 ;
   rowaxis    <options> ; *--- 縦軸の定義 ;
   refline    <options> ; *--- 参照線の定義 ;
   keylegend </options> ; *--- 凡例の定義 ;
run ;
```

SGPANEL プロシジャの使用例を以下に示します．

```
proc sgpanel data=GTEST1 ;
   panelby TREAT GENDER /
      layout = lattice
              novarname ;
   vline VISIT /
      response  = FBS
      stat      = mean
      limitstat = stddev
      numstd    = 1
      lineattrs =
      (color = black)
      markers
      markerattrs =
      (color  = black
       symbol = circlefilled) ;
run ;
```

```
proc sgpanel data=GTEST2 ;
   panelby GENDER / layout=panel ;
   histogram WEIGHT ;
   density WEIGHT /
      type        = normal
      name        = "aaa"
      legendlabel = "Normal" ;
   density WEIGHT /
      type        = kernel
      name        = "bbb"
      legendlabel = "Kernel" ;
   keylegend "aaa" "bbb" ;
run ;
```

5.2.5 SGSCATTER プロシジャの使用方法

SGSCATTER プロシジャは，散布図の作成に特化したプロシジャで，散布図行列も作成できます．主なステートメントを以下に示します．

```
proc sgscatter data=<データセット名> ;
   plot <縦軸変数>*<横軸変数>    </options> ; *--- 散布図 ;
   compare x=<変数> y=<変数>     </options> ; *--- 複数の散布図 ;
   matrix <変数>                 </options> ; *--- 散布図行列 ;
run ;
```

SGSCATTER プロシジャの使用例を以下に示します．

```
proc sgscatter data=GTEST2 ;
   compare y=WEIGHT x=(HEIGHT ABDCF) /
   reg =
   (clm cli lineattrs=(color=blue)) ;
run ;
```

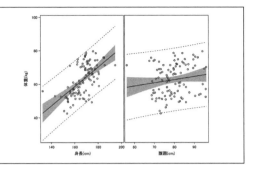

```
proc sgscatter data=GTEST2 ;
   matrix WEIGHT HEIGHT ABDCF /
   diagonal =
   (histogram normal kernel) ;
run ;
```

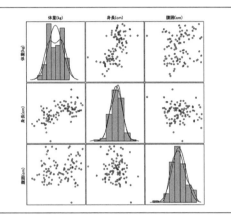

5.2.6　SGRENDER プロシジャの使用方法

　TEMPLATE プロシジャ内の GTL でレイアウトなどをカスタマイズしたグラフテンプレートを作成し，SGRENDER プロシジャの template= オプションで読み込むことにより，ユーザー独自のレイアウトを定義してグラフを作成することができます．以下に SGRENDER プロシジャの主なステートメントを示します．なお，GTL の概要及び使用例については次節で紹介します．

```
proc sgrender data = <データセット名> template = <テンプレート名> ;
   dynamic ダイナミック変数 = "変数名" ; *--- Dynamic変数を指定 ;
run ;
```

　ダイナミック変数とは，定義したテンプレートにその都度異なる変数やラベルなどを指定することができる機能です．

5.3 GTL (Graph Template Language)

　前節で紹介したように，TEMPLATE プロシジャ内で GTL を用いることにより，SGRENDER プロシジャからグラフテンプレートを呼び出して，カスタマイズされたグラフを作成することができます．GTL の基本的な構文を以下に示します．

```
proc template ;
  define statgraph <テンプレート名> ;   *--- テンプレート定義開始 ;
    dynamic <変数リスト> ;              *--- dynamic変数定義 ;
    begingraph ;                        *--- グラフ定義開始 ;
      layout <レイアウト> </options> ;  *--- レイアウト定義 ;
        rowaxes     ;                   *--- 縦軸定義 ;
          rowaxis     </options> ;
        endrowaxes    ;
        columnaxes ;                    *--- 横軸定義 ;
          columnaxis </options> ;
        endcolumnaxes ;
        layout overlay ;                *--- 各グラフ定義開始 ;
          <グラフ定義>
        endlayout ;                     *--- 各グラフ定義終了 ;
      endlayout ;                       *--- レイアウト定義終了 ;
    endgraph ;                          *--- グラフ定義終了 ;
  end ;                                 *--- テンプレート定義終了 ;
run ;
```

　GTL 及び SGRENDER プロシジャを用いて，グラフテンプレートをカスタマイズし，左側に散布図と回帰直線，右側に棒グラフを出力するプログラム・出力例を以下に示します．なお，作成したグラフテンプレート（_GTEST）は，スタイルテンプレートとして保存され，以下のように SGRENDER プロシジャの template オプションで再利用することができます．

```
*** GTLでテンプレート定義 ;
proc template ;
  define statgraph _GTEST ;             *--- テンプレート定義開始 ;
    begingraph ;                        *--- グラフ定義開始 ;
      layout lattice
      / columns=2 rows=1 columngutter=5px columnweights=(.5 .5)
        rowdatarange=union ;            *--- レイアウト定義開始 ;

        layout overlay ;                *--- グラフ(1)定義開始 ;
          modelband "clm" ;             *--- 信頼区間出力 ;
          modelband "cli" /
            display=(outline)
            outlineattrs=(color=blue pattern=2) ; *--- 予測区間出力 ;
```

```
            scatterplot x=HEIGHT y=WEIGHT ;*--- 散布図出力 ;
            regressionplot x=HEIGHT y=WEIGHT /
               cli="cli" clm="clm"  ;        *--- 回帰直線出力 ;
         endlayout ;                         *--- グラフ(1)定義終了 ;

         layout overlay ;                    *--- グラフ(2)定義開始 ;
           barchart x=SMOKE y=WEIGHT /
               stat=mean orient=vertical ;   *--- 棒グラフ出力 ;
         endlayout ;                         *--- グラフ(2)定義終了 ;

      endlayout ;                            *--- レイアウト定義終了 ;
    endgraph ;                               *--- グラフ定義終了 ;
  end ;                                      *--- テンプレート定義終了 ;
run ;

*** SGRENDERプロシジャでグラフ作成 ;
proc sgrender data=GTEST2 template=_GTEST ; run ;
```

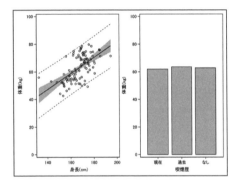

5.4 グラフの作成例

　本節では，臨床試験で収集されたデータについて，ODS Graphics，SG プロシジャ，GTL 及び従来のグラフプロシジャを使用したグラフの作成方法を紹介します．

5.4.1 個別推移図

　個別推移図とは，各被験者の臨床検査値などの経時データ（0 週，4 週，8 週……）を重ね合わせてプロットするグラフです．

SGPLOT プロシジャ

データセット GTEST1 に格納されている 4 週ごとに測定された体重データについて，薬剤 A を投与された被験者の推移図をプロットします．主なステートメントとオプションの概要を以下に示します．

- 「where TREAT = 1」で薬剤 A のデータに絞り込みます．
- band ステートメントで網掛けを出力します．fillattrs オプションで color=lightgray を指定して網掛けの色に薄いグレーを割り当てます．
- series ステートメントで折れ線グラフを出力します．横軸に VISIT，縦軸に体重を指定して，評価時点ごとの体重の推移図を作成します．group オプションで ID を指定することにより，各被験者の推移図をプロットします．「lineattrs=(color=black pattern=1)」で線種は実線，色は黒を指定しています．
- xaxis, yaxis ステートメントでは，横軸と縦軸の目盛りを定義します．

```
title bold f="MS Gothic" h=12pt "個別推移図: SGPLOTプロシジャ" ;
proc sgplot data=GTEST1 noautolegend ;
   where TREAT = 1 ;
   band y=WEIGHT lower=100 upper=110
   / transparency=0.5 fill
     fillattrs=(color=lightgray) ;       *--- グレーの網掛け ;
   xaxis values=(100 to 130 by 10) ;     *--- 横軸 ;
   yaxis values=(40 to 90 by 10) ;       *--- 縦軸 ;
   series x=VISIT y=WEIGHT
   / group=ID lineattrs=(color=black pattern=1) ; *--- 折れ線グラフ ;
   refline 105
   / axis=x label="|--Grayed out--|"  lineattrs=(thickness=0)
     labelloc=outside labelpos=auto ;   *--- 軸外のラベル ;
run ;
```

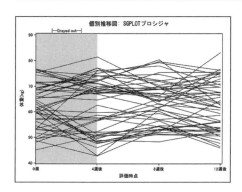

SGPANEL プロシジャ

SGPANEL プロシジャで，体重データを性別と薬剤群のカテゴリごとに分けて個別推移図を作成します．主なステートメントとオプションの概要を以下に示します．

- panelby ステートメントに GENDER と TREAT を指定し，性別と薬剤群別に個別推移図を作成します．layout オプションには lattice を指定して，性別と薬剤群をそれぞれ列方向と行方向に出力します．
- series ステートメントで折れ線グラフを出力します．横軸に VISIT，縦軸に体重を指定して，評価時点ごとの体重の推移図を作成します．group オプションで ID を指定することにより，各被験者の推移図をプロットします．「lineattrs=(color=black pattern=1)」で線種は実線，色は黒を指定しています．
- colaxis, rowaxis ステートメントでは，横軸と縦軸の目盛りを定義します．

```
title bold f="MS Gothic" h=12pt "個別推移図：SGPANELプロシジャ" ;
proc sgpanel data=GTEST1 noautolegend ;
   panelby GENDER TREAT
   / layout=lattice columns=2 ;         *--- 層別項目 ;
   colaxis values=(100 to 130 by 10) ;  *--- 横軸 ;
   rowaxis values=(40 to 90 by 10) ;    *--- 縦軸 ;
   series x=VISIT y=WEIGHT
   / group=ID lineattrs=(color=black pattern=1) ; *--- 折れ線グラフ ;
run ;
```

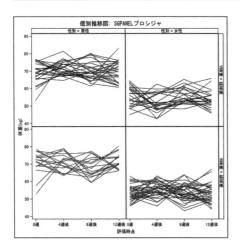

GPLOT プロシジャ

従来のグラフプロシジャで作成する場合は，GPLOT プロシジャを使用します．主なステートメントとオプションの概要を以下に示します．

- 「where TREAT = 1」で薬剤 A のデータに絞り込みます．

- axis ステートメントで軸の長さや目盛りを指定します．
- symbol ステートメントで線種，色やシンボルを指定します．ここでは，全ての被験者について同じ指定をしたいので，r=100 として，100 個のグループについて，全て同じオプションを適用します．
- GPLOT プロシジャでは，plot ステートメントで縦軸と横軸の変数を指定し，グループ分けしたい場合は，以下のように「plot 縦軸変数 * 横軸変数 = グループ変数」と指定します．また，haxis と vaxis オプションでそれぞれ定義した軸を割り当てます．

```
axis1 minor=none length=70 pct order=(100 to 130 by 10) ; *--- 横軸 ;
axis2 minor=none length=70 pct order=(40 to 90 by 10) ;   *--- 縦軸 ;
symbol v=none i=join ci=black line=1 r=100 ; *--- 線種,色,シンボル ;

title bold f="MS Gothic" h=12pt "個別推移図: GPLOTプロシジャ" ;
proc gplot data=GTEST1 ;
    where TREAT = 1 ;
    plot WEIGHT*VISIT=ID / haxis=axis1 vaxis=axis2 nolegend ;
run ;
quit ;
```

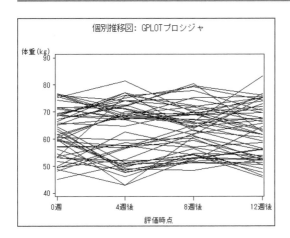

5.4.2 平均値推移図

5.4.1 節では各データの個別推移図を作成しましたが，ここでは，経時データの平均値をプロットしたグラフの作成方法を紹介します．

SGPLOT プロシジャ

4 週ごとの空腹時血糖値について，薬剤群ごとに平均値と標準偏差のグラフを作成します．主なステートメントとオプションの概要を以下に示します．

- DATA ステップで薬剤群ごとに VISIT の値を少しずらしておきます．
- SGPLOT プロシジャの vline ステートメントを使用して推移図を作成しています．group オプションに TREAT を指定して薬剤群ごとに出力し，stat オプションに mean，limitstat オプションに stddev，numstd オプションに 1 を指定することにより，平均値± SD の推移図を作成することができます．また，markers オプションでシンボルを出力し，markerattrs オプションで塗りつぶしたサークルをシンボルとして出力します．
- xaxis ステートメントでは，type オプションに linear を指定して x 軸の変数のスケールで目盛りを定義し，offsetmin, offsetmax オプションで軸の左と右にそれぞれ少しだけスペースを挿入しています．

```
*--- 薬剤群でVISITをずらす ;
data GTEST1_M ;
   set GTEST1 ;
   if TREAT = 2 then VISIT = VISIT + 1 ;
run ;

*--- 薬剤群ごとの平均値,標準偏差の推移図 ;
title bold f="MS Gothic" h=12pt "平均値推移図 : SGPLOTプロシジャ" ;
proc sgplot data=GTEST1_M ;
   vline VISIT
   / group=TREAT response=FBS stat=mean
     limitstat=stddev numstd=1 markers
     markerattrs=(symbol=circlefilled)   ; *--- 平均値,SD,シンボル ;
   xaxis type=linear offsetmin=0.05 offsetmax=0.05 ; *--- 軸の指定 ;
run ;
```

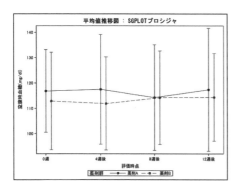

SGPANEL プロシジャ

続いて，SGPANEL プロシジャで，空腹時血糖データを薬剤群と性別のカテゴリごとに分けて平均値推移図を作成します．主なステートメントとオプションの概要を以下に示します．

- panelby ステートメントに TREAT と GENDER，layout オプションに lattice を指定してそれぞれ列方向と行方向のパネルごとにグラフを出力します．

- vline ステートメントに VISIT, response オプションに FBS を指定します。その他のオプションは SGPLOT と同様です。

```
*--- 薬剤群,性別ごとの平均値,標準偏差の推移図 ;
title bold f="MS Gothic" h=12pt "平均値推移図: SGPANELプロシジャ" ;
proc sgpanel data=GTEST1 ;
   panelby TREAT GENDER / layout=lattice ; *--- 層別項目 ;
   vline VISIT
   / response=FBS stat=mean limitstat=stddev numstd=1
     lineattrs=(color=blue) markers
     markerattrs
      =(color=blue symbol=circlefilled) ; *--- 平均値,SD,シンボル ;
run ;
```

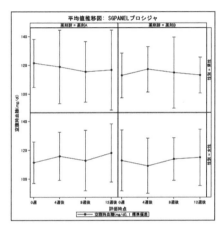

GPLOT プロシジャ

従来のグラフプロシジャで作成する場合は、個別推移図同様 GPLOT プロシジャを使用します。主なステートメントとオプションの概要を以下に示します。

- axis ステートメントで軸の長さや目盛りを指定します。
- symbol ステートメントで線種、色やシンボルを指定します。
- legend ステートメントで凡例の場所や列数などを指定します。
- GPLOT プロシジャの指定は個別推移図の場合と同様です。

```
axis1 minor=none length=70 pct order=(100 to 140 by 10) offset=(15,0) ;
axis2 minor=none length=70 pct order=(90 to 150 by 10) ;
symbol1 v=none ci=red  i=std1tj ;
symbol2 v=none ci=blue i=std1tj ;
legend1 value=(j=l) label=("Legend") across=1
        position=(top right inside) offset=(-2,-2)pct frame ;
```

```
*--- 140はダミーのフォーマットを作成 ;
proc format ;
   value VISIT2F 100="0週" 110="4週後" 120="8週後"
                 130="12週後" 140=" " ;
run ;

title bold f="MS Gothic" h=12pt "平均値推移図: GPLOTプロシジャ" ;
proc gplot data=GTEST1_M ;
   plot FBS*VISIT=TREAT / haxis=axis1 vaxis=axis2 legend=legend1 ;
   format VISIT VISIT2F. ;
run ; quit ;
```

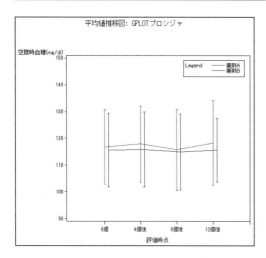

5.4.3 棒グラフ

ここでは，被験者の背景データや経時データを使用した棒グラフの作成方法を紹介します．

SGPLOT プロシジャ

体重データの平均値，標準偏差の棒グラフを作成します．主なステートメントとオプションの概要を以下に示します．

- SGPLOT プロシジャの vbar ステートメントで薬剤群，response オプションに WEIGHT を指定します．平均値や標準偏差の指定方法は平均値推移図と同様です．barwidth オプションで棒グラフの幅を指定することもできます．

```
title bold f="MS Gothic" h=12pt "棒グラフ: SGPLOTプロシジャ" ;
proc sgplot data=GTEST2 ;
   yaxis label="Mean Weight(kg)" ;
   vbar TREAT
   / response=WEIGHT stat=mean limitstat=stddev limits=upper
```

```
        transparency=0.3 barwidth=0.4 ; *--- 平均値とSD棒グラフ ;
run ;
```

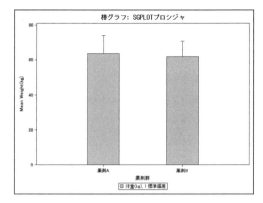

SGPANEL プロシジャ

　SGPANELプロシジャを使用して，各評価時点の空腹時血糖データについて投与群ごとに色分けした棒グラフを作成します．主なステートメントとオプションの概要を以下に示します．

- panelbyステートメントでVISIT，layoutオプションにcolumnlatticeを指定して評価時点ごとに横方向にグラフを出力します．
- vbarステートメントに薬剤群を指定します．また，本来は縦に色分けして帯グラフを作成するために使用されるgrorupオプションにも同じく薬剤群を指定することにより，色分けして横に並べています．

```
title bold f="MS Gothic" h=12pt "棒グラフ：SGPANELプロシジャ" ;
proc sgpanel data=GTEST1 ;
   panelby VISIT
   / layout=columnlattice noborder novarname
     onepanel colheaderpos=bottom ; *--- レイアウトを指定 ;
   vbar TREAT
   / response=FBS group=TREAT stat=mean
     transparency=0 barwidth=0.7 ; *--- 平均値とSD棒グラフ ;
   rowaxis values=(50 to 130 by 10) ;
   colaxis display=none ;
run ;
```

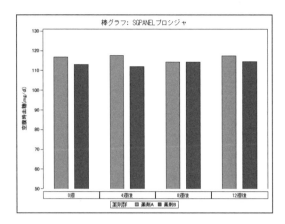

SGPANEL プロシジャ・2

各薬剤群の体重データについて，評価時点ごとに棒グラフを作成します．主なステートメントとオプションの概要を以下に示します．

- panelby ステートメントに TREAT，layout オプションに columnlattice を指定して横方向にグラフを出力して，vbar ステートメントに VISIT を指定して評価時点ごとに棒グラフを横に並べます．

```
title bold f="MS Gothic" h=12pt "棒グラフ: SGPANELプロシジャ2" ;
proc sgpanel data=GTEST1 noautolegend ;
   panelby TREAT / layout=columnlattice novarname
                   onepanel colheaderpos=bottom ;
   vbar VISIT / response=WEIGHT stat=mean transparency=0
                barwidth=0.7 limitstat=stddev limits=upper ;
   rowaxis values=(50 to 80 by 10) ;
   colaxis display=(nolabel) ;
run ;
```

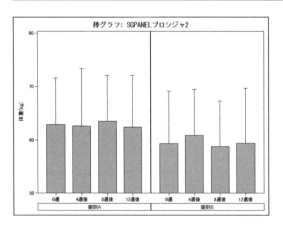

GCHART プロシジャ

従来のグラフプロシジャで棒グラフを作成する場合は，GCHART プロシジャの vbar ステートメントを使用します．主なステートメントとオプションの概要を以下に示します．

- axis ステートメントではこれまで同様，軸の長さや目盛りなどを指定します．
- pattern ステートメントで各薬剤群の色や模様を定義します．
- vbar ステートメントに VISIT を指定して評価時点ごとの棒グラフを作成します．group オプションで薬剤群，sumvar オプションで反応変数，type で mean（平均値），midpoint オプションで横軸の間隔，maxis オプションで横軸，raxis で縦軸，gaxis オプションには group オプションで指定した変数の軸，space オプションで棒の間隔，width オプションで棒の幅をそれぞれ指定します．また，patternid オプションで group を指定することにより，pattern ステートメントで定義した色や模様を薬剤群に割り当てることができます．

```
pattern1 v=x2    c=red  ;
pattern2 v=solid c=blue ;
axis1 minor=none length=65 pct label=none ;
axis2 minor=none length=65 pct order=(50 to 130 by 10) ;
axis3 minor=none length=65 pct label=none ;

title bold f="MS Gothic" h=12pt "棒グラフ: GCHARTプロシジャ" ;
proc gchart data=GTEST1 ;
   vbar VISIT / group=TREAT sumvar=FBS type=mean
                midpoints=(100 to 130 by 10)
                maxis=axis1 raxis=axis2 gaxis=axis3
                space=7 width=6 coutline=same
                errorbar=top patternid=group ;
run ; quit ;
```

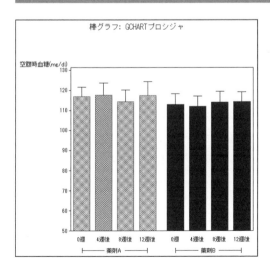

5.4.4 帯グラフ

棒グラフで，カテゴリごとの値に対応して色分けされたグラフを帯グラフと呼びます．

SGPLOTプロシジャ（度数）

性別ごとの例数やパーセントについて，喫煙歴別に色分けされた帯グラフを作成します．棒グラフ同様，SGPLOTプロシジャのvbarステートメントを使用します．vbarステートメントでGENDER，groupオプションにSMOKE，statオプションにfreq(度数)を指定します．groupオプションに指定された変数（ここではSMOKE）について，縦に重ねて色分けされて出力されます．

```
title bold f="MS Gothic" h=12pt "帯グラフ: SGPLOTプロシジャ1" ;
proc sgplot data=GTEST2 ;
   yaxis label="Frequency" ;
   vbar GENDER / stat=freq group=SMOKE
                 transparency=0.3 barwidth=0.4 ;
run ;
```

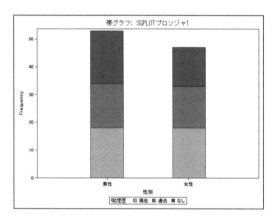

SGPLOTプロシジャ（パーセント）

続いて，縦軸をパーセントに変更して帯グラフを作成します．SGPLOTを実行する前に，tabulateプロシジャを使用して，性別ごとに喫煙歴の各カテゴリについてパーセントを算出してデータセット _OUTPCT に結果を格納しておきます．SGPLOTプロシジャでは，responseオプションに算出したパーセント，typeオプションにsum（合計）をそれぞれ指定します．

```
*--- パーセントを格納したデータセットを作成する ;
proc tabulate data=GTEST2 out=_OUTPCT ;
   class SMOKE GENDER ;
   table GENDER,SMOKE*(n rowpctn) ;
run ;
```

```
title bold f="MS Gothic" h=12pt "帯グラフ: SGPLOTプロシジャ2" ;
proc sgplot data=_OUTPCT ;
   vbar GENDER / response=PctN_01 group=SMOKE stat=sum
                 transparency=0.3 barwidth=0.4 ;
   yaxis label='Percent(%)' ;
run ;
```

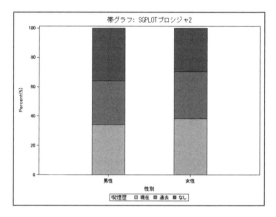

GCHART プロシジャ（度数）

従来のグラフプロシジャで作成する場合は，GCHART プロシジャを使用します．vbar ステートメントに GENDER，subgroup オプションに SMOKE，type オプションに freq を指定します．また，patternid に subgroup を指定することにより，色や模様を喫煙歴ごとに割り当てることができます．pattern には黒，グレーと 16 進数表示で薄いグレー（cxEEEEEE）を定義しています．

```
pattern1 color=black ;
pattern2 color=gray ;
pattern3 color=cxEEEEEE ;

title bold f="MS Gothic" h=12pt "帯グラフ: GCHARTプロシジャ1" ;
proc gchart data=GTEST2 ;
   vbar GENDER / subgroup=SMOKE discrete type=freq
                 space=7 width=6 patternid=subgroup ;
run ; quit ;
title ;
```

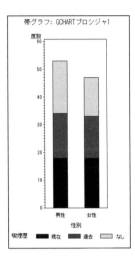

GCHART プロシジャ（パーセント）

GCHART プロシジャで縦軸をパーセントに変更して帯グラフを作成します．SGPLOT プロシジャで使用したデータセット _OUTPCT を用いて，sumvar オプションにパーセントを格納した PctN_01，type オプションに sum を指定して，喫煙歴ごとにパターンを割り当てて出力します．

```
pattern1 color=black ;
pattern2 color=gray ;
pattern3 color=cxEEEEEE ;

title bold f="MS Gothic" h=12pt "帯グラフ: GCHARTプロシジャ2" ;
proc gchart data=_OUTPCT ;
   vbar GENDER / sumvar=PctN_01 subgroup=SMOKE type=sum
                 discrete space=7 width=6 patternid=subgroup ;
   label PctN_01='Percent(%)' ;
run ; quit ;
```

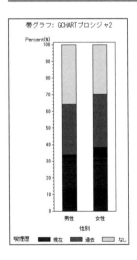

5.4.5 箱ひげ図

3.2.4 節でも紹介しましたが，箱ひげ図は，中央値，四分位値などの代表的なデータの分位点をプロットし，データの分布を分かりやすく表現するために用いられるグラフです．

SGPANEL プロシジャ・1

SGPANEL プロシジャの vbox ステートメントを使用して，経時的に測定された体重データについて，評価時点ごとに薬剤群を横に並べて箱ひげ図を作成します．主なステートメントとオプションの概要を以下に示します．

- panelby ステートメントに VISIT を指定します．layout オプションに columnlattice を指定してパネルを横に並べます．
- vbox ステートメントに WEIGHT，category オプションに TREAT を指定して各評価時点について，投与群ごとの箱ひげ図を横に並べます．
- colaxis で横軸のラベルを指定します．

```
title bold f="MS Gothic" h=12pt "箱ひげ図: SGPANELプロシジャ1" ;
proc sgpanel data=GTEST1 ;
   panelby VISIT / layout=columnlattice onepanel novarname
                   missing colheaderpos=bottom ;
   vbox WEIGHT / category=TREAT legendlabel="Box-Plot" ;
   colaxis label="Visit" ;
run ;
```

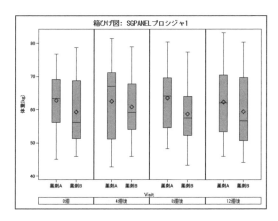

SGPANEL プロシジャ・2

続いて，同じく経時的に測定された体重データについて，性別と投与群ごとに各評価時点の箱ひげ図を作成します．panelby ステートメントに GENDER と TREAT，layout オプションに lattice を指定します．

```
title bold f="MS Gothic" h=12pt "箱ひげ図: SGPANELプロシジャ2" ;
proc sgpanel data=GTEST1 ;
   panelby GENDER TREAT / layout=lattice ;
   vbox WEIGHT / category=VISIT legendlabel="Box-Plot" ;
run ;
```

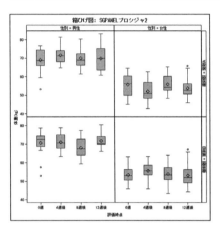

GPLOT プロシジャ

従来のグラフ作成プロシジャで箱ひげ図を作成する場合は，GPLOT プロシジャまたは BOXPLOT プロシジャを使用します．ここでは，GPLOT プロシジャを使用した作成方法を紹介します．主なステートメントとオプションの概要を以下に示します．

- DATA ステップで薬剤群ごとに VISIT の値を少しずらします．
- symbol ステートメントの i オプションに boxt を指定して箱ひげ図を定義します．
- axis ステートメントで縦軸と横軸を定義します．
- GPLOT プロシジャの plot ステートメントで評価時点と薬剤群ごとに箱ひげ図を出力します．

```
data GTEST1_M ;
   set GTEST1 ;
   if TREAT = 2 then VISIT=VISIT + 2 ;
run ;

symbol1 v=none cv=black i=boxt bwidth=4 w=0.5 h=1 ;
symbol2 v=none cv=gray  i=boxt bwidth=4 w=0.5 h=1 ;
axis1 order=(100 to 140 by 10) offset=(100,0)pt
      value=("0週" "4週" "8週" "12週" " ") major=none minor=none ;
axis2 minor=none ;

title bold f="MS Gothic" h=12pt "箱ひげ図: GPLOTプロシジャ" ;
proc gplot data=GTEST1_M ;
   plot WEIGHT*VISIT=TREAT / haxis=axis1 vaxis=axis2 ;
```

```
run ; quit ;
```

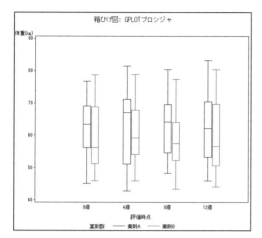

BOXPLOT プロシジャ

続いて，BOXPLOTプロシジャを使用した箱ひげ図の作成方法を紹介します．BOXPLOTプロシジャは従来のグラフプロシジャですが，ODS Graphicsにも対応しており，SGプロシジャと同等の品質でグラフを作成することができますが，ここでは従来のグラフを出力します．

- 下記グループ変数を一意な値にするため，擬似的に _TREAT という変数を作成します．ここでは，評価時点と薬剤群ごとに通し番号を格納しています．
- plot ステートメントでは，「分析変数 * グループ変数 (ブロック変数) = シンボル変数」と指定します．boxstyle オプションで箱ひげ図のタイプに schematic を指定します．また，その他のオプションで箱の幅，縦軸，横軸，凡例を割り当てます．

```
proc sort data=GTEST1 out=GTEST1_S ;
   by VISIT TREAT ;
run ;

data GTEST1_S ;
   set GTEST1_S ;
   by VISIT TREAT ;
   retain _TREAT ;
   if first.TREAT then _TREAT+1 ; *--- 一意なグループ変数の作成 ;
run ;

proc sort data=GTEST1_S ; *--- ブロック変数でソート ;
 by VISIT _TREAT ;
run ;

proc format ; *----一意なグループ変数のフォーマットを作成 ;
   value TRT2F 1,3,5,7="薬剤A" 2,4,6,8="薬剤B" ;
```

```
run ;

symbol1 v=plus    cv=black ;
symbol2 v=circle cv=gray ;
axis1 offset=(10,10)pct order=(1 to 8 by 1) major=none ;
legend1 value=(j=l) label=("Legend") across=1
        position=(top right inside) offset=(-2,-2)pct frame ;

title bold f="MS Gothic" h=12pt "箱ひげ図: BOXPLOTプロシジャ" ;
proc boxplot data=GTEST1_S ;
   plot WEIGHT*_TREAT(VISIT)=TREAT /
boxstyle=schematic boxwidth=4 totpanels=1
       vaxis=30 to 100 by 10 haxis=axis1 symbollegend=legend1 ;
   format _TREAT TRT2F. ;
run ; quit ;
```

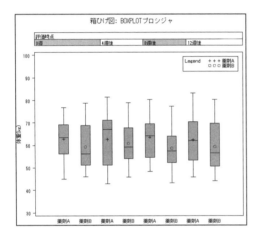

5.4.6 散布図・回帰直線

散布図と回帰直線の作成方法を紹介します．SGPLOT プロシジャや SGPANEL プロシジャを使用して作成できますが，SG プロシジャには，散布図の作成に特化した SGSCATTER プロシジャも用意されています．

SGPANEL プロシジャ

SGPANEL プロシジャを使用して，性別ごとのパネルに分けて散布図と回帰直線を出力します．

- panelby ステートメントで GENDER，layout オプションで columnlattice を指定して性別ごとに横並びに出力します．
- reg ステートメントの x 軸に腹囲，y 軸に体重を指定して，clm，cli オプションで信頼区間・予測区間を出力します．

```
title bold f="MS Gothic" h=12pt '散布図&回帰直線: SGPANELプロシジャ' ;
proc sgpanel data=GTEST2 ;
   panelby GENDER / layout=columnlattice ;
   reg x=ABDCF y=WEIGHT / alpha=0.05 clm cli ;
run ;
```

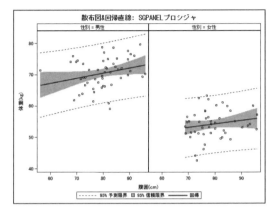

SGSCATTER プロシジャ（散布図）

SGSCATTER プロシジャを使用して散布図を作成します．

- compare ステートメントを使用して，x 軸に HEIGHT と ABDCF を指定します．y 軸は共通で出力されます．
- reg オプションで回帰直線を出力します．

```
title bold f="MS Gothic" h=12pt '散布図&回帰直線: SGSCATTERプロシジャ' ;
proc sgscatter data=GTEST2 ;
   compare x=(HEIGHT ABDCF) y=WEIGHT /reg ;
run ;
```

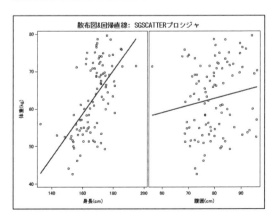

SGSCATTER プロシジャ（散布図行列）・1

SGSCATTER プロシジャを使用して散布図行列を作成します．

- matrix ステートメントで WEIGHT，HEIGHT，ABDCF を指定して，group オプションに TREAT を指定します．

```
title bold f="MS Gothic" h=12pt '散布図行列: SGSCATTERプロシジャ1' ;
proc sgscatter data=GTEST2 ;
   matrix WEIGHT HEIGHT ABDCF / group=TREAT ;
run ;
```

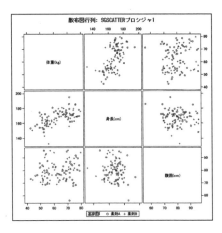

SGSCATTER プロシジャ（散布図行列）・2

SGSCATTER プロシジャを使用して散布図行列とともに対角成分にヒストグラムと密度推定グラフを出力します．

- matrix ステートメントで WEIGHT，HEIGHT，ABDCF を指定します．
- diagonal オプションで histogram（ヒストグラム），normal（正規分布の密度推定），kernel（カーネル密度推定）を指定します．

```
title bold f="MS Gothic" h=12pt '散布図行列: SGSCATTERプロシジャ2' ;
proc sgscatter data=GTEST2 ;
   matrix WEIGHT HEIGHT ABDCF / diagonal=(histogram normal kernel) ;
run ;
```

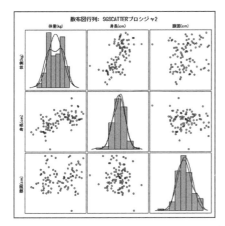

5.4.7 生存時間曲線

3.6.7 節でも紹介しましたが，lifetest プロシジャの plots オプションを使用して生存関数に関するグラフを作成することができます．

- plots オプションの survival で生存関数のグラフ（KM プロット）を作成し，atrisk でリスク集合，test で検定結果，cl で生存関数の信頼区間をそれぞれ出力します．
- logsurv で負の対数プロット，loglogs で負の対数の対数プロットを作成します．

```
ods graphics on ;
proc lifetest data=GTEST3
plots=(survival(atrisk test cl) logsurv loglogs) ;
    strata TREAT / test=logrank ;
    time TIME*EVENT(2) ;
run ;
ods graphics off ;
```

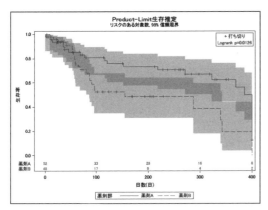
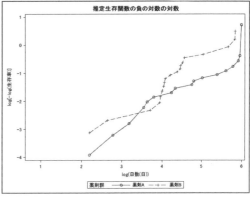

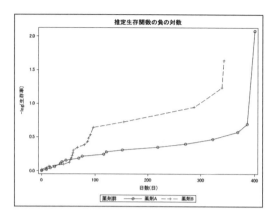

5.4.8 ヒストグラム・密度推定

3.2.2節や5.2節でも紹介しましたが，SGプロシジャやUNIVARIATEプロシジャを使用してヒストグラムや密度推定のグラフを作成することができます．また，KDEプロシジャを用いることにより，二次元のヒストグラムや密度推定のグラフを作成することもできます．

SGPANELプロシジャ

SGPANELプロシジャを使用して性別ごとの体重のヒストグラムと密度推定を出力します．

- panelbyステートメントでGENDERを指定して性別ごとのパネルを定義します．
- histogramステートメントでWEIGHT，scaleオプションでpercentを指定して縦軸をパーセントとします．
- densityステートメントでWEIGHT，typeオプションにnormal（正規分布の密度推定）を指定します．
- densityステートメントでWEIGHT，typeオプションにkernel（カーネル密度推定）を指定します．

```
title bold f="MS Gothic" h=12pt 'ヒストグラム & 密度推定: SGPANELプロシジャ' ;
proc sgpanel data=GTEST2 ;
   panelby GENDER / layout=panel ;
   histogram WEIGHT / scale=percent ;
   density WEIGHT / type=normal name="aaa" legendlabel="Normal" ;
   density WEIGHT / type=kernel name="bbb" legendlabel="Kernel" ;
   keylegend "aaa" "bbb" ;
run ;
```

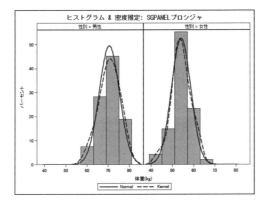

UNIVARIATE プロシジャと ODS Graphics

UNIVARIATE プロシジャと ODS Graphics を使用してヒストグラムと密度推定のグラフを作成します．

● histogram ステートメントに WEIGHT を指定して，normal と kernel オプションを指定します．

```
ods graphics on ;
proc univariate data=GTEST2 ;
   var WEIGHT ;
   histogram WEIGHT / normal(color=red) kernel(color=blue)
                      cbarline=black cfill=lightgray ;
run ;
ods graphics off ;
```

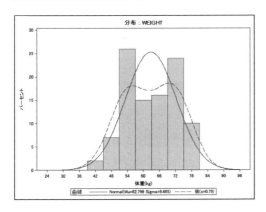

KDE プロシジャと ODS Graphics

KDE プロシジャと ODS Graphics を使用して，二次元のヒストグラムと密度推定のグラフを作成することができます．

- bivarステートメントでWEIGHTとABDCF，plotsオプションにsurfaceとhistogramを指定してそれぞれ二次元の密度推定とヒストグラムを出力します．
- ngridオプションで軸の刻み幅を指定します．
- 2つ目のbivarステートメントでは，plotsオプションにhistsurfaceを指定して二次元の密度推定とヒストグラムを重ね合わせて出力します．

```
ods graphics on ;
proc kde data=GTEST2 ;
   bivar WEIGHT ABDCF / plots=(surface histogram)
                        gridl = 0 gridu = 200 ngrid = 201 ;
   bivar WEIGHT ABDCF / plots=(histsurface)
                        gridl = 0 gridu = 200 ngrid = 201 ;
run ;
ods graphics off ;
```

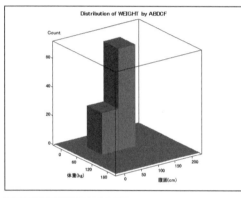
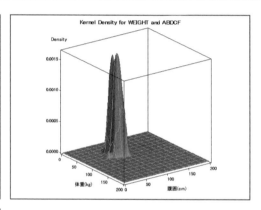
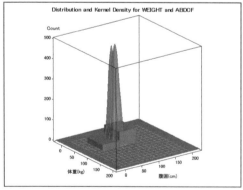

5.4.9 累積分布曲線

ODS GraphicsやGPLOTプロシジャを使用して，累積分布曲線を作成することができます．累積分布曲線とは，データの値について，その値までに累積された度数を累積パーセントとしてプロット

した曲線です.

UNIVARIATE プロシジャと ODS Graphics

データセット GTEST2 の変数 WEIGHT について，UNIVARIATE プロシジャと ODS Graphics を使用して，累積分布曲線を作成します．

- cdfplot ステートメントで，WEIGHT の累積分布曲線を class 変数で指定した薬剤群ごとに作成します．overlay オプションで，各薬剤群のプロットを重ねて出力します．

```
ods graphics on ;
proc univariate data=GTEST2 ;
   class TREAT ;
   var WEIGHT ;
   cdfplot WEIGHT / overlay ;
run ;
ods graphics off ;
```

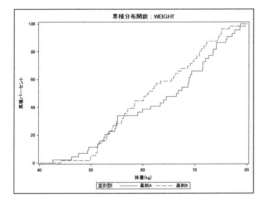

GPLOT プロシジャ

従来のグラフプロシジャである GPLOT プロシジャを使用して累積分布曲線を作成することができますが，事前に freq プロシジャなどで累積パーセントを計算してデータセットに格納しておく必要があります．

- ods output を使用して，freq プロシジャの計算結果（Onewayfreqs）をデータセット _CDF に格納します．変数 Cumpercent に各薬剤群の累積確率が格納されています．
- symbol ステートメントで各薬剤群の線種や色を指定します．
- gplot プロシジャで薬剤群ごとに「縦軸：Cumpercent，横軸：WEIGHT」の累積分布曲線を作成します．

```
proc sort data=GTEST2 out=_GTEST2 ;
   by TREAT ;
run ;
ods listing close ;
ods output Onewayfreqs=_CDF(keep=TREAT WEIGHT Cumpercent) ;
proc freq data=_GTEST2 ;
   by TREAT ;
   table WEIGHT ;
run ;
ods output close ;
ods listing ;

symbol1 c=blue i=j l=1 ;
symbol2 c=red  i=j l=3 ;
axis1 minor=none ;

proc gplot data=_CDF ;
   plot Cumpercent*WEIGHT=TREAT / vaxis=axis1 haxis=axis1 ;
run ; quit ;
```

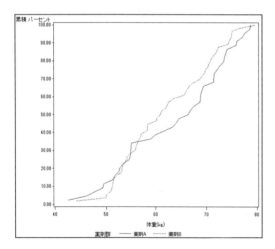

5.4.10 フォレストプロット

メタアナリシスなどで良く用いられるフォレストプロットの作成方法を紹介します．以下では，これまでに用いられた経時データ（GTEST1）を使用して，各評価時点の空腹時血糖について，薬剤群間の差の点推定値と 95% 信頼区間を出力します．

SGPLOT プロシジャ・1

SGPLOT プロシジャを使用して，各評価時点の空腹時血糖の薬剤群間差とその 95% 信頼区間をプロットします．

- TTESTプロシジャで各評価時点の空腹時血糖の薬剤群間差とその95%信頼区間を算出し，ODS OUTPUTステートメントを使用してデータセットに結果を格納します．Conflimitsという結果を_CLMというデータセットに格納しています．
- SGPLOTプロシジャのscatterステートメントのXにMean, YにVISITを指定します．また，xerrorlower, xerrorupperにそれぞれLowerCLMean, UpperCLMeanを指定すると，上限と下限にひげを出力します．

```
proc sort data=GTEST1 ; by VISIT ; run ;

ods listing close ;
ods output Conflimits=_CLM(where=(method="Pooled")) ;
proc ttest data=GTEST1 ;
   by VISIT ; var FBS ; class TREAT ;
run ;
ods output close ;
ods listing ;

title bold f="MS Gothic" h=12pt "フォレストプロット：SGPLOTプロシジャ1" ;
proc sgplot data=_CLM ;
   scatter x=Mean y=VISIT /
        markerattrs=(symbol=circlefilled color=black)
        xerrorlower=LowerCLMean
        xerrorupper=UpperCLMean
        errorbarattrs=(color=black) ;
   xaxis values=(-15 to  20 by  5) offsetmin=0.05 ;
   yaxis values=(100 to 130 by 10) offsetmin=0.05 ;
   refline VISIT / axis=y lineattrs=(pattern=1) transparency=0.6 ;
   refline 0     / axis=x lineattrs=(pattern=2) transparency=0.3 ;
   label Mean='Mean Difference and 95% CI' ;
run ;
```

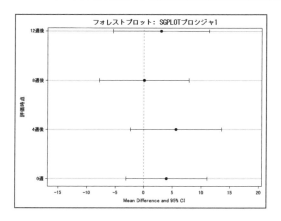

SGPLOT プロシジャ・2

上記で作成したフォレストプロットの右側に，各評価時点の空腹時血糖の平均値の薬剤群間差と 95% 信頼上限及び下限値を出力する方法を紹介します．

- DATA ステップで，擬似的に X1, X2, X3 に文字列を格納しておきます．Mean, LowerCL, UpperCL の順に出力するため，文字列の大きさは X1 < X2 < X3 とします．
- フォレストプロットについては，上記の scatter ステートメントと同様に，X に Mean, Y に VISIT を指定します．
- 計算結果を出力するグラフについては，scatter ステートメントの markerchar オプションで，値そのものをシンボルとして出力します．X 軸には x2axis を指定します．
- xaxis と x2axis ステートメントで，それぞれ offsetmin, offsetmax オプションを使用して，フォレストプロット，計算結果出力用の各グラフ領域の余白を調整します．

```
data _CLM2 ;
  set _CLM ;
  X1 = "  Mean" ;
  X2 = " Lower CL" ;
  X3 = "Upper CL" ;
run ;

title bold f="MS Gothic" h=12pt "フォレストプロット：SGPLOTプロシジャ2" ;
proc sgplot data=_CLM2 noautolegend ;
  scatter x=Mean y=VISIT /
          xerrorlower=LowerCLMean xerrorupper=UpperCLMean
          markerattrs=(color=black symbol=circlefilled) ;
  scatter x=x1 y=VISIT / x2axis markerchar=Mean ;
  scatter x=x2 y=VISIT / x2axis markerchar=LowerCLMean ;
  scatter x=x3 y=VISIT / x2axis markerchar=UpperCLMean ;

  refline 0  / axis=x lineattrs=(pattern=2) ;
  refline 20 / axis=x lineattrs=(pattern=1 color=black) ;
  yaxis display=(nolabel) values=(100 to 130 by 10)
        discreteorder=unformatted ;
  xaxis values=(-15 to 20 by 5) offsetmax=0.35
        label='Mean Difference and 95% CI' ;
  x2axis display=(noticks nolabel)  offsetmin=0.7 offsetmax=0.05 ;
  format Mean 7.1 LowerCLMean UpperCLMean 7.2 ;
run ;
```

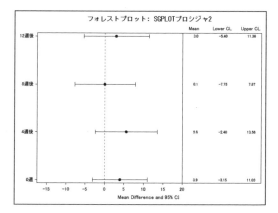

5.4.11 棒グラフと折れ線グラフの重ね合わせ

縦軸の左側と右側に異なるスケールを指定して，棒グラフと折れ線グラフを重ね合わせて出力します．ここでは，企業の 5 年間の売上高と純利益をそれぞれ棒グラフと折れ線グラフで出力します．

SGPLOT プロシジャ

vbar ステートメントと vline ステートメントを使用してそれぞれのグラフを重ね合わせて表示します．

- DATA ステップで URIAGE（売上高）と RIEKI（純利益）のデータを読み込みます．
- vbar ステートメントで YEAR（年度），response オプションで URIAGE を指定します．
- vline ステートメントで YEAR，response オプションで RIEKI を指定します．また，右側の Y 軸を使用するために y2axis オプションを指定し，シンボルとして黒丸を出力します．
- yaxis，y2axis でそれぞれ縦軸の目盛りを指定します．

```
data URIAGE ;
   input YEAR URIAGE RIEKI ;
   label YEAR = "年" URIAGE = "売上高(億)" RIEKI = "純利益(億)" ;
cards;
2006 505 50
2007 560 52
2008 660 65
2009 590 45
2010 690 66
;
run ;

title bold f="MS Gothic" h=12pt "棒グラフと折れ線グラフ: SGPLOTプロシジャ" ;
proc sgplot data=URIAGE ;
   vbar YEAR / response=URIAGE ;
   vline YEAR / response=RIEKI y2axis markers
```

```
                markerattrs=(color=black symbol=circlefilled) ;
   yaxis values=(200 to 800 by 200) ;
   y2axis values=(-20 to 100 by 20) ;
run ;
```

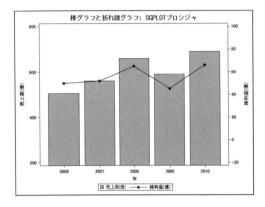

GBARLINE プロシジャ

従来のグラフ作成プロシジャで作成する場合は，GBARLINE プロシジャを使用します．

- symbol ステートメントで折れ線グラフのシンボルと色を指定します．
- axis ステートメントで，横軸と縦軸を定義します．offset オプションで横軸の左右の余白，order オプションで目盛り，length オプションで軸の長さを指定します．
- gbarline プロシジャの bar ステートメントで YEAR を指定して棒グラフを作成します．sumvar で縦軸の変数となる URIAGE，maxis で横軸，raxis で縦軸を指定します．plot ステートメントでは，sumvar オプションに，右側の縦軸の変数である RIEKI を指定します．raxis には右側の縦軸を定義した axis3 を指定します．

```
symbol v=dot color=black ;
axis1 offset=(5,5)pct ;
axis2 order=(200 to 800 by 200) minor=none length=70pct ;
axis3 order=(-20 to 100 by  20) minor=none length=70pct ;

title bold f="MS Gothic" h=12pt "棒グラフと折れ線グラフ：GBARLINEプロシジャ" ;
proc gbarline data=URIAGE ;
   bar YEAR / sumvar=URIAGE discrete maxis=axis1 raxis=axis2 space=2 ;
   plot / sumvar=RIEKI raxis=axis3 ;
run ; quit ;
```

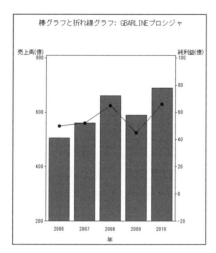

5.4.12 有害事象の発現率とリスク比のプロット

GTLを使用して,臨床試験における薬剤群ごとの有害事象の発現率とリスク比のプロットを作成します.左側に発現率,右側にリスク比のプロットを出力します.

(1) DATAステップで有害事象の発現率を格納したデータを読み込みます.作成したデータセットAEPLOTは,PTNAME(有害事象名),TREAT1P(薬剤Aの発現率),TREAT2P(薬剤Bの発現率),RELRISK(リスク比),L_RR(リスク比の信頼下限),U_RR(リスク比の信頼上限)の各変数を格納しています.

```
data AEPLOT ;
   input PTNAME $14. TREAT1P TREAT2P RELRISK L_RR U_RR ;
cards;
胃腸炎          7  5  1.4     0.4597   4.26369
咽頭炎          8  7  1.14286 0.43074  3.03225
下腹部痛        5  4  1.25    0.34573  4.51939
下痢            4  5  0.8     0.22127  2.89241
過敏性腸症候群  8  4  2       0.62211  6.42972
外耳炎          5  5  1       0.29873  3.34746
角膜炎          3  7  0.42857 0.11405  1.61043
感染性腸炎      4  4  1       0.2572   3.88803
肝機能異常      8  5  1.6     0.54204  4.72293
発疹            6  4  1.5     0.43651  5.15455
発熱            5  5  1       0.29873  3.34746
;
run ;
```

PTNAME	TREAT1P	TREAT2P	RELRISK	L_RR	U_RR
胃腸炎	7	5	1.40000	0.45970	4.26369
咽頭炎	8	7	1.14286	0.43074	3.03225
下腹部痛	5	4	1.25000	0.34573	4.51939
下痢	4	5	0.80000	0.22127	2.89241
過敏性腸症候群	8	4	2.00000	0.62211	6.42972
外耳炎	5	5	1.00000	0.29873	3.34746
角膜炎	3	7	0.42857	0.11405	1.61043
感染性腸炎	4	4	1.00000	0.25720	3.88803
肝機能異常	8	5	1.60000	0.54204	4.72293
発疹	6	4	1.50000	0.43651	5.15455
発熱	5	5	1.00000	0.29873	3.34746

(2) 続いて，GTLでグラフの詳細を定義します．define statgraphステートメントでは，今回作成するグラフテンプレートの名前を_AEPCTRRとして保存しています．dynamicステートメントでdynamic変数を定義します．SGRENDERプロシジャで実行する際に，データセットに存在する任意の変数名や，ラベルを動的に割り当てることができます．columnweights=(.5 .5)で，左右半分ずつの領域を定義し，左側に発現率，右側にリスク比のプロットを定義します．グラフの詳細については，layout overlayステートメントで各薬剤群の有害事象の発現率プロットとリスク比のプロットをそれぞれscatterplotステートメントで定義します．

```
proc template ;
  define statgraph _AEPCTRR ;
    dynamic YVAR VAR1 VAR2 EST LOWER UPPER TITLE VLABEL HLABEL ;
    begingraph ;
      entrytitle TITLE ;
      layout lattice / columns=2 rows=1 columngutter=5px
                       columnweights=(.5 .5) rowdatarange=union ;
        rowaxes ; rowaxis / label=VLABEL ; endrowaxes ;
        columnaxes ; columnaxis / label=HLABEL ; endcolumnaxes ;

        layout overlay /
          xaxisopts=(linearopts=(viewmin=0 viewmax=20)) ;
          referenceline y=YVAR /
                        lineattrs=(color=lightgray pattern=2) ;
          scatterplot x=VAR1 y=YVAR /
                      markerattrs=(symbol=trianglefilled)
                      name="A" legendlabel="薬剤A" ;
          scatterplot x=VAR2 y=YVAR /
                      markerattrs=(symbol=square)
                      name="B" legendlabel="薬剤B";
          discretelegend "A" "B" / valign=bottom ;
        endlayout ;

        layout overlay /
          xaxisopts=(linearopts=(viewmin=0 viewmax=10
                     tickvaluesequence=(start=0 end=10 increment=1))
                    ) ;
          referenceline x=1 / lineattrs=(color=lightgray pattern=1) ;
```

```
                    referenceline y=YVAR /
                                lineattrs=(color=lightgray pattern=2) ;
                    scatterplot x=EST y=YVAR /
                                errorbarattrs=(pattern=1 color=black)
                                markerattrs=(color=black symbol=circlefilled)
                                xerrorlower=LOWER xerrorupper=UPPER ;
                endlayout ;
            endlayout ;
        endgraph ;
    end ;
run ;
```

(3) 最後に，SGRENDERプロシジャで作成したテンプレート（_AEPCTRR）をtemplateステートメントで読み込んで，データセット（AEPLOT）の変数をdynamic変数として指定してグラフを作成します．

```
proc sgrender data=AEPLOT template=_AEPCTRR ;
    label TREAT1P="Percentage" RELRISK='Relative Risk with 95% CI' ;
    dynamic
        YVAR="PTNAME" VAR1="TREAT1P" VAR2="TREAT2P"
        EST="RELRISK" LOWER="L_RR" UPPER="U_RR"
        TITLE="有害事象の発現率とリスク比: GTL and SGRENDERプロシジャ"
        HLABEL="Percentage and Relative Risks"
        VLABEL="有害事象名" ;
run ;
```

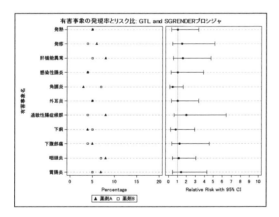

5.4.13 バタフライプロット

SGPLOTプロシジャのhbarステートメントで逆方向に棒グラフを出力して，視覚的に薬剤群ごとの各有害事象の発現率を確認できるグラフを作成することができます．このグラフは，その形状か

5 グラフの作成

らバタフライプロットと呼ばれています.

- 5.4.12 節で使用したデータセット AEPLOT から AEPLOT2 を作成します. 逆方向に発現率をプロットするために, 薬剤 A の発現率を負の数に変換します.
- format プロシジャの picture ステートメントを使用して, 負の数や正の数を絶対値として出力するフォーマットを作成します.「low - high="009"」と指定することで, 1 の位は 0 でも値を出力するよう制御します. 0 以外の数値については, xaxis ステートメントの values オプションで指定した値に上記のフォーマットが適用された値, つまり絶対値が軸の目盛りに出力されます.
- hbar ステートメントで, 有害事象名を格納した PTNAME を指定して, response オプションに薬剤 A, 薬剤 B の発現率を格納した TREAT1P, TREAT2P をそれぞれ指定します.

```
data AEPLOT2 ;
   set AEPLOT ;
   TREAT1P=(-1)*TREAT1P ;  *--- 負の数に変換 ;
run ;
*--- pictureステートメントで負の数も正の数として出力するフォーマットを作成 ;
proc format ;
   picture POSF low - high="009" ;
run ;
*--- 左右逆方向に各薬剤群の棒グラフを出力 ;
proc sgplot data=AEPLOT2 ;
   hbar PTNAME / response=TREAT1P legendlabel="薬剤A" ;
   hbar PTNAME / response=TREAT2P legendlabel="薬剤B" ;
   xaxis values=(-10 to 10 by 5) grid ;
   label TREAT1P='発現率(%)' PTNAME="有害事象名" ;
   format TREAT1P TREAT2P POSF. ;
run ;
```

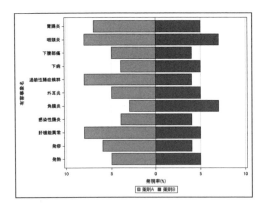

以上, 基本的なグラフの作成方法を紹介しましたが, 他にも SAS で作成することができる有用なグラフはたくさんありますので, 下記参考文献や SAS のホームページなどを有効活用して, より多くのグラフの作成にチャレンジしてみてください.

5.5 参考文献

- SAS Institute Inc.「SAS OnlineDoc® 9.2」
  http://support.sas.com/documentation/cdl_main/index.html
- SAS Institute Inc.「Statistical Graphics Procedures Guide, Second Edition」
  http://support.sas.com/documentation/cdl/en/grstatproc/62603/HTML/default/viewer.htm#titlepage.htm
- Warren F. Kuhfeld「Statistical Graphics in SAS® (SAS Press)」
- Jeff Cartier.「A Programmer's Introduction to the Graphics Template Language」SUGI 31
- Dan Heath, SAS Institute Inc., Cary, NC「SAS/GRAPH® Procedures for Creating Statistical Graphics in Data Analysis」SAS Global Forum 2007
- Dan Heath, SAS Institute Inc., Cary, NC「Secrets of the SG Procedures」SAS Global Forum 2009
- Dongsheng Yang, Cleveland Clinic Foundation, Cleveland, OH; Anne S. Tang, Cleveland Clinic Foundation, Cleveland, OH「Using graph template language to customize ODS statistical graphs」MWSUG 2009
- Lora D. Delwiche. Susan J. Slaughter「Using PROC SGPLOT for Quick High-Quality Graphs」SAS Global Forum 2009
- Susan Schwartz, SAS Institute Inc., Cary, NC「Clinical Trial Reporting Using SAS/GRAPH® SG Procedures」SAS Global Forum 2009
- Yunzhi Ling, Sanofi-aventis, Bridgewater, NJ「An efficient way to create graphs in SAS 9.2: Utilizing SG procedures and GTL」NESUG 2010
- Sanjay Matange.「Tips and Tricks for Clinical Graphs using ODS Graphics」SAS Global Forum 2011
- 高浪 洋平 , SAS ユーザー総会 2011「SG プロシジャと GTL によるグラフの作成と ODS PDF による統合解析帳票の作成〜 TQT 試験における活用事例〜」

演習問題

1. sashelp ライブラリのデータセット CARS について，以下の条件に従って自動車のタイプ（変数 Type）ごとの都市部の燃費（変数 MPG_CITY）の平均値に関する棒グラフを作成してください．
   - sgplot プロシジャの vbar ステートメントを使用する．
   - vbar ステートメントに Type を指定し，response オプションに MPG_CITY を指定する．
   - vbar ステートメントの datalabel オプションを指定する．

2. sashelp ライブラリのデータセット CARS について，以下の条件に従って自動車メーカーの地域（変数 Origin）ごとの自動車のタイプ（変数 Type）別の都市部の燃費（変数 MPG_CITY）の平均値に関する棒グラフを作成してください．
   - sgpanel プロシジャの panelby ステートメントに Origin を指定する．
   - vbar ステートメントに Type，response オプションに MPG_CITY，rows オプションと columns オプションにそれぞれ 2 を指定する．
   - vbar ステートメントの datalabel オプションを指定する．

第 6 章
SAS マクロ

この章では，SAS マクロの概要と作成方法について紹介します．SAS マクロは，繰り返し実行する定型的な処理を「マクロ」として登録して，必要に応じて呼び出すことや，「マクロ」の中で，指定した条件によって実行するプログラムを選択することができる便利な機能です．

6.1 SAS マクロの概要

本節では，SAS マクロの基本的な使用方法を紹介します．

6.1.1 SAS マクロの作成と実行

SAS マクロは，SAS ステートメントを生成する機能です．以下のように，%macro と %mend の間に処理を記述することで SAS マクロを登録することができます．

```
%macro マクロ名 ;
<SASステートメント>
%mend マクロ名 ;
```

登録した SAS マクロの実行は「% マクロ名 (マクロ変数 1,2…) ;」で行います．SAS マクロは，DATA ステップやプロシジャの中でも外でも使用することができます．

```
%マクロ名(マクロ変数1,2…) ;
```

　SASマクロを登録して実行する際の処理の流れを次図に示します．コンパイル（構文チェック），SASマクロの展開，最終的に生成されたSASプログラムの実行，という順に処理が行われます．

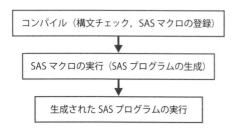

　簡単な例で，実際にSASマクロを使用した場合のプログラムを確認してみましょう．以下のプログラムでは，printプロシジャを使用して，データセットDTをアウトプット画面に出力するSASマクロを作成して実行しています．また，ログ画面にSASマクロによって展開されたステートメントを出力するために，mprintオプションを指定しておきます．

```
options mprint ;
data DT ;
   input X Y ;
cards;
10 20
12 40
15 32
;
run ;

*--- SASマクロの定義 ;
%macro PRINT_DS ;
   proc print data=DT ;
   run ;
%mend PRINT_DS ;

*--- SASマクロの定実行 ;
%PRINT_DS ;
```

結果を次に示します．データセットDTが出力されています．

```
OBS     X     Y
 1     10    20
 2     12    40
 3     15    32
```

ログ画面を見てみましょう．

```
154  *--- SASマクロの定義 ;
155  %macro PRINT_DS ;
156      proc print data=DT ;
157      run ;
158  %mend PRINT_DS ;
159
160  *--- SASマクロの定実行 ;
161  %PRINT_DS ;
MPRINT(PRINT_DS):   proc print data=DT ;
MPRINT(PRINT_DS):   run ;

NOTE: データセット WORK.DT から 3 オブザベーションを読み込みました。
NOTE: PROCEDURE PRINT 処理 (合計処理時間):
      処理時間          0.01 秒
      CPU 時間          0.01 秒
```

「%PRINT_DS ;」の後に，「MPRINT(PRINT_DS)」とともに，展開されて実行されたステートメントが表示されています．この場合は，「proc print data=DT ; run ;」というステートメントが実行されているのが確認できます．以下に今回の SAS マクロ実行までの流れを整理しておきます．

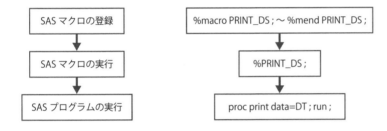

6.2 マクロ変数の使用

マクロ変数とは，任意の文字列（変数名，データセット名，ステートメントなど）を格納して，必要な際に呼び出して利用できる変数です．マクロ変数は SAS マクロの外でも使用することができます．マクロ変数の記述方法は以下になります．

&マクロ変数名.

マクロ変数名の前に「&」（アンパサンド），後ろに「.」を記述することで，SAS ではマクロ変数名として認識されます．「.」については，後ろがスペースや特殊文字の場合は，自動的にマクロ変数名の終了と認識されるため，省略することができます．本節では，様々なマクロ変数への値の格納方法やそれらの使用例を紹介します．

6.2.1 SASマクロ実行時のマクロ変数への値の格納

ここでは，SASマクロ実行時にマクロ変数に値を格納する方法を紹介します．

マクロ変数の使用例

6.1.1節では，単純にデータセットDTを出力するSASマクロを作成しましたが，SASマクロを使用していることを除いては，通常のステートメントでprintプロシジャを使用した場合と処理の流れが同じでした．ここでは，マクロ変数を使用して，任意の名前のデータセットを出力できるように，6.1.1節のSASマクロを少し修正します．

- symbolgenオプションで，マクロ変数に格納されている値をログに出力します．
- 「%macro PRINT_DS2(DSN) ;」と記述することで，SASマクロPRINT_DS2の中で，DSNという名前のマクロ変数を使用することを宣言しています．マクロの中では，マクロ変数が，printプロシジャのデータセット名を指定する部分に「&DSN.」と記述されています．
- SASマクロの実行時は，「%PRINT_DS2(DT) ;」と指定することで，DSNというマクロ変数に，DTという文字列を与えています．つまり，実行される際に，「&DSN.」の部分が「DT」に置き換わって実行されます．

```
options mprint symbolgen ;
%macro PRINT_DS2(DSN) ;
   proc print data=&DSN. ;
   run ;
%mend PRINT_DS2 ;

%PRINT_DS2(DT) ;
```

結果は6.1.1節と同じなので省略しますが，ログ画面を確認してみましょう．symbolgenオプションで，マクロ変数DSNにDTが格納されて実行されているのが確認できます．

```
162  options mprint symbolgen ;
163  %macro PRINT_DS2(DSN) ;
164     proc print data=&DSN. ;
165     run ;
166  %mend PRINT_DS2 ;
167
168  %PRINT_DS2(DT) ;
SYMBOLGEN:  マクロ変数 DSN を DT に展開します。
MPRINT(PRINT_DS2):   proc print data=DT ;
MPRINT(PRINT_DS2):   run ;

NOTE: データセット WORK.DT から 3 オブザベーションを読み込みました。
NOTE: PROCEDURE PRINT 処理 (合計処理時間):
      処理時間         0.01 秒
      CPU 時間         0.01 秒
```

マクロ変数の使用例（複数のマクロ変数の指定）

複数のマクロ変数を使用して，複数のデータセットを出力するマクロを作成します．

- 薬剤群ごとの症例数と，性別ごとの症例数が格納されたデータセット DT1 と DT2 をそれぞれ作成します．
- SAS マクロ PRINT_DS を作成します．カンマ区切りでマクロ変数 DSN1 と DSN2 を定義します．マクロの内部では，マクロ変数 DSN1 と DSN2 をデータセット名として print プロシジャでそれぞれのデータセットを出力する処理を記述します．
- SAS マクロ実行時に，マクロ変数 DSN1 と DSN2 に，カンマ区切りでそれぞれ DT1 と DT2 を指定します．

```
options mprint symbolgen ;
data DT1 ;
   input TREAT $ N ;
cards;
薬剤A 15
薬剤B 15
;
run ;

data DT2 ;
   input GENDER $ N ;
cards;
男性 10
女性 20
;
run ;

%macro PRINT_DS3(DSN1,DSN2) ;
   proc print data=&DSN1. ; run ;
   proc print data=&DSN2. ; run ;
%mend PRINT_DS3 ;

%PRINT_DS3(DT1,DT2) ;
```

結果を次に示します．薬剤群ごとの例数と性別ごとの例数が出力されています．

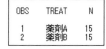

続いてログ画面を見てみましょう．データセット作成部分は省略して，SAS マクロの実行部分のみ表示します．symbolgen と mprint オプションで，それぞれ代入されているマクロ変数の値と実行されたステートメントが出力され，print プロシジャがデータセット DT1 と DT2 についてそれぞ

れ実行されていることが確認できます．

```
191  %PRINT_DS3(DT1,DT2) ;
SYMBOLGEN:  マクロ変数 DSN1 を DT1 に展開します．
MPRINT(PRINT_DS3):   proc print data=DT1 ;
MPRINT(PRINT_DS3):   run ;

NOTE: データセット WORK.DT1 から 2 オブザベーションを読み込みました．
NOTE: PROCEDURE PRINT 処理 (合計処理時間):
      処理時間         0.00 秒
      CPU 時間         0.00 秒

SYMBOLGEN:  マクロ変数 DSN2 を DT2 に展開します．
MPRINT(PRINT_DS3):   proc print data=DT2 ;
MPRINT(PRINT_DS3):   run ;

NOTE: データセット WORK.DT2 から 2 オブザベーションを読み込みました．
NOTE: PROCEDURE PRINT 処理 (合計処理時間):
      処理時間         0.00 秒
      CPU 時間         0.00 秒
```

次のように，「=」を使用して，明示的にマクロ変数に値を与えた場合も同様の結果となります．「=」を使用しないで実行する場合は，前述のように，SAS マクロを定義する際に記述されたマクロ変数の順番に値を記述する必要がありますが，「=」を使用すれば，定義された順番に関係なく対応するマクロ変数に値を与えることができます．「=」を使用した指定方法では，SAS マクロ実行時に，どのマクロ変数にどのような値が格納されているかが目視ですぐに確認できるため，確認作業時間を短縮できます．

```
%PRINT_DS3(DSN1=DT1,DSN2=DT2) ;
```

マクロ変数の使用例（マクロ変数への初期値の指定）

SAS マクロでは，あらかじめマクロ変数に初期値を与えることもできます．初期値を与えておくと，実行時に値が指定されなかった場合，初期値がマクロ変数に格納されて処理されます．また，初期値を与えておいても，実行時に値を指定すれば指定された値が優先されてマクロ変数に格納されます．以下では，先程作成した SAS マクロ PRINT_DS3 を定義する際に，「DSN1=DT1」，「DSN2=DT2」と記述して，それぞれ初期値を指定しています．SAS マクロの実行時には「%PRINT_DS3」のみ記述して，マクロ変数に値は指定されていませんが，初期値にはそれぞれ「DT1」と「DT2」が与えられているので，先程の例と実行結果は同じになります．

```
%macro PRINT_DS3(DSN1=DT1,DSN2=DT2) ;
    proc print data=&DSN1. ; run ;
    proc print data=&DSN2. ; run ;
%mend PRINT_DS3 ;

%PRINT_DS3 ;
```

ログ画面を確認しましょう．先程の例と同じプログラムが生成されて実行されていることが確認

できます.

```
192  %macro PRINT_DS3(DSN1=DT1,DSN2=DT2) ;
193     proc print data=&DSN1. ; run ;
194     proc print data=&DSN2. ; run ;
195  %mend PRINT_DS3 ;
196
197  %PRINT_DS3 ;
SYMBOLGEN:  マクロ変数 DSN1 を DT1 に展開します.
MPRINT(PRINT_DS3):   proc print data=DT1 ;
MPRINT(PRINT_DS3):      run ;

NOTE: データセット WORK.DT1 から 2 オブザベーションを読み込みました.
NOTE: PROCEDURE PRINT 処理 (合計処理時間):
        処理時間           0.00 秒
        CPU 時間           0.00 秒


SYMBOLGEN:  マクロ変数 DSN2 を DT2 に展開します.
MPRINT(PRINT_DS3):   proc print data=DT2 ;
MPRINT(PRINT_DS3):      run ;

NOTE: データセット WORK.DT2 から 2 オブザベーションを読み込みました.
NOTE: PROCEDURE PRINT 処理 (合計処理時間):
        処理時間           0.00 秒
        CPU 時間           0.00 秒
```

6.2.2 %let ステートメントと %put ステートメント

6.2.1 節では SAS マクロ実行時にマクロ変数への値を格納する方法を紹介しましたが，ここでは，%let ステートメントを使用したマクロ変数への値の格納方法を紹介します．%let ステートメントは，SAS マクロの外でも使用できます．以下のステートメントを実行することで，マクロ変数に値を格納できます．

```
%let マクロ変数名=値 ;
```

また，%put ステートメントを使用して，マクロ変数に格納されている値をログ画面に出力することができます．プログラムを実行した際にどのような値が格納されているかを随時確認できるため，非常に便利です．

```
%put &マクロ変数名(他の任意の文字列も出力可能) ;
```

使用例・1

では，実際の使用例を見てみましょう．次の例では，%let ステートメントでマクロ変数 VALIABLE に文字列「WEIGHT」を格納して，%put ステートメントでその値を確認しています．

```
%let VARIABLE = WEIGHT ;
%put マクロ変数VARIABLEに格納されている値は &VARIABLE です．  ;
```

ログ画面を見てみましょう．マクロ変数 VARIABLE には「WEIGHT」が格納されていることが分かります．

```
198  %let VARIABLE = WEIGHT ;
199  %put マクロ変数VARIABLEに格納されている値は &VARIABLE です． ;
SYMBOLGEN:  マクロ変数 VARIABLE を WEIGHT に展開します．
マクロ変数VARIABLEに格納されている値は WEIGHT です．
```

使用例・2

以下の例では，上記のマクロ変数 VARIABLE を DATA ステップで使用してデータセット WEIGHT を作成しています．

```
%let VARIABLE = WEIGHT ;
data &VARIABLE ;
   ID  = 1 ;
   WGT = 70 ;
run ;
```

ログ画面を見てみましょう．データセット WEIGHT が作成されていることが確認できます．SAS マクロではないため，mprint オプションを使用しても生成されたステートメントは表示されませんので，symbolgen オプションでマクロ変数の値を確認しています．

```
198   %let VARIABLE = WEIGHT ;
199   %put マクロ変数VARIABLEに格納されている値は &VARIABLE です． ;
SYMBOLGEN:  マクロ変数 VARIABLE を WEIGHT に展開します．
マクロ変数VARIABLEに格納されている値は WEIGHT です．
200   %let VARIABLE = WEIGHT ;
SYMBOLGEN:  マクロ変数 VARIABLE を WEIGHT に展開します．
201   data &VARIABLE ;
202      ID = 1 ;
203      WGT = 70 ;
204   run ;
NOTE: データセット WORK.WEIGHT は 1 オブザベーション、2 変数です．
NOTE: DATA ステートメント 処理 (合計処理時間):
      処理時間          0.01 秒
      CPU 時間          0.01 秒
```

使用例・3

マクロ変数には文字列が格納されますが，%eval 関数を使用して，数値の計算をさせてから値を格納することができます．以下では，マクロ変数 X1 と X2 を展開して足した値を X3 に格納しています．

```
%let X1 = 2 ;
%let X2 = 3 ;
%let X3 = %eval(&X1 + &X2) ;
%put *** &X1 + &X2 = &X3 *** ;
```

ログ画面を見てみましょう．マクロ変数 X1 と X2 を足した結果が X3 に格納されていることが確認できます．

```
205  %let X1 = 2 ;
206  %let X2 = 3 ;
207  %let X3 = %eval(&X1 + &X2) ;
SYMBOLGEN:  マクロ変数 X1 を 2 に展開します．
SYMBOLGEN:  マクロ変数 X2 を 3 に展開します．
208  %put *** &X1 + &X2 = &X3 *** ;
SYMBOLGEN:  マクロ変数 X1 を 2 に展開します．
SYMBOLGEN:  マクロ変数 X2 を 3 に展開します．
SYMBOLGEN:  マクロ変数 X3 を 5 に展開します．
*** 2 + 3 = 5 ***
```

6.2.3 call symput ステートメント

以下のように，call symput ステートメントを使用して，DATA ステップの中でマクロ変数に値を格納することができます．引用符で囲まれたマクロ変数や値は，引用符で囲まない場合，変数を指定することもできます．注意点ですが，call symput を使用して値を格納したマクロ変数は，同じ DATA ステップの中では値を展開して使用することができません．

```
call symput('マクロ変数名','値')
```

使用例を見ていきましょう．

使用例

次の例では，DATA ステップで call symput を使用して，文字列や変数の値からマクロ変数に値を格納しています．また，マクロ変数名自体にも変数の値を使用しています．

- マクロ変数 MV1 に「SYMPUT」という文字列を格納します．
- マクロ変数 MV2 に，変数 X1 の値，つまり「SYMPUT2」を格納します．
- マクロ変数 MV3 に，変数 X2 の値である数値の 10 を put 関数で文字列に変換，compress 関数でスペースを削除して「10」という文字列を格納します．
- マクロ変数「'MV'||X3」では，X3 に格納されている文字列は「4」なので，マクロ変数名は MV4 となり，「TEST」という文字列が格納されます．
- %put ステートメントで各マクロ変数に格納されている値をログ画面に出力します．

```
data _null_ ;
   call symput('MV1','SYMPUT') ; *--- 文字列をそのまま格納 ;
   X1 = 'SYMPUT2' ;
   call symput('MV2',X1) ; *--- X1の値を格納 ;
   X2 = 10 ;
   call symput('MV3',compress(put(X2,best.))) ; *--- X2を文字列に変換して格納 ;
   X3 = '4' ;
```

```
        call symput('MV'||X3,'TEST') ; *--- マクロ変数MV4に文字列を格納 ;
run ;

*--- マクロ変数の値を確認 ;
%put MV1: &MV1 MV2: &MV2 MV3: &MV3 MV4: &MV4 ;
```

ログ画面で %put ステートメントの結果を確認しましょう．

```
219  *--- マクロ変数の値を確認 ;
220  %put MV1: &MV1 MV2: &MV2 MV3: &MV3 MV4: &MV4 ;
MV1: SYMPUT MV2: SYMPUT2 MV3: 10 MV4: TEST
```

6.2.4　symget 関数

DATA ステップで symget 関数を使用して，マクロ変数に格納されている文字列を呼び出すことができます．マクロ変数名については，データセットの変数を指定することもできます．

```
symget('マクロ変数名')
```

使用例（単純なマクロ変数の値の呼び出し）

以下では，マクロ変数 A に格納された「TEST」という文字列を変数 VALUE に格納しています．

```
%let A = TEST ;
data _SYMGET ;
   VALUE = symget('A') ;
run ;
proc print data=_SYMGET ; run ;
```

結果を次に示します．変数 VALUE にマクロ変数 A の値「TEST」が格納されていることが確認できます．

```
OBS    VALUE
 1     TEST
```

使用例（マクロ変数名を格納した変数からの値の呼び出し）

続いて，マクロ変数名を格納した変数を symget 関数に指定して呼び出した値を新たな変数に格納します．

- %let ステートメントを使用して，マクロ変数 A1，A2 にそれぞれ「VAL1」,「VAL2」を格納します．
- データセット VAL に，マクロ変数名を格納した変数 X を作成します．
- データセット VAL を set して，symget 関数に変数 X を指定します．変数 X に格納されているのはマクロ変数名である「A1」,「A2」なので，それぞれのマクロ変数に格納されている値を変数 VALUE に格納します．

```
%let A1 = VAL1 ;
%let A2 = VAL2 ;

data VAL ;
   input X $ ;
cards;
A1
A2
;
run ;

data _SYMGET2 ;
   set VAL ;
   VALUE = symget(X) ;
run ;

proc print data=_SYMGET2 ; run ;
```

結果を次に示します．変数 VALUE には，マクロ変数 A1，A2 の値である文字列「VAL1」,「VAL2」が格納されていることが確認できます．

```
OBS   X    VALUE
 1    A1   VAL1
 2    A2   VAL2
```

6.2.5 自動マクロ変数

SAS には，マクロ変数名が決まっていて，自動で値が格納されている「自動マクロ変数」と呼ばれるマクロ変数が多く存在します．自動マクロ変数は，マクロ変数を作成して値を格納する必要がなく，有用な情報を得ることができますので，積極的に活用することをお勧めします．以下に主な自動マクロ変数と格納される値を示します．

自動マクロ変数名	内容	格納される値（例）
SYSDATE	実行時の日付	23MAR98
SYSDATE9	実行時の日付（DATE9 型）	23MAR1998

自動マクロ変数名	内容	格納される値（例）
SYSDSN	最後に作成したデータセット	WORK　　AAA
SYSERR	実行時のエラーの状態	0, 1, 2, …
SYSLAST	最後に作成したデータセット	WORK.AAA
SYSSCPL	使用されている OS の種類	W32_VSPRO
SYSVER	SAS のバージョン	9.2

次の例では，各自動マクロ変数の値をログ画面に出力しています．

```
data _SYS ;
   x=1 ;
run ;

%put SYSDATE:   &SYSDATE ;
%put SYSDATE9:  &SYSDATE9 ;
%put SYSDSN:    &SYSDSN ;
%put SYSERR:    &SYSERR ;
%put SYSLAST:   &SYSLAST ;
%put SYSSCPL:   &SYSSCPL ;
%put SYSVER:    &SYSVER ;
```

ログ画面で結果を確認します．それぞれ値が格納されていることが確認できます．レポートのタイトルやフットノートなどにも出力できますので非常に便利です．

```
259  %put SYSDATE:   &SYSDATE ;
SYSDATE:   15MAR12
260  %put SYSDATE9:  &SYSDATE9 ;
SYSDATE9:  15MAR2012
261  %put SYSDSN:    &SYSDSN ;
SYSDSN:    WORK     _SYS
262  %put SYSERR:    &SYSERR ;
SYSERR:    0
263  %put SYSLAST:   &SYSLAST ;
SYSLAST:   WORK._SYS
264  %put SYSSCPL:   &SYSSCPL ;
SYSSCPL:   W32_VSPRO
265  %put SYSVER:    &SYSVER ;
SYSVER:    9.2
```

6.2.6　%global ステートメントと %local ステートメント

マクロ変数は，グローバルマクロ変数またはローカルマクロ変数として定義することができます．グローバルマクロ変数は，SAS マクロの中と外のどちらでも使用することができますが，ローカルマクロ変数は，定義された SAS マクロの中でのみ使用することができます．%global ステートメントと %local ステートメントを使用して，グローバルマクロ変数とローカルマクロ変数を定義することができます．

6.2 マクロ変数の使用

ステートメント	機能
%global マクロ変数 1,2,… ;	グローバルマクロ変数を定義します．%global ステートメントは，SAS マクロの中でも外でも記述できます．
%local マクロ変数 1,2,… ;	ローカルマクロ変数を定義します．%local ステートメントは，SAS マクロの中でのみ記述できます．

使用例を見てみましょう．%global ステートメントでマクロ変数 X を定義して，SAS マクロ LG の中で X に「GLOBAL」の文字列を格納します．続いて，SAS マクロ LG の中で %local ステートメントを使用して Y を定義して，「LOCAL」の文字列を格納します．マクロ変数 Y は SAS マクロ LG の外では参照できないため，マクロの中で %put ステートメントを使用して値を確認します．一方，X については，いずれの場所でも参照できるため，マクロの外で値を確認しています．

```
%global X ;

%macro LG ;
   %let X = GLOBAL ;

   %local Y ;
   %let Y = LOCAL ;
   %put Y: &Y ;
%mend LG ;
%LG ;
%put X: &X ;
```

ログ画面で結果を確認してみましょう．マクロ LG の中でマクロ変数 Y が参照され，マクロの外でマクロ変数 X が参照されています．

```
286  %LG ;
Y: LOCAL
287  %put X: &X ;
X: GLOBAL
```

6.2.7 sql プロシジャとマクロ変数

into ステートメントを使用して，sql プロシジャの中でマクロ変数に値を格納することができます．select ステートメントに指定する変数の部分には，SAS の関数などを使用して文字列を結合させたり数値を文字に変換させたりした後にマクロ変数に値を格納することができます．また，into ステートメントの大きなメリットは，「separated by '区切り文字'」を使用することで，区切り文字で区切られた変数の全オブザベーションの値を 1 つのマクロ変数に格納できる点です．

```
*--- マクロ変数が1つの場合 ;
proc sql ;
```

```
       select 変数1 into: マクロ変数 separated by '区切り文字'
from データセット ;
quit ;

*--- マクロが複数の場合 ;
proc sql ;
    select 変数1,変数2
into: マクロ変数1 separated by '区切り文字',
  : マクロ変数2 separated by '区切り文字' from データセット ;
quit ;

*--- 複数のマクロ変数に1オブザベーションごとの値を格納する場合 ;
proc sql ;
    select 変数1 into: マクロ変数1 - : マクロ変数n from データセット ;
quit ;
```

into ステートメントの使用例（1オブザベーションの値の格納）

1オブザベーションのデータセットの変数 X の値をマクロ変数に格納します．

```
data INTO1 ;
    X = "INTO" ;
run ;

proc sql noprint ;
    select X into: _X1 from INTO1 ;
quit ;

%put _X: &_X1 ;
```

ログ画面で結果を確認してみましょう．マクロ変数 _X1 に文字列「INTO」が格納されていることが確認できます．

```
9     %put _X: &_X1 ;
_X: INTO
```

into ステートメントの使用例（複数オブザベーションの値の格納）

続いて，複数のオブザベーションの値について，「separated by '区切り文字'」を使用して1つのマクロ変数に区切り文字で区切られた値を格納します．

```
data INTO2 ;
    input X $ @@ ;
cards;
```

```
a b c
;
run ;

proc sql noprint ;
   select X into: _X2 separated by ',' from INTO1 ;
quit ;

%put _X: &_X2 ;
```

ログ画面で結果を確認してみましょう．マクロ変数 _X2 に，変数 X の全オブザベーションについて，カンマで区切られた文字列「a,b,c」が格納されています．

```
21   %put _X2: &_X2 ;
_X2: a,b,c
```

into ステートメントの使用例（複数の変数・オブザベーションの値の格納）

複数の変数・オブザベーションの値を複数のマクロ変数に格納します．into ステートメントの中で，カンマ区切りでマクロ変数を指定します．以下の例では，データセット INTO3 の変数 Y の全オブザベーションの値をカンマ区切りでマクロ変数 _Y に，変数 Z の全オブザベーションの値を縦棒区切りでマクロ変数 Z にそれぞれ格納しています．

```
data INTO3 ;
   input Y Z $ ;
cards;
1 a
2 b
3 c
;
run ;

proc sql noprint ;
   select Y,Z into: _Y separated by "," , : _Z separated by "|"
       from INTO3 ;
quit ;

%put &_Y ;
%put &_Z ;
```

ログ画面でマクロ変数 _Y, _Z に格納されている値を確認しましょう．_Y には「1,2,3」，_Z には「a|b|c」が格納されています．

```
36   %put &_Y ;
1,2,3
37   %put &_Z ;
a|b|c
```

intoステートメントの使用例（加工された値の格納と使用）

SAS関数を使用して加工された値を格納することもできます．ここでは，catx関数（第2章の2.19節を参照）で文字列を結合してマクロ変数FMTに格納します．さらに，作成したマクロ変数を使用して，formatプロシジャで新たなフォーマットを作成する例を紹介します．

- 先程の例で使用したデータセットINTO3の数値変数Yをput関数で文字変数に変換した値と，引用符で囲んだ文字変数Zの値を「=」で結合して，さらに「separated by ' '」で各オブザベーションの値をスペース区切りで結合した後，マクロ変数FMTに格納します．
- 作成したマクロ変数FMTを使用して，formatプロシジャで数値フォーマットABCFMTを作成しています．

```
proc sql noprint ;
   select catx('=',compress(put(Y,best.)),quote(compress(Z)))
 into: FMT separated by " "
        from INTO3 ;
quit ;

%put FMT: &FMT ;

proc format ;
   value ABCFMT &FMT ;
run ;
```

%putステートメント以下のログ画面を確認しましょう．%putステートメントでマクロ変数FMTに格納されている値は「1="a" 2="b" 3="c"」であることが分かります．この文字列は，formatプロシジャで，「valueフォーマット名」の後に記述する「値＝文字列」の部分にそのまま対応しているので，「value ABCFMT &FMT ;」と記述することで，マクロ変数FMTが展開されて「value ABCFMT 1="a" 2="b" 3="c" ;」という文字列が生成されて実行されます．

```
43    %put FMT: &FMT ;
FMT: 1="a" 2="b" 3="c"
44
45    proc format ;
46       value ABCFMT &FMT ;
NOTE: 出力形式 ABCFMT を作成しました．
47    run ;
```

6.3 条件付きでの SAS ステートメントの生成

%if ステートメントを使用して，条件によってステートメントの生成を制御することができます．%if ステートメントは，SAS マクロの中でのみ使用することができます．構文を以下に示します．複数のステートメントを記述する場合は，「%do 〜 %end」を記述します．

```
*--- 1ステートメントの場合 ;
%if      条件 %then SASステートメント ;
%else %if 条件 %then SASステートメント ;
            %else SASステートメント ;

*--- 複数ステートメントの場合 ;
%if      条件 %then %do ; SASステートメント %end ;
%else %if 条件 %then %do ; SASステートメント %end ;
%else %do ; SASステートメント %end ;
```

では，実際に %if ステートメントの使用例を見てみましょう．

6.3.1 %if ステートメント（1 つの SAS ステートメントの生成）

ここでは，%if ステートメントを使用して，条件によって異なる 1 つの SAS ステートメントの生成を行います．

- options ステートメントで mlogic を指定することにより，%if ステートメントの条件が真（TRUE）であるか偽（FALSE）であるかをログ画面に出力します．
- SAS マクロ PRINT_IF では，マクロ変数 FLAG が 1 であればデータセット DT1 を，2 であればデータセット DT2 を出力します．
- %if ステートメントでは，「&FLAG=1」や「&FLAG=2」で条件を記述しています．SAS マクロ実行時には，「&FLAG=1」の場合は「DT1」，「&FLAG=2」の場合は「DT2」という文字列がそれぞれ展開されます．また，「%else 〜 DT2 ;;」となっている最後の 2 個のセミコロンですが，1 個目は %if ステートメントの終了を表すセミコロンで，2 個目は print プロシジャを実行する際のセミコロンとなっております．SAS マクロを展開した後のステートメントについて，セミコロンを記述することを忘れないように注意しましょう．

```
options mprint symbolgen mlogic ;
%macro PRINT_IF(FLAG=) ;
   proc print data=%if      &FLAG=1 %then DT1 ;
                  %else %if &FLAG=2 %then DT2 ;;
   run ;
```

```
%mend PRINT_IF ;

%PRINT_IF(FLAG=1) ;
%PRINT_IF(FLAG=2) ;
```

結果を次に示します.

- 「%PRINT_IF(FLAG=1) ;」が実行された結果(データセット DT1)

- 「%PRINT_IF(FLAG=2) ;」が実行された結果(データセット DT2)

実行部分のログ画面を見てみましょう.マクロ変数 FLAG に 1 を代入して実行した場合と,2 を代入して実行した場合にそれぞれ DT1,DT2 が生成されて,「proc print data=DT1 ; run ;」と「proc print data=DT2 ; run ;」が実行されていることが確認できます.

6.3.2 %if ステートメント(複数の SAS ステートメントの生成)

続いて,%if ステートメントを使用して,複数の SAS ステートメントの生成を制御する方法を紹介します.血圧のデータを格納したデータセット BP について,means プロシジャで要約統計量を算出するか,print プロシジャでデータセットを表示させるかを制御しています.

SASマクロMEANS_PRINTでは，マクロ変数FLAGが1であればデータセットBPの要約統計量を算出し，2であればデータセットBPをそのまま出力します．

%ifステートメントでは，meansプロシジャやprintプロシジャの処理が全て「%do ; ～ %end ;」に含まれています．

```
options mprint symbolgen mlogic ;
data BP ;
   input ID DBP SBP ;
cards;
1  80 123
2  90 142
3  83 115
4  77 106
5  95 150
6  85 132
7  65 105
8  72 127
9  88 140
10 98 155
;
run ;

%macro MEANS_PRINT(FLAG=) ;
   %if &FLAG = 1 %then %do ;
      proc means data=BP ; var DBP SBP ; run ;
   %end ;
   %if &FLAG = 2 %then %do ;
      proc print data=BP ; run ;
   %end ;
%mend MEANS_PRINT ;

%MEANS_PRINT(FLAG=1) ;
%MEANS_PRINT(FLAG=2) ;
```

結果を見てみましょう．

- 「%MEANS_PRINT(FLAG=1) ;」を実行した場合

  %ifステートメントの条件（&FLAG=1）によって，「proc means data=BP ; var DBP SBP ; run ;」が生成・実行されて，DBP，SBPそれぞれの要約統計量が算出されています．

  ```
                      MEANS プロシジャ
  変数    N       平均       標準偏差      最小値        最大値
  ─────────────────────────────────────────────────────
  DBP    10    83.3000000   10.1985838    65.0000000    98.0000000
  SBP    10   129.5000000   17.4944436   105.0000000   155.0000000
  ─────────────────────────────────────────────────────
  ```

- 「%MEANS_PRINT(FLAG=2) ;」を実行した場合

%if ステートメントの条件（&FLAG=2）によって，「proc print data=BP ; run ;」が生成・実行されて，データセット BP が出力されています．

```
OBS   ID   DBP   SBP
 1     1    80   123
 2     2    90   142
 3     3    83   115
 4     4    77   106
 5     5    95   150
 6     6    85   132
 7     7    65   105
 8     8    72   127
 9     9    88   140
10    10    98   155
```

6.4 繰り返し SAS ステートメントの生成

SAS マクロを使用して，同じような処理を繰り返して生成したい場合，例えば，処理の対象となるデータセット名が連番で，その番号だけが変わるような処理を繰り返す場合など，以下のステートメントを使用して，繰り返しで SAS ステートメントを生成させることができます．いずれのステートメントも SAS マクロの中でのみ使用できます．

ステートメント	機能
%do マクロ変数名 = 開始値 %to 終了値 %by 増分 ; 　　SAS ステートメント %end ;	開始値から終了値まで SAS ステートメントを生成します．
%do %while(条件) ; 　　SAS ステートメント %end ;	条件が真の間，SAS ステートメントを生成します．初回も条件が検証されます．
%do %until(条件) ; 　　SAS ステートメント %end;	条件が偽の間，SAS ステートメントを生成します．初回は条件が検証されません．

以下に各ステートメントの使用例を見ていきましょう．

6.4.1 %do ～ %end ステートメント

%do ～ %end ステートメントは，同じような処理を繰り返して実行したい場合に有効です．以下では，SAS マクロ DO_PRINT の中で，データセット D01 ～ D03 を print プロシジャで出力しています．「DO&I」がそれぞれ D01, D02, D03 に展開されます．

```
data D01 ;
   input AREA $ AIRTEMP @@ ;
```

```
    cards;
東京都 21 大阪府 23 沖縄県 28
;
run ;
data DO2 ;
    input AREA $ HUMIDITY @@ ;
cards;
東京都 41 大阪府 58 沖縄県 84
;
run ;
data DO3 ;
    input AREA $ POP @@ ;
cards;
東京都 20 大阪府 50 沖縄県 90
;
run ;

%macro DO_PRINT ;
   %do I =1 %to 3 %by 1 ;
       proc print data=DO&I ; run ;
   %end ;
%mend DO_PRINT ;

%DO_PRINT ;
```

ログ画面を確認してみましょう．%do ステートメントの開始値，終了値，増分が出力されて，1 から 3 まで繰り返しで実行された後，反復が終了しています．また，「proc print data=DO&I ; run ;」の部分では，&I が 1 ～ 3 に展開されて，それぞれ print プロシジャが繰り返しで実行されていることが確認できます．

```
MLOGIC(DO_PRINT): 実行を開始します。
MLOGIC(DO_PRINT): %DO ループの開始 ; インデックス変数は I; 開始値は 1; 終了値は 3; BY 値は 1.
SYMBOLGEN:   マクロ変数 I を 1 に展開します。
MPRINT(DO_PRINT):    proc print data=DO1 ;
MPRINT(DO_PRINT):    run ;

NOTE: データセット WORK.DO1 から 3 オブザベーションを読み込みました。
NOTE: PROCEDURE PRINT 処理 (合計処理時間):
         処理時間          0.01 秒
         CPU 時間          0.01 秒

MLOGIC(DO_PRINT): %DO ループのインデックス変数 I は現在 2 です;ループは反復されます。
SYMBOLGEN:   マクロ変数 I を 2 に展開します。
MPRINT(DO_PRINT):    proc print data=DO2 ;
MPRINT(DO_PRINT):    run ;

NOTE: データセット WORK.DO2 から 3 オブザベーションを読み込みました。
NOTE: PROCEDURE PRINT 処理 (合計処理時間):
         処理時間          0.00 秒
         CPU 時間          0.00 秒

MLOGIC(DO_PRINT): %DO ループのインデックス変数 I は現在 3 です;ループは反復されます。
SYMBOLGEN:   マクロ変数 I を 3 に展開します。
MPRINT(DO_PRINT):    proc print data=DO3 ;
MPRINT(DO_PRINT):    run ;

NOTE: データセット WORK.DO3 から 3 オブザベーションを読み込みました。
NOTE: PROCEDURE PRINT 処理 (合計処理時間):
         処理時間          0.01 秒
         CPU 時間          0.01 秒

MLOGIC(DO_PRINT): %DO ループのインデックス変数 I は現在 4 です;ループは反復されません。
MLOGIC(DO_PRINT): 実行を終了します。
```

6.4.2 %do %while ステートメント

%do %while ステートメントでは，条件が真である間は処理が実行されて SAS ステートメントを生成します．以下の SAS マクロ DO_WHILE では，%do %while ステートメントの前にマクロ変数 I に 1 を格納して，値が 3 以下の場合は処理を繰り返します．また，print プロシジャの処理の後に %eval(&I + 1) でマクロ変数 I に 1 を足しています．

```
%macro DO_WHILE ;
   %let I = 1 ;
   %do %while(&I <= 3) ;
      proc print data=DO&I ; run ;
      %let I = %eval(&I + 1) ;
   %end ;
%mend DO_WHILE ;

%DO_WHILE ;
```

ログ画面を見てみましょう．%do～%end の例と同じく，print プロシジャによって DO01～DO03 が出力されていることが確認できます．DO3 が出力された後は，I の値が 4 となり，「&I <= 3」の条件が満たされていないため，%do %while ステートメントの処理は実行されずに処理を終了しています．

```
143  %DO_WHILE ;
MLOGIC(DO_WHILE): 実行を開始します。
MLOGIC(DO_WHILE): %LET ( 変数名 は I です )
SYMBOLGEN:  マクロ変数 I を 1 に展開します。
MLOGIC(DO_WHILE): %DO %WHILE(&I <= 3) ループ開始 ; 条件は TRUE.
SYMBOLGEN:  マクロ変数 I を 1 に展開します。
MPRINT(DO_WHILE):   proc print data=DO1 ;
MPRINT(DO_WHILE):   run ;

NOTE: データセット WORK.DO1 から 3 オブザベーションを読み込みました。
NOTE: PROCEDURE PRINT 処理 (合計処理時間):
      処理時間           0.00 秒
      CPU 時間           0.00 秒

MLOGIC(DO_WHILE): %LET ( 変数名 は I です )
SYMBOLGEN:  マクロ変数 I を 1 に展開します。
SYMBOLGEN:  マクロ変数 I を 2 に展開します。
MLOGIC(DO_WHILE): %DO %WHILE(&I <= 3) 条件は TRUE です;ループは反復されます。
SYMBOLGEN:  マクロ変数 I を 2 に展開します。
MPRINT(DO_WHILE):   proc print data=DO2 ;
MPRINT(DO_WHILE):   run ;

NOTE: データセット WORK.DO2 から 3 オブザベーションを読み込みました。
NOTE: PROCEDURE PRINT 処理 (合計処理時間):
      処理時間           0.00 秒
      CPU 時間           0.00 秒

MLOGIC(DO_WHILE): %LET ( 変数名 は I です )
SYMBOLGEN:  マクロ変数 I を 2 に展開します。
SYMBOLGEN:  マクロ変数 I を 3 に展開します。
MLOGIC(DO_WHILE): %DO %WHILE(&I <= 3) 条件は TRUE です;ループは反復されます。
SYMBOLGEN:  マクロ変数 I を 3 に展開します。
MPRINT(DO_WHILE):   proc print data=DO3 ;
MPRINT(DO_WHILE):   run ;

NOTE: データセット WORK.DO3 から 3 オブザベーションを読み込みました。
NOTE: PROCEDURE PRINT 処理 (合計処理時間):
      処理時間           0.00 秒
      CPU 時間           0.00 秒

MLOGIC(DO_WHILE): %LET ( 変数名 は I です )
SYMBOLGEN:  マクロ変数 I を 3 に展開します。
SYMBOLGEN:  マクロ変数 I を 4 に展開します。
MLOGIC(DO_WHILE):  %DO %WHILE() 条件は FALSE です。ループは反復されません。
MLOGIC(DO_WHILE): 実行を終了します。
```

6.4.3 %do %until ステートメント

%do %until ステートメントでは，条件が偽である間は処理が実行されて SAS ステートメントを生成します．以下の SAS マクロ DO_UNTIL では，%do %until ステートメントの前にマクロ変数 I に 1 を格納して，値が 3 を超えるまで処理を繰り返します．また，前述した DO_WHILE マクロと同様，print プロシジャの処理の後に %eval(&I + 1) でマクロ変数 I に 1 を足しています．

```
%macro DO_UNTIL ;
   %let I = 1 ;
   %do %until(&I > 3) ;
      proc print data=DO&I ; run ;
      %let I = %eval(&I + 1) ;
   %end ;
%mend DO_UNTIL ;

%DO_UNTIL ;
```

ログ画面を見てみましょう．これまでの例と同じく，print プロシジャによって DO1 ～ DO3 が出力されていることが確認できます．DO3 が出力された後は，I の値が 4 となり，「&I > 3」の条件が満たされるため，%do %until ステートメントの処理は実行されずに処理を終了しています．

```
152  %DO_UNTIL ;
MLOGIC(DO_UNTIL): 実行を開始します。
MLOGIC(DO_UNTIL): %LET ( 変数名 は I です )
MLOGIC(DO_UNTIL): %DO %UNTIL(&I > 3) ループ開始。
SYMBOLGEN:  マクロ変数 I を 1 に展開します。
MPRINT(DO_UNTIL):   proc print data=DO1 ;
MPRINT(DO_UNTIL):   run ;

NOTE: データセット WORK.DO1 から 3 オブザベーションを読み込みました。
NOTE: PROCEDURE PRINT 処理 (合計処理時間):
      処理時間           0.00 秒
      CPU 時間           0.00 秒

MLOGIC(DO_UNTIL): %LET ( 変数名 は I です )
SYMBOLGEN:  マクロ変数 I を 1 に展開します。
SYMBOLGEN:  マクロ変数 I を 2 に展開します。
MLOGIC(DO_UNTIL): %DO %UNTIL(&I > 3) 条件は FALSE です。ループは反復されます。
SYMBOLGEN:  マクロ変数 I を 2 に展開します。
MPRINT(DO_UNTIL):   proc print data=DO2 ;
MPRINT(DO_UNTIL):   run ;

NOTE: データセット WORK.DO2 から 3 オブザベーションを読み込みました。
NOTE: PROCEDURE PRINT 処理 (合計処理時間):
      処理時間           0.00 秒
      CPU 時間           0.00 秒

MLOGIC(DO_UNTIL): %LET ( 変数名 は I です )
SYMBOLGEN:  マクロ変数 I を 2 に展開します。
SYMBOLGEN:  マクロ変数 I を 3 に展開します。
MLOGIC(DO_UNTIL): %DO %UNTIL(&I > 3) 条件は FALSE です。ループは反復されます。
SYMBOLGEN:  マクロ変数 I を 3 に展開します。
MPRINT(DO_UNTIL):   proc print data=DO3 ;
MPRINT(DO_UNTIL):   run ;

NOTE: データセット WORK.DO3 から 3 オブザベーションを読み込みました。
NOTE: PROCEDURE PRINT 処理 (合計処理時間):
      処理時間           0.00 秒
      CPU 時間           0.00 秒

MLOGIC(DO_UNTIL): %LET ( 変数名 は I です )
SYMBOLGEN:  マクロ変数 I を 3 に展開します。
SYMBOLGEN:  マクロ変数 I を 4 に展開します。
MLOGIC(DO_UNTIL): %DO %UNTIL() 条件は TRUE です;ループは反復されません。
MLOGIC(DO_UNTIL): 実行を終了します。
```

6.5 引用符とマクロ変数

ここでは，引用符とマクロ変数の関係について紹介します．これまで本書では，単引用符「'」と二重引用符「"」については区別しないで使用してきました．マクロ変数や，後ほど紹介するマクロ関数を使用しない場合は，2つの引用符に違いはないのですが，それらを引用符の中で使用する場合は以下のように処理が異なります．

引用符の種類	機能
単引用符	マクロ変数やマクロ関数を記述しても，ただの文字列として処理されます．例えば，'&A' や '%eval(&A + &B)' は，値が展開されずにそれぞれただの文字列として処理されます．
二重引用符	マクロ変数やマクロ関数を記述した場合，それらの処理が実行された後の値が使用されます．例えば，&A に「1」という文字列が格納されている場合は，"&A" や "%eval(3*&A)" は，実行時にそれぞれ "1" と "3" に展開されます．

6.5.1 引用符とマクロ変数の使用

単引用符と二重引用符を使用して，DATA ステップと title ステートメントで文字変数に値を格納してみましょう．以下では，マクロ変数 A に「Variable」という文字列を格納します．

- DATA ステップでは，変数 X1 は単引用符，変数 X2 は二重引用符を使用してマクロ変数 A が含まれる文字列をそれぞれ格納します．
- title1 ステートメントでは単引用符，title2 ステートメントでは二重引用符を使用して同様の文字列をそれぞれ格納します．
- print プロシジャでデータセット QUOTE をタイトルとともに出力します．

```
%let A = Variable ;
data QUOTE ;
    X1='単引用符: &A' ;
    X2="二重引用符: &A" ;
run ;

title1 '単引用符: &A' ;
title2 "二重引用符: &A" ;
proc print data=QUOTE ; run ;
```

結果を次に示します．タイトルと変数の値が引用符の種類によって異なることが確認できます．単引用符の場合にはマクロ変数 A は展開されず，二重引用符の場合には展開されています．

```
          単引用符: &A
        二重引用符: Variable
OBS        X1              X2
 1      単引用符: &A    二重引用符: Variable
```

6.6 マクロ関数

DATA ステップ同様，SAS では様々なマクロ関数が使用できます．関数の数は多いため，ここでは主な関数とその使用例を紹介します．なお，%quote 関数などによるマスキングの機能については 6.6.3 節で紹介します．

6.6.1 マクロ関数の種類

以下に主なマクロ関数を示します．主なマクロ関数の使用例については 6.6.2 節以降で紹介します．

関数	機能
%bquote	マクロ実行時に，展開されたマクロ変数をマスクします．
%eval	引数を数値として扱って計算します（小数点を含む場合は %sysevalf を使用）．
%index	指定された文字列が出現する場所を返します．
%length	文字列の長さを返します．
%nrbquote	マクロ実行時に，展開されたマクロ変数をマスクします．%bquote との違いは，% と & もマスクする点です．
%nrquote	マクロ実行時に，展開されたマクロ変数をマスクします．%quote との違いは，% と & もマスクする点です．
%nrstr	コンパイル時に文字列をマスクします．%str との違いは，% と & もマスクする点です．
%qscan	区切り文字で区切られた文字列から指定した場所の文字列を抽出します．また，得られた文字列をマスクします．マスクする文字列は %nrbquote と同じです．
%qsubstr	文字列から指定した場所の文字列を抽出します．また，得られた文字列をマスクします．マスクする文字列は %nrbquote と同じです．
%qsysfunc	SAS 関数を呼び出して使用することができます．また，得られた結果をマスクします．
%quote	マクロ実行時に，展開されたマクロ変数をマスクします．一致しない括弧は % を手前に記述することでマスクできます．
%qupcase	引数の文字列を大文字に変換します．得られた文字列をマスクします．
%scan	区切り文字で区切られた文字列から指定した場所の文字列を抽出します．得られた文字列はマスクされません（マスクする場合は %qscan を使用）．
%str	コンパイル時に文字列をマスクします．一致しない括弧や引用符については，% を手前に記述することでマスクできます．

関数	機能
%substr	文字列から指定した場所の文字列を抽出します．得られた文字列をマスクする場合は %substr を使用します．
%superq	引数のマクロ変数は展開するが，展開した値からさらに展開しません．%nrbquote は最後まで展開した後にマスクします．
%symexist	引数に指定したマクロ変数が存在すれば1，存在しなければ0を返します．
%symglobl	引数に指定したマクロ変数がグローバルマクロ変数であれば1，それ以外の場合は0を返します．
%symlocal	引数に指定したマクロ変数がローカルマクロ変数であれば1，それ以外の場合は0を返します．
%sysevalf	小数点以下を含む引数を数値として扱って計算します．
%sysfunc	SAS関数を呼び出して使用することができます．結果をマスクする場合は %qsysfunc を使用します．
%sysget	使用しているオペレーティングシステムの環境変数を返します．
%unquote	SAS マクロ実行時にマスキングを解除します．
%upcase	引数の文字列を大文字に変換します．得られた文字列をマスクする場合は %qupcase を使用します．

6.6.2 マクロ変数の値の計算（%eval と %sysevalf）

%eval については，マクロ変数の値を数値として計算できることを説明しましたが，小数点以下の計算を行うことはできません．しかし，%sysevalf を使用すれば，小数点以下の計算も行うことができます．以下では，小数点以下を持つマクロ変数の値を計算して新たなマクロ変数に格納しています．

```
%let A = 4.3 ;
%let B = 3 ;
%let C = %sysevalf(&A*&B) ;
%put *** &A * &B = &C *** ;
```

ログ画面で結果を確認します．マクロ変数Cには4.3*3の結果である12.9が格納されています．

```
179  %let A = 4.3 ;
180  %let B = 3 ;
181  %let C = %sysevalf(&A*&B) ;
182  %put *** &A * &B = &C *** ;
*** 4.3 * 3 = 12.9 ***
```

6.6.3 マクロ関数によるマスキング

マスキングとは，SAS で使用される特殊な文字列や演算子について，プログラム上意味をもたない文字列として扱う機能です．代表的な関数に，%str や %quote がありますが，マスクするタイミ

ングがコンパイル時か実行時かによって大きく2種類に分類されます．

コンパイル時のマスキング（%str，%nrstr）

%str と %nrstr を使用して，コンパイル時に値をマスクすることができます．それぞれマスクされる文字列を以下に示します．

関数	マスクされる文字列
%str	+ - * / < > = ¬ ^ ~ ; , # blank AND OR NOT EQ NE LE LT GE GT IN 事前に % を記述することで，" ' ( ) についてもマスクすることができます．
%nrstr	%str がマスクする文字列に加えて，%，& もマスクします．

以下に使用例を紹介します．

- %str で「proc print data=STR ; run ;」という文字列をマスクしています．%str を使用しなければ，%let ステートメントの終了のセミコロンとして認識され，正しく値が格納されません．
- %nrstr で「A&B」という文字列をマスクしています．%nrstr を使用しなければ，「&B」の部分がマクロ変数として認識され，WARNING メッセージが出力されてしまいます．

```
%let PRINT = %str(proc print data=STR ; run ;) ;
%let LABEL = %nrstr(A&B) ;
%put *** &PRINT *** ;
%put *** &LABEL *** ;
```

結果を次に示します．セミコロンや & が文字列に含まれていても，プログラム上意味を持たない文字列として値がマクロ変数 PRINT と LABEL にそれぞれ格納されていることが確認できます．

```
183  %let PRINT = %str(proc print data=STR ; run ;) ;
184  %let LABEL = %nrstr(A&B) ;
185  %put *** &PRINT *** ;
*** proc print data=STR ; run ; ***
186  %put *** &LABEL *** ;
*** A&B ***
```

仮に，%str や %nrstr を使用しないで実行すると，以下のように，マクロ変数 PRINT には値が正しく格納されず，マクロ変数 LABEL を格納する際はマクロ変数 B が展開されていない WARNING メッセージが出力されます．

```
1    %let PRINT = proc print data=STR ; run ; ;
2    %let LABEL = A&B ;
WARNING: 記号参照 B を展開していません。
3    %put *** &PRINT *** ;
*** proc print data=STR ***
4    %put *** &LABEL *** ;
WARNING: 記号参照 B を展開していません。
*** A&B ***
```

展開した値のマスキング（%quote，%nrquote，%bquote，%nrbquote）

%quote や %nrquote を使用して，SAS マクロ実行時に値をマスクすることができます．引数の中に SAS マクロやマクロ変数が含まれている場合は，コンパイル時に展開されて，実行時に展開された文字列がマスクされます．それぞれの関数について，マスクする文字を以下に示します．

関数	マスクされる文字列
%quote %bquote	+ - * / < > = ¬ ^ ~ ; ,　# blank AND OR NOT EQ NE LE LT GE GT IN %quote は，一致する括弧や引用符をマスクすることができます．さらに，% を記述して一致しない引用符をマスクすることができます．%bquote は，一致しない括弧や引用符についてもマスクすることができます．
%nrquote %nrbquote	それぞれ %quote，%bquote がマスクする文字列に加えて，%，& もマスクします．

以下に %quote と %bquote の使用例を紹介します．

- マクロ変数 A，B にそれぞれ「apple」と「car」を格納します．
- マクロ変数 X1 について，%quote を使用して，マクロ変数 A を含む文字列を格納します．
- マクロ変数 X1 について，%bquote を使用して，一致しない単引用符とマクロ変数 B を含む文字列を格納します．

```
%let A = apple ;
%let B = car ;

%let X1 = %quote(This is an &A..) ;
%let X2 = %bquote(It's a &B..) ;

%put &X1 ;
%put &X2 ;
```

結果を次に示します．コンパイル時にマクロ変数 A と B が展開され，マクロ変数 X1 と X2 に正しく文字列が格納されていることが確認できます．

```
5      %let A = apple ;
6      %let B = car ;
7
8      %let X1 = %quote(This is an &A..) ;
9      %let X2 = %bquote(It's a &B..) ;
10
11     %put &X1 ;
This is an apple.
12     %put &X2 ;
It's a car.
```

6.6.4 SAS 関数の使用（%sysfunc）

%sysfunc を使用して，DATA ステップで使用する SAS 関数などを，SAS マクロの中やマクロ変数の処理において呼び出すことができます．

文字列に関する SAS 関数の使用

文字列について，%sysfunc と %qsysfunc の中で SAS 関数を使用します．

- マクロ変数 CHAR1 では，%sysfunc の中で catx 関数を使用して，文字列「A」と「B」を「=」で結合した値を格納します．マクロ変数に格納する文字列については，データセット内の文字変数のように，それぞれ引用符を記述する必要はありません．例えば，データセット内の文字変数に値を格納する際は，「catx("=","A","B")」と記述する必要があります．
- マクロ変数 CHAR2 では，%sysfunc で compress 関数を使用して「&」と AAA を結合して，「&AAA」を格納していますが，%sysfunc では，作成された「&AAA」がマスクされず，WARNING メッセージが出力されてしまいます．一方，マクロ変数 CHAR3 では，%qsysfunc を使用して「&」をマスクしているため，WARNING メッセージは出力されません．

```
%let CHAR1 = %sysfunc(catx(=,A,B)) ;
%let CHAR2 = %sysfunc(compress(&))AAA ;
%let CHAR3 = %qsysfunc(compress(&))AAA ;

%put *** &CHAR1 *** ;
%put *** &CHAR2 *** ;
%put *** &CHAR3 *** ;
```

結果を次に示します．マクロ変数 CHAR1 には「A=B」という文字列が格納されています．また，マクロ変数 CHAR2 と CHAR3 はともに「&AAA」という文字列が格納されていますが，上述したように，CHAR2 については「&」がマスクされていないため，WARNING メッセージが出力されます．

```
13    %let CHAR1 = %sysfunc(catx(=,A,B)) ;
14    %let CHAR2 = %sysfunc(compress(&))AAA ;
WARNING: 記号参照 AAA を展開していません。
15    %let CHAR3 = %qsysfunc(compress(&))AAA ;
16
17    %put *** &CHAR1 *** ;
*** A=B ***
18    %put *** &CHAR2 *** ;
WARNING: 記号参照 AAA を展開していません。
*** &AAA ***
19    %put *** &CHAR3 *** ;
*** &AAA ***
```

数値に関する SAS 関数の使用

以下では数値の計算に使用する関数を %sysfunc の中で実行しています．

- マクロ変数 NUM1 には，%sysfunc の中で int 関数を使用して，「1.2」の整数部分である「1」を格

納します．

- マクロ変数 NUM2 には，%sysfunc の中で mean 関数と std 関数を使用して「1,5,7」の平均値＋標準偏差を格納しています．
- マクロ変数 NUM3 には，%sysfunc の中で round 関数を使用して，マクロ変数 NUM2 の値について小数点以下 3 桁目を四捨五入した値を格納しています．

```
%let NUM1 = %sysfunc(int(1.2)) ;
%let NUM2 = %sysevalf(%sysfunc(mean(1,5,7))+%sysfunc(std(1,5,7))) ;
%let NUM3 = %sysfunc(round(&NUM2,.01)) ;

%put *** &NUM1 *** ;
%put *** &NUM2 *** ;
%put *** &NUM3 *** ;
```

結果を次に示します．マクロ変数 NUM1，NUM2，NUM3 にそれぞれ計算結果が格納されていることが確認できます．

```
20    %let NUM1 = %sysfunc(int(1.2)) ;
21    %let NUM2 = %sysevalf(%sysfunc(mean(1,5,7))+%sysfunc(std(1,5,7))) ;
22    %let NUM3 = %sysfunc(round(&NUM2,.01)) ;
23
24    %put *** &NUM1 *** ;
*** 1 ***
25    %put *** &NUM2 *** ;
*** 7.38838379663722 ***
26    %put *** &NUM3 *** ;
*** 7.39 ***
```

6.7 複数のアンパサンド

これまでは，マクロ変数については，アンパサンド（&）を 1 つだけしか使用していませんでしたが，複数のアンパサンドを使用することで，より複雑なマクロ変数の呼び出しや利用をコントロールすることができます．

6.7.1 複数のアンパサンドの処理

それでは，「&」が複数使用された場合の SAS マクロの処理の流れを見ていきましょう．

- アンパサンドが 2 個続いて記述されている場合，1 つのアンパサンドにまとめられた上で読み飛ばされて，後に続く文字列に処理が移行します．文字列の終わりまで処理が進んだ後，再び先頭から処理が実行されて，次は 1 つのアンパサンドとして処理されます．

例えば，「&&A」と記述された場合は以下のように処理が進んでいきます．この場合は「&A」と記述した場合と同じ結果になります．

では，マクロ変数 B に「TEST」，マクロ変数 ATEST に「RESULTS」という文字列がそれぞれ格納されていて，「&&A&B」と記述された場合の処理の流れを見ていきましょう．

- 「&&A&B」の「&&」が「&」となり，まとめられた「&」は読み飛ばされて「A」以降に処理が移ります．すなわち「&A&B」のうち，「A&B」が先に処理されます．
- 続いて，「&B」が「TEST」に展開されて，「&ATEST」という文字列が生成されます．最後に，マクロ変数 ATEST が，「RESULTS」という文字列に展開されます．

6.7.2 繰り返し処理での複数のアンパサンドの使用

複数のアンパサンドは，SAS マクロ内で繰り返しの処理を行う場合に有効です．例えば，データセット名が連番で，全データセットについて，means プロシジャで要約統計量を算出する場合，全てのデータセットについて同様の SAS ステートメントを記述することなく，複数のアンパサンドを使用して，効率的に SAS プログラムを作成することができます．

繰り返し処理による要約統計量の算出

以下では，複数のアンパサンドを使用して，異なるデータセットの変数について，means プロシジャで要約統計量を算出しています．

- 変数 WGT，ABD，LDL をそれぞれ格納したデータセット DT1，DT2，DT3 を作成します．
- SAS マクロ NMEANS を定義します．引数は，マクロ変数 DATA1, DATA2, DATA3, VAR1, VAR2, VAR3 としています．%do ～ %end ステートメントで，I が 1～3 について，MEANS プロシジャを繰り返して実行します．
- アンパサンドを複数使用して，「&&DATA&I」，「&&VAR&I」でそれぞれデータセット名と変数名を展開します．ここでは，I=1 のとき，「&&DATA&I」はまずアンパサンド 2 個が 1 個にまとめられて読み飛ばされて「&DATA&I」となり，先に「&I」が「1」に展開されて「&DATA1」となり，最終的にマクロ変数 DATA1 が展開されます．I=2 や I=3 の場合も同様にそれぞれマクロ変数 DATA2 と DATA3 が展開されます．「&&VAR&I」についても同様にマクロ変数 VAR1，VAR2，VAR3 が最終的にそれぞれ展開されます．

```
data DT1 ;
   input WGT @@ ;
cards;
80 85 74 67 72 58 66 63 51 45
;
run ;

data DT2 ;
   input ABD @@ ;
cards;
88 95 87 78 81 77 90 102 99 70
;
run ;

data DT3 ;
   input LDL @@ ;
cards;
150 127 110 141 102 99 135 120 85 89
;
run ;

%macro NMEANS(DATA1=,DATA2=,DATA3=,VAR1=,VAR2=,VAR3=) ;
   %do I = 1 %to 3 ;
      proc means data=&&DATA&I n mean stddev min median max maxdec=2 ;
         var &&VAR&I ;
      run ;
   %end ;
%mend NMEANS ;

%NMEANS(DATA1=DT1,DATA2=DT2,DATA3=DT3,VAR1=WGT,VAR2=ABD,VAR3=LDL) ;
```

アウトプット画面の結果を次に示します（データセット DT1 の WGT のみ表示しています）．変数 WGT について，要約統計量が算出されています．

		MEANS プロシジャ			
		分析変数：WGT			
N	平均	標準偏差	最小値	中央値	最大値
10	66.10	12.46	45.00	66.50	85.00

続いて，ログ画面を確認しましょう．ここでは I=1 の場合のログを表示しています．「&&」の処理の流れは symbolgen オプションで確認できます．

```
MLOGIC(NMEANS): %DO ループの開始；インデックス変数は I；開始値は 1；終了値は 3；BY 値は 1．
SYMBOLGEN: && は & に展開されます．
SYMBOLGEN:    マクロ変数 I を 1 に展開します．
SYMBOLGEN:    マクロ変数 DATA1 を DT1 に展開します．
SYMBOLGEN: && は & に展開されます．
SYMBOLGEN:    マクロ変数 I を 1 に展開します．
SYMBOLGEN:    マクロ変数 VAR1 を WGT に展開します．
```

アンパサンドの数が3個や4個になっても，2個のアンパサンドが1個にまとめられて読み飛ばされるという処理の流れは同じなので，状況に応じて複数のアンパサンドを効果的に利用しましょう．

6.8 統計解析マクロ

これまでは，SASマクロに関する基本的な文法や使用方法を紹介してきましたが，本節からは，統計解析の実行やレポートの作成といった，SASマクロの実用的な使用方法を紹介していきます．なお，本節で紹介する統計手法や統計プロシジャについては，第3章で詳細を解説しているので，そちらも参考にしながら読み進めると，SASマクロを使用しない場合の処理の流れとの比較もできるので，効率的なSASマクロの作成方法についてもより理解が深まります．また，簡単な指定で処理を実行できるプログラムについても，SASマクロの動きを確認するために敢えてSASマクロ化している部分も多々ありますので，実際にSASマクロを作成する際には，適宜有用な部分を参考にしてください．

6.8.1 2標本t検定を行うSASマクロ

ここでは，データセット名，分析変数，投与群を引数とする2標本t検定を実行するSASマクロを作成します．

- データセットWGTDTを作成します．
- SASマクロTWOSAMP_Tを定義します．引数となるマクロ変数には，データセット名が展開されるDATA，分析変数が展開されるVAR，投与群変数が展開されるGRPをそれぞれ定義します．
- ttestプロシジャを記述します．「data=データセット名」，「class 分類変数」，「var 分析変数」をそれぞれマクロ変数で記述しておきます．

```
proc format ;
   value TRTF 1 = "薬剤A" 2 = "薬剤B" ;
run ;

data WGTDT ;
   do TREAT = 1 to 2 ;
      do I = 1 to 10 ;
         input WGT @@ ;
         output ;
      end ;
   end ;
   format TREAT TRTF. ;
```

```
cards;
80 85 74 67 72 58 66 63 51 45
75 90 70 63 88 89 56 90 83 63
;
run ;

%macro TWOSAMP_T(DATA=,VAR=,GRP=) ;
   proc ttest data=&DATA ;
      class &GRP ;
      var &VAR ;
   run ;
%mend TWOSAMP_T ;

%TWOSAMP_T(DATA=WGTDT,VAR=WGT,GRP=TREAT) ;
```

結果を次に示します（一部抜粋）．分析変数 WGT について 2 標本 t 検定が実行されていることが確認できます．このように，定型的な統計解析処理を SAS マクロとして登録しておけば，他のデータセットや変数を使用する場合においても，引数を与えるだけで，SAS マクロ実行ステートメントのみの記述で処理を行うことができるため，SAS プログラムの短縮や，何度もステートメントを記述することによるケアレスミスの防止にもつながります．

```
                                   平均の                     標準偏差の
TREAT      手法         平均       95% 信頼限界    標準偏差    95% 信頼限界
薬剤A                   66.1000    57.1878 75.0122  12.4584    8.5693 22.7441
薬剤B                   76.7000    67.3909 86.0091  13.0132    8.9510 23.7571
Diff (1-2) Pooled      -10.6000   -22.5689  1.3689  12.7388    9.6256 18.8385
Diff (1-2) Satterthwaite -10.6000 -22.5705  1.3705

           手法          分散       自由度    t 値    Pr > |t|
           Pooled        Equal         18    -1.86    0.0792
           Satterthwaite Unequal   17.966    -1.86    0.0792
```

6.8.2 分割表（2 × 2 分割表）の解析を行う SAS マクロ

第 3 章で紹介したように，「性別」や「改善の有無」など，2 値データについては，主に 2 × 2 分割表の解析を freq プロシジャで行いますが，得られるデータや状況によって選択する解析手法が異なりますので，必要に応じて適切な解析方法を指定して実行することができる SAS マクロを作成します．ここでは，次に示すマクロ変数を引数とする SAS マクロ FREQ_BIN を定義します．

マクロ変数	説明
DATA	使用するデータセット名．
GRP	薬剤群の変数．
VAL	分析変数（改善の有無など）．
W	WEIGHT 変数を指定（なければ WEIGHT オプションなし）．
RD	yes: リスク差を出力，no: 出力せず．

マクロ変数	説明
RR_OR	yes: リスク比・オッズ比を出力，no: 出力せず．
CHI	yes: χ^2検定を実行，no: 実行せず．

%ifステートメントの条件分岐の概要を次に示します．

- 「%if &W ne %str() %then weight &W ;;」では，マクロ変数Wに何か文字列が格納されている場合，「weight &W」を生成します．「%str()」は，空の文字列を意味しています．また，1個目のセミコロンは，%ifステートメントの終了，2個目のセミコロンは，weightステートメントの終了をそれぞれ意味しています．
- マクロ変数RD, RR_OR, CHIについては，それぞれyesが格納されている場合，freqプロシジャのオプションであるriskdiff, relrisk, chisqが生成されます．最後のセミコロンは，weightステートメントの場合と同様に，tableステートメントの終了を意味しています．上記3個のマクロ変数が全てnoの場合は，オプションが実行されず，分割表の度数とパーセントのみが出力されます．

```
proc format ;
   value HEALF 1 = "治癒" 2 = "未治癒" ;
run ;

data TESTDT ;
   input TREAT HEAL NN @@ ;
   format TREAT TRTF. HEAL HEALF. ;
cards;
1 1 35 1 2 20 2 1 28 2 2 26
;
run ;

%macro FREQ_BIN(DATA=,GRP=,VAL=,W=,RD=,RR_OR=,CHI=) ;
   proc freq data=&DATA ;
      %if &W ne %str() %then weight &W ;;
      table &GRP*&VAL / %if &RD    = yes %then riskdiff ;
                       %if &RR_OR = yes %then relrisk  ;
                       %if &CHI   = yes %then chisq    ;;
   run ;
%mend FREQ_BIN ;

%FREQ_BIN(DATA=TESTDT,GRP=TREAT,VAL=HEAL,W=NN,RD=yes,RR_OR=yes,CHI=yes) ;
```

結果を次に示します（一部抜粋）．リスク差，リスク比，オッズ比，χ^2検定の結果が全て出力されています．

分割表

```
        FREQ プロシジャ
       表：TREAT * HEAL

TREAT         HEAL
度数
パーセント
行のパーセント
列のパーセント │治癒    │未治癒  │  合計
薬剤A      │    35 │    20 │    55
           │ 32.11 │ 18.35 │ 50.46
           │ 63.64 │ 36.36 │
           │ 55.56 │ 43.48 │
薬剤B      │    28 │    26 │    54
           │ 25.69 │ 23.85 │ 49.54
           │ 51.85 │ 48.15 │
           │ 44.44 │ 56.52 │
合計            63      46     109
             57.80   42.20  100.00
```

χ^2検定の結果（cihsqオプション）

```
          TREAT * HEAL の統計量

統計量                       自由度    値       p 値
-----------------------------------------------------
カイ 2 乗値                     1    1.5513    0.2129
尤度比カイ 2 乗値               1    1.5551    0.2124
連続性補正カイ 2 乗値           1    1.1058    0.2930
Mantel-Haenszel のカイ 2 乗値   1    1.5371    0.2150
ファイ係数                              0.1193
一致係数                                0.1185
Cramer の V 統計量                      0.1193
```

リスク差の結果（riskdiffオプション）

```
              列 1 リスクの推定値
                                (漸近) 95%         (直接確率) 95%
         リスク    漸近標準誤差    信頼区間           信頼限界
行 1     0.6364    0.0649    0.5092   0.7635    0.4956   0.7619
行 2     0.5185    0.0680    0.3853   0.6518    0.3784   0.6566
合計     0.5780    0.0473    0.4853   0.6707    0.4796   0.6720

差       0.1178    0.0940   -0.0663   0.3020

                  行 1 - 行 2 の差
```

リスク比とオッズ比の結果（relriskオプション）

```
         相対リスクの推定値 ( 行 1 / 行 2 )
研究の種類                        値       95% 信頼限界
ケースコントロール研究 ( オッズ比 )  1.6250   0.7554   3.4956
コーホート研究 ( 列 1 の相対リスク ) 1.2273   0.8863   1.6995
コーホート研究 ( 列 2 の相対リスク ) 0.7552   0.4835   1.1796
                 標本サイズ = 109
```

続いて，ログ画面で実行されたプログラムを確認しましょう（mprintオプションで一部抜粋）．各マクロ変数の値が展開され，条件によってオプションが記述されてfreqプロシジャが実行されていることが確認できます．

```
116   %FREQ_BIN(DATA=TESTDT,GRP=TREAT,VAL=HEAL,W=NN,RD=yes,RR_OR=yes,CHI=yes) ;
MPRINT(FREQ_BIN):   proc freq data=TESTDT ;
MPRINT(FREQ_BIN):   weight NN;
MPRINT(FREQ_BIN):   table TREAT*HEAL / riskdiff relrisk chisq;
MPRINT(FREQ_BIN):   run ;
```

ちなみに，リスク差のみを出力したい場合は，次のように記述します．

```
%FREQ_BIN(DATA=TESTDT,GRP=TREAT,VAL=HEAL,W=NN,RD=yes,RR_OR=no,CHI=no) ;
```

6.8.3 回帰分析を行う SAS マクロ

reg プロシジャを使用して，回帰分析を行う SAS マクロを作成します．回帰分析は，第 3 章で紹介したように，目的変数を複数の説明変数によって推定する手法ですが，model ステートメントに目的変数 = 説明変数 1, 2…… と指定します．以下に回帰分析を行う SAS マクロ REG_M のマクロ変数と処理の概要を示します．

マクロ変数	説明
DATA	使用するデータセット名．
Y	目的変数．
X	説明変数（複数の場合はスペース区切り）．
INT	no の場合，noint オプションを記述する（初期値は yes）．

ここでは，体重（WGT），身長（HGT）の変数を持つデータセット WGTHGT を使用して，目的変数に WGT，説明変数に HGT を指定して回帰分析を実行します．

```
data WGTHGT ;
   do I = 1 to 10 ;
      input WGT HGT @@ ;
      output ;
   end ;
cards;
80 175 85 178 74 169 67 168 72 173 58 160 66 170 63 161 51 157 45 155
;
run ;

%macro REG_M(DATA=,Y=,X=,INT=yes) ;
   proc reg data=&DATA ;
      model &Y = &X %if &INT ne yes %then / noint ;;
   run ; quit ;
%mend REG_M ;

%REG_M(DATA=WGTHGT,Y=WGT,X=HGT) ;
```

結果を次に示します（一部抜粋）．マクロ変数 INT には初期値として yes が指定されているため，実行時に値を与えていません．

		パラメータ推定値			
変数	自由度	パラメータ推定値	標準誤差	t 値	Pr > |t|
Intercept	1	-185.81437	26.19649	-7.09	0.0001
HGT	1	1.51209	0.15708	9.63	<.0001

ログ画面には，mprint オプションで実行されたステートメントが出力されています．

```
133   %REG_M(DATA=WGTHGT,Y=WGT,X=HGT) ;
MPRINT(REG_M):    proc reg data=WGTHGT ;
MPRINT(REG_M):    model WGT = HGT;
MPRINT(REG_M):    run ;

MPRINT(REG_M):    quit ;
```

また，以下のように，マクロ変数 INT を no として実行してみましょう．

```
%REG_M(DATA=WGTHGT,Y=WGT,X=HGT,INT=no) ;
```

結果を次に示します．ログ画面を確認すると，noint オプションが実行されていることが確認できます．

アウトプット画面

		パラメータ推定値			
変数	自由度	パラメータ推定値	標準誤差	t 値	Pr > |t|
HGT	1	0.39901	0.01798	22.19	<.0001

ログ画面

```
114   %REG_M(DATA=WGTHGT,Y=WGT,X=HGT,INT=no) ;
MPRINT(REG_M):    proc reg data=WGTHGT ;
MPRINT(REG_M):    model WGT = HGT / noint;
MPRINT(REG_M):    run ;

MPRINT(REG_M):    quit ;
```

6.8.4 分散分析を行う SAS マクロ

glm プロシジャを使用して分散分析を行う SAS マクロ GLM_M を作成します．なお，分散分析の内容については，第 3 章を参照してください．

マクロ変数	説明
DATA	使用するデータセット名．
GRP	薬剤群の変数．
Y	目的変数．
X	薬剤群以外で要因となる変数（複数の場合はスペース区切り）．
MEANS	yes の場合，目的変数について，薬剤群ごとに要約統計量を算出します．
CONT	対比検定を行う場合の対比係数を指定します．指定されなかった場合，対比検定は実行されません．また，コンパイル時に「%if &CONT ～」の部分でエラーが起こらないように，実行時には引数の部分に %str を使用して「-1 1 0」の数値をただの文字列として扱うためにマスクしておきます．

ここでは，SAS マクロ GLM_M を実行して，薬剤群が 3 群で，収縮期血圧について，治療開始から終了までの変化量のデータ（SBP_CHG）を比較します．

```
proc format ;
   value TRT2F 1 = "薬剤A" 2 = "薬剤B" 3 = "薬剤C" ;
run ;

data BP ;
   do TREAT = 1 to 3 ;
      do I = 1 to 10 ;
         input SBP_CHG @@ ;
         output ;
      end ;
   end ;
   format TREAT TRT2F. ;
cards;
 -5  -6  -8  -6   0   4  -2   6  -2   3
-15 -20 -15 -12 -21 -13 -14   3 -11  -9
 -7   9  11 -18   3 -12  -3  -9  -8   1
;
run ;

%macro GLM_M(DATA=,GRP=,Y=,X=,MEANS=,CONT=) ;
   %if &MEANS = yes %then %do ;
      proc means data=&DATA ;
         class &GRP ;
         var &Y ;
      run ;
   %end ;

   proc glm data=&DATA ;
      class &GRP &X ;
      model &Y = &GRP &X / ss3 ;
      %if &CONT ne %str() %then contrast "Contrast" &GRP &CONT / e ;;
   run ; quit ;
%mend GLM_M ;

%GLM_M(DATA=BP,GRP=TREAT,Y=SBP_CHG,X=,MEANS=yes,CONT=%str(-1 1 0)) ;
```

結果を次に示します（一部抜粋）．means プロシジャが実行されて薬剤群ごとの要約統計量が算出され，分散分析と対比検定が実行されていることが確認できます．

meansプロシジャの結果

	MEANS プロシジャ					
	分析変数 : SBP_CHG					
TREAT	オブザベーション数	N	平均	標準偏差	最小値	最大値
薬剤A	10	10	-1.6000000	4.7656176	-8.0000000	6.0000000
薬剤B	10	10	-12.7000000	6.6508145	-21.0000000	3.0000000
薬剤C	10	10	-3.3000000	9.2742175	-18.0000000	11.0000000

分散分析と対比検定の結果

GLM プロシジャ					
従属変数 : SBP_CHG					
要因	自由度	平方和	平均平方	F 値	Pr > F
Model	2	714.866667	357.433333	7.01	0.0035
Error	27	1376.600000	50.985185		
Corrected Total	29	2091.466667			

R2 乗	変動係数	Root MSE	SBP_CHG の平均
0.341802	-121.7112	7.140391	-5.866667

要因	自由度	Type III 平方和	平均平方	F 値	Pr > F
TREAT	2	714.8666667	357.4333333	7.01	0.0035

対比	自由度	対比平方和	平均平方	F 値	Pr > F
Contrast	1	616.0500000	616.0500000	12.08	0.0017

ログ画面（mprintとmlogic抜粋）

```
MLOGIC(GLM_M): %IF 条件 &MEANS = yes は TRUE です.
MPRINT(GLM_M):   proc means data=BP ;
MPRINT(GLM_M):   class TREAT ;
MPRINT(GLM_M):   var SBP_CHG ;
MPRINT(GLM_M):   run ;
```

```
MPRINT(GLM_M):   proc glm data=BP ;
MPRINT(GLM_M):   class TREAT ;
MPRINT(GLM_M):   model SBP_CHG = TREAT / ss3 ;
MLOGIC(GLM_M): %IF 条件 &CONT ne   は TRUE です.
MPRINT(GLM_M):   contrast "Contrast" TREAT -1 1 0 / e;
MPRINT(GLM_M):   run ;
MPRINT(GLM_M):   quit ;
```

6.8.5　生存時間解析を行う SAS マクロ

lifetest プロシジャを使用して，生存時間解析を行う SAS マクロ LIFETEST_M を作成します．引数となるマクロ変数や処理の概要を次に示します．なお，テストデータ LIFE_EV は，薬剤群，薬剤を服用して副作用が発生するまでの日数と，副作用の発生か打ち切りかを表すフラグを格納しています．

マクロ変数	説明
DATA	使用するデータセット名
STRATA	層の変数（通常は薬剤群などを指定します）

6.8 統計解析マクロ

マクロ変数	説明
TIME	期間を格納している変数
CENSOR	イベントか打ち切りのフラグ変数
CENVAL	打ち切りの値

lifetestプロシジャを使用して，積極限法による生存率の推定値，イベント・打ち切りの要約，検定結果を出力します．

```
proc format ;
   value TRTF 1 = "薬剤1" 2 = "薬剤2" ;
run ;

data LIFE_EV ;
   do TREAT = 1 to 2 ;
      input DAYS CEN @@ ;
      output ;
   end ;
   format TREAT TRTF. ;
cards;
85 1 112 1  38 1 55 0 148 1 188 1 140 0 123 1
88 1 96  0 112 1 87 1  76 1 156 1  78 0 198 1
;
run ;

%macro LIFETEST_M(DATA=,TIME=,CENSOR=,CENVAL=,STRATA=) ;
   proc lifetest data=&DATA ;
      time &TIME*&CENSOR(&CENVAL) ;
      strata &STRATA ;
   run ;
%mend LIFETEST_M ;

%LIFETEST_M(DATA=LIFE_EV,TIME=DAYS,CENSOR=CEN,CENVAL=0,STRATA=TREAT) ;
```

結果を次に示します．

積極限法による生存率の推定（一部抜粋）

```
                   層 1: TREAT = 薬剤1
                   積極限法による生存推定
     DAYS      生存率      死亡率   生存率の標準誤差   死亡数   生存数
    0.000     1.0000          0            0            0       8
   38.000     0.8750     0.1250       0.1169            1       7
   76.000     0.7500     0.2500       0.1531            2       6
   78.000*         .          .            .            2       5
   85.000     0.6000     0.4000       0.1817            3       4
   88.000     0.4500     0.5500       0.1882            4       3
  112.000     0.3000     0.7000       0.1754            5       2
  140.000*         .          .            .            5       1
  148.000          0     1.0000            .            6       0
           NOTE: マークが付いた生存時間は打ち切りデータです．
```

イベント・打ち切りの要約

```
          打ち切りと非打ち切り値の数の要約
                                      パーセント
層    TREAT      全体    死亡   打ち切り   打ち切り
1     薬剤1        8      6       2       25.00
2     薬剤2        8      6       2       25.00
Total            16     12       4       25.00
```

検定結果（一部抜粋）

```
          層に対しての同等性の検定
                                  Pr >
検定       カイ2乗    自由度    Chi-Square
ログランク   3.0514       1       0.0807
Wilcoxon    3.0797       1       0.0793
-2Log(LR)   0.2391       1       0.6249
```

6.8.6　Cox 回帰分析を行う SAS マクロ

phreg プロシジャを使用して，Cox 回帰分析を行う SAS マクロ COX_M を作成します．引数となるマクロ変数や処理の概要を次に示します．なお，Cox 回帰分析については第 3 章を参照してください．

マクロ変数	説明
DATA	使用するデータセット名
CLASS	カテゴリ変数（薬剤群や性別などを指定します）
TIME	期間を格納している変数
CENSOR	イベントか打ち切りのフラグ変数
CENVAL	打ち切りの値
X	説明変数（複数の場合はスペース区切り）
TIES	TIES オプションの種類

phreg プロシジャを使用して，Cox 回帰分析によるパラメータの推定や生存関数に関する検定を出力します．

```
%macro CON_M(DATA=,CLASS=,TIME=,CENSOR=,CENVAL=,X=,TIES=) ;
   proc phreg data=&DATA ;
      class &CLASS ;
      model &TIME*&CENSOR(&CENVAL) = &X / ties=&TIES ;
   run ;
%mend CON_M ;

%CON_M(DATA=LIFE_EV,CLASS=TREAT,TIME=DAYS,CENSOR=CEN,CENVAL=0,X=TREAT,TIES=exact) ;
```

結果を次に示します（一部抜粋）．薬剤群に関するパラメータ推定値と検定結果が出力されています．

最尤推定量の分析							
パラメータ	自由度	パラメータ推定値	標準誤差	カイ 2 乗	Pr > ChiSq	ハザード比	ラベル
TREAT 薬剤1	1	1.18199	0.71723	2.7159	0.0994	3.261	TREAT 薬剤1

6.8.7 例数設計を行う SAS マクロ

power プロシジャを使用して例数設計を行う SAS マクロを紹介します．第 3 章で説明したように，power プロシジャは，典型的なデザインの臨床試験において，簡単に例数設計を行うことができる有用なプロシジャです．ここでは，power プロシジャの各オプションに対応する値を指定する SAS マクロを作成します．

2 群の平均値の比較を行う例数設計

第 3 章で紹介したように，体重変化量や血糖値変化量などの連続量に関する 2 群の平均値の比較では，twosamplemeans ステートメントを使用します．SAS マクロ名は POWER_DIFF とし，引数となるマクロ変数を以下に示します．なお，test ステートメントには diff オプションを指定しています．

マクロ変数	説明
ALPHA	有意水準
SIDES	仮説の種類（1: 片側，2: 両側）
DIFF	対立仮説下の平均値の差
NULLDIFF	帰無仮説下の平均値の差（初期値は 0）
SD	両群共通の標準偏差
POWER	検出力（%）
NTOTAL	必要総症例数

```
%macro POWER_DIFF(ALPHA=,SIDES=,DIFF=,NULLDIFF=0,SD=, POWER=,NTOTAL=) ;
   proc power ;
      twosamplemeans
      test     = diff
      alpha    = &ALPHA
      sides    = &SIDES
      meandiff = &DIFF
      nulldiff = &NULLDIFF
      stddev   = &SD
      power    = &POWER
```

```
           ntotal   = &NTOTAL ;
    run ;
%mend POWER_DIFF ;

%POWER_DIFF(ALPHA=0.025,SIDES=1,DIFF=2,SD=4,POWER=0.8,NTOTAL=.) ;
```

結果を次に示します．片側2.5%の有意水準，平均値の差が2，共通の標準偏差が4，検出力が80%の場合の必要症例数は，両群併せて128例という結果が出力されています．

```
              The POWER Procedure
       Two-sample t Test for Mean Difference

            Fixed Scenario Elements

       Distribution                Normal
       Method                       Exact
       Number of Sides                  1
       Null Difference                  0
       Alpha                        0.025
       Mean Difference                  2
       Standard Deviation               4
       Nominal Power                  0.8
       Group 1 Weight                   1
       Group 2 Weight                   1


              Computed N Total

            Actual        N
            Power      Total

            0.801        128
```

ログ画面で実行されたプログラムを確認しましょう．

```
MPRINT(POWER_DIFF):    proc power ;
MPRINT(POWER_DIFF):    twosamplemeans test = diff alpha = 0.025 sides = 1 meandiff = 2 nulldiff = 0 stddev = 4 power = 0.8
ntotal = . ;
MPRINT(POWER_DIFF):    run ;
```

上記では1つのパターンでしか算出しませんでしたが，以下のように，平均値の差及び標準偏差について，複数のパターンで症例数設計を行うこともできます．

```
%POWER_DIFF(ALPHA=0.025,SIDES=1,DIFF=1 to 5 by 1,SD=3 to 5 by 1,
POWER=0.8,NTOTAL=.) ;
```

結果を次に示します（一部抜粋）．各パターンにおける必要症例数の一覧が出力されています．

```
                Computed N Total
         Mean    Std    Actual      N
Index    Diff    Dev    Power     Total
  1       1      3      0.802      286
  2       1      4      0.801      506
  3       1      5      0.801      788
  4       2      3      0.808       74
  5       2      4      0.801      128
  6       2      5      0.804      200
  7       3      3      0.807       34
  8       3      4      0.801       58
  9       3      5      0.804       90
 10       4      3      0.805       20
 11       4      4      0.807       34
 12       4      5      0.807       52
 13       5      3      0.816       14
 14       5      4      0.833       24
 15       5      5      0.807       34
```

ログ画面で実行されたプログラムを確認しましょう．

```
MPRINT(POWER_DIFF):   proc power ;
MPRINT(POWER_DIFF):   twosamplemeans test = diff alpha = 0.025 sides = 1 meandiff = 1 to 5 by 1 nulldiff = 0 stddev = 3 to 5
by 1 power = 0.8 ntotal = . ;
MPRINT(POWER_DIFF):   run ;
```

2 群の割合の比較を行う例数設計

改善の有無や治癒率など，2 群の割合を比較する際の例数設計を行う SAS マクロ POWER_BIN を作成します．引数となるマクロ変数を以下に示します．なお，test ステートメントには pchi オプションを指定しています．

マクロ変数	説明
ALPHA	有意水準
SIDES	仮説の種類（1: 片側，2: 両側）
GROUPPS	各群の割合（縦棒（|）区切りまたは (P1 P2)）
NULLPDIFF	帰無仮説下の割合の差（初期値は 0）
POWER	検出力（%）
NTOTAL	必要総症例数

```
%macro POWER_BIN(ALPHA=,SIDES=,GROUPPS=,NULLPDIFF=0,POWER=,NTOTAL=) ;
   proc power ;
      twosamplefreq
      test      = pchi
      alpha     = &ALPHA
      sides     = &SIDES
      groupps   = &GROUPPS
      nullpdiff = &NULLPDIFF
      power     = &POWER
      ntotal    = &NTOTAL   ;
   run ;
```

```
%mend POWER_BIN ;

%POWER_BIN(ALPHA=0.05,SIDES=2,GROUPPS=(0.8 0.7), POWER=0.8,NTOTAL=.) ;
```

結果を次に示します．片側 2.5% の有意水準，各群の割合がそれぞれ 0.8 と 0.7，検出力が 80% の場合の必要症例数は，両群併せて 588 例という結果が出力されています．

```
                  The POWER Procedure
         Pearson Chi-square Test for Two Proportions

                   Fixed Scenario Elements

Distribution                   Asymptotic normal
Method                         Normal approximation
Number of Sides                2
Null Proportion Difference     0
Alpha                          0.05
Group 1 Proportion             0.8
Group 2 Proportion             0.7
Nominal Power                  0.8
Group 1 Weight                 1
Group 2 Weight                 1


                    Computed N Total

                 Actual      N
                 Power     Total

                 0.801      588
```

ログ画面で実行されたプログラムを確認しましょう．

```
MPRINT(POWER_BIN):   proc power ;
MPRINT(POWER_BIN):   twosamplefreq test = pchi alpha = 0.05 sides = 2 groupps = (0.8 0.7) nullpdiff = 0 power = 0.8 ntotal = .
;
MPRINT(POWER_BIN):   run ;
```

複数のパターンについては，GROUPPS で縦棒（|）を使用します．以下では，群 1 では割合を 0.8, 0.85, 0.9 とし，群 2 では 0.7 とした場合の実行例です．

```
%POWER_BIN(ALPHA=0.05,SIDES=2,GROUPPS=0.8 0.85 0.9 | 0.7, POWER=0.8,NTOTAL=.) ;
```

結果を次に示します（一部抜粋）．群 1 の 0.8, 0.85, 0.9 のそれぞれに対応する必要症例数が出力されています．

```
              Computed N Total

                          Actual      N
    Index    Proportion1   Power     Total

      1        0.80       0.801      588
      2        0.85       0.802      242
      3        0.90       0.803      124
```

ログ画面で実行されたプログラムを確認しましょう．

```
MPRINT(POWER_BIN):      proc power ;
MPRINT(POWER_BIN):      twosamplefreq test = pchi alpha = 0.05 sides = 2 groupps = 0.8 0.85 0.9 | 0.7 nullpdiff = 0 power = 0.8
ntotal = . ;
MPRINT(POWER_BIN):      run ;
```

2群の生存関数の比較を行う例数設計

2群の生存関数の比較について，power プロシジャの twosamplesurvival ステートメントを使用して例数設計を行う SAS マクロ POWER_SURV を作成します．引数となるマクロ変数を以下に示します．なお，test ステートメントには logrank オプションを指定しています．

マクロ変数	説明
ALPHA	有意水準
SIDES	仮説の種類（1: 片側，2: 両側）
LABEL1	群1のラベル
LABEL2	群2のラベル
TIME1	群1の期間
TIME2	群2の期間
RATE1	群1の生存率
RATE2	群2の生存率
ATIME	登録期間（初期値は短い期間に設定）
FTIME	観察期間
POWER	検出力（%）
NTOTAL	必要総症例数

次の例に示すように，群1の生存率が2年で0.9，群2の生存率が2年で0.8であれば，マクロ変数 TIME1 と TIME2 には「2」，RATE1 と RATE2 にはそれぞれ「0.9」と「0.8」を指定します．

curve ステートメントの指定では，群1と群2の指定を %do 〜 %end ステートメントの繰り返しでステートメントを生成しています．その際に，繰り返して指定されるマクロ変数には複数のアンパサンドを使用しています．

```
%macro POWER_SURV(ALPHA=,SIDES=,LABEL1=,LABEL2=,TIME1=,TIME2=,RATE1=,RATE2=,
                  ATIME=0.001,FTIME=,POWER=,NTOTAL=) ;
    proc power ;
        twosamplesurvival
        test          = logrank
        alpha         = &ALPHA
        sides         = &SIDES
        %do I = 1 %to 2 ;
            curve("&&LABEL&I") = (&&TIME&I):(&&RATE&I)
        %end ;
        groupsurvival = "&LABEL1" | "&LABEL2"
        accrualtime   = &ATIME
        followuptime  = &FTIME
```

```
        power           = &POWER
        ntotal          = &NTOTAL ;
    run ;
%mend POWER_SURV ;

%POWER_SURV(ALPHA=0.05,SIDES=2,LABEL1=%str(薬剤A),LABEL2=%str(薬剤B),
            TIME1=2,TIME2=2,RATE1=0.9,RATE2=0.8,FTIME=5,POWER=0.8,NTOTAL=.) ;
```

結果を次に示します．必要症例数は 2 群合計で 178 例となります．

```
                    The POWER Procedure
               Log-Rank Test for Two Survival Curves
                     Fixed Scenario Elements

Method                             Lakatos normal approximation
Number of Sides                                              2
Accrual Time                                             0.001
Follow-up Time                                               5
Alpha                                                     0.05
Group 1 Survival Curve                                    薬剤A
Form of Survival Curve 1                           Exponential
Group 2 Survival Curve                                    薬剤B
Form of Survival Curve 2                           Exponential
Nominal Power                                              0.8
Number of Time Sub-Intervals                                12
Group 1 Loss Exponential Hazard                              0
Group 2 Loss Exponential Hazard                              0
Group 1 Weight                                               1
Group 2 Weight                                               1


                      Computed N Total

                     Actual      N
                     Power     Total

                     0.802      178
```

6.9 レポート作成マクロ

本節では，統計解析結果のレポートを作成する SAS マクロを紹介します．前節までに紹介した，要約統計量の算出や，良く使用する解析手法などの SAS マクロと組み合わせることによって，統計解析からレポート作成までを一括して実行でき，定型的な処理については，その都度 SAS プログラムを作成しなくても引数を変えるだけで実行することができるため，作業の効率化にもつながります．

6.9.1 テストデータの作成

本節で使用するデータセット HAIKEI を作成します．内容は，ある臨床試験に組み入れられた患者の治療前の背景データ（年齢，性別など）を想定し，TREAT（薬剤群），AGE（年齢），GENDER（性

別），SMOKE（喫煙の有無），WEIGHT（体重），FPG（空腹時血糖値）の各変数にそれぞれ値が格納されています．また，各変数には，ラベルやフォーマットは指定されていません．

```
data HAIKEI ;
   input ID TREAT AGE GENDER SMOKE WEIGHT FPG ;
cards;
1   1 79 2 1 78.6  142
2   2 53 1 2 63.1  140
3   2 58 1 2 56.5  106
4   1 51 2 2 101.0 119
5   1 68 2 2 98.2  134
6   2 53 1 1 53.1  106
7   1 53 2 2 80.3  118
8   1 50 2 1 62.2  114
9   1 64 1 2 68.3  84
10  2 67 2 2 58.1  123
11  1 57 1 1 76.8  127
12  2 41 2 2 76.6  116
13  1 52 2 1 77.4  130
14  2 50 2 2 77.9  118
15  1 41 2 2 88.4  109
16  1 51 1 2 61.2  103
17  2 38 2 1 79.5  134
18  2 55 1 1 49.2  106
19  1 57 2 2 50.2  110
20  1 43 2 2 76.9  107
21  2 62 1 2 60.3  113
22  1 43 1 2 62.0  120
23  1 57 1 1 84.9  116
24  2 50 2 1 81.9  121
25  1 47 1 1 79.3  103
26  1 45 1 1 74.7  105
27  1 60 2 2 58.9  114
28  1 58 1 1 44.7  114
29  2 61 1 1 60.5  136
30  1 68 2 1 100.6 126
31  2 50 2 2 97.2  116
32  2 50 2 2 80.7  144
33  1 68 1 2 38.7  124
34  2 53 1 2 67.3  123
35  2 48 1 2 62.0  139
36  1 52 1 1 56.1  126
37  2 57 1 2 60.6  117
38  2 56 1 2 73.0  114
39  2 55 1 1 77.5  121
40  2 47 1 1 70.2  122
41  2 51 1 1 64.0  119
42  2 53 1 1 57.9  125
43  2 62 1 1 67.8  136
```

```
44 1 49 2 2 65.7 108
45 2 41 1 2 77.0 123
46 2 60 1 2 55.9 111
47 2 52 2 1 94.5 124
48 1 63 2 1 74.1 117
49 2 61 2 1 80.1 105
50 1 57 1 1 69.8 130
51 1 60 1 2 64.6 104
52 1 60 1 2 62.8 110
53 2 65 2 2 72.0 110
54 2 46 1 2 82.9 111
55 2 50 2 2 88.2 129
56 1 59 1 2 58.9 144
57 1 51 1 2 59.5 120
58 2 57 1 2 52.8 124
59 2 58 2 1 84.7 109
60 2 71 2 2 60.6 103
;
run ;
```

上記のプログラムを実行してデータセットを作成しておき，6.9.2 節以降で紹介する SAS マクロで使用します．

6.9.2　基本的なレポートを作成する SAS マクロ

連続変数の要約統計量を算出する SAS マクロ

6.9.1 節で作成したデータセット HAIKEI について，連続変数の要約統計量を算出してレポートを作成するマクロを作成します．ここでは，summary プロシジャで要約統計量を算出して，report プロシジャでレポートを作成する SAS マクロ REPORT_SUM を作成します．引数となるマクロ変数を以下に示します．

マクロ変数	説明
DATA	データセット名
GRP	薬剤群の変数
VAR	体重などの分析変数
VARLABEL	分析変数のラベル
STAT	要約統計量の種類
STATF	要約統計量のフォーマット

```
%macro SUM_STAT(DATA=,GRP=,VAR=,VARLABEL=,STAT=,STATF=) ;
    *--- 1. 統計量のカウント，キーワードとフォーマットの抽出 ;
```

```
   %let I = 1 ;
   %do %while(%scan(&STAT,&I) ne %str()) ;
      %let STAT_N = &I ;
      %let STAT&I  = %scan(&STAT ,&I) ;
      %let STATF&I = %scan(&STATF,&I,%str( )) ;
      %let I = %eval(&I + 1) ;
   %end ;
   *--- 2．要約統計量の算出 ;
   proc summary data=&DATA nway ;
      class &GRP ;
      var &VAR ;
      output out=_OUT(drop=_FREQ_ _TYPE_)
      %do J = 1 %to &STAT_N ;
         &&STAT&J = &&STAT&J
      %end ;;
   run ;
   *--- 3．データセットの転置：要約統計量を縦,各群を横に展開 ;
   proc transpose data=_OUT out=_OUT_T prefix=GRP ;
      var %do J = 1 %to &STAT_N ; &&STAT&J %end ;;
      id &GRP ;
   run ;
   *--- 4．フォーマットの割り当てと文字変数への変換 ;
   data RES_CONT ;
      length LABEL _NAME_ _RES1 _RES2 $20. ;
      set _OUT_T ;
      LABEL = "&VARLABEL" ;
      %do K = 1 %to &STAT_N ;
         if _NAME_ = "&&STAT&K" then do ;
            _RES1 = put(GRP1,&&STATF&K) ;
            _RES2 = put(GRP2,&&STATF&K) ;
         end ;
      %end ;
      keep LABEL _NAME_ _RES1 _RES2 ;
   run ;
   *--- 5．レポート作成 ;
   proc report data=RES_CONT nowd ;
      column LABEL _NAME_ _RES1 _RES2 ;
      define LABEL  / order "項目" ;
      define _NAME_ / display "要約統計量" ;
      define _RES1  / display "薬剤1" style={just=r} ;
      define _RES2  / display "薬剤2" style={just=r} ;
   run ;
%mend SUM_STAT ;
```

上記のプログラム内のコメント番号に対応した処理は以下になります．

1. %scan を使用して，スペース区切りで指定された統計量やそれらのフォーマットを1つずつ抽出して，複数の新たなマクロ変数にそれぞれ格納しています．また，同時に指定された統

計量の数もカウントしてマクロ変数 STAT_N に格納しています．
2. 1. で抽出した各統計量について，出力データセットの変数を「n=n mean=mean」のように指定して，要約統計量を算出した結果を各変数に格納しています．
3. 薬剤群と要約統計量を転置しています．
4. 各要約統計量について，それぞれ指定されたフォーマットを割り当てて文字変数に変換しています．同じ変数の中に異なる数値フォーマットを割り当てる必要があるので，文字変数に変換しています．
5. report プロシジャを使用して結果を出力しています．項目については，order オプションを使用してラベルの重複を削除しています．

実行プログラムを次に示します．

```
%SUM_STAT(DATA=HAIKEI,GRP=TREAT,VAR=WEIGHT,VARLABEL=%str(Weight(kg)),
         STAT=n mean stddev min median max,
         STATF=8. 8.2 8.3 8.1 8.2 8.1) ;
```

アウトプット画面で結果を確認しましょう．各薬剤群の体重の要約統計量が出力されています．

```
項目        要約統計量        薬剤1      薬剤2
Weight(kg)  n                   28         32
            mean             70.53      70.11
            stddev          15.594     12.611
            min               38.7       49.2
            median           69.05      69.00
            max              101.0       97.2
```

カテゴリ変数の例数・パーセントを算出する SAS マクロ

続いて，性別や喫煙歴などのカテゴリ変数の集計（例数とパーセント）を行う SAS マクロ SUM_CAT を作成します．ここでは，各薬剤群について性別の内訳を集計しています．引数となるマクロ変数を以下に示します．

マクロ変数	説明
DATA	データセット名
GRP	薬剤群の変数
VAR	性別などのカテゴリ変数
VARLABEL	カテゴリ変数のラベル
VARF	カテゴリ変数のフォーマット

```
%macro SUM_CAT(DATA=,GRP=,VAR=,VARLABEL=,VARF=) ;
   *--- 1. 例数とパーセントを算出 ;
   ods listing close ;
   proc tabulate data=&DATA out=_OUT ;
```

```
        class &GRP &VAR ;
        table &GRP,&VAR*(n rowpctn)  ;
    run ;
    ods listing ;
    *--- 2. N(%)とするために文字変数に変換 ;
    data _OUT2 ;
        set _OUT ;
        _RES=put(N,best.)||"("||put(pctn_10,6.1)||")" ;
    run ;
    proc sort data=_OUT2 ; by &VAR ; run ;
    *--- 3. データセットの転置：N(%)を縦,各群を横に展開 ;
    proc transpose data=_OUT2 out=_OUT_T prefix=_RES ;
        by &VAR ;
        var _RES ;
        id &GRP ;
    run ;
    *--- 4. 各カテゴリへのフォーマットの割り当て ;
    data RES_CAT ;
        length LABEL _NAME_ $20. ;
        LABEL="&VARLABEL" ;
        set _OUT_T ;
        _NAME_ = left(put(&VAR,&VARF..)) ;
        keep LABEL _NAME_ _RES1 _RES2 ;
    run ;
    *--- 5. レポート作成 ;
    proc report data=RES_CAT nowd ;
        column LABEL _NAME_ _RES1 _RES2 ;
        define LABEL   / order "項目" ;
        define _NAME_  / display "カテゴリ" ;
        define _RES1   / display "薬剤1" style={just=r} ;
        define _RES2   / display "薬剤2" style={just=r} ;
    run ;
%mend SUM_CAT ;
```

上記のプログラム内のコメント番号に対応した処理は以下になります．

1. tabulate プロシジャで各薬剤群の性別ごとの例数とパーセントを算出して，結果をデータセット _OUT に出力しています．
2. 別変数の例数とパーセントを，「XX(XX.X)」の形式で出力するために，各変数を put 関数で文字列に変換して結合しています．
3. 2. で作成した文字変数と薬剤群を転置しています．
4. put 関数を使用して，各カテゴリにフォーマット（性別の場合は Male, Female など）を割り当てて文字変数に変換しています．
5. report プロシジャを使用してレポートを作成しています．項目については, order オプションを使用してラベルの重複を削除しています．

フォーマットの作成と，SAS マクロ SUM_CAT の実行プログラムを次に示します．

```
proc format ;
   value GENDERF 1="Male" 2="Female" ;
run ;

%SUM_CAT(DATA=HAIKEI,GRP=TREAT,VAR=GENDER,VARLABEL=Gender,VARF=GENDERF) ;
```

結果を次に示します．各薬剤群について，性別ごとの例数とパーセントが出力されています．

```
項目          カテゴリ            薬剤1              薬剤2
Gender        Male              15( 53.6)         19( 59.4)
              Female            13( 46.4)         13( 40.6)
```

連続変数とカテゴリ変数を組み合わせてレポートを作成する SAS マクロ

これまでは，連続変数とカテゴリ変数を別々に作成する SAS マクロを作成してきましたが，実際に臨床試験などでレポートを作成する際は，それぞれが混在した要約表を作成する必要があります．処理の流れとしては，別々に作成した要約統計量と例数・パーセントの結果を格納したデータセットを順番に縦結合して，最終的に report プロシジャで結果を出力します．今回は，指定されている変数が連続変数であれば要約統計量，カテゴリ変数であれば例数・パーセントを算出するというロジックを組み込む必要があるので，どちらのタイプの変数なのかを判断させるマクロ変数も必要になります．以下に SAS マクロ SUM_TABLE の引数となるマクロ変数を示します．

マクロ変数	説明
DATA	データセット名
GRP	薬剤群の変数
VAR	年齢，性別などの出力したい変数（スペース区切り）
VARLABEL	各変数のラベル（スペース区切り）
VARF	各変数のフォーマット：連続変数は数値フォーマット，カテゴリ変数はユーザー定義フォーマット（スペース区切り）
VARFLAG	各変数のタイプ：1 が連続変数，2 がカテゴリ変数（スペース区切り）
STAT	連続変数について算出する要約統計量の種類（スペース区切り）
STATF	要約統計量のフォーマットの増分：各要約統計量のフォーマットの増分（例えば，Age のフォーマットが 8. で，mean に対応する値に 1 を指定すると，mean のフォーマットは 8.1 となります）

```
%macro SUM_TABLE(DATA=,GRP=,GRPF=,VAR=,VARLABEL=,VARF=,VARFLAG=,STAT=,STATF=) ;
   *--- 1. 変数のカウント,変数タイプのフラグ,ラベル,フォーマットの抽出 ;
   %let I = 1 ;
   %do %while(%scan(&VAR,&I) ne %str()) ;
      %let VAR_N     = &I ;
```

6.9 レポート作成マクロ

```
      %let VAR&I      = %scan(&VAR ,&I) ;
      %let VARF&I     = %scan(&VARF,&I,%str( )) ;
      %let VARFLAG&I  = %scan(&VARFLAG,&I,%str( )) ;
      %let VARLABEL&I = %scan(&VARLABEL,&I,%str(,)) ;
      %let I = %eval(&I + 1) ;
   %end ; %put &VAR_N ;
   *--- 2．統計量のカウント ;
   %let J = 1 ;
   %do %while(%scan(&STAT,&J) ne %str()) ;
      %let STAT_N = &J ;
      %let STAT&J  = %scan(&STAT ,&J) ;
      %let STATF&J = %scan(&STATF,&J,%str( )) ;
      %let J = %eval(&J + 1) ;
   %end ;
   *--- 3．変数を1つずつ結果を作成して縦結合する ;
   %do K = 1 %to &VAR_N ;
      %if &&VARFLAG&K = 1 %then %do ; *--- 連続変数の処理 ;
         *--- 4．要約統計量の算出 ;
         proc summary data=&DATA nway ;
            class &GRP ;
            var &&VAR&K ;
            output out=_OUT(drop=_FREQ_ _TYPE_)
            %do L = 1 %to &STAT_N ;
               &&STAT&L = &&STAT&L
            %end ;;
         run ;
         *--- 5．データセットの転置：要約統計量を縦，各群を横に展開 ;
         proc transpose data=_OUT out=_OUT_T prefix=GRP ;
            var %do M = 1 %to &STAT_N ; &&STAT&M %end ;;
            id &GRP ;
         run ;
         *--- 6．フォーマットの割り当てと文字変数への変換 ;
         data _RES ;
            length LABEL _NAME_ _RES1 _RES2 $30. ;
            set _OUT_T ;
            LABEL = "&&VARLABEL&K" ;
            %do N = 1 %to &STAT_N ;
               %if &&STAT&N = n %then %do ;
                  if _NAME_ = "n" then do ;
                     _RES1 = put(GRP1,best.) ;
                     _RES2 = put(GRP2,best.) ;
                  end ;
               %end ;
               %else %do ;
                  if _NAME_ = "&&STAT&N" then do ;
                     _RES1 = put(GRP1,%scan(&&VARF&K,1,.).%eval(
                                        %scan(&&VARF&K,2,.)+&&STATF&N)) ;
                     _RES2 = put(GRP2,%scan(&&VARF&K,1,.).%eval(
                                        %scan(&&VARF&K,2,.)+&&STATF&N)) ;
                  end ;
```

```sas
                %end ;
            %end ;
            keep LABEL _NAME_ _RES1 _RES2 ;
        run ;
    %end ;
    %else %if &&VARFLAG&K = 2 %then %do ; *--- カテゴリ変数の処理 ;
        *--- 7．例数とパーセントを算出 ;
        ods listing close ;
        proc tabulate data=&DATA out=_OUT ;
            class &GRP &&VAR&K ;
            table &GRP,&&VAR&K*(n rowpctn)  ;
        run ;
        ods listing ;
        *--- 8．N(%)とするために文字変数に変換 ;
        data _OUT2 ;
            set _OUT ;
            _RES=put(N,best.)||"("||put(pctn_10,5.1)||")" ;
        run ;
        proc sort data=_OUT2 ; by &&VAR&K ; run ;
        *--- 9．データセットの転置: N(%)を縦,各群を横に展開 ;
        proc transpose data=_OUT2 out=_OUT_T prefix=_RES ;
            by &&VAR&K ;
            var _RES ;
            id &GRP ;
        run ;
        *--- 10．各カテゴリへのフォーマットの割り当て ;
        data _RES ;
            length LABEL _NAME_ $30. ;
            LABEL="&&VARLABEL&K" ;
            set _OUT_T ;
            _NAME_ = left(put(&&VAR&K,&&VARF&K...)) ;
            keep LABEL _NAME_ _RES1 _RES2 ;
        run ;
    %end ;
    *--- 11．変数の結果を一つずつ縦結合 ;
    data RES ;
        set %if &K > 1 %then RES ; _RES(in=_R) ;
        if _R then ORDER = &K ;
        _RES1 = trim(right(_RES1)) ;
        _RES2 = trim(right(_RES2)) ;
    run ;
%end ;
*--- 12．レポートを作成する ;
proc report data=RES nowd ;
    column ORDER LABEL _NAME_ _RES1 _RES2 ;
    define ORDER  / order noprint ;
    define LABEL  / order "項目" ;
    define _NAME_ / display "カテゴリ" ;
    define _RES1  / display "薬剤1" style={just=r} ;
    define _RES2  / display "薬剤2" style={just=r} ;
```

```
    run ;
%mend SUM_TABLE ;
```

上記のプログラム内のコメント番号に対応した処理は以下になります．

1. %scan を使用して，スペース区切りで指定された統計量やそれらのフォーマット，ラベル，フラグ（1: 連続変数，2: カテゴリ変数）を 1 つずつ抽出して，複数の新たなマクロ変数にそれぞれ格納しています．また，同時に指定された統計量の数もカウントしてマクロ変数 STAT_N に格納しています．
2. 連続変数の際に算出する統計量の数をカウントしてマクロ変数 STAT_N に格納し，各統計量をマクロ変数 STAT1 から順に格納しています．また，マクロ変数 STATF1 などには，マクロ変数 STATF に指定されている各統計量の出力フォーマットを順に格納しています．
3. 指定された変数について，1 つずつループして処理を実行していきます．
4. 2. で抽出した各統計量について，出力データセットの変数を「n=n mean=mean」のように指定して，要約統計量を算出した結果を各変数に格納しています．
5. 薬剤群と要約統計量を転置しています．
6. 各要約統計量について，それぞれ指定されたフォーマットを割り当てて文字変数に変換しています．同じ変数の中に異なる数値フォーマットを割り当てる必要があるので，文字変数に変換しています．また，mean や stddev は，元の数値フォーマットから何桁足したフォーマットで出力するかを引数の STATF に格納していて，それらの数値を足したフォーマットで文字変換に出力しています．例えば，Weight のように，元の数値フォーマットが「8.1」の場合，mean は「8.2」，stddev は「8.3」というように，STATF に指定されている数字を小数点以下に足したフォーマットで変換されています．
7. カテゴリ変数について，tabulate プロシジャで例数とパーセントを算出して，データセット _OUT に結果を格納しています．
8. 7. で算出した例数とパーセントを文字列に変換して，「N(%)」の形で新たな文字変数 _RES に格納しています．
9. 8. で作成したデータセット _OUT2 について，by ステートメントにカテゴリ変数（GENDER など），var ステートメントに 8. で作成した変数 _RES，id ステートメントに薬剤群の変数を指定しています．
10. カテゴリ変数のラベルを変数 LABEL に，変数 _NAME_ には各カテゴリについてフォーマットを割り当てた文字列をそれぞれ格納しています．
11. 各変数の結果を格納したデータセット _RES を順番に縦結合して，最終的にレポートに出力するデータセット RES を作成しています．また，各変数が指定された順番を変数 ORDER に格納し，各薬剤群の結果を格納している変数 _RES1，_RES2 について，文字列を右に寄せて後ろのブランクを削除しています．
12. report プロシジャを使用して，11. で作成したデータセット RES をアウトプット画面に出力しています．項目については，order オプションを使用してラベルの重複を削除しています．

実行プログラムを次に示します．事前にカテゴリ変数である性別と喫煙の有無に関するフォーマットを作成しておきます．スペース区切りで引数を入力する場合は，数値やカンマをマスキングするため，%str関数を使用しています．

```
proc format ;
   value GENDERF 1="Male" 2="Female" ;
   value SMOKEF 1="Yes" 2="No" ;
run ;

%SUM_TABLE(
   DATA     = HAIKEI,
   GRP      = TREAT,
   GRPF     = TREATF,
   VAR      = %str(AGE   GENDER   SMOKE   WEIGHT   FPG),
   VARLABEL = %str(Age(years), Gender, Smoke, Weight(kg),
                                         Fasting Plasma Glucose(mg/dL)),
   VARF     = %str(8. GENDERF SMOKEF 8.1 8.),
   VARFLAG  = %str(1  2       2      1    1),
   STAT     = %str(n mean stddev min median max),
   STATF    = %str(0 1    2      0   1      0 )) ;
```

結果を次に示します．連続変数の場合は要約統計量，カテゴリ変数の場合は各カテゴリの例数とパーセントが各薬剤群について出力されています．

```
項目                         カテゴリ              薬剤1              薬剤2
Age(years)                   n                         28                 32
                             mean                    55.8               54.1
                             stddev                  8.83               7.48
                             min                       41                 38
                             median                  57.0               53.0
                             max                       79                 71
Gender                       Male                15( 53.6)          19( 59.4)
                             Female              13( 46.4)          13( 40.6)
Smoke                        Yes                 12( 42.9)          13( 40.6)
                             No                  16( 57.1)          19( 59.4)
Weight(kg)                   n                         28                 32
                             mean                   70.53              70.11
                             stddev                15.594             12.611
                             min                     38.7               49.2
                             median                 69.05              69.00
                             max                    101.0               97.2
Fasting Plasma Glucose(mg/dL) n                        28                 32
                             mean                   117.1              120.1
                             stddev                 12.88              11.12
                             min                       84                103
                             median                 116.5              120.0
                             max                      144                144
```

6.9.3　ODSの出力形式を制御するSASマクロ

6.9.2節では，アウトプット画面に結果を出力しましたが，ODSを使用して，外部ファイルに結果を出力できるようにプログラムを少し修正します．6.9.2節のSASマクロ SUM_TABLE に，次のマクロ変数を引数として追加します．

マクロ変数	説明
ODSTYPE	ODSの出力先（RTF，PDF，HTMLなど）
STYLE	レポートに適用するODSのスタイルテンプレート（theme，normal，minimal，statisticalなどを指定できます）

　マクロ変数を追加したSASマクロSUM_TABLE_ODSの一部を抜粋して次に示します．作成されるファイルは，「%sysfunc(pathname(work))」からWORKライブラリのフォルダのパスを取得して，そのフォルダに「temp.&ODSTYPE」という名前で保存されます．また，本マクロでは，&ODSTYPEに指定された文字列をそのまま作成するファイルの拡張子として使用しているので，RTF，PDF，HTMLなど，ODSのステートメントと拡張子が一致している場合のみ指定できます．プログラム内の12.の部分は，6.9.2節で説明したように，reportプロシジャでレポートを作成する部分ですが，ODSで外部ファイルに出力するため，様々なスタイル属性を指定しています．スタイル属性の詳細については第4章を参照してください．

```
*--- ODS出力 ;
ods listing close ;
ods &ODSTYPE file="%sysfunc(pathname(work))\temp.&ODSTYPE"
    %if &STYLE ne %str() %then style=&STYLE ;;
*--- 12. レポートを作成する ;
proc report data=RES nowd split="#"
    style(report)={rules=none background=white}
    style(header)={fontfamily="MS Gothic"   fontsize=10pt height=15pt
                   just=c vjust=bottom}
    style(column)={fontfamily="Courier New" fontsize=10pt height=15pt
                   vjust=c rules=none} ;
  column ORDER LABEL _NAME_ _RES1 _RES2 DEF ;
  define ORDER  / order noprint ;
  define LABEL  / order "項目" ;
  define _NAME_ / display "統計量/カテゴリ" style={width=120pt} ;
  define _RES1  / display "薬剤1" style(column)={just=r} ;
  define _RES2  / display "薬剤2" style(column)={just=r} ;
  define DEF    / computed noprint ;

  compute DEF ;
    if LABEL ne "" then do ;
      call define(_ROW_,'style','style={bordertopstyle=solid bordertopwidth=1}') ;
    end ;
  endcomp ;
run ;
ods &ODSTYPE close ;
ods listing ;
```

　実行プログラムを次に示します．ODSTYPEにRTF，STYLEにminimalを指定しています．

```
%SUM_TABLE_ODS(
    DATA     = HAIKEI,
    GRP      = TREAT,
    GRPF     = TREATF,
    VAR      = %str(AGE  GENDER  SMOKE  WEIGHT  FPG),
    VARLABEL = %str(Age(years), Gender, Smoke, Weight(kg), Fasting Plasma Glucose(mg/dL)),
    VARF     = %str(8. GENDERF SMOKEF 8.1 8.),
    VARFLAG  = %str(1 2    2    1 1 ),
    STAT     = %str(n mean stddev min median max),
    STATF    = %str(0 1    2    0 1    0 ),
    ODSTYPE  = RTF,
    STYLE    = minimal) ;
```

結果を次に示します．WORK ライブラリのフォルダに temp.rtf としてファイルが作成されています．

項目	統計量/カテゴリ	薬剤1	薬剤2
Age(years)	n	28	32
	mean	55.8	54.1
	stddev	8.83	7.48
	min	41	38
	median	57.0	53.0
	max	79	71
Gender	Male	15(53.6)	19(59.4)
	Female	13(46.4)	13(40.6)
Smoke	Yes	12(42.9)	13(40.6)
	No	16(57.1)	19(59.4)
Weight(kg)	n	28	32
	mean	70.53	70.11
	stddev	15.594	12.611
	min	38.7	49.2
	median	69.05	69.00
	max	101.0	97.2
Fasting Plasma Glucose(mg/dL)	n	28	32
	mean	117.1	120.1
	stddev	12.88	11.12
	min	84	103
	median	116.5	120.0
	max	144	144

6.9.4 スタイル属性を制御する SAS マクロ

レポートを作成する際に，フォントの種類や罫線のパターンを制御することができる SAS マクロ REPORT_STYLE を作成します．6.9.3 節では，連続変数やカテゴリ変数が混在している場合にレポートを作成していたため，プログラムが複雑になっていたので，ここでは対象となる変数は連続変数が 1 つで，要約統計量は例数，平均値，標準偏差，ODS の出力先は RTF，STYLE はデフォルトの RTF の場合を考えます．以下に引数となるマクロ変数を示します．

マクロ変数	説明
DATA	データセット名
GRP	薬剤群の変数
GRPF	薬剤群の変数のフォーマット
VAR	分析変数
FRAME	フレームパターンの指定（第4章を参照）
RULES	罫線パターンの指定（第4章を参照）
FONT	フォントの種類（Courier New など）
FSIZE	フォントサイズ（pt）

```
%macro REPORT_STYLE(DATA=,GRP=,GRPF=,VAR=,FRAME=,RULES=,FONT=,FSIZE=) ;
   ods listing close ;
   ods rtf file="%sysfunc(pathname(work))\temp.rtf" style=RTF ;
   *--- レポート作成 ;
   proc tabulate data=&DATA ;
      var &VAR ;
      class &GRP ;
      classlev &GRP / style={fontfamily = "MS Gothic"
                             fontsize    = &FSIZE.pt
                             background  = white} ;
      table &VAR=""*(n="N"*f=best. mean="Mean"*f=8.1 stddev="SD"*f=8.2),
            &GRP=""*{style={fontfamily  = "&FONT"
                            fontsize    = &FSIZE.pt
                            background  = white}}
            / style = {frame=&FRAME rules=&RULES}
              box   = {label="" style={background=white}}
              row   = float ;
      keyword n mean stddev / style={fontfamily = "&FONT"
                                     fontsize    = &FSIZE.pt
                                     background = white} ;
      format &GRP &GRPF.. ;
   run ;
   ods rtf close ;
   ods listing ;
%mend REPORT_STYLE ;
```

実行プログラムを次に示します．事前に薬剤群のフォーマット TRTF を作成しています．フレームは hsides，罫線は rows，フォントは Courier New，フォントサイズは 9pt をそれぞれ指定しています．また，薬剤群のみフォントの種類を MS Gothic としています．

```
proc format ;
   value TRTF 1 = "薬剤1" 2 = "薬剤2" ;
run ;
```

```
%REPORT_STYLE(DATA=HAIKEI,GRP=TREAT,GRPF=TRTF,VAR=WEIGHT,
              FRAME=hsides,RULES=rows,FONT=%str(Courier New),FSIZE=9) ;
```

結果を次に示します．指定したスタイル属性が反映されていることが確認できます．

	薬剤1	薬剤2
N	28	32
Mean	70.5	70.1
SD	15.59	12.61

　行ごとの罫線の指定など，スタイル属性について，第 4 章で紹介したような，さらに細かいカスタマイズを行うために，引数となるマクロ変数を追加することも可能ですが，オプションを増やすことによってプログラムも複雑になりますので，レポート及び SAS マクロの仕様を決定する際は，引数の指定方法やプログラムのメンテナンスのしやすさなども考慮に入れて検討することをお勧めします．

6.9.5　検定結果の表示を制御する SAS マクロ

　ここでは，データセット HAIKEI の連続変数について，要約統計量の算出に加えて，薬剤群間比較として 2 標本 t 検定を行った結果の出力を制御する SAS マクロ SUM_TTEST を作成します．検定結果の出力制御方法を主に紹介しますので，要約統計量の種類や，フォント及び罫線などのスタイル属性は固定とします．

マクロ変数	説明
DATA	データセット名
GRP	薬剤群の変数
GRPF	薬剤群の変数のフォーマット
VAR	分析変数
VARLABEL	分析変数のラベル
TTEST	2 標本 t 検定の出力（1: 出力，0: 出力せず（有意水準は両側 5% で，Method は Pooled））

　マクロ変数 TTEST に 1 が指定されている場合のみ以下の処理が実行されます．プログラム内で，%if ステートメントで TTEST が 1 であるかどうかを判定している箇所になりますので，後ほど該当箇所を確認してみましょう．

- ttest プロシジャの実行
- report プロシジャの column ステートメントでの ttest プロシジャの実行結果を格納した変数（tValue と Probt）の追加
- 変数 tValue と Probt について，define ステートメントの追加

6.9 レポート作成マクロ

- compute ステートメント内の変数 tValue と Probt の行間について，下線を削除する処理の追加

```
%macro SUM_TTEST(DATA=,GRP=,GRPF=,VAR=,VARLABEL=,TTEST=) ;
   proc summary data=&DATA nway ; *-- 要約統計量の算出 ;
      class &GRP ; var &VAR ;
      output out=_OUT(drop=_TYPE_ _FREQ_) n=N mean=MEAN stddev=SD ;
   run ;
   %if &TTEST = 1 %then %do ; *--- 2標本t検定の実行 ;
      ods listing close ;
      ods output Ttests=_TTEST(where=(method="Pooled")) ;
      proc ttest data=HAIKEI ; class &GRP ; var &VAR ; run ;
      ods output close ;
      ods listing ;
      data _OUT ; merge _OUT _TTEST ; run ;
   %end ;
   data _OUT ; *--- 分析変数ラベルの格納 ;
      length LABEL $20. ;
      set _OUT ;
      LABEL = "&VARLABEL" ;
   run ;
   options missing=" " ; *--- 欠測値の空白出力 ;
   ods listing close ;
   ods rtf file="%sysfunc(pathname(work))¥temp.rtf" style=rtf ; *--- レポート ;
   proc report data=_OUT nowd
               style(report)={frame=hsides rules=rows}
               style(header)={background=white fontfamily="Courier New"}
               style(column)={background=white fontfamily="Courier New"} ;
      column LABEL TREAT N MEAN SD %if &TTEST=1 %then tValue Probt ; _LINE ;
      define LABEL  / order ;
      define TREAT  / display format=&GRPF.. ;
      define N      / display format=best. ;
      define MEAN   / display format=8.1 ;
      define SD     / display format=8.2 ;
      define _LINE  / computed noprint ;
      %if &TTEST=1 %then %do ;
         define tValue / display "t-value" format=8.3 ;
         define Probt  / display "p-value" format=8.3 ;
      %end ;
      compute _LINE ; *--- 1行目と2行目の間の罫線出力の制御 ;
         if LABEL ne "" then do ;
            call define('_C1_','style','style={borderbottomstyle=none}') ;
            %if &TTEST=1 %then %do ;
               call define('_C6_','style','style={borderbottomstyle=none}') ;
               call define('_C7_','style','style={borderbottomstyle=none}') ;
            %end ;
         end ;
      endcomp ;
   run ;
   ods rtf close ;
```

```
    ods listing ;
%mend SUM_TTEST ;
```

実行プログラムを次に示します．ここでは，薬剤群を「A」,「B」で出力するフォーマットを割り当てます．

```
proc format ;
   value TRTABF 1 = "A" 2 = "B" ;
run ;

%SUM_TTEST(DATA=HAIKEI,GRP=TREAT,GRPF=TRTABF,
           VAR=WEIGHT,VARLABEL=%str(Weight(kg)),TTEST=1) ;
```

結果を次に示します．2 標本 t 検定の実行結果が出力され，LABEL と検定結果の列には，行間の罫線が出力されていません．

LABEL	TREAT	N	MEAN	SD	t-value	p-value
Weight(kg)	A	28	70.5	15.59	0.114	0.909
	B	32	70.1	12.61		

ちなみに，以下の実行プログラムのように，マクロ変数 TTEST に 0 を与えた場合の結果を見てみましょう．

```
%SUM_TTEST(DATA=HAIKEI,GRP=TREAT,GRPF=TRTABF,
           VAR=WEIGHT,VARLABEL=%str(Weight(kg)),TTEST=0) ;
```

結果は次の通りで，要約統計量のみが出力されます．

LABEL	TREAT	N	MEAN	SD
Weight(kg)	A	28	70.5	15.59
	B	32	70.1	12.61

以上，レポートの作成について，いくつかの SAS マクロを紹介しましたが，基本的には，SAS マクロを使用しないプログラムできちんと動作確認を行うことが重要で，そこから実現可能なオプションを引数として定義してマクロ化するという流れになります．細かく引数を定義することは可能ですが，オプションを増やすことでプログラムはどんどん複雑になりますので，メンテナンスのしやすさも含めて SAS マクロを作成することをお勧めします．

6.10 グラフ作成マクロ

本節では，グラフを作成する SAS マクロを作成します．グラフには多くの種類がありますが，経時的に収集されたデータについて良く使用されるグラフを中心に，引数によって種類を選択できる機能を組み込みます．

6.10.1 テストデータの作成

高血圧患者を対象に，運動療法を実施している被験者と実施していない被験者のそれぞれにおいて血圧を 4 週ごとに 12 週間測定したデータが得られたと仮定し，収集されたデータをデータセット BPDATA に格納します．BPDATA は，EXERCISE（運動療法の有無），ID（被験者 ID），VISIT（時期），DBP（拡張期血圧），SBP（収縮期血圧）の変数を持っています．

```
data BPDATA ;
   input EXERCISE ID VISIT DBP SBP @@ ;
   if EXERCISE = 2 then VISIT2 = VISIT + 0.1 ;
                   else VISIT2 = VISIT ;
   label EXERCISE="Exercise" VISIT="Visit" VISIT2="Visit"
         DBP="Diastolic BP (mmHg)" SBP="Systolic BP (mmHg)" ;
cards;
1 1  0 124 164 1 7  0 117 167 1 13 0 105 155 1 19 0 115 167
1 1  1 120 157 1 7  1  79 138 1 13 1  99 129 1 19 1 106 130
1 1  2  98 135 1 7  2  96 134 1 13 2 118 152 1 19 2 107 136
1 1  3  95 137 1 7  3  98 114 1 13 3 122 137 1 19 3  51 144
1 2  0 130 150 1 8  0  90 144 1 14 0 102 148 1 20 0 113 147
1 2  1  98 140 1 8  1  89 130 1 14 1 101 143 1 20 1 108 129
1 2  2  86 166 1 8  2 103 137 1 14 2  65 166 1 20 2  97 109
1 2  3  93 134 1 8  3  96 157 1 14 3  95 134 1 20 3  93 152
1 3  0 131 159 1 9  0 123 161 1 15 0 111 134 1 21 0 101 170
1 3  1 101 144 1 9  1  78 127 1 15 1  98 158 1 21 1 110 133
1 3  2 108 131 1 9  2  94 176 1 15 2  84 134 1 21 2  95 170
1 3  3 120 135 1 9  3  95 112 1 15 3  97 155 1 21 3 107 144
1 4  0 100 140 1 10 0 121 145 1 16 0 116 174 1 22 0 114 173
1 4  1  86 169 1 10 1 121 127 1 16 1 103 155 1 22 1  94 134
1 4  2 107 145 1 10 2  93 142 1 16 2  79 131 1 22 2  99 105
1 4  3  88 133 1 10 3 111 114 1 16 3  96  87 1 22 3 125 127
1 5  0 102 156 1 11 0  96 185 1 17 0 122 179 1 23 0  98 157
1 5  1  82 132 1 11 1  85 163 1 17 1 122 174 1 23 1 105 145
1 5  2 112 148 1 11 2  92 125 1 17 2 109 175 1 23 2 104 118
1 5  3  99 177 1 11 3  80 131 1 17 3 105 146 1 23 3 117 163
1 6  0 122 189 1 12 0 107 139 1 18 0 120 159 1 24 0 120 154
1 6  1  92 105 1 12 1  95 190 1 18 1 125 167 1 24 1  86 130
1 6  2 102 172 1 12 2 112 156 1 18 2  92 121 1 24 2 104 131
```

```
1  6 3 120 120 1 12 3 112 111 1 18 3  99 180 1 24 3 122 167
2 25 0 108 160 2 31 0 133 190 2 37 0 104 161 2 43 0 120 152
2 25 1  96 163 2 31 1  95 149 2 37 1  90 145 2 43 1 102 134
2 25 2 113 144 2 31 2 102 143 2 37 2  99 173 2 43 2 112 141
2 25 3  92 134 2 31 3  82 151 2 37 3 120 155 2 43 3 113 121
2 26 0 101 170 2 32 0 116 126 2 38 0 106 175 2 44 0  94 161
2 26 1  81 163 2 32 1  98 190 2 38 1  99 170 2 44 1  80 146
2 26 2  94 135 2 32 2 109 155 2 38 2 127 140 2 44 2  98 148
2 26 3  94 158 2 32 3  95 133 2 38 3 107 191 2 44 3 104 145
2 27 0  99 176 2 33 0 114 165 2 39 0  96 175 2 45 0 119 148
2 27 1  81 186 2 33 1 121 130 2 39 1  86 151 2 45 1 108 144
2 27 2 116 150 2 33 2 108 149 2 39 2 103 132 2 45 2 115 160
2 27 3  98 145 2 33 3 111 125 2 39 3 113 112 2 45 3  95 150
2 28 0 108 133 2 34 0 104 140 2 40 0 124 150 2 46 0  92 178
2 28 1 125 136 2 34 1 128 135 2 40 1  95 154 2 46 1 100 158
2 28 2 110 154 2 34 2  85 122 2 40 2 108 147 2 46 2 111 152
2 28 3  87 157 2 34 3  95 174 2 40 3  88 146 2 46 3 102 160
2 29 0 120 175 2 35 0 111 162 2 41 0 115 134 2 47 0 117 176
2 29 1 102 162 2 35 1 101 107 2 41 1  78 132 2 47 1 113 148
2 29 2 100 145 2 35 2 126 175 2 41 2 102 123 2 47 2 128 141
2 29 3 111 165 2 35 3 121 171 2 41 3 103 181 2 47 3 119 122
2 30 0 108 143 2 36 0 124 179 2 42 0  95 171 2 48 0 118 170
2 30 1  92 154 2 36 1 120 150 2 42 1 143 157 2 48 1  87 143
2 30 2 102 127 2 36 2  95 173 2 42 2  96 158 2 48 2 113 144
2 30 3 115 128 2 36 3  94 122 2 42 3  94 154 2 48 3 115 146
;
run ;
```

6.10.2　平均値推移図を作成する SAS マクロ

6.10.1 節で作成したような経時的に収集されたデータについて，平均値推移図を作成する SAS マクロを作成します．平均値推移図の作成には，第 5 章で紹介した SGPLOT プロシジャを使用しますが，オプションなどの詳細については第 5 章を参照してください．

1 つの連続変数の平均値推移図

ここでは，1 つの連続変数について，経時的な平均値の推移図を作成する SAS マクロ G_MEAN を作成します．引数となるマクロ変数を以下に示します．

マクロ変数	説明
DATA	データセット名
GRP	薬剤群の変数（ここでは運動療法の有無を指定します）
GRPF	薬剤群の変数のフォーマット
VAR	分析変数

6.10 グラフ作成マクロ

マクロ変数	説明
X	X軸に指定する変数
XF	X軸に指定する変数のフォーマット
HIGE	標準偏差のひげを出力します（upper: 上側, lower: 下側, both: 両方）
SYMBOL	シンボルマークの種類（1: ●, 2: ▲）

平均値推移図の作成には，vline ステートメントを使用します．また，作成されたグラフファイルは，ods listing ステートメントの gpath オプションにより，WORK フォルダに保存されます．

```
%macro G_MEAN(DATA=,GRP=,GRPF=,VAR=,X=,XF=,HIGE=both,SYMBOL=1) ;
   ods listing gpath="%sysfunc(pathname(work))" ;
   proc sgplot data=&DATA ;
      vline &X
      / response=&VAR group=&GRP stat=mean limitstat=stddev limits=&HIGE
        markers
        markerattrs=(symbol=%if       &SYMBOL = 1 %then circlefilled ;
                             %else %if &SYMBOL = 2 %then trianglefilled ;) ;
      xaxis type=linear ;
      format &GRP &GRPF.. &X &XF.. ;
   run ;
%mend G_MEAN ;
```

実行プログラムを次に示します．事前に運動療法の有無と時点についてフォーマットをそれぞれ作成しておきます．ここでは，変数 SBP について，時点に VISIT2（運動療法の有無ごとに少し時点をずらした値を格納），標準偏差のひげを両方に出力，シンボルマークは黒三角（▲）をそれぞれ指定しています．

```
proc format ;
   value EXEF 1="Yes" 2="No" ;
   value VITF 0="Week 0" 1="Week 4" 2="Week 8" 3="Week 12" ;
run ;

%G_MEAN(DATA   = BPDATA,
        GRP    = EXERCISE,
        GRPF   = EXEF,
        VAR    = SBP,
        X      = VISIT2,
        XF     = VITF,
        HIGE   = both,
        SYMBOL = 2) ;
```

結果を次に示します．指定されたひげやシンボルマークで平均値推移図が作成されています．

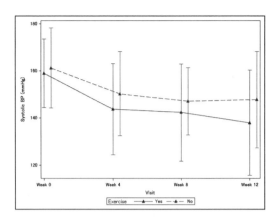

2つの連続変数の平均値推移図（重ね合わせ）

ここでは，2つの連続変数について，左右のY軸をそれぞれ別の変数に割り当てて平均値の推移図を作成するSASマクロG_MEAN2を作成します．引数となるマクロ変数を以下に示します．

マクロ変数	説明
DATA	データセット名
GRP	薬剤群の変数（ここでは運動療法の有無を指定します）
GRPF	薬剤群の変数のフォーマット
VAR	分析変数
VAR2	分析変数2（右側のY軸を使用）
YRANGE	1つ目の分析変数のY軸目盛り（左側）
YRANGE2	2つ目の分析変数のY軸目盛り（右側）
X	X軸に指定する変数
XF	X軸に指定する変数のフォーマット
HIGE	標準偏差のひげを出力します（upper: 上側，lower: 下側，both: 両方）
SYMBOL	シンボルマークの種類（1: ●，2: ▲）

マクロ変数VARに指定された変数は左側のY軸（yaxisステートメント）を使用して，軸の目盛りをマクロ変数YRANGEに指定します．また，マクロ変数VAR2に指定された変数は右側のY軸（y2axisステートメント）を使用して，軸の目盛りをマクロ変数YRANGE2に指定します．%ifステートメントでマクロ変数VAR2が指定されている場合は2つ目のvlineステートメントとy2axisステートメントが展開されて実行されます．

```
%macro G_MEAN2(DATA=,GRP=,GRPF=,VAR=,VAR2=,YRANGE=,YRANGE2=,
               X=,XF=,HIGE=both,SYMBOL=1) ;
   ods listing gpath="%sysfunc(pathname(work))" ;
   proc sgplot data=&DATA ;
      vline &X
      / response=&VAR group=&GRP stat=mean limitstat=stddev limits=&HIGE
```

```
                markers
                markerattrs=(symbol=%if       &SYMBOL = 1 %then circlefilled ;
                                     %else %if &SYMBOL = 2 %then trianglefilled ;) ;
        xaxis type=linear ;
        yaxis values=(&YRANGE) ;
        %if &VAR2 ne %str() %then %do ;
            vline &X
              / response=&VAR2 group=&GRP stat=mean limitstat=stddev limits=&HIGE
                markers y2axis
                markerattrs=(symbol=%if       &SYMBOL = 1 %then circlefilled ;
                                     %else %if &SYMBOL = 2 %then trianglefilled ;) ;
            y2axis values=(&YRANGE2) ;
        %end ;
        format &GRP &GRPF.. &X &XF.. ;
    run ;
%mend G_MEAN2 ;
```

実行プログラムを次に示します．分析変数には SBP と DBP を指定して，それぞれの目盛りも指定します．また，標準偏差のひげは upper を指定して上側のみ出力します．

```
%G_MEAN2(DATA    = BPDATA,
         GRP     = EXERCISE,
         GRPF    = EXEF,
         VAR     = SBP,
         VAR2    = DBP,
         YRANGE  = %str(80 to 180 by 20),
         YRANGE2 = %str(80 to 180 by 20),
         X       = VISIT2,
         XF      = VITF,
         HIGE    = upper,
         SYMBOL  = 2) ;
```

結果を次に示します．上側に SBP（収縮期血圧），下側に DBP（拡張期血圧）がそれぞれ出力されていて，各血圧の運動療法の有無についての経時的な推移が一枚のグラフで確認できます．

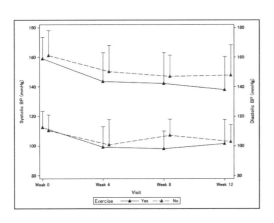

6.10.3 複数の種類から選択してグラフを作成する SAS マクロ

続いて，複数のグラフの種類から選択してグラフを作成する SAS マクロを紹介します．ここでは，連続変数の経時データについて比較的良く使用される以下の 3 つのグラフを用意します．個々のグラフの作成方法については第 5 章を参照してください．

- 個別推移図（個々のデータのプロット）
- 平均値推移図（6.10.2 節で作成した平均値と標準偏差のプロット）
- 棒グラフ（平均値を棒グラフとして出力）

引数となるマクロ変数を次に示します．

マクロ変数	説明
DATA	データセット名
GRP	薬剤群の変数（ここでは運動療法の有無を指定します）
GRPF	薬剤群の変数のフォーマット
GRAPH	グラフの種類を選択（1: 個別推移図，2: 平均値推移図，3: 棒グラフ）
VAR	分析変数
VARLABEL	分析変数のラベル
X	X 軸に指定する変数
XF	X 軸に指定する変数のフォーマット
HIGE	標準偏差のひげを出力します（upper: 上側，lower: 下側，both: 両方）
LINE	線の種類（1: 実線，2: 破線）
SYMBOL	シンボルマークの種類（1: ●，2: ▲）

```
%macro G_MACRO(DATA=,ID=,GRAPH=,GRP=,GRPF=,VAR=,X=,XF=,HIGE=both,SYMBOL=1) ;
   ods listing gpath="%sysfunc(pathname(work))" ;
   %if &GRAPH = 1 %then %do ;      *--- 1. 個別推移図 ;
      proc sort data=&DATA ; by &ID &X ; run ;
      proc sgpanel data=&DATA noautolegend ;
         panelby &GRP / layout=columnlattice ;
         series x=&X y=&VAR / group=&ID lineattrs=(pattern=1 color=black) ;
         rowaxis integer ;
         format &GRP &GRPF.. &X &XF.. ;
      run ;
   %end ;
   %else %if &GRAPH = 2 %then %do ; *--- 2. 平均値推移図 ;
      proc sgplot data=&DATA ;
         vline &X
           / response=&VAR group=&GRP stat=mean limitstat=stddev limits=&HIGE
             markers
             markerattrs=(symbol=%if     &SYMBOL = 1 %then circlefilled ;
                                 %else %if &SYMBOL = 2 %then trianglefilled ;) ;
         xaxis type=linear ;
```

```
            format &GRP &GRPF.. &X &XF.. ;
      run ;
   %end ;
   %else %if &GRAPH = 3 %then %do ; *--- 3. 棒グラフ ;
      proc sgpanel data=&DATA ;
         panelby &X / layout=columnlattice onepanel ;
         vbar &GRP  / response=&VAR group=&GRP
                      stat=mean ;
         format &GRP &GRPF.. &X &XF.. ;
      run ;
   %end ;
%mend G_MACRO ;
```

グラフの種類ごとの実行プログラムと結果を以降に示します．

個別推移図の作成

マクロ変数 GRAPH に 1 を指定して，SBP について，時点ごとに運動療法の有無でパネルを分けて個別推移図を作成します．個別推移図については，ID と VISIT でデータを並び替えてから sgpanel プロシジャの series ステートメントでグラフを作成する必要がありますので，マクロ変数 ID に ID を指定して，sort プロシジャでキー変数として使用します．

```
*--- 個別推移図 ;
%G_MACRO(DATA  = BPDATA,
         ID    = ID,
         GRAPH = 1,
         GRP   = EXERCISE,
         GRPF  = EXEF,
         VAR   = SBP,
         X     = VISIT,
         XF    = VITF) ;
```

結果を次に示します．運動療法の有無別に個別推移図が作成されています．

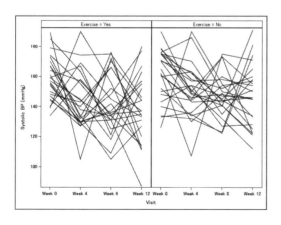

平均値推移図の作成

マクロ変数 GRAPH に 2 を指定することによって，sgplot プロシジャの vline ステートメントを使用して，6.10.2 節で作成した平均値推移図とほとんど同じグラフを作成することができます．引数の指定方法や値も 6.10.2 節とほとんど同じです．

```
*--- 平均値推移図 ;
%G_MACRO(DATA   = BPDATA,
         GRAPH  = 2,
         GRP    = EXERCISE,
         GRPF   = EXEF,
         VAR    = SBP,
         X      = VISIT2,
         XF     = VITF,
         HIGE   = upper,
         SYMBOL = 1) ;
```

結果を次に示します．

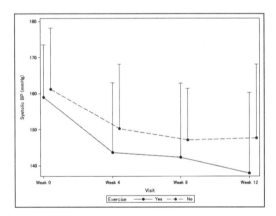

棒グラフの作成

マクロ変数 GRAPH に 3 を指定して，DBP について，時点ごとに運動療法の有無で色分した棒グラフを作成します．sgpanel プロシジャの vbar ステートメントを使用して棒グラフを作成します．

```
*--- 棒グラフ ;
%G_MACRO(DATA  = BPDATA,
         GRAPH = 3,
         GRP   = EXERCISE,
         GRPF  = EXEF,
         VAR   = DBP,
         X     = VISIT,
         XF    = VITF) ;
```

結果を次に示します．時点ごとに運動療法の有無の棒グラフが横並びで出力されています．

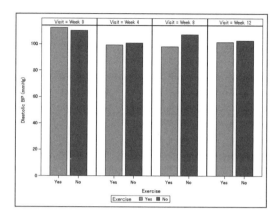

以上，経時的に収集されたデータについて，SASマクロを使用していくつかのグラフを作成する方法を紹介しました．標準的に使用するグラフについては，一度SASマクロとして登録しておけば，その都度一からレイアウトを検討して複雑なプログラムを作成する必要がありませんので，作成時間の短縮につながります．

6.11 参考文献

- SAS Institute Inc.「SAS OnlineDoc® 9.2」
http://support.sas.com/documentation/cdl_main/index.html
- Susan J. Slaughter, Avocet Solutions, Davis, CA, Lora D. Delwiche, Delwiche Consulting, Winters, CA 「SAS® Macro Programming for Beginners」SUGI 29
- Steven First, Katie Ronk, Systems Seminar Consultants, Madison, WI「Intermediate and Advanced SAS® Macros」SUGI 31
- Arthur X. Li, City of Hope Comprehensive Cancer Center, Duarte, CA「When Best to Use the %LET Statement, the SYMPUT Routine, or the INTO Clause to Create Macro Variables」SAS Global Forum 2010

演習問題

1. 以下の条件に従って，要約統計量を算出するマクロ CALCSUM を作成してください．
   - データセット名及び解析対象変数名をマクロの引数として指定する．
   - 結果を出力する ODS の種類を選択できるようにする（1：RTF 形式，2：PDF 形式）．
   - 算出する要約統計量をマクロ引数として指定する（例：スペース区切りで「n mean stddev」など）．
   - 要約統計量の算出には tabulate プロシジャを使用する．

2. 1．で作成したマクロ CALCSUM を使用して，sashelp ライブラリのデータセット CARS について，以下の条件で要約統計量を算出してください．
   - データセットのマクロ引数に sashelp.cars を指定する．
   - 解析対象変数名のマクロ引数に MPG_CITY を指定する．
   - ODS のマクロ引数に 2（PDF 形式）を指定する．
   - 要約統計量のマクロ引数に「n mean stddev min median max」を指定する．

第 7 章

行列計算と数値積分

本章では iml (interactive matrix language) プロシジャを用いて行列計算を行う方法と数値積分を行う方法を紹介します．特に，DATA ステップで繰り返し処理を行うよりも，iml プロシジャで繰り返し処理を行った方が処理速度が速いので，シミュレーションを行う際は iml プロシジャが重宝されます．

7.1 行列の作成

7.1.1 手入力で作成

まず，iml プロシジャを用いて行列 $\mathbf{X} = \begin{pmatrix} 1 & 3 \\ 2 & 4 \end{pmatrix}$ やベクトル $\mathbf{y} = (1\ 2\ 3\ 4)$ を作成し，表示する場合は次のようにします．ポイントは「横に列の要素を並べるときはスペース区切り」「行と行を区切る場合はカンマ（,）区切り」です．

```
proc iml ;
   X={1 2,
      3 4} ;
   y={1 2 3 4} ;
   print X y ; *--- 行列の表示(横) ;
quit ;
```

出力結果を次に示します．

```
X              y
1     2        1     2     3     4
3     4
```

ちなみに，行列を縦に並べて出力する場合は，print ステートメントを以下のようにします．

```
print X,y ;   *--- 行列の表示(縦) ;
```

7.1.2 規則性のある行列の作成

iml プロシジャには，単位行列や全ての要素が 1 である行列など，規則性のある行列を作成する関数が用意されています．

関数	内容
i(n)	n×n の単位行列
j(n, k, 値)	n×k の行列の要素全てに指定した値を格納（値を省略すると 1 が格納される）
do(a, b, c)	a から b で c 刻みの値を持つ行ベクトルを生成
a:b	a から b で 1 刻みの値を持つ行ベクトルを生成
repeat(行列, a, b)	指定した行列を縦に a 個，横に b 個複製

以下に例を挙げます．行列 **E** は単位行列，行列 **J** は要素が全て 1 の行列です．関数 j() を用いれば，ゼロ行列を作成することもできます．

```
proc iml ;
   E = i(3) ;            * 3×3の単位行列 ;
   F = do(1, 5, 2) ;     * (1, 3, 5) なるベクトル;
   J = j(2, 3, 1) ;      * 2×3の「1行列」;
   K = {1 2, 3 4} ;
   L = repeat(K, 1, 2) ; * 行列Kを横に2つ並べる ;
   print E F J K L ;
quit ;
```

出力結果を次に示します．

```
E            F            J            K
1  0  0      1  3  5      1  1  1      1  2
0  1  0                   1  1  1      3  4
0  0  1
```

```
           L
    1  2  1  2
    3  4  3  4
```

7.1.3 乱数の作成

3.9 節で紹介した乱数生成用関数の他に，確率分布に従う乱数が格納された行列を生成することができます．まず，生成した乱数を格納する行列 X（空箱）を準備した後，「call randseed(シード)」を実行して乱数の初期値を設定した上で，「call randgen(行列，' 分布を表すキーワード '，パラメータ 1，パラメータ 2，……)」を実行します．

分布名	分布を表すキーワード
確率 0.1 のベルヌーイ分布	randgen(X, 'BERNOULLI', 0.1) ;
パラメータ (2, 3) のベータ分布	randgen(X, 'BETA', 2, 3) ;
確率 0.4，試行数 50 の二項分布	randgen(X, 'BINOMIAL', 50, 0.4) ;
コーシー分布	randgen(X, 'CAUCHY') ;
自由度 6 の χ^2 分布	randgen(X, 'CHISQUARE', 6) ;
パラメータ 7 のアーラン分布	randgen(X, 'ERLANG', 7) ;
指数分布	randgen(X, 'EXPONENTIAL') ;
自由度（分子 :8，分母 :9）の F 分布	randgen(X, 'F', 8, 9) ;
パラメータ 10 のガンマ分布	randgen(X, 'GAMMA', 10) ;
確率 0.1 の幾何分布	randgen(X, 'GEOMETRIC', 0.1) ;
超幾何分布	randgen(X,'HYPERGEOMETRIC',40,3,20) ;
対数正規分布	randgen(X, 'LOGNORMAL') ;
確率 0.5，成功数 6 の負の二項分布	randgen(X, 'NEGBINOMIAL', 0.5, 6) ;
平均 7，標準偏差 8 の正規分布	randgen(X, 'NORMAL', 7, 8) ;
平均 9 のポアソン分布	randgen(X, 'POISSON', 9) ;
自由度 10 の t 分布	randgen(X, 'T', 10) ;
確率 0.1 〜 0.4 のテーブル分布	p = {0.1, 0.2, 0.3, 0.4} ; randgen(X, 'TABLE', p) ;
パラメータ 0.5 の三角分布	randgen(X, 'TRIANGLE', 0.5) ;
一様分布	randgen(X, 'UNIFORM') ;
パラメータ (6, 7) のワイブル分布	randgen(X, 'WEIBULL', 6, 7) ;

「全体で 40 本のうち当たりが 3 本あるくじびきについて，くじを 20 本引いた場合のあたりの本数（超幾何分布）に関する乱数」と「1（確率 0.1），2（確率 0.2），3（確率 0.3），4（確率 0.4）のうちどれが出るか（テーブル分布に従う乱数）」を生成する例を挙げます．

```
proc iml ;
  call randseed(7777) ;
```

```
   X = J(1, 10, .) ;    * 乱数を格納する空箱を用意 ;
   Y = J(1, 10, .) ;    * 乱数を格納する空箱を用意 ;

   * 超幾何分布 ;
   call randgen(X,'HYPERGEOMETRIC', 40, 3, 20) ;

   * テーブル分布 ;
   p = {0.1, 0.2, 0.3, 0.4} ;
   call randgen(Y, 'TABLE', p) ;
   print X, Y ;
quit ;
```

出力結果を次に示します．

```
                     X
0  0  0  0  0  0  1  0  0  1

                     Y
4  1  1  4  1  1  4  3  2  1
```

また，標準正規乱数を 5 個生成して行列に格納する例を挙げます．

```
proc iml ;
   call randseed(777) ;
   X = J(1, 5, .) ;           * 乱数を格納する空箱を用意 ;
   call randgen(X, "NORMAL", 0, 1) ; * 平均0, 分散1 ;
   print X ;
quit ;
```

出力結果を次に示します．

```
                     X
0.2796066  0.8227237  0.7713213  0.4897725   -0.2492
```

また，多次元正規乱数を生成する場合は「call vnormal(行列，平均ベクトル，分散共分散行列，数，乱数のシード)」や関数 randnormal(n,mean,cov) を使用します．例として，平均 $(0, 0)$，分散共分散行列 $\begin{pmatrix} 1 & 0.5 \\ 0.5 & 1 \end{pmatrix}$ なる 2 次元正規乱数を 5 組生成する例を挙げます．

```
proc iml ;
   MEAN = {0, 0} ;           * 平均(0,0) ;
   COV = {1 0.5, 0.5 1} ;    * 分散(1,1), 共分散0.5 ;
   call vnormal(X, MEAN, COV, 5, 777) ;            * 5組生成 ;
```

```
      print X ;
quit ;
```

出力結果を次に示します.

```
           X
 0.0458581 -0.718838
  1.53441  1.0568741
-0.149667  0.7476171
 0.6503341 1.0820515
 0.5618553 0.5685954
```

他にも，多次元分布に関する乱数を生成する関数がいくつか用意されています.

分布名	関数名
ディリクレ分布	randdirichlet (乱数の数 , shape パラメータ)
多項分布	randmultinomial (乱数の数 , 試行数 , 生起確率)
多次元 t 分布	randmvt (乱数の数 , 自由度 , 平均ベクトル , 分散共分散行列)
多次元正規分布	randnormal (乱数の数 , 平均ベクトル , 分散共分散行列)
ウィシャート分布	randwishart (乱数の数 , 自由度 , 正定値対称行列)

以下に例を挙げます（出力結果は省略）.

```
proc iml ;
  call  randseed(777) ;
  df    = 20 ;
  sigma = {1 0.5, 0.5 1} ;
  X     = randwishart(1, df, sigma) ;
  Y     = shape(X, 2, 2) ; * X を 2×2 行列に変換 ;
  print X Y ;
quit ;
```

7.1.4 データセット ⇔ 行列の変換

SAS のデータセットを読み込んで行列に変換することができます.

```
data RAW ;
  do I=1 to 2 ;
    X = I ; Y=I+2 ;
    output ;
  end ;
```

```
run ;

proc iml ;
  use work.RAW ;
  read all var {X Y} into Z ;
  close work.RAW ;
  print Z ;
quit ;
```

出力結果を次に示します．

```
            Z
      1        3
      2        4
```

ちなみに，行列を SAS のデータセットに変換することもできます．2 つの方法を挙げます．

```
proc iml ;
  X = {1 2 3, 4 5 6} ;
  Y = {7 8 9 0 1 2} ;
  C = {"A" "B" "C"} ;
  create MYDATA1 from X[colname=C] ;
  append from X ;
  close X ;

  create MYDATA2 var {X Y} ;
  append ;
  close X Y ;
quit ;
```

前者の方法は行列の形がそのまま SAS のデータセットに変換されていますが，後者の方法では各行列の要素を 1 列のベクトルにした上で，横に並べたデータセットに変換されます．

VIEWTABLE: Work.Mydata1

	A	B	C
1	1	2	3
2	4	5	6

VIEWTABLE: Work.Mydata2

	X	Y
1	1	7
2	2	8
3	3	9
4	4	0
5	5	1
6	6	2

7.2 行列へのアクセスと行列同士の結合，行列の集合

行列を作成した後は，様々な形式で行列にアクセスすることができます．

7.2.1 行列へのアクセス

まず，行列 X を作成したと仮定して，行列 X にアクセスする方法を紹介します．基本ルールは X[行への操作 , 列への操作] で，一方を空白にした場合は行又は列全体にアクセスします．また，カンマをつけずに X[全ての要素に対する操作] という操作もできます．

命令	機能
X[1,2]	1 行 2 列目の要素を取得
X[1,]	1 行目の行ベクトルを取得
X[,2]	2 列目の列ベクトルを取得
X[+,]	行方向（縦方向）の和を計算した行ベクトルを取得
X[,#]	列方向（横方向）の積を計算した列ベクトルを取得
X[<>,]	行方向（縦方向）の最大値を計算した行ベクトルを取得
X[><,]	行方向（縦方向）の最小値を計算した行ベクトルを取得
X[:,]	行方向（縦方向）の平均を計算した行ベクトルを取得
X[##]	全ての要素に対して平方和を計算した結果の値を取得
ncol(X)	行列 X の列数を取得
nrow(X)	行列 X の行数を取得

以下に例を挙げます．

```
proc iml ;
  X = {1 2,
       3 4} ;
  Z1 = X[1,2] ;   * 1行2列目の要素 ;
  Z2 = X[1, ] ;   * 1行目の行ベクトル ;
  Z3 = X[ ,2] ;   * 2列目の列ベクトル ;
  Z4 = X[+, ] ;   * 行方向（縦方向）の和を計算した行ベクトル ;
  Z5 = X[ ,#] ;   * 列方向（横方向）の積を計算した列ベクトル ;
  Z6 = X[<>,] ;   * 行方向（縦方向）の最大値を計算した行ベクトル ;
  Z7 = X[><,] ;   * 行方向（縦方向）の最小値を計算した行ベクトル ;
  Z8 = X[:, ] ;   * 行方向（縦方向）の平均を計算した行ベクトル ;
  Z9 = X[##]  ;   * 全ての要素に対して平方和を計算した結果の値 ;
  print X, Z1 Z2 Z3, Z4 Z5 Z6, Z7 Z8 Z9 ;
quit ;
```

出力結果を次に示します．

```
              X
         1         2
         3         4

         Z1        Z2            Z3
         2         1    2        2
                                 4

         Z4        Z5       Z6
         4    6    2        3    4
                   12

         Z7        Z8       Z9
         1    2    2    3   30
```

また，コロン（:）を用いて「始点：終点」という表現ができ，これを用いて行列にアクセスすることもできます．

```
proc iml ;
  X = {1 2 3,
       4 5 6,
       7 8 9} ;
  Z = X[1:2,2:3] ;    * 行列Xの「1～2行目」「2～3列目」にアクセス ;
  print X, Z ;
quit ;
```

出力結果を次に示します．

```
              X
         1         2         3
         4         5         6
         7         8         9

              Z
         2         3
         5         6
```

ちなみに，行列 **X** が n × 1 行または 1 × n 行の行列である場合はベクトルであるとみなされ，以下のように X[要素の番号] でアクセスすることもできます．

命令	機能
X[3]	3つ目の要素を取得（X がベクトルの場合）
X[1:2]	1つ目と2つ目の要素を取得（X がベクトルの場合）

7.2.2 行列同士の結合，行列の集合

まず，行列 **X** と行列 **Y** を作成したと仮定して，2 つの行列を結合する方法や，行列の集合演算を行う方法を紹介します．

命令	機能
X // Y	行列 X と行列 Y を縦結合する．
X || Y	行列 X と行列 Y を横結合する．
unique(X)	重複する要素を削除する．
union(X, Y)	行列 X と行列 Y の和集合．
xsect(X, Y)	行列 X と行列 Y の積集合．
setdif(X, Y)	行列 X と行列 Y の差集合．

以下に例を挙げます．

```
proc iml ;
  X  = {1 2,
        3 4} ;
  Y  = {5 6,
        7 8} ;
  Z1 = X//Y ;   * 縦結合 ;
  Z2 = X||Y ;   * 横結合 ;
  print X Y, Z1 Z2 ;
quit ;
```

出力結果を次に示します．

```
            X           Y
            1   2       5   6
            3   4       7   8

       Z1           Z2
        1   2        1   2   5   6
        3   4        3   4   7   8
        5   6
        7   8
```

もう 1 つ例を挙げます．

```
proc iml ;
  X  = {1 2 2 3} ;
  Y  = {1 3 5 7} ;
  Z1 = unique(X)   ;   * 重複削除 ;
```

```
    Z2   = union(X, Y) ;    * 和集合    ;
    Z3   = xsect(X, Y) ;    * 積集合    ;
    Z4   = setdif(X, Y);    * 差集合    ;
    print X, Y, Z1, Z2, Z3, Z4 ;
quit ;
```

出力結果を次に示します.

```
                    X
            1       2       2       3

                    Y
            1       3       5       7

                    Z1
            1       2       3

                    Z2
    1       2       3       5       7

                    Z3
            1       3

                    Z4
                    2
```

7.3 行列計算

それでは,いよいよ行列計算を行う方法を紹介します.

7.3.1 行列の四則演算など

行列同士の四則演算などを行う命令を以下に列挙します.

命令	機能
+	行列の足し算
-	行列の引き算
*	行列の掛け算
**	行列のべき乗
@	直積(クロネッカー積)

また，以下に列挙する命令も用意されていますが，ほとんど使うことはないでしょう．特に，行列同士を掛け算する際に「#」を用いると，期待する結果が得られないので注意が必要です．

命令	機能
#	対応する要素ごとの掛け算
##	対応する要素ごとのべき乗
/	対応する要素ごとの割り算

以下に四則演算などを行う例を示します．

```
proc iml ;
  X   = {1 2,
         3 4} ;
  Y   = {5 6,
         7 8} ;
  Z1  = X + Y ;   * 和 ;
  Z2  = X - Y ;   * 差 ;
  Z3  = X * Y ;   * 積 ;
  Z4  = X # Y ;   * いわゆる行列の積ではない！ ;
  Z5  = X**2  ;   * 行列のべき乗 ;
  print X Y, Z1 Z2 Z3, Z4 Z5 ;
quit ;
```

出力結果を次に示します．

```
            X            Y
            1    2       5    6
            3    4       7    8

      Z1           Z2           Z3
       6    8      -4   -4      19   22
      10   12      -4   -4      43   50

            Z4           Z5
            5   12        7   10
           21   32       15   22
```

7.3.2 行列計算

iml プロシジャには様々な行列計算を行う方法が用意されています（詳細は「SAS/IML 9.22 User's Guide」を参照）．ここではその一部の命令を紹介します．

7 行列計算と数値積分

命令	機能
det(X)	行列式
diag(X)	対角行列
eigval(X)	固有値
eigvec(X)	固有ベクトル
ginv(X)	一般化逆行列
half(X), root(X)	コレスキー分解（X は正定値対称行列）
inv(X)	逆行列
qr(Q, R, PIV, LINDEP, X)	QR 分解
sdv(U, Q, V, X)	特異値分解（行列 U, Q, V を返す）
solve(X, y)	Xb = y の解 b の計算
t(X)	行列の転置
trace(X)	トレース（対角成分の和）
vecdiag(X)	対角成分を抽出した列ベクトル

行列 $\mathbf{X} = \begin{pmatrix} 1 & 3 \\ 2 & 4 \end{pmatrix}$ の行列式を **Z1** に，対角以外の成分を全て 0 とした対角行列を **Z2** に代入する場合は以下のようにします．

```
proc iml ;
  X  = {1 3,
        2 4} ;
  Z1 = det(X) ;
  Z2 = diag(X) ;
  print X, Z1 Z2 ;
quit ;
```

出力結果を次に示します．

```
              X
          1       3
          2       4

         Z1      Z2
         -2       1       0
                  0       4
```

行列 $\mathbf{X} = \begin{pmatrix} 1 & 3 \\ 2 & 4 \end{pmatrix}$ の固有値を **Z1** に，固有値に対応する固有ベクトルを並べた行列を **Z2** に代入する場合は次のようにします．

```
proc iml ;
  X   = {1 3,
         2 4} ;
  Z1  = eigval(X) ;
  Z2  = eigvec(X) ;
  print X, Z1 Z2 ;
quit ;
```

出力結果を次に示します.

```
                    X
            1           3
            2           4


           Z1                   Z2
     5.3722813        0 0.5657675 -0.909377
    -0.372281        0 0.8245648  0.4159736
```

行列 $\mathbf{X} = \begin{pmatrix} 1 & 2 \\ 2 & 4 \end{pmatrix}$ は行列式が0ですので逆行列を持ちません.よって,以下のプログラムのように関数 inv(X) を実行するとエラーとなります.

```
proc iml ;
  X   = {1 2,
         2 4} ;
  Z   = inv(X) ;
  print X, Z ;
quit ;
```

このような場合は,関数 ginv(X) により行列 $\mathbf{X} = \begin{pmatrix} 1 & 2 \\ 2 & 4 \end{pmatrix}$ の一般化逆行列を計算すればエラーとなりません.

```
proc iml ;
  X   = {1 2,
         2 4} ;
  Z   = ginv(X) ;
  print X, Z ;
quit ;
```

出力結果を次に示します.

```
                    X
            1       2
            2       4

                    Z
      0.04    0.08
      0.08    0.16
```

正定値対称行列 $\mathbf{X} = \begin{pmatrix} 1 & 2 \\ 2 & 4 \end{pmatrix}$ についてコレスキー分解 t(**Z**)***Z** を行ったときの行列 Z と，その二乗である **Z2** = **Z**^{2} を計算する場合は以下のようにします．

```
proc iml ;
  X    = {1 2,
          2 4} ;
  Z    = half(X) ;
 *Z    = root(X) ;
  Z2   = t(Z)*Z ;
  print X, Z Z2 ;
quit ;
```

出力結果を次に示します．

```
                        X
                  1       2
                  2       4

        Z               Z2
   1        2        1        2
   0        0        2        4
```

行列 $\mathbf{X} = \begin{pmatrix} 1 & 3 \\ 2 & 4 \end{pmatrix}$ を直交行列 **Q** と上三角行列 **R** の積に分解（QR 分解）し，計算結果の LINDEP から行列のランクを計算する場合は以下のようにします．

```
proc iml ;
  X    = {1 2,
          2 4} ;
  call  qr(Q, R, PIV, LINDEP, X) ;
  RANK= ncol(X) - LINDEP ;    * ランク ;
  print X, Q R RANK ;
quit ;
```

出力結果を次に示します．

```
                          X
                  1         2
                  2         4

        Q                   R              RANK
-0.447214 -0.894427 -2.236068 -4.472136      1
-0.894427 0.4472136         0         0
```

行列 $X = \begin{pmatrix} 1 & 3 \\ 2 & 4 \end{pmatrix}$ の特異値分解,すなわち $X = U * Q * t(V)$ を満たす直交行列 U,行列 X の特異値を対角成分とする対角行列 Q,直交行列 V を作成する場合は以下のようにします.

```
proc iml ;
  X    = {1 3,
          2 4} ;
  call svd(U, Q, V, X);
  print X, U Q V ;
quit ;
```

出力結果を次に示します.

```
                          X
                  1         3
                  2         4

        U                   Q                V
0.5760484 -0.817416   5.4649857   0.4045536 0.9145143
0.8174156 0.5760484   0.3659662   0.9145143 -0.404554
```

連立方程式 $\begin{cases} z_1 + 3z_2 = 5 \\ 2z_1 + 4z_2 = 6 \end{cases}$ の解 $z = \begin{pmatrix} z_1 \\ z_2 \end{pmatrix}$ は,$X = \begin{pmatrix} 1 & 3 \\ 2 & 4 \end{pmatrix}$,$y = \begin{pmatrix} 5 \\ 6 \end{pmatrix}$ としたときの $Xz = y$ の解となります.これは関数 solve() を用いて以下のようにすれば解 z を計算することができます.

```
proc iml ;
  X    = {1 3,
          2 4} ;
  Y    = {5,
          6} ;
  Z    = solve(X,y) ;
  print X Y, Z ;
quit ;
```

出力結果を次に示します.

```
              X              Y
       1      3         5
       2      4         6


              Z
             -1
              2
```

行列 $X = \begin{pmatrix} 1 & 2 \\ 2 & 4 \end{pmatrix}$ の転置行列を **Z1** に，トレースを **Z2** に，対角成分のみを抽出してベクトル化した **Z3** を作成する場合は以下のようにします．

```
proc iml ;
  X   = {1 3,
         2 4} ;
  Z1  = t(X) ;
  Z2  = trace(X) ;
  Z3  = vecdiag(X) ;
  print X, Z1 Z2 Z3 ;
quit ;
```

出力結果を次に示します．

```
                   X
            1      3
            2      4

        Z1         Z2     Z3
     1      2       5      1
     3      4              4
```

7.3.3　行列計算の適用例

以下のデータについて回帰分析を行い「薬剤の種類が QOL に影響を及ぼすかどうか」について調べてみます．

患者	薬剤	QOL
1	A	8
2	A	4
3	B	7
4	B	5
5	B	3

解析するための回帰モデルは以下のものを考えます.

$$\mathbf{y} = \mathbf{X}\boldsymbol{\beta} + \boldsymbol{\varepsilon} \quad (\mathrm{E}[\boldsymbol{\varepsilon}] = 0, \ \mathrm{V}[\boldsymbol{\varepsilon}] = \sigma^2 \mathbf{I})$$
$$\hat{\boldsymbol{\beta}} = (\mathrm{t}(\mathbf{X}) * \mathbf{X})^{-1} \mathrm{t}(\mathbf{X}) \mathbf{y}$$

まずは glm プロシジャで回帰分析を行ってみます.

```
data MYDATA ;
  input X Y @@ ;
  cards ;
    1 8
    1 4
    0 7
    0 5
    0 3
  ;
run ;

proc glm data=MYDATA ;
  model Y = X / solution ;
run ;
```

出力結果(抜粋)は次のとおりで,パラメータの推定値は $\hat{\boldsymbol{\beta}} = \begin{pmatrix} 5 \\ 1 \end{pmatrix}$ と推定されました.

パラメータ	推定値	標準誤差	t 値	Pr > |t|
Intercept	5.000000000	1.33333333	3.75	0.0331
X	1.000000000	2.10818511	0.47	0.6676

次に,iml プロシジャ上で行列計算を行うことにより,パラメータの推定値を算出してみます.まず,計画行列 **X** を作成するために「薬剤 A:1, 薬剤 B:0」とし,

$$\mathbf{y} = \begin{pmatrix} 8 \\ 4 \\ 7 \\ 5 \\ 3 \end{pmatrix}, \mathbf{X} = \begin{pmatrix} 1 & 1 \\ 1 & 1 \\ 1 & 0 \\ 1 & 0 \\ 1 & 0 \end{pmatrix}$$

を考えると,iml プロシジャでパラメータの推定値を計算する方法は以下となります.

```
proc iml ;
  y = {8, 4, 7, 5, 3} ;
  X = {1 1,
       1 1,
       1 0,
       1 0,
```

```
       1 0} ;
  b = inv( t(X)*X )*t(X)*y ;
  print y X, b ;
quit ;
```

出力結果を次に示します.

```
         y        X
         8        1    1
         4        1    1
         7        1    0
         5        1    0
         3        1    0

                  b
                  5
                  1
```

また,計画行列 **X** を作成する際,「薬剤 A である:1,薬剤 A でない:0」「薬剤 B である:1,薬剤 B でない:0」とするダミー変数を作成する場合は,

$$y = \begin{pmatrix} 8 \\ 4 \\ 7 \\ 5 \\ 3 \end{pmatrix}, \mathbf{X} = \begin{pmatrix} 1 & 1 & 0 \\ 1 & 1 & 0 \\ 1 & 0 & 1 \\ 1 & 0 & 1 \\ 1 & 0 & 1 \end{pmatrix}$$

となりますが,上記行列を用いてパラメータの推定値を計算すると,行列 **X** の逆行列が存在しないため,エラーとなります.このような場合は,行列 **X** の逆行列を求める際に,関数 inv() の代わりに関数 ginv() を用います.

```
proc iml ;
  y = {8, 4, 7, 5, 3} ;
  X = {1 1 0,
       1 1 0,
       1 0 1,
       1 0 1,
       1 0 1} ;
  b = ginv( t(X)*X )*t(X)*y ;
  print y X, b ;
quit ;
```

出力結果を次に示します.

```
y         X
8    1    1    0
4    1    1    0
7    1    0    1
5    1    0    1
3    1    0    1

         b
    3.6666667
    2.3333333
    1.3333333
```

7.4 iml プロシジャでプログラミング

iml プロシジャでも，DATA ステップの中とほぼ同じ命令で条件分岐や繰り返しを行うことができます．

7.4.1 条件分岐

「if … then do」や「else if」など，iml プロシジャでも DATA ステップの中とほぼ同じ命令が使えます．異なる点は，DATA ステップでは「ne」や「and」などの文字による演算子の表現ができましたが，iml プロシジャでは記号による演算子の表現のみとなっています．

演算子の使用例	意味
A = B	AとBが同じ
A ^= B	AとBが異なる
A > 10	Aが10より大きい
A < 10	Aが10未満
A >= 10	Aが10以上
A <= 10	Aが10以下
A=1 & B=1	Aが1かつBが1
A=1 | B=1	Aが1またはBが1
^(A=1)	Aが1でない

次に例を挙げます．

```
proc iml ;
  X = 1 ;
  if   (X > 1) then Y = 1 ;
  else  Y = 2 ;
  print X Y ;
quit ;
```

出力結果を次に示します．

```
       X     Y
       1     2
```

上記の例では，「Xが1より大きい場合は1」「そうでない場合は2」をYに代入するものでしたが，関数choose()を使えばこれを簡潔に記述できます．

```
proc iml ;
  X = 1 ;
  Y = choose(X > 1, 1, 2) ;
  print X Y ;
quit ;
```

出力結果は上記と同様です．

7.4.2 繰り返し

「do i=1 to 10 by 2 ; ... end ;」や「do while」「do until」など，imlプロシジャでもDATAステップの中と同じ繰り返し命令が使えます．以下に例を挙げます．

```
proc iml ;
  X = J(1, 10, 0) ;
  print X ;
  do i=1 to ncol(X) ;
    X[i] = i ;
  end ;
  print X ;
quit ;
```

出力結果を次に示します．1つ目のXは空箱の状態，2つ目のXはdoステートメントの処理後（添字を要素としたベクトル）を表示しています．

```
                    X
0  0  0  0  0  0  0  0  0  0

                    X
1  2  3  4  5  6  7  8  9  10
```

7.4.3 適用例

3.9.2 節「シミュレーションについて」で紹介した「モンテカルロ・シミュレーション」を iml プロシジャで実行する例として,「4 個のサイコロを投げたときの目の合計」の平均値をモンテカルロ・シミュレーションで求めてみます. 手順とプログラムを次に示します.

1. 各シミュレーションの結果を入れる空箱として, 1000 行 1 列の行列 X (要素は全て欠測) を準備する.
2. do ステートメントを用いて以下を I=1, …, 1000 回繰り返す.
   - 関数 rand('TABLE') でサイコロ投げを 4 回行う.
   - 4 回の結果の和を行列 X の各行に代入する.
3. 行列 X の平均値を算出する.

```
proc iml ;
  X = J(1000, 1, .) ;
  call streaminit(777) ;
  do I=1 to 1000 ;
    X[I] = rand("TABLE",1/6,1/6,1/6,1/6,1/6,1/6)
          +rand("TABLE",1/6,1/6,1/6,1/6,1/6,1/6)
          +rand("TABLE",1/6,1/6,1/6,1/6,1/6,1/6)
          +rand("TABLE",1/6,1/6,1/6,1/6,1/6,1/6) ;
  end ;
  MEAN = X[:] ;
  print MEAN ;
quit ;
```

出力結果を次に示します.

```
MEAN
14.06
```

7.5 関数の定義と数値積分

7.5.1 関数の定義

iml プロシジャで関数を定義する場合は以下の書式を使います.

```
proc iml ;
  start f(x) ;
    ・・・処理・・・
    return( x+1 ) ;
  finish ;
run ;
```

例えば，関数 f(x) = x + 1 を iml プロシジャで定義する場合は以下のようにします．この関数 f(x) の引数は x，返り値は x + 1 です．

```
proc iml ;
  start f(x) ;
    return( x+1 ) ;
  finish ;
run ;
```

start ステートメントと finish ステートメントの間で処理を行い，結果を return ステートメントで返すこともできます．

```
proc iml ;
  start f(x) ;
    fx = x + 1
    return( fx ) ;
  finish ;
run ;
```

関数 f(x) を定義した後は，iml プロシジャ内で関数 f を用いることができます．

```
proc iml ;
  start f(x) ;
    return( x+1 ) ;
  finish ;
  y = f(2) ;
```

```
    print y ;
run ;
```

出力結果を次に示します．

```
            y
            3
```

7.5.2 一変数の数値積分

iml プロシジャで関数 f をある積分範囲で積分し，結果を変数 RESULT に代入する場合は quad ステートメントを用います．このとき，関数 f の引数は 1 つにしておく必要があり，その引数に対する積分が実行されます．

```
call quad(RESULT, "f", 積分範囲の下限||積分範囲の上限) ;
```

例として，関数 $f(x) = x + 1$ について積分 $\int_0^1 f(x)\,dx = \int_0^1 (x+1)dx$ を実行してみましょう．関数 $f(x)$ の引数は x ですので，quad ステートメントでは引数 x について 0 〜 1 の間で積分することになります．

```
proc iml ;
  start f(x) ;
    fx = x + 1 ;
    return(fx) ;
  finish ;

  call quad(RESULT, "f", 0 || 1 ) ;
  print RESULT ;
quit ;
```

出力結果を次に示します．

```
            RESULT
            1.5
```

また，グローバル変数（iml プロシジャの全体で使用できる変数）を定義すると，もう少し柔軟な積分ができます．例として，グローバル変数 a を用いて関数 $f(x) = x + a$ を定義し，$\int_0^a f(x)\,dx = \int_0^a (x+a)dx$（a = 1）を実行してみましょう．関数 f(x) を定義する際，引数は x，変数 a（グローバル変数）は関数 f(x) 内では定数として定義されます．その後，a = 1 を実行しているので，quad ステー

トメントでは $\int_0^1 f(x)\,dx = \int_0^1 (x+1)dx$ と計算され，結果として先ほどの例の計算結果と等しくなります．

```
proc iml ;
  start f(x) global(a) ;
    fx = x + a ;
    return(fx) ;
  finish;

  a = 1 ;
  call quad(RESULT, "f", 0 || a );
  print RESULT ;
quit ;
```

出力結果を次に示します．

```
       RESULT
         1.5
```

7.5.3 重積分・1

重積分を行う例として，2変数関数の積分 $\int_0^2 \int_0^1 (2x+y)dxdy$ を行うことを考えてみます．まず，グローバル変数 y を用いて，関数 f1：f(x) = 2x + y を定義します．関数 f1：f(x) を定義する際，引数は x，変数 y（グローバル変数）は関数 f(x) 内では定数として定義されます．

```
proc iml ;
  start f1(x) global(y) ;
    fx = 2*x + y ;
    return(fx) ;
  finish ;
    ..................
```

次に，グローバル変数 y を用いて，関数 f2：g(y) = $\int_0^1 f(x)dx$ を定義します．

```
proc iml ;
  start f1(x) global(y) ;
    fx = 2*x + y ;
    return(fx) ;
  finish ;

  start f2(z) global(y) ;
    y = z ;
```

```
    call quad(gy, "f1", 0 || 1 ) ;
    return(gy) ;
  finish ;
  ................
```

　関数 f2：g(y) では，まず「y=z」と，グローバル変数 y に引数 z の値を代入していますので，関数 f2 の引数は実質 y となります．次に，quad ステートメントでは $\int_0^1 f(x)dx = \int_0^1 (2x + y)dx$ を計算しますので，結果として関数 f2 は関数 f2：g(y) = $\int_0^1 f(x)dx = \int_0^1 (2x + y)dx$ を定義していることに相当します．

　最後に，2 変数関数の積分 $\int_0^2 \int_0^1 (2x + y)dxdy$ を実行するプログラムを紹介します．

```
proc iml ;
  start f1(x) global(y) ;
    fx = 2*x + y ;
    return(fx) ;
  finish ;

  start f2(z) global(y) ;
    y = z ;
    call quad(gy, "f1", 0 || 1 ) ;
    return(gy) ;
  finish ;

  call quad(RESULT, "f2", 0 || 2 ) ;
  print RESULT ;
quit ;
```

　上記プログラムの下から 3 行目の quad ステートメントでは，関数 f2 の引数 z（実質 y）について 0～2 の間で積分していますので，$\int_0^2 g(y)dy$ を計算していることになりますが，関数 f2：g(y) は $\int_0^1 f(x)dx = \int_0^1 (2x + y)dx$ なので，結果として，この quad ステートメントでは $\int_0^2 \int_0^1 (2x + y)dx$ を計算していることになります．出力結果を次に示します．

```
              RESULT
                 4
```

7.5.4　重積分・2

　次に，積分範囲が少し複雑な例として，2 変数関数の積分 $\int_0^2 \int_0^{y/2} (2x + y)dxdy$ を行うことを考えてみます．まず，グローバル変数 y を用いて，関数 f1：f(x) = 2x + y を定義します．関数 f1：f(x) を定義する際，引数は x，変数 y（グローバル変数）は関数 f(x) 内では定数として定義されます．

```
proc iml ;
  start f1(x) global(y) ;
    fx = 2*x + y ;
    return(fx) ;
  finish ;
  ................
```

次に，グローバル変数 y を用いて，関数 f2：$g(y) = \int_0^{y/2} f(x)dx$ を定義します．

```
proc iml ;
  start f1(x) global(y) ;
    fx = 2*x + y ;
    return(fx) ;
  finish ;

  start f2(z) global(y) ;
    y = z ;
    call quad(gy, "f1", 0 || y/2 ) ;
    return(gy) ;
  finish ;
  ................
```

関数 f2：g(y) では，まず「y=z」と，グローバル変数 y に引数 z の値を代入していますので，関数 f2 の引数は実質 y となります．次に，quad ステートメントでは $\int_0^{y/2} f(x)dx = \int_0^{y/2}(2x+y)dx$ を計算しますので，結果として関数 f2 は関数 f2：$g(y) = \int_0^{y/2} f(x)dx = \int_0^{y/2}(2x+y)dx$ を定義していることに相当します．

最後に，2 変数関数の積分 $\int_0^2 \int_0^{y/2}(2x+y)dxdy$ を実行するプログラムを紹介します．

```
proc iml ;
  start f1(x) global(y) ;
    fx = 2*x + y ;
    return(fx) ;
  finish ;

  start f2(z) global(y) ;
    y = z ;
    call quad(gy, "f1", 0 || y/2 ) ;
    return(gy) ;
  finish ;

  call quad(RESULT, "f2", 0 || 2 ) ;
  print RESULT ;
quit ;
```

上記プログラムの下から 3 行目の quad ステートメントでは，関数 f2 の引数 z（実質 y）について 0 ～ 2 の間で積分していますので，$\int_0^2 g(y)dy$ を計算していることになりますが，関数 f2：g(y) は $\int_0^{y/2} f(x)dx = \int_0^{y/2}(2x+y)dx$ でしたので，結果として，この quad ステートメントでは $\int_0^2 \int_0^{y/2}(2x+y)dxdy$ を計算していることになります．出力結果を次に示します．

```
         RESULT
           2
```

7.5.5 数値積分の適用例

3.7.6 節の項「中間解析で使用する棄却限界値の算出」では，中間解析を行う際の各回の検定における棄却点を求める方法を紹介しました．例えば，中間解析を 1 回，最終解析を 1 回行う場合において，「検定全体の Type I error を起こす確率」を Pocock の方法により 2.5% に調節した場合の各回の検定における棄却点を求める場合は seqdesign プロシジャを用いました．

```
ods graphics on ;
proc seqdesign plots=all ;
  Pocock1: design method=poc nstages=2 alt=upper alpha=0.025 ;
run ;
ods graphics off ;
```

出力結果（抜粋）は以下となり，棄却限界値が 2.17827 と算出されました．

```
              Boundary Information (Standardized Z Scale)
                       Null Reference = 0

                                    -Alternative-    -Boundary Values-
                  -Information Level-  --Reference--    ------Upper------
      _Stage_         Proportion          Upper            Alpha
         1              0.5000            2.40406          2.17827
         2              1.0000            3.39985          2.17827
```

中間解析を 1 回，最終解析を 1 回行う場合における Pocock の方法で求めた棄却点は，以下の式を満たす c の値となります．

$$0.025 = 1 - \int_{-\infty}^{\sqrt{2}c} \int_{-\infty}^{c} \frac{1}{2\pi} \exp\left(-\frac{u_1^2}{2}\right) \exp\left(-\frac{(u_2-u_1)^2}{2}\right) du_1 du_2$$

そこで，iml プロシジャを用いて，c = 2.17827 のときの上式の右辺を計算し，結果が 0.025 になるかを検算してみましょう．プログラムを次に示します．

```
proc iml ;
  start f1(u2) global(u1) ;
    f = exp(-u1**2/2)*exp(-(u2-u1)**2/2)/(2*constant('pi')) ;
    return(f) ;
  finish ;

  start f2(x) global(u1, c) ;
    u1 = x ;
    call quad(f, "f1", -5 || (c#sqrt(2)) ) ;
    return(f) ;
  finish ;

  c = 2.17827 ;
  call quad(f, "f2", -5 || c ) ;
  alpha = 1 - f ;
  print alpha ;
quit ;
```

出力結果は次の通りで，ほぼ 0.025 となりました．

```
alpha
0.0252037
```

ちなみに，iml プロシジャでは，π は「constant('pi')」，自然対数の e は「constant('e')」，$-\infty$ は「.M」，∞ は「.P」と表現します．

7.6 参考文献

- SAS/IML 9.22 User's Guide
- Rick Wicklin（2010）「Statistical Programming with SAS/ IML Software（SAS Institute Inc.）」

演習問題

1. 行列 $X = \begin{pmatrix} 1 & 1 & 1 \\ 2 & 2 & 2 \\ 3 & 3 & 3 \end{pmatrix}$, $Y = \begin{pmatrix} 0 & 1 & 2 \\ 2 & 3 & 4 \\ 4 & 5 & 6 \end{pmatrix}$ を作成してください.

2. X と Y の和を行列 Z に代入してください.

3. Z の逆行列を計算してください.

4. $\int_{-\infty}^{\infty} \frac{\exp(-x^2/2)}{\sqrt{2\pi}} dx$ を計算してください.

第8章
プロシジャの構文一覧

　本章では，本書でこれまでに紹介した主なプロシジャのオプションなどをまとめております．既に詳細に説明したプロシジャについては，それぞれ紹介されている箇所を記載しておりますので，使用方法を確認したい場合は該当箇所を参照してください．

append プロシジャ

2.8節「データの結合」を参照してください．

copy プロシジャ

2.4節「ライブラリ」を参照してください．

corr プロシジャ：相関係数の算出

```
proc corr data=データセット名 [pearson/spearman] ;
  var 第1変数 第2変数 …… ;
  with第1変数 第2変数 …… ;
run ;
```

[pearson/spearman]　　それぞれpearsonの相関係数，spearmanの順位相関係数を求めます．他にもkendall（のτ）が指定できます．

var　　相関係数を求める変数を指定します．

with　　varに指定された各変数について，相関係数を求める対象となる変数を指定します（varのみの指定では，varに指定された変数の全ての組み合わせで相関係数が算出されます）．

export プロシジャ：外部データファイルへの出力

```
proc export data     = データセット名
            outfile  = "外部ファイルのフルパス"/ファイル参照名
            dbms     = データソース名 replace ;
            sheet    = "シート名" ;
            delimiter = "区切り文字" ;
run;
```

data= データセット名　　外部ファイルへ出力するデータセットを指定します．

outfile=" 外部ファイルのフルパス "/ ファイル参照名　　出力先の外部ファイルのフルパスまたは filename ステートメントで定義したファイル参照名を指定します．

dbms= データソース名　　出力する外部データの種類（dlm（delimiter= オプションと併用），tab，csv，excel など）を指定します．

replace　　出力先の外部ファイルを上書きします．

sheet=" シート名 "　　出力先の外部ファイルがエクセルファイルの場合のシート名を指定します．

delimiter=" 区切り文字 "　　dbms=dlm が指定されている場合に区切り文字を指定します．

format プロシジャ：フォーマットの作成

```
proc format cntlin=データセット名 cntlout=データセット名 fmtlib ;
  value フォーマット名  値1="ラベル1" 値2="ラベル2" …… ;
  picture picture名  値1="ラベル1" 値2="ラベル2" …… ;
run ;
```

value フォーマット名 値 1=" ラベル 1" ……　　まずフォーマット名を指定します．次に，値 1 に「ラベル 1」を割り当てる場合は「値 1=" ラベル 1"」と指定し，以下同様に列挙します．

picture picture 名 値 1=" ラベル 1" 値 2=" ラベル 2" ……　　値や範囲に対して，出力パターンを指定します．例えば，「0 - 100 = "999"」と指定した場合，9 を「009」と出力します．また，「0 - 100 = "009"」と指定した場合は 9 を「9」と出力します．

cntlin= データセット名　　フォーマット情報が格納されたデータセット（制御データセットと呼ばれるデータセットです）を読み込んでフォーマットを作成します．

cntlout= データセット名　　ユーザーが作成したフォーマットを制御データセットとして出力します．

freq プロシジャ：頻度集計・クロス表の作成

```
proc freq data=データセット名 order=[data/formatted/freq/internal] ;
  weight N ;
  tables 行変数*列変数
           / riskdiff(非劣性に関する設定) relrisk chisq cmh trend
             cmh2 scores=rank nocol norow nopercent alpha=値 ;
  exact  [agree/fisher/mcnem//or] ;
run ;
```

order=[data/formatted/freq/internal] 　行と列の並べ方を指定します．

weight 重み変数 　重み変数がある場合は重み変数を指定します．3.5.14節の項「頻度データの持ち方について」を参照してください．

table 　分割表を描くための「行変数」と「列変数」を指定します．

riskdiff, relrisk 　順番に「リスク差」「リスク比とオッズ比」を出力します．また，非劣性検定を行う場合はその設定値を指定します．3.5.14節の項「割合に関する非劣性検定」を参照してください．

alpha 　有意水準（または信頼限界）αを指定します．

chisq 　χ^2検定を行います．

cmh 　コクラン・マンテル・ヘンツェル統計量を算出します．

trend 　コクラン・アーミテージ検定を実行します．

cmh2 scores=rank 　クラスカル・ウォリス検定を実行します．

nocol norow nopercent 　それぞれ「列の割合」「行の割合」「セルごとの割合」のパーセントを削除します．

exact [agree/fisher/mcnem/or] 　それぞれ「カッパ係数」「フィッシャーの正確検定」「マクネマー検定」「オッズ比」に関する解析を実行します．

genmod プロシジャ：一般化線形モデル

```
proc genmod data=データセット名 ;
  class  カテゴリ変数1 カテゴリ変数2 … ;
  model  モデル式 / dist=分布名 link=リンク関数 offset=オフセット項 ;
  bayes  seed=乱数のシード ;
run ;
```

class 　カテゴリ変数を指定します．

model 　回帰モデル式を指定します．

dist= 分布名 link= リンク関数 offset= オフセット項 　分布関数，リンク関数，オフセット項を指定します．

bayes seed= 乱数のシード　　ベイズ推定を行う際に指定します．

glm プロシジャ：回帰モデルに関する解析

```
proc glm data=データセット名 ;
  class    カテゴリ変数1 カテゴリ変数2 … ;
  model    モデル式 / noint solution ss1 ss2 ss3 ;
  test     H=変数1  E=変数2 ;
  lsmeans  カテゴリ変数 / pdiff ;
run;
```

class　　カテゴリ変数を指定します．
model　　回帰モデル式を指定します．
noint　　回帰モデル式の切片を除いてモデルを作成する場合に指定します．
solution　　回帰モデル式の傾き（パラメータ）の推定値を出力します．
ss1, ss2, ss3　　それぞれ「Type I」「Type II」「Type III」の平方和を出力します．
test H= 変数 1 E= 変数 2　　変数1を効果，変数2を誤差として検定統計量を構成して検定を行います．
lsmeans　　注目するカテゴリ変数ごとに調整済み平均値（LS Means）を算出します．さらに pdiff オプションでカテゴリ間の群間差が算出されます．

gplot プロシジャ：従来のグラフ作成プロシジャ

```
proc gplot data=データセット名  ;
  plot 縦軸変数*横軸変数=グループ変数
  / haxis=axis[n] vaxis=axis[n] legend=legend[n] overlay skipmiss ;
run;
```

plot 縦軸変数 * 横軸変数 = グループ変数　　プロットする縦軸変数，横軸変数，グループ変数を指定します．「(縦軸変数1 変数2…)*横軸変数」と指定して，複数のプロットを指定することもできます．また，plot2 ステートメントを使用して，右側の縦軸を使用して異なるプロットを出力することができます．
haxis=axis[n]　　横軸に指定する軸の定義を指定します．[n] には，axis ステートメントで定義した番号を記述します（例：axis2）．
vaxis=axis[n]　　縦軸に指定する軸の定義を指定します．[n] には，axis ステートメントで定義した番号を記述します（例：axis2）．
vaxis=legend[n]　　凡例定義を指定します．[n] には，legend ステートメントで定義した番号を記述します（例：legend1）．
overlay　　複数のプロットが指定されている場合，それらを全て重ね合わせて出力します．

skipmiss　線を出力する際に，途中で欠側値が存在する場合に線を引きません．

iml プロシジャ

第 7 章「行列計算と数値積分」を参照してください．

import プロシジャ：外部データファイルの読み込み

```
proc import out      = データセット名
datafile = "外部ファイルのフルパス"/ファイル参照名
dbms     = データソース名 ;
replace ;
   sheet     = "シート名" ;
   getnames  = yes/no ;
   mixed     = yes/no ;
   delimiter = "区切り文字" ;
run;
```

out= データセット名　出力するデータセット名を指定します．
datafile=" 外部ファイルのフルパス "/ ファイル参照名　読み込む外部ファイルのフルパスまたは filename ステートメントで定義したファイル参照名を指定します．
dbms= データソース名　読み込む外部データの種類（dlm（delimiter= オプションと併用），tab，csv，excel など）を指定します．
replace　out= で指定された SAS データセットを上書きします．
sheet=" シート名 "　外部ファイルがエクセルファイルの場合のシート名を指定します．
getnames=yes/no　外部ファイルの 1 行目に変数名が格納されている場合は yes を指定します．
mixed=yes/no　文字と数値が混ざっている場合に yes を指定して文字変数として読み込みます．
delimiter=" 区切り文字 "　dbms=dlm が指定されている場合に区切り文字を指定します．

lifetest プロシジャ：生存時間解析に関する解析

```
proc lifetest data=データセット名 plots=([s,lls]) ;
  time   時間変数 * イベント/打ち切り変数(打ち切りを表す値) ;
  strata カテゴリ変数 ;
run;
```

plots=([s,lls])　それぞれ「生存関数のプロット」「生存関数の二重対数プロット」を作成します．
time　「イベントまたは打ち切りまでの時間を表す変数」と「イベントまたは打ち切りを表す変数」を指定し，カッコの中に「打ち切りを表す値」を指定します．例えば，「DAY*CENCER(2)」

と指定すると,「CENCER=2」は打ち切り例,それ以外(例えば「CENCER=1」)をイベント例として扱います.

strata 注目するカテゴリ変数を指定します.例えば「薬剤によってイベントが起こるまでの期間に違いがあるかどうか」を調べる場合は,「薬剤の種類」を表す変数を指定します.

logistic プロシジャ:ロジスティック回帰モデルに関する解析

```
proc logistic data=データセット名 order=[data/formatted/freq/internal] ;
  class    カテゴリ変数1 カテゴリ変数2 …
                   / ref=[first/last] param=[ref/glm] ;
  model    モデル式 / noint expb ;
  unit     変数=値 ;
  contrast "ラベル" 変数  対比係数 ;
run ;
```

order=[data/formatted/freq/internal] 行と列の並べ方を指定します.

class カテゴリ変数を指定します.

ref=[first/last] param=ref オプション ref=[first/last] で「カテゴリの一番最初/一番最後」をベースとして,ベースに対するオッズ比の推定を行います.「一番最初(最後)」の定義は order オプションで指定します.

param=glm noint 各セルごとに対数オッズを推定します.

model ロジスティック回帰モデル式を指定します.

noint 回帰モデル式の切片を除いてモデルを作成する場合に指定します.

expb exp(パラメータ推定値)を出力(≒オッズ比を出力)します.

unit 変数=値 連続変数について,その値の分だけ変化した(例えば年齢が5歳増えた)ときのオッズ比を計算します.

contrast "ラベル" 変数 対比係数 「ラベル」には「傾向性検定」「●と▲の対比較」などの文字列,「変数」は対比を指定する対象となる変数,「対比係数」は「-1 0 0 1」などの対比係数を指定します.

mcmc プロシジャ:ベイズ推定

3.10節「ベイズ統計の基礎」を参照してください.

means プロシジャ:要約統計量の計算

```
proc means data=データセット名 nonobs n mean … alpha=値 fw=値 ;
  class カテゴリ変数1 カテゴリ変数2 … ;
  var   変数1 変数2 …… ;
run ;
```

- **nonobs** オブザベーション数を表示しない場合に指定します.
- **n, mean, …** 出力する統計量を指定します.
- **alpha** 有意水準（または信頼限界）αを指定します．通常は 0.05 ですが，多重比較をする場合は 0.05 以外の値を指定して調整した p 値や信頼区間を計算することもできます.
- **fw** 出力する統計量のケタ数を指定します.
- **class** カテゴリ変数を指定します.
- **var** 解析する変数を指定します.

mixed プロシジャ：混合効果モデル（≒回帰モデル）に関する解析

```
proc mixed data=データセット名 ;
  class    カテゴリ変数1 カテゴリ変数2 … ;
  model    モデル式       / noint solution ;
  lsmeans  カテゴリ変数 / diff=control("ラベル")  at 変数=値
                          alpha=値 adjust=[bon/dunnett/tukey] cl ;
  contrast "ラベル"  変数  対比係数 / e ;
  estimate "ラベル"  変数  対比係数 / e divisor=値 ;
  random   変数 ;
run ;
```

- **class** カテゴリ変数を指定します.
- **model** 回帰モデル式を指定します.
- **noint** 回帰モデル式の切片を除いてモデルを作成する場合に指定します.
- **solution** 回帰モデル式の傾き（パラメータ）の推定値を出力します.
- **lsmeans** 注目するカテゴリ変数ごとに調整済み平均値（LS Means）を算出します.
- **diff=control(" ラベル ")** 注目するカテゴリとの群間差に注目する場合，注目するカテゴリのフォーマットのラベルを指定します.
- **at 変数 = 値** 調整済み平均値を算出する際，回帰モデルの連続変数に特定の値を指定して調整済み平均値を算出します.
- **alpha= 値** 有意水準（または信頼限界）αを指定します.
- **adjust=[bon/dunnett/tukey]** それぞれ「ボンフェローニの方法」「ダネットの方法」「テューキーの方法」で多重性を指定します.
- **cl** 調整済み平均値の信頼区間を算出します.
- **contrast " ラベル " 変数 対比係数** 「ラベル」はどのような検定を行ったかを表す文字列（「傾向性検定」「●と▲の対比較」など），「変数」は対比を振る対象とする変数，「対比係数」は「-1 0 0 1」などの対比係数を指定します.
- **estimate " ラベル " 変数 対比係数** contrast とほぼ同様ですが，contrast の出力に加えて，対比に対応する推定値をさらに出力します．また，推定値をある値で割り算したい場合は「divisor= 値」を指定します.
- **e** どのようなダミー変数を置いたのかを確認する際に指定します.

random　　変量効果として解析する変数を指定します．

multtest プロシジャ：p 値の調整

```
proc multtest pdata=データセット名 bon sid out=出力データセット名 ;
run ;
```

pdata　　p 値が格納されたデータセットを指定します．
bon, sid, …　　p 値を調整する手法（bon: ボンフェローニの方法，sid: シダックの方法，など）を指定します．

npar1way プロシジャ：ノンパラメトリックな解析（Wilcoxon 検定）

```
proc npar1way hl wilcoxon data=データセット名 correct=[yes/no];
  class カテゴリ変数1 カテゴリ変数2 … ;
  var   変数 ;
  exact wilcoxon ;
run ;
```

hl　　中央値の群間差の点推定値（Location Shift）とその両側信頼区間を Hodges-Lehmann 型で算出します．
wilcoxon　　Wilcoxon 検定（正規近似）を行います．
correct=[yes/no]　　Wilcoxon 検定（正規近似）を行う際に連続修正を行うかどうかを指定します．
class　　カテゴリ変数を指定します．
var　　解析する変数を指定します．
exact wilcoxon　　Wilcoxon 検定（正確検定）を行う際に指定します．

phreg プロシジャ：Cox 回帰モデルに関する解析

```
proc phreg data=データセット名 covs(aggregate) ;
  class       カテゴリ変数1 カテゴリ変数2 … ;
  model       モデル式 / ties=[breslow/discrete/efron/exact];
  hazardratio カテゴリ変数 / cl=wald ;
  baseline covariates=IN out=OUT cmf=_all_ ;
  strata      層を表す変数 ;
  id          患者さんを表す変数 ;
  contrast    "ラベル" 変数 対比係数 / e ;
run ;
```

covs(aggregate) 　多重イベントを扱う際に共分散行列を正しく求めるために指定します．3.6.12 節「多重イベントに関する解析」を参照してください．

class 　カテゴリ変数を指定します．

model 　回帰モデル式を指定します．

hazardratio カテゴリ変数 / cl=wald 　カテゴリ変数に関するハザード比とその両側 95% 信頼区間（Wald 法による）が表示されます．

baseline covariates 　Mean Cumulative Function（MCF）を算出する際に指定します．3.6.12 節の項「Mean Cumulative Function（MCF）」を参照してください．

ties=[breslow/discrete/efron/exact] 　同時刻に複数のイベントが起きた場合の計算方法を指定します．通常は「ties=exact」としますが，イベントが起きているかを離散的に観測している場合（1 日ごとではなく，例えば 100 日ごとにイベントが起きたかどうかを確認している場合）は「ties=discrete」とします．

strata, id 　3.6.12 節「多重イベントに関する解析」を参照してください．

contrast " ラベル " 変数 対比係数 　「ラベル」には「傾向性検定」「●と▲の対比較」などの文字列，「変数」は対比を指定する対象となる変数，「対比係数」は「-1 0 0 1」などの対比係数を指定します．

e 　どのようなダミー変数を置いたのかを確認する際に指定します．

power プロシジャ

3.8 節「例数設計」を参照してください．

print プロシジャ：データセットの出力

```
proc print data=データセット名 noobs label ;
  var変数1 変数2 ……;
  by 変数1 変数2 ……;
  id変数1 変数2 ……;
run ;
```

noobs 　オブザベーション数を表示しない場合に指定します．

var 　解析する変数を指定します．

by 　変数のカテゴリごとに出力したい場合に指定します．事前に指定する変数でソートしておく必要があります．

id 　オブザベーション番号の代わりに一番左の列に出力する変数を指定します．また，by と同じ変数を指定すると，重複している値を出力しません．

label 　出力時に変数ラベルを有効にします．

使用例については，2.2 節「SAS データセットの作成」を参照してください．

reg プロシジャ：回帰分析に関する解析

```
proc reg data=データセット名 ;
  model モデル式 ;
run ;
```

model　　回帰モデル式を指定します．

report プロシジャ：レポートの作成

4.4 節「report プロシジャ」を参照してください．

seqdesign プロシジャ：中間解析での棄却限界値の算出

```
proc seqdesign boundaryscale=[pvalue/stdz] plots=all errspend ;
  ラベル: design method=[obf/poc/errfuncpoc/errfuncobf]
          nstages=値 info=cum(...) alpha=α alt=[lower/upper/なし] ;
run;
```

boundaryscale=[pvalue/stdz]　　各解析時の棄却限界値を表示するか，有意水準を表示するかを指定できます．

errspend　　Lan and DeMets の方法を適用する場合に指定します．

method=[obf/poc/errfuncpoc/errfuncobf]　　それぞれ「Pocock の方法」「O'Brien-Fleming の方法」「Lan and DeMets の方法（Pocock 型）」「Lan and DeMets の方法（O'Brien-Fleming 型）」を適用する場合に指定します．

nstages= 値　　解析の回数（中間解析＋最終解析）を指定します．

info=cum(...)　　各解析時の情報分数をコンマ区切りで指定します．

alpha= α　　全体の有意水準を指定します．

alt=[lower/upper/ なし]　　それぞれ「片側（下側）検定」「片側（上側）検定」「両側検定」を指定します．

simnormal プロシジャ：多変量正規乱数の生成

```
proc simnormal
  data    = データセット名(type=cov)
  out     = 出力データセット名
  numreal = 個数
  seed    = 乱数のシード ;
  var 変数1 変数2 … ;
run ;
```

data= データセット名　　平均ベクトルと分散共分散行列に関する情報が入ったデータセット名を指定します．

out= 出力データセット名　　乱数を出力するデータセット名を指定します．

numreal　　生成する乱数の個数を指定します．

seed　　乱数のシード（種）を指定します．

var　　乱数を出力する変数名を指定します．

sort プロシジャ：データセットの並べ替え

```
proc sort data=データセット名 out=出力先のデータセット名 nodupkey ;
  by descending ソートするキー変数 ;
run ;
```

out= 出力先のデータセット名　　ソートしたデータセットを，ソートする前のデータセットとは別に保存する場合は，データセット名を指定します．

nodupkey　　キー変数について，重複するデータがあった場合は 2 つ目以降のデータを削除します．

descending　　「ソートするキー変数」の直前で descending を指定することで，デフォルトとは逆の順でデータセットをソートします．

使用例については，2.7 節「データの整列」を参照してください．

summary プロシジャ：要約統計量の計算

```
proc summary data=データセット名 nonobs n mean … alpha=値 print ;
  class カテゴリ変数1 カテゴリ変数2 … ;
  var   変数1 変数2 …… ;
run ;
```

nonobs　　オブザベーション数を表示しない場合に指定します．

n, mean, …　　出力する統計量を指定します．

alpha　　有意水準（または信頼限界）α を指定します．通常は 0.05 ですが，多重比較をする場合は 0.05 以外の値を指定して調整した p 値や信頼区間を計算することもできます．

print　　アウトプットウィンドウに出力する場合は指定します．

class　　カテゴリ変数を指定します．

var　　解析する変数を指定します．

sgpanel プロシジャ，sgplot プロシジャ：グラフの作成

5.2 節「SG プロシジャ（Statistical Graphics Procedure）」を参照してください．

sql プロシジャ：SQL 言語の実行

2.26 節「SQL プロシジャ」を参照してください．

tabulate プロシジャ：レポートの作成

4.3 節「tabulate プロシジャ」を参照してください．

template プロシジャ：レポートの定義

4.6 節「template プロシジャ」を参照してください．

transpose プロシジャ：データセットの転置

```
proc transpose data=<データセット名> out=<データセット名>
           prefix=接頭辞 suffix=接尾辞 name=変数名 ;
   var <変数1 変数2 …> ;
   by <変数1 変数2 …> ;
   id <変数1 変数2 …> ;
   idlabel <変数1 変数2 …> ;
run ;
```

prefix= 接頭辞　　転置後の変数名の接頭辞を指定します．
suffix= 接尾辞　　転置後の変数名の接尾辞を指定します．
name= 変数名　　転置された変数名を格納した変数の名前を指定します．
var　　転置する変数を指定します．
by　　転置せずにそのまま残す変数を指定します．by を使用する場合は，指定する変数で事前にソートしておく必要があります．
id　　転置後の変数名として使用する変数を指定します．
idlabel　　転置後の変数ラベルとして使用する変数を指定します．

使用例については，2.24 節「データの転置」を参照してください．

ttest プロシジャ：1 標本 t 検定，2 標本 t 検定

```
proc ttest data=データセット名 h0=数値 sides=[l/u/2] ;
   class カテゴリ変数1 カテゴリ変数2 … ;
   var   変数1 変数2 …… ;
run ;
```

h0= 数値 sides=[l/u/2]　　平均値が指定した数値かどうかの 1 標本 t 検定を行う場合，又は非劣性 2 標本 t 検定を行う場合に指定します．sides オプションで「l：下側（片側）検定」「u：上側（片側）検定」「2：両側検定」のいずれかを指定します．

class　　カテゴリ変数を指定します．
var　　解析する変数を指定します．

univariate プロシジャ：要約統計量の計算

```
proc univariate data=データセット名 mu0=数値 ;
  class      カテゴリ変数1 カテゴリ変数2 … ;
  var        変数1 変数2 …… ;
  histogram 変数 / cfill=色 midpoints=始点 to 終点 by 区分 ;
run;
```

mu0= 数値　　平均値が指定した数値かどうかの 1 標本 t 検定を行います．
class　　カテゴリ変数を指定します．
var　　解析する変数を指定します．
histogram 変数　　ヒストグラムを描きます．
cfill= 色 midpoints= 始点 to 終点 by 区分　　cfill にヒストグラムの棒の色を指定し，midpoint で棒の視点，終点，棒の幅を指定します．

索引

■数字・記号

- 1 標本 t 検定 127, 133
- 2 標本 t 検定 147, 493
- " 49
- # 545
- ## 545
- %bquote 関数 485, 488
- %do %until ステートメント 480
- %do %while ステートメント 480
- %do ステートメント 480
- %eval 関数 468, 485
- %global ステートメント 472
- %if ステートメント 477
- %index 関数 485
- %length 関数 485
- %let ステートメント 467
- %local ステートメント 472
- %macro 461
- %mend 461
- %nrbquote 関数 485, 488
- %nrquote 関数 485, 488
- %nrstr 関数 485, 487
- %put ステートメント 467
- %qscan 関数 485
- %qsubstr 関数 485
- %qsysfunc 関数 485
- %quote 関数 485, 488
- %qupcase 関数 485
- %scan 関数 485
- %str 関数 485, 487
- %substr 関数 486
- %superq 関数 486
- %symexist 関数 486
- %symglobl 関数 486
- %symlocal 関数 486
- %sysevalf 関数 486
- %sysfunc 関数 486, 489
- %sysget 関数 486
- %unquote 関数 486
- %upcase 関数 486

- & 54, 463
- ' 49
- * 49, 94, 544
- ** 50, 544
- + ... 49, 544
- - 49, 53, 544
- -- 30, 53
- / 49, 545
- // 543
- : 541, 542
- < 54
- <= 54
- <> 541
- = ... 49, 54
- \> 54
- \>< 541
- \>= 54
- @ 17, 544
- @@ 16, 349
- ^ 54
- ^= 54
- _N_ 68
- _null_ 30
- _temporary_ オプション 64
- | 54
- || 543

■A

- abs 関数 50
- absolute_column_width オプション 376
- across オプション 366
- after オプション 369
- alias 368
- all 354
- alter table ステートメント 93
- analysis オプション 366
- and 54
- append ステートメント 39
- append プロシジャ 565
- array 64

索引

as ステートメント 93
asc 98
atrisk 445
attrib ステートメント 72
autofilter オプション 376
axis ステートメント 429

■ B

background 395, 397
band ステートメント 427
barwidth オプション 432
BESTw. 68
beta 関数 50
bivar ステートメント 448
blank_dups 404
body オプション 381
bodytitle オプション 373
border オプション 417
borderbottomstyle 391
borderbottomwidth 391
bordertopstyle 391
bordertopwidth 391
box オプション 360
BOXPLOT プロシジャ 440
boxstyle オプション 441
break ステートメント 366, 369
Breslow-Day 検定 210
by 60

■ C

call define ステートメント 393
call missing 79
call quad 557
call randgen 537
call randseed 537
call streaminit 312
call symput ステートメント 469
call vnormal 538
cat 関数 78
cats 関数 78
catx 関数 78
cdfplot ステートメント 449
cellpadding オプション 395
cellstyle 404

center/nocenter 19
choose 関数 554
class ステートメント 353
classdata オプション 364
classlev ステートメント 353
cli オプション 442
clm オプション 442
coalesce 110
Cochran-Mantel-Haenszel 検定 210
colaxis ステートメント 428
COLPCTN 355
column ステートメント 366
column_span オプション 385
columns オプション 373, 374, 386
columnweights 456
compare ステートメント 443
compress 関数 78
compute ステートメント 366, 370
computed オプション 367
condense オプション 364
contents オプション 376, 381
contents プロシジャ 73
copy プロシジャ 23, 565
corr プロシジャ 141, 565
cos 関数 50
count 関数 78
Cox 回帰分析 231, 502
create table ステートメント 93
Cumulative Incidence Function 255
CV 355
cv 関数 77

■ D

DATA ステップ 11, 51
date/nodate 19
DATETIMEw. 69
DATETIMEw.d 68
DATEw. 68, 69
DDE 25
DDMMYYw. 68
define table ステートメント 398
define ステートメント 366
delete ステートメント 75, 93
density ステートメント 446

desc 98
descending 36
det 関数 546
diag 関数 546
diagonal オプション 444
dim 64
display オプション 367
distinct 101, 102
dlm オプション 30
do until ステートメント 63
do while ステートメント 62
do-end ステートメント 60
dol オプション 369
DOLLARw.d 68
DROP ステートメント 52
dsd オプション 30
Dynamic Data Exchange 25

■ E

eigval 関数 546
eigvec 関数 546
else ステートメント 55
embedded_footnote オプション 376
embedded_title オプション 376
eq 54
Ew 68
Ew.d 69
Excel エンジン 25
exclusive オプション 364
exp 関数 50
export プロシジャ 31, 566

■ F

file オプション 373
file ステートメント 30
filename ステートメント 24
fillattrs オプション 427
first ステートメント 81
fmtsearch 19
fontfamily 395
fontsize 395
format ステートメント 67, 72
format プロシジャ 69, 185, 566
frame オプション 381, 389

freq プロシジャ 151, 188, 196, 210, 265, 267, 268, 275, 567
from ステートメント 93
frozen_headers オプション 376
full join 110

■ G

gaxis オプション 435
GBARLINE プロシジャ 454
GCHART プロシジャ 435
ge 54
genmod 回帰 253
genmod プロシジャ 183, 217, 567
geomean 関数 77
ginv 関数 546
glm プロシジャ 149, 153, 182, 266, 568
goptions ステートメント 19
GPATH オプション 417
gplot プロシジャ 568
GPLOT プロシジャ 428
Graph Template Language 425
group by 99
group オプション 367, 427, 428
gt 54
GTL 425, 455

■ H

half 関数 546
having 句 100
hbar ステートメント 457
headline オプション 367
height オプション 385, 417
histogram ステートメント 446, 447
Hodges-Lehmann 型 175
HTML 373

■ I

if ステートメント 54
imagefmt オプション 417
imagemap オプション 417
imagename オプション 417
iml プロシジャ 535, 569
import プロシジャ 25, 569
in ステートメント 46

index オプション	376
index 関数	78
infile ステートメント	24
input 関数	70
input ステートメント	13, 24
insert ステートメント	93
interactive matrix language	535
into ステートメント	473
inv 関数	546

■ J

| join | 107 |
| just | 396 |

■ K

KDE プロシジャ	447
KEEP ステートメント	52
kernel	446
keylabel ステートメント	353, 356
keyword ステートメント	353
klength 関数	78

■ L

label ステートメント	72
Lan and DeMets のアルファ消費関数	295
largest 関数	77
last ステートメント	81
layout overlay ステートメント	456
layout オプション	428
le	54
left join	109
left 関数	78
length ステートメント	72
length 関数	78
libname ステートメント	19
lifetest プロシジャ	228, 569
limitstat オプション	430
line ステートメント	371
lineattrs オプション	427
linesize	19
log 関数	50
log10 関数	50
log2 関数	50
logistic プロシジャ	199, 204, 216, 274, 570
loglogs	445
logsurv	445
lt	54

■ M

markerattrs オプション	430
markers オプション	430
matrix ステートメント	444
MAX	355
max 関数	77
maxis オプション	435
MCF	242
mcmc プロシジャ	570
MCMC プロシジャ	338
MEAN	355
Mean Cumulative Function	242
mean 関数	77
means プロシジャ	101, 264, 570
MEANS プロシジャ	351
MEDIAN	355
median 関数	77
merge ステートメント	39
midpoint オプション	435
MIN	355
min 関数	77
missing	19
missing オプション	362
missing 関数	77
missover オプション	30
misstext オプション	361
mixed プロシジャ	161, 180, 182, 272, 287, 571
mlf オプション	363
mlogic	477
MMDDYYw.	68, 69
mod 関数	50
mprint オプション	462
multtest プロシジャ	572

■ N

N	355
n 関数	80
ne	54
newfile オプション	381
ngrid オプション	448

NMISS	355
nmiss 関数	80
nodup オプション	38
nodupkey オプション	37
nofmterr	19
nopad オプション	30
normal	446
normal 関数	314
not	54
notes/nonotes	19
nowd オプション	367
npar1way プロシジャ	175, 572
number/nonumber	19
numstd オプション	430

■ O

O'Brien-Fleming の方法	293
ODS	372, 518
ODS Graphics	415
ODS LAYOUT	385
ods listing close	373
ods output	351
ODS PDF	384
ods proclabel	382
ODS REGION	385
ODS Tagsets.ExcelXP	376
ods ステートメント	19
offsetmax オプション	430
offsetmin オプション	430
options スタイル	376
options ステートメント	19
or	54
order by ステートメント	98
order オプション	359, 367
ordinal 関数	77
orientation	19
otherwise ステートメント	57
outer union corr	106
output ステートメント	55
overlay オプション	449

■ P

P α	355
p 値	128
page オプション	381
pagesize	19
panelby ステートメント	428
papersize	19
path オプション	381
pattern ステートメント	435
patternid オプション	435
pctl 関数	77
PCTN	355
PDF	373
pdftoc	384
peason の相関係数	141
PERCENTNw.d	69
PERCENTw.d	68, 69
phreg プロシジャ	232, 244, 246, 257, 572
picture ステートメント	458
plot ステートメント	429
plots オプション	445
Pocock の方法	292
power プロシジャ	300, 573
preloadfmt オプション	364
print プロシジャ	14, 121, 573
print_headers	402
printmiss オプション	361
PROC ステップ	11
put 関数	70
put ステートメント	30
PVALUEw.d	69

■ Q

qr 関数	546
QR 分解	546
ranbin 関数	314
rancau 関数	314
rand 関数	311
randdirichlet 関数	539
randmultinomial 関数	539
randmvt 関数	539
randnormal 関数	538, 539
randwishart 関数	539
ranexp 関数	314
rangam 関数	314
RANGE	355
range 関数	77

ranpoi 関数	314
rantbl 関数	314
rantri 関数	314
ranuni 関数	308, 314
raxis オプション	435
rbreak ステートメント	366
reg ステートメント	442
reg プロシジャ	139, 574
rename ステートメント	85
report プロシジャ	574
reset オプション	417
response オプション	431
retain ステートメント	83
right join	109
right 関数	78
ROC 曲線	216
root 関数	546
row=float オプション	364
row_span オプション	385
rowaxis ステートメント	428
ROWPCTN	355
rows オプション	386
RTF	373
rtspace オプション	360
rules オプション	388

■ S

SAS 日時値	67
SAS 日付値	67
SAS プログラムの実行	6
SAS マクロ	461
scan 関数	78
Schoenfeld 残差	252
sdv 関数	546
select ステートメント	93
select-when ステートメント	57
separated by	473
seqdesign プロシジャ	292, 574
series ステートメント	427
set ステートメント	18, 39
setdif 関数	543
sgpanel プロシジャ	575
SGPANEL プロシジャ	420, 422
sgplot プロシジャ	122, 138, 145, 186, 260, 575

SGPLOT プロシジャ	420, 421
SGRENDER プロシジャ	420, 424
SGSCATTER プロシジャ	420, 423
sheet_interval オプション	376
sheet_name オプション	377
sign 関数	50
simnormal プロシジャ	315, 574
sin 関数	50
smallest 関数	77
solve 関数	546
sort プロシジャ	575
SORT プロシジャ	36
space オプション	435
spanrows オプション	395
spearman の相関係数	141
sql プロシジャ	473, 576
SQL プロシジャ	92
sqrt 関数	50
startpage オプション	373, 388
stat オプション	430
std 関数	77
STD/STDDEV	355
STDERR	355
stderr 関数	77
style オプション	373
substr 関数	78
SUM	355
sum 関数	77
summarize オプション	369
summary プロシジャ	100, 147, 575
sumvar オプション	435
suppress オプション	369
symbol ステートメント	429
symbolgen オプション	464
symget 関数	470
SYSDATE	471
SYSDATE9	471
SYSDSN	472
SYSERR	472
SYSLAST	472
SYSSCPL	472
SYSVER	472

■T

t 関数	546
table ステートメント	353
tabulate プロシジャ	352, 576
TAGSETS	373
tan 関数	50
template プロシジャ	398, 576
text オプション	373
to	60
trace 関数	546
translate 関数	78
transpose プロシジャ	86, 576
tranwrd 関数	78
trim 関数	78
ttest プロシジャ	133, 147, 576
type オプション	430, 435

■U

union	103
union corr	105
union 関数	543
unique 関数	543
univariate プロシジャ	76, 123, 577
UNIVARIATE プロシジャ	447
update ステートメント	93

■V

VAR	355
var 関数	77
var ステートメント	353
vbar ステートメント	432
vbox ステートメント	439
vecdiag 関数	546
vline ステートメント	431

■W

where 句	94
where ステートメント	74
width	396
width オプション	385, 417, 435
Wilcoxon 検定	175

■X

x オプション	385
x2axis	452
xaxis ステートメント	427
xerrorlower	451
xerrorupper	451
xsect 関数	543

■Y

y オプション	385
yaxis ステートメント	427
YYMMDDw.	69

■Z

Zw.d	69

■あ

アンパサンド	463
一元配置分散分析	266
一様性の検定	266
一様乱数	308
一般化ウィルコクソン検定	230
一般化逆行列	546
イベント	219
インフォーマット	69
打ち切り	219
オッズ	192
オッズ比	192
帯グラフ	436

■か

χ^2 検定	196, 268
回帰直線	138, 442
回帰分析	148, 497
外部結合	108
片側検定	133
カプラン・マイヤー法	221
カラム入力	14
棄却法	318
帰無仮説	128
逆関数法	316
逆行列	546
競合リスクに関する解析	254
行の指定	357
行列計算	544
行列式	546

行列同士の結合	543
行列の作成	535
行列の集合	543
行列の転置	546
行列へのアクセス	541
クラスカル・ウォリス検定	267
グローバルステートメント	11
グローバルマクロ変数	472
クロスオーバー分散分析	181
クロネッカー積	544
欠測値	79
検定	127
合計ステートメント	83
交互作用	162, 206, 235
コクラン・アーミテージ検定	275
固定順検定	286
個別推移図	426, 530
固有値	546
固有ベクトル	546
コレスキー分解	546

■さ

最小値	126
最大値	126
再発イベントに関する解析	245
サブセット化 if ステートメント	74
散布図	138, 442
システムオプション	20
シダックの方法	288
実行結果の保存	129
自動マクロ変数	471
四分位範囲	126
シミュレーション	321
出力形式	67
数値積分	556
スタイル属性	388
スタイルテンプレート	375
正確確率検定	177
生存関数	226
生存時間解析	218, 500
生存時間曲線	445
相関係数	141

■た

対角行列	546
ダイナミック変数	424
対比係数を用いた比較	270
対比検定	272, 274, 277, 278
対立仮説	128
多重比較	284
多重ロジスティック回帰分析	204
ダネットの方法	290
多変量正規乱数	315
単位行列	536
単引用符	484
中央値	126
中央値の群間差	175
中間解析で使用する棄却限界値	291
調整オッズ比	204
調整済み平均値	151
調整ハザード比	235
直積	544
データのインポート	25
データのエクスポート	31
テューキーの方法	290
特異値分解	546

■な

内部結合	108
二重引用符	484
入力形式	69
人年法	227

■は

パーセント点	126
配列	64
箱ひげ図	126, 261, 439
ハザード	226
外れ値	125
バタフライプロット	457
比	189
ヒストグラム	122, 446
標準誤差	126
標準偏差	126
比例ハザード性	226, 251
非劣性検定	179, 215
頻度集計	151, 188, 265

フォーマット	67
フォレストプロット	450
複数のアンパサンド	490
副問い合わせ	111
分割表	494
分散	126
分散分析	498
平均値	125
平均値推移図	429, 526
ベイズ推定	183, 217, 257, 332
平方和	169
ベースラインハザード関数	231
変量効果	180
ポアソン回帰	252
棒グラフ	122, 145, 186, 260, 432, 530
ボンフェローニの方法	288

■ま

マクロ変数	463
マスキング	486
マルコフ連鎖モンテカルロ法	336
密度推定	446
密度推定曲線	122
無発生割合	221
モンテカルロ・シミュレーション	323

■や

有意差	128
有意水準	128
要約統計量	264

■ら

ライブラリ	21
乱数の作成	537
リスク	190
リスク差	191
リスク比	191, 455
リスト入力	14
率	189, 227
両側検定	133
累積発生割合	221
累積分布曲線	448
例数設計	298, 503
列の指定	357

連続修正	175
ローカルマクロ変数	472
ログランク検定	228
ロジスティック回帰分析	198

■わ

割合	189

■ 著者プロフィール

高浪 洋平（たかなみ・ようへい）

1978 年	大阪生まれ
2002 年	大阪大学工学部応用自然科学科応用物理学コース卒業
2004 年	大阪大学大学院情報科学研究科情報数理学専攻修了
現　在	武田薬品工業株式会社勤務
趣　味	子供とサッカー、生ビール、R と SAS いじり

SAS ユーザー総会・優秀論文賞受賞 3 回

舟尾 暢男（ふなお・のぶお）

1977 年	熊本生まれ
1998 年	大阪教育大学教養学科数理科学専攻中退
2002 年	大阪大学基礎工学部情報科学科数理科学コース中退
2004 年	大阪大学大学院基礎工学研究科システム人間系数理科学分野修了
現　在	武田薬品工業株式会社勤務
趣　味	嫁と子供と団らん

SAS ユーザー総会・優秀論文賞受賞 2 回

改訂版　統計解析ソフト「SAS」

2015 年 8 月 10 日　　初版第 1 刷発行
2021 年 6 月 10 日　　第 3 刷発行

著　者	高浪 洋平／舟尾 暢男
発行人	石塚 勝敏
発　行	株式会社 カットシステム
	〒 169-0073 東京都新宿区百人町 4-9-7　新宿ユーエストビル 8F
	TEL (03)5348-3850　　FAX (03)5348-3851
	URL　https://www.cutt.co.jp/
	振替　00130-6-17174
印　刷	シナノ書籍印刷 株式会社

本書に関するご意見、ご質問は小社出版部宛まで文書か、sales@cutt.co.jp 宛に e-mail でお送りください。電話によるお問い合わせはご遠慮ください。また、本書の内容を超えるご質問にはお答えできませんので、あらかじめご了承ください。

■ 本書の内容の一部あるいは全部を無断で複写複製（コピー・電子入力）することは、法律で認められた場合を除き、著作者および出版者の権利の侵害になりますので、その場合はあらかじめ小社あてに許諾をお求めください。

Cover design　Y.Yamaguchi　　© 2015 高浪洋平／舟尾暢男
Printed in Japan　ISBN978-4-87783-503-3